U0365056

海军新军事变革丛书

总策划：魏 刚　　主 编：马伟明

信息系统安全基础

FUNDAMENTALS OF INFORMATION SYSTEMS SECURITY, 2E

[美] David Kim
Michael G. Solomon 著

朱婷婷 陈泽茂 赵 林 译
杨 波 主审

電子工業出版社
Publishing House of Electronics Industry
北京 · BEIJING

图书在版编目（CIP）数据

信息系统安全基础 /（美）戴维·吉姆（David Kim），（美）迈克尔·G. 所罗门（Michael G. Solomon）著；朱婷婷，陈泽茂，赵林译. —北京：电子工业出版社，2020.4

（海军新军事变革丛书）

书名原文：Fundamentals of Information Systems Security, 2e

ISBN 978-7-121-37899-7

Ⅰ. ①信… Ⅱ. ①戴… ②迈… ③朱… ④陈… ⑤赵… Ⅲ. ①信息系统－安全技术 Ⅳ. ①TP309

中国版本图书馆 CIP 数据核字（2019）第 258091 号

责任编辑：王小聪

印　　刷：三河市鑫金马印装有限公司

装　　订：三河市鑫金马印装有限公司

出版发行：电子工业出版社

北京市海淀区万寿路 173 信箱　邮编：100036

开　　本：720×1000　1/16　印张：30.5　字数：564 千字

版　　次：2020 年 4 月第 1 版（原书第 2 版）

印　　次：2020 年 4 月第 1 次印刷

定　　价：135.00 元

凡所购买电子工业出版社图书有缺损问题，请向购买书店调换。若书店售缺，请与本社发行部联系。联系及邮购电话：（010）88254888，88258888。

质量投诉请发邮件至 zlts@phei.com.cn，盗版侵权举报请发邮件至 dbqq@phei.com.cn。

本书咨询联系方式：（010）57565890，meidipub@phei.com.cn。

海军新军事变革丛书

信息系统安全基础

主译　朱婷婷　陈泽茂　赵　林
翻译　付　钰　付　伟　严　博　秦艳琳　吴邱涵
主审　杨　波

《海军新军事变革丛书》第三批总序

当今世界，新一轮科技革命和产业变革正在加速推进，以信息技术为引领，人工智能、生物科学、大数据、新材料、新能源等技术发展运用、交叉融合和相互渗透，正逐步改变着人类社会形态和生产生活方式。高新技术的发展和世界安全态势的演变，同样催生当今世界军事领域的深刻变革，在广度、深度上已超越以往历史上任何一轮军事变革。这次变革以安全态势演变为动因、以高新技术特别是信息技术发展为动力、以军事观念转变为牵引、以军事体系调整为中心，覆盖军事领域各个方位和全部系统，涉及军事理论、军事战略、战争形态、作战思想、指挥体制、部队结构、国防工业等方方面面，形成信息主导、体系支撑、精兵作战、联合制胜的新态势，数字化、网络化、智能化和系统化将贯穿决策指挥、组织形态和战场战法全过程，渗透到各个方面，作战域将加速向网络、电磁、深海、太空、极地等战略新疆域拓展，其所产生的影响，必将影响未来世界格局，决定各国军事力量对比。

习主席曾深刻指出："每一次科技和产业革命都深刻改变了世界发展面貌和格局。一些国家抓住了机遇，经济社会发展驶入快车道，经济实力、科技实力、军事实力迅速增强，甚至一跃成为世界强国。"党的十八大以来，党中央、中央军委着眼于实现中国梦、强军梦，制定新形势下军事战略方针，全力推进国防和军队现代化，军队改革取得历史性突破，练兵备战有效遂行使命任务，现代化武器装备加快列装形成战斗力，军事斗争准备稳步推进，强军兴军不断开创新局面。党的十九大，吹响了"到 21 世纪中叶把人民军队全面建设成世界一流军队"的时代号角，郑重宣告国防和军队建设全面迈进新时代。经略海洋、维护海权、建设海军始终是强国强军的战略重点，履行新时代军队历史使命，海军处在最前沿、考验最直接，职能最多样、任务最多元，需求最强劲、发展最迫切。瞄准世界一流、建设强大的现代化海军，我们更须顺应新形势，把准新趋势，进一步更新观念、开阔视野，全面深入实施科技兴军战略，瞄准世界军事科技前沿，坚持自主创新的战略基点，加强前瞻性谋划、体系化设计，加快全域全时全维的信息化、智能化建设，抢占军事科技战略性、前沿性、颠覆性发展制高点，努力实现从跟跑、并跑到领跑的历史性跨越。

根据海军现代化建设的实际需求，2004年9月，海军装备部与海军工程大学联合组织一批学术造诣深、研究水平高的专家学者，启动了《海军新军事变革丛书》的编撰工作。2004年至2009年，第一批丛书陆续出版，集中介绍了信息技术及其应用成果。2009年至2017年，第二批丛书付梓，主要关注作战综合运用和新一代武器装备情况。该丛书具有鲜明的时代特征和海军特色，对推进中国特色军事变革要求，谋划海军现代化建设具有很好的参考价值，在部队、军队院校、科研院所、工业部门均被广泛使用，深受读者好评。丛书前两批以翻译出版外文图书和资料为主，以自编海军军内教材与专著为辅，旨在借鉴外国海军先进技术和理念，反映世界海军新军事变革中的新观念、新技术、新理论，着重介绍和阐释世界新军事变革的“新”和“变”。为全面贯彻落实习主席科技兴军的战略思想，结合当前世界海军发展趋势和人民海军建设需要，丛书编委会紧跟科技发展步伐，拟规划出版第三批丛书。在前期成果的基础上，第三批丛书计划逐步从编译转向编著，将邀请各领域专家学者集中撰写与海军人才培养需求密切相关的军事理论和装备技术著作，这是对前期跟踪研究世界海军新军事变革成果的消化、深化和转化。

丛书的编撰出版凝结了编委会和编写人员的大量心血和精力，借此机会，谨向付出辛勤劳动的全体人员致以诚挚的敬意，相信第三批丛书定会继续深入贯彻习主席强军思想，紧盯科技前沿，积极适应战争模式质变飞跃，研判战争之变、探寻制胜之法，为建设强大的现代化海军带来新的启迪、新的观念、新的思路，不断增强我们打赢信息化战争、应对智能化挑战的作战能力。

海军司令员 沈金龙

2018年6月2日

译者序

信息技术（Information Technology，IT）的发展，带来了劳动生产的自动化、工作的多样化、生活的便捷化、社会交往的多元化，也促进了全球资源的优化配置以及各个领域发展模式的创新。信息化快速渗透至国民生活的各个领域，进一步对政治、经济、文化产生非常深刻的影响。其中，网络通信技术的飞速发展使“万物互联”成为可能，它大大改变了人们的沟通、生活、工作模式，国家关键基础设施基于网络实现了高度互联，世界各国军事力量、经济力量、社会生活、国家管理广泛依赖于以网络为基础的信息系统。与信息技术发展结伴而生的是信息安全问题的凸显，围绕信息获取、使用和控制的国际竞争日趋激烈，关键基础设施及其网络系统成为了攻击目标，这些严重威胁着国家安全与社会稳定。（确保信息及信息基础设施的安全具有重要的作用和意义。信息安全从业人员的能力素质是影响高效安全保障的实现重要要素）。基于此在“帮助教育信息系统安全实践者”的驱动下，作者编著了此书。该书是一本源于信息安全实践而又指导信息安全实践的著作，原作著者 David Kim 是资深的信息安全专家，拥有自己的信息安全服务公司，在 IT 安全行业从业 28 年之久。他还是一名兼职教授，在全美各地教授学生网络安全知识。书中拥有大量的 IT 安全技术、管理、教育方面的详实资料和原创性的观点，这些与原著者丰富的工作经验和阅历有着紧密的关系。

下面从译者的角度，对书中的内容进行概括性的评述，给出如下“导读”，使读者能够在了解著者写作目的的基础上，初步了解该领域，明确本书能够提供哪些知识、满足怎样的阅读需求，从而快速确定该书是否适合阅读、准确定位内容，满足有限时间内准确选读的需要。

一、关于作者

原著作者 David Kim 是 Security Evolution（SEI）公司总裁，该公司位于费城城郊，为全球公共和私营部门客户提供安全管理、风险评估和法律咨询等服务，客户主要来源于医疗、银行、政府和机场等机构，它的 IT 安全咨询服务包括安全风险评估、脆弱性评估、合法性审计以及为企业设计多层次安全解决方案等。此外，该公司还提供系统可用性相关的服务，该服务包含开发制定业务持续性和灾难恢复计划等。David Kim 先生在 IT 及 IT 安全的工程技术、管理技术、销售和市场管理等方面拥有 30 多年的工作经验。在局域网/广域网、互联网、企业内部网络管理以及音/视频信息技术安全、数据中心网络架构等方向，经验丰富。他是一位很有成就的作家和兼职教授，在全美很多地方教授学生网络安全方面的知识。

Micheal G. Solomon 是一位全职的安全演说家、顾问，也是一名作家。曾任大学讲师，主要研究方向为安全开发和评估。自 1981 年起长期担任 IT 行业的顾问，并为 100 多家公司和机构提供项目服务。1998—2001 年，他在肯尼索州立大学计算机与信息科学系任教，讲授软件项目管理、C++编程、计算机组成与体系结构、数据通信等课程。他于 1987 年毕业于肯尼索州立大学，获得计算机科学理学学士学位；于 1998 年在该大学获得数学和计算机科学理学硕士学位；目前正在埃默里大学攻读计算机科学和信息学博士学位，主要研究方向为不可信云环境下的安全保障。他还撰写和参与编写了诸多安全类书籍，包括 Security Strategies in Windows Platform and Applications（Jones & Bartlett Learning，2011），Computer Forensics JumpStart（2nd）（Sybex，2011），Solomom coauthored Information Security Illuminated（Jones & Bartlett，2005），Security +Lab Guide（Sybex 2005），PMP ExamCram2（Que，2005）等书籍，同时还编写了 Learnkey CISSP Prep 和 PMP Prep 网络课程教学的教材，并进行网络授课。

二、内容简介与评述

本书是 Jones & Bartlett Learning（www.jblearning.com）出版的信息系统安全与保障系列丛书（Information Systems Security & Assurance Series，ISSA）中非常重要且基础性的一本书。书中包含信息安全需求、信息安全技术以及信息安全相关的标准、教育、法律、认证等内容。通过本书的阅读，读者能够了解到信息系统安全主要驱动因素、保障信息系统安全的核心技术、信息安全领域标准化组织和相关标准、信息系统安全知识学习和技能培训途径、广泛被认可的信息安全认证以及美国相关信息安全法律等。

本书的编著以指导信息系统安全实践者的学习和实践为目标。原著者在信息领域有着丰富的从业经验，多年实践工作经验支撑其总结、提炼出了信息化技术发展如何催生了信息安全需求、以及如何驱动了信息安全业务的发展等内容。作为信息安全领域资深的专家，他熟知信息安全从业人员需要掌握的知识和应具备的技能，以信息安全行业内权威的（ISC）²（以顶尖教育计划享誉全球，其认证在全球被誉为信息安全认证的“金牌标准”）SSCP®认证所需掌握的知识为依据，结合自己实践经验，构建了本书信息安全技术部分的知识体系，并总结提炼了本书的内容。除此之外，他还清晰的认识到了解、理解行业标准和相关法律对更好地开展信息安全工作非常重要，结合信息安全行业特点以及工作经验，对信息安全领域影响力较大的标准化组织、标准以及相关垂直行业在美国应该遵循的法律进行了梳理分析。为了更好地帮助、指导各类信息安全实践者快速、准确找到适合的学习途径和方法，他还对目前常见的几类信息系统安全教育与培训方式的特点及课程获取途径进行了总结，结合从业经验对行业内权威的信息安全认证进行了分析。

以下对本书内容进行概括和评述。

1. 关于信息安全需求

信息安全问题伴随着 IT 应用而突显，为了避免读者概念混淆造成对书中内容理解不清，这里对易混淆的信息安全相关概念进行阐述。

信息安全（Information Security）

信息安全的需求和内涵不断拓展，通信安全、计算机安全、网络安全、信息系统安全、网络空间安全等概念逐步被提出。信息安全最初主要指保护信息系统中处理、存储、传输秘密信息的安全，注重信息的机密性，主要强调通信安全（Communication Security，COMSEC）（例如，美国海军早期 COMSEC 的研究课题着重研究信息的机密性保护问题）。随着个人计算机及信息系统广泛应用、分布式计算的发展，数据、系统访问控制的重要性日益突出，安全概念扩展至完整性保护。此时，更加强调计算机安全（Computer Security，COMPSEC）。网络的发展促使信息系统的应用范围不断扩大，使网络成为计算机系统正常运行、发挥效能的重要支撑。这个时期，人们更加重视网络虚拟性带来的逻辑安全问题，网络安全（Network Security，NETSEC）的防护需求突出。随着信息基础设施的广泛构建，其保护要求越来越突出，信息安全内涵由通信安全、计算机安全、网络安全等运行安全（Operation Security，OPSEC）扩展至物理安全（Physical Security，PHYSEC）。信息系统应用越来越广泛，信息系统的效能发挥与网络、信息系统基础设施密不可分。此时，信息系统可用性成为关注的重点，信息安全更强调信息安全保障的整体性。“通信安全”“计算机安全”“网络安全”已成为信息安全的子域，信息安全包含更加宽泛的概念，ISO/IEC 17799：2005 中指出“信息安全通过实施一组合适的控制达到，包括策略、措施、过程、规程、组织结构及软件和硬件功能”。随着计算机和网络技术的加速发展，信息安全的技术要求集中表现在 ISO 7498-2 标准陈述的各种安全机制中，这些安全机制的共同特点就是对信息系统的机密性、完整性和可用性进行静态保护。随着信息安全技术的发展，信息安全的方法拓展到了信息保障范畴，信息安全技术已经不再是以单一的防护为主，而是包括了防护、检测、响应和恢复几个关键环节的动态体系。

信息系统安全（Information System Security）

在信息系统研究领域内，信息系统安全是广泛使用的概念。信息系统是由计算机软件及硬件、网络和通信设备、信息资源、信息用户以及规章制度组成的以处理信息流为目的的人机一体化系统，其基本功能包括信息输入、存储、处理、输出和控制。本书从实际应用的角度出发，提出了信息系统安全的定义：“信息系统由硬件、操作系统、安装在设备中的各种应用软件以及存储的数据组成，信息系统安全是保障信息系统及其中存储数据的相关活动的安全。”

网络空间安全（Cyberspace Security）

网络空间（部分文献将其直译为赛博空间）的概念随着人们对网络战的研究加深不断演进。美国空军发布的《美国空军网络空间战略司令部战略构想》中将网络空间定义为：“通过网络系统和相关物理基础设施，使用电子和电磁频谱来存储、修改或交换数据的物理域，主要由电磁频谱、电子系统及网络化基础设施三部分组成。”网络空间的互联互通旨在交换、传输、存储和处理各类信息数据，是各类信息系统的集合。

ISO/IEC 27032：2012 中指出“网络空间安全不仅包含对信息资源的保护，还包括了对其他资产的保护，例如，对人类自身的保护”。网络空间安全在各种部署模式中具有特定的安全需求，例如，移动互联网安全、电信网安全、可信计算安全、云计算安全、大数据安全、物联网安全、广电网安全等。同时，也囊括了不同应用场景衍生的特定安全保障，例如，在线社交网络、安全工业控制系统安全、支付安全以及针对全球广泛应用的信息系统而存在的互联网安全治理等。从网络空间载体、资源、主体和操作等方面分析，网络空间安全，包括网络空间中的电磁设备、信息通信系统、运行数据、系统应用中存在的安全问题。既要保护包括互联网、电信网与通信系统、传统系统与广电网、计算机系统、关键工业设施中的嵌入式处理器和控制器等在内的信息通信技术系统及其所承载的数据免受攻击，也要防止和应对运用或滥用信息系统而影响政治安全、经济安全、文化安全、社会安全、国防安全等。

从信息安全内涵的演变可以看出，信息技术驱动了信息安全需求的不断丰富，推动了学术界、产业界对信息安全理解和认识的加强。但目前为止，严格地说，没有明确的定义，仅有一些来源于不同理解角度的相关描述。从描述中可知，信息安全、信息系统安全、网络空间安全的内涵有交叉也有不同。信息系统安全是信息安全与网络空间安全的重要分支，传统的信息安全侧重于突出保障信息及其相关资源的机密性、完整性及可用性，而网络空间安全更侧重于网络空间范畴内的信息资源以及其他资源的安全保护。

本书第一部分作者着重解答了为什么需要保障信息安全这个问题，围绕实际应用中典型 IT 架构分析了安全需求产生的内化因素与外在因素，包括自身架构及通信模式中存在的安全风险、威胁和脆弱性，恶意代码带来的威胁以及业务驱动的安全需求。随着“大智移云”时代（即以大数据、智能化/物联网、移动互联网、云计算共同驱动的时代）的到来，信息产业驱动力正从产品转向服务，并呈现横向扩展、多点驱动的趋势。作者对信息安全需求的分析仍然适用于当今信息产业新环境。

2. 关于信息安全技术

信息安全从业人员通常会承担安全技术实践和系统运维的工作。这样的工作要求其具备依照信息安全策略、流程和要求，实施、监控与管理 IT 基础设施，从而确保数据、系统机密性、完整性与可用性的能力。本书围绕这样的能力需求，参考(ISC)² ®SSCP®认证技术体系，构建了信息安全技术部分的内容体系。该部分内容涵盖了七大知识领域，即：访问控制、安全运营与管理、风险识别、监控与分析、事件响应与恢复、密码学、网络与通信安全、系统与应用安全；内容覆盖了信息系统安全防护、检测、响应以及恢复各个关键环节。这些内容包含了信息安全从业人员当前面临的与工作实践最为相关的问题以及解决问题的最佳实践方式，准确地描述了一线信息安全从业人员应掌握的安全知识和具备的技能。

访问控制

访问控制是实现信息系统安全保障的基础和核心。本书第 5 章着重阐述了如何实现访问控制。书中，访问控制部分的内容涵盖了身份认证、访问控制与安全审计三个重要机制。身份认证是信息系统安全的第一道防线，其目的是阻止非法用户进入系统。标识、验证是身份认证的两个重要环节：标识是身份认证的基础，它是指为每个用户取一个系统可以识别的内部名称，即用户标识符，其目的是便于控制和追踪用户在系统中的行为。用户标识必须唯一、不能被伪造，且应防止用户冒充。验证是用户标识符与用户联系的过程，是证实某人或某物是否名副其实或是否有效的过程，该过程又被称为认证。这里对某人的鉴别是指对主体的鉴别；对某物的鉴别是对客体有效性的鉴别。授权是访问控制技术的中心环节，它是在通过身份认证阻止非法用户进入系统的基础上实现的对合法用户权限的授予，通过限制不同用户系统访问权限实现系统的安全保护，它是信息系统安全保障最重要的环节。追溯包含记录、查证两部分内容，即记录用户在系统中的行为，提供追查违反安全策略行为的依据。追溯是实现安全审计的前提，其目的是为守住信息系统安全的最后一道防线提供依据。

在实际应用中，标识、验证、授权、追溯，通常是广义上实践访问控制的重要环节，四个环节之间有着紧密的联系，如果没有合理的用户标识，验证、授权、追溯就无法正确实现：标识是它们实现的基础；授权是以正确验证为前提，只有通过验证的合法用户才能进行系统访问授权；追溯是对标识、验证、授权与访问等行为的记录，为事件重现提供依据。因此，作者从指导实践的角度出发，以标识、验证、授权、追溯的实现为主线组织第 5 章内容。

在国内外的部分教材中将身份认证、访问控制、安全审计作为独立的章节进行介绍，读者亦可以从其他教材的身份认证、访问控制、审计等章节中获取本章相关的内容。

安全运营与管理

信息安全技术与产品的使用者需要系统、科学的安全管理知识和手段帮助他们使用好安全技术与产品，从而有效解决面临的信息安全问题。当前，安全管理技术已经成为信息安全技术的一部分，它属于安全支撑技术的范畴，涉及安全管理制度的制定、物理安全管理、系统与网络安全管理、信息安全等级保护及信息资产的风险管理等内容，它是实现信息系统安全的重要环节之一。本书第 6 章、第 7 章、第 8 章均涉及信息安全管理的相关内容。

本书第 6 章涵盖了(ISC)^2 ®SSCP®认证技术体系第二大知识领域安全运营与管理的内容。该部分包含安全管理与安全系统开发两部分内容，着重为读者根据信息安全策略、流程和要求实施信息安全保障提供指导。信息安全专业人员需要理解安全操作以及管理中基础、固定的安全流程、在安全管理工作中如何实现安全计划（包括设计、实施以及监控组织的安全计划等）；需要了解执行安全计划时必须符合的安全流程，遵守的相关职业道德标准；掌握实现安全流程的方法手段以及如何将现有各项方针、政策、标准应用到工作计划中构建安全框架；了解数据分类标准，理解数据分类如何影响决策过程；掌握如何对系统变更进行配置管理，理解配置控制、变化控制如何影响管理过程。本书第 6 章内容能够满足读者如上学习需求。

除此之外，作者在多年的工作实践中认识到掌握系统生命周期（SLC）和系统开发生命周期（SDLC）、理解为什么在软件开发过程中需要考虑安全问题以及需要考虑哪些安全问题，对于更好地实现安全运营与管理至关重要。因此，在第 6 章中系统介绍了软件开发中最常用的系统生命周期与系统开发生命周期方法以及软件开发的模型，分析了方法每个步骤中需要考虑的安全因素。

风险识别、监控与分析

在实际应用中，通常会采用诸多安全控制措施保护信息资产。既然采取了保护措施，就应该确保每个措施对安全威胁的有效性。不针对任何威胁的安全控制措施会带来不必要的开销且对安全起不到任何作用。因此，掌握系统运行状态，准确把控系统以及安全控制措施是否按照预期运行，从而分析和识别安全风险，对于保障信息系统安全至关重要。审计、监控、测试是了解系统运行状态、发现系统安全风险的重要途径。本书第 7 章审计/测试和监控对此部分内容进行了描述。

审计、监控、测试从事后检查、实时监察、主动探查三个方面实现了解系统安全状态和安全风险的目标。审计通常是一种事后检查的方式，它以第5章审计记录技术为支撑，开展安全性审计。这里需要强调：安全性审计区别于传统的系统审计，它的实施依赖于用户的定义，通常仅审核系统安全机制部署、安全策略实施、安全状态相关的系统行为。监控是实时了解系统安全状态的主要手段，部分功能的实现以审计记录为基础，着重监测对系统产生安全威胁的异常行为。安全监测是一种技术或一种手段。测试是一种主动探查的手段，安全测试的主要目的是识别系统中未被纠正的脆弱性。一个系统可能在某个时段安全，但用于新的服务或新的应用时就可能存在脆弱性。因此，测试的目的就是要发现新的脆弱性，从而应对它们。

本书着重介绍了安全审计、系统监控、系统安全性测试的有关知识。读者可以了解到审计如何助力于保障系统安全，学习到为什么需要审计、如何制定审计计划、审计基准是什么、如何搜集所需要的信息来进行高质量的审计、如何进行日志管理、如何实现系统监控及安全性测试等，从而掌握把控系统安全风险及状态的方法。

事件响应与恢复

当检测到系统存在安全风险或系统遭受到损坏后，应该采取相应的措施降低安全风险的危害，帮助系统迅速恢复。此部分内容在书中第8章风险、响应与恢复中进行了描述，是信息安全保障技术框架中响应与恢复部分的内容。

信息安全专业人员实践中通常需要从以下几方面开展工作：识别组织承受的风险；通过实施控制，尽可能地阻止破坏；准备好应对无法阻止事故的计划和流程。这些内容都属于风险管理的范畴。通过本书第8章内容的阅读，读者能够了解风险管理的原因、处理方法过程，明白业务连续性计划（BCP）如何帮助组织确保灾难不会导致组织业务中断，掌握风险分析、响应以及评估的措施和方法，掌握备份的方法以及可以用来进行灾难恢复的备份模型、事故响应步骤，理解事故响应在风险、响应与恢复进程中的重要性，掌握灾难恢复的主要步骤，明确信息安全专业人员在整个灾难恢复计划中扮演的角色。

密码学

数据通信的机密性需求，推动了人们对密码学理论、技术的研究，并使其应用逐渐成熟。密码技术是信息安全的基础技术，密码系统的安全性赖于密钥的安全性，而不是密码算法的机密性。

密码技术主要包括密码算法、密码协议的设计与分析。密码算法包括分组密码、序列密码、公钥密码、杂凑函数、数字签名等，它们在不同的场合分别用于提供机密性、完整性、真实性和不可否认性保护，是构建安全信息系统的基本要素。密码协议是在消息处理环节采用了密码算法的协议，它们运行在计算机系统、网络或分布式系统中，为安全需求方提供安全的交互操作。密码分析技术是指在获得一些技术或资源的条件下破解密码算法或密码协议的技术。

本书第 9 章密码系统介绍了密码学的基本原理及其商业应用。读者可以通过本书了解到：密码学基本概念及各种商业事务的安全需求、如何将密码技术应用于这些安全需求、如何区分基于密码学设计的各类安全产品以及对称密钥密码体制、非对称密钥密码体制的优缺点等。

网络与通信安全

对于今天的大多数组织机构来说，网络和通信是业务基础设施的关键组成部分，它的不可用或者出错会影响组织机构的正常运行。网络与通信安全的目标是满足组织对网络机动性、完整性、可用性的基本需求。信息安全实践者需要掌握网络与通信的基础知识、以及网络安全技术。

本书第 10 章网络与通信安全介绍了网络开放系统互联参考模型（Open Systems Interconnection Reference Model，OSI）、网络拓扑、传输控制协议/因特网互联协议（TCP/IP）、无线网络以及网络安全的相关知识。读者能够了解到 OSI 参考模型以及在建设和使用网络及其资源时 OSI 参考模型所起的参考作用、TCP/IP 协议体系以及网络层协议、网络安全防护基本工具、无线网络工作原理及其可能对企业安全带来的威胁。通过学习及实践，读者能够更好地理解为什么需要安全策略、标准和技术以及 IT 基础设施安全为什么取决于其最薄弱的环节。

恶意代码检测与防范

恶意代码是指能够在计算机系统中进行非授权操作，给系统安全性带来潜在威胁的代码。（根据编码特征、传播途径、攻击形式及在目标系统中的生存方式等因素恶意代码通常被划分为计算机病毒、网络蠕虫和特洛伊木马等类型。它以破坏系统、盗取重要数据为目标，是互联网连接设备或计算机的主要威胁。）通常针对信息安全的三个属性进行攻击：机密性攻击，即泄露隐私信息；完整性攻击，即篡改系统或数据信息；可用性攻击，即破坏数据、软件、硬件的应用。近年来，全球频现重大安全事件，2017 年爆发的新型"蠕虫式"勒索软件 Wanna Cry、2018 年 Facebook 数据泄露事件、2019 年德国政客私人信息泄露事件等均反映了恶意代码的严重影响。

恶意代码检测与防范被广大计算机用户熟知，但技术实现比较复杂。在原理上，防范技术需要利用恶意代码的特征来检测并阻止其运行，但对于不同恶意代码，其特征可能差别很大。目前，已有很多能够帮助发掘恶意代码的静态和动态特征的技术，也出现了一系列在检测恶意代码、阻断其恶意行为的技术。

本书第 11 章恶意代码及防范着重介绍了恶意代码的特点、结构、类型、发展历史、商业威胁；从防御实践的角度出发，阐述了防范工具与技术及检测工具及技术。读者可以了解不同类型的恶意软件及其操作、垃圾邮件和间谍软件及其影响、不同类型的网络攻击以及保护网络免受攻击的方法、计算机病毒的历史及威胁、实现不同类型攻击以及攻击防范的方法、事件检测技术与方法等。

3. 关于信息安全标准、教育、认证及法规

信息安全从业人员除了掌握信息安全技术之外，还需要了解信息安全标准、法规以及支撑从业者学习、深造所需的教育与认证相关知识。

信息安全标准

在实施信息系统安全防护时，很难从同一厂家获得所有信息安全产品，需要从不同的供应商处购买相关产品，并使这些软件、硬件协同工作。统一的标准是创建和维护市场竞争的必要条件，也是可确保不同国家的产品相互兼容、在计算环境中协同工作的重要依据。因此，从业人员需要掌握这些通用标准和技术规范，以此指导使用遵循相同标准、来源不同的产品并使其协同工作。研究学习好这些标准对从事信息安全工作非常重要。

随着信息技术的不断发展，信息安全标准也随之逐步更新与发展。在书中作者依据多年的从业经验，对信息安全领域著名的标准化组织及应用广泛的标准进行解读，这些标准均为计算机、网络产品与服务的通用标准。读者可以以此为依据开展信息系统安全保障相关工作。

信息系统安全教育与培训

信息安全从业人员需要具备丰富的信息系统安全知识和技能，从而保障其顺利开展信息安全相关工作。然而全球信息安全形式日益严峻，信息安全理论和技术不断更新发展。信息安全从业人员需要不断更新知识，以适应这种改变。教育和培训能够为信息安全从业人员提供获取知识的途径，帮助其掌握必需的技能，这些对于信息安全从业人员更新知识、提升信息安全提升从业能力至关重要。

本书第 13 章着重介绍了教育资源以及实践培训的相关内容。通过阅读，读者能够了解获取信息系统安全知识和技能的方式、自学方式进行学习的方法、非正式教育与正式教育中不同学位课程的情况以及某些组织提供的集中短期培训课程的情况。在书中，作者还根据自己的从业经验指导信息安全从业人员根据自己的特点选择合适的教育和培训方式高效的弥补自己的不足。

信息安全专业认证

随着软件和硬件产品的不断更新，越来越多的软、硬件漏洞被攻击者发现，信息安全问题日益复杂，信息安全专家想维持系统安全现状非常困难，这也让用户确定谁有资格来维护系统安全更加困难。目前，涉及信息安全领域认证种类繁多，这些认证适用于从高级安全管理人员到技术人员的所有人员。认证有助于为从业人员提供其具备知识和技能的证明，也便于组织机构找到参加过专业培训并遵守行业标准的从业者。

作者根据从业经验，选择行业认同度较高的认证，在本书第 14 章信息安全专业认证中进行了介绍。认证的相关信息能够帮助、指导读者开展信息安全的相关学习，并由此初步衡量自己在信息系统安全或信息安全保障中的知识、经验、能力水平。然而，需要强调的是，读者不要仅仅通过持有的证书来衡量自己的价值或能力。组织机构仅能通过认证来辅助评估从业者的工作前景，但最好的评估则是未来的实际表现。

美国相关法律

全球信息安全形势日益严峻，它影响着政治安全、经济安全等，成为国家安全的重要分支，信息安全相关立法的需求迫切。中国、俄罗斯、英国、德国、澳大利亚、美国等国家相继出台相关法律。信息安全专业人员应具备将信息安全相关法律法规的要求落实在具体安全解决方案的能力。作者在美国从事信息安全行业多年，他挑选了美国信息安全从业人员必须遵守的安全和隐私保护相关法律，在第 15 章中进行了介绍和解读，对国内的 IT 运营机构和信息安全从业人员有一定借鉴价值。

本书第 1、5、6、7 章由朱婷婷翻译；第 2、4、15 章由赵林翻译；第 3、8 章由付伟、吴邱涵翻译；第 9 章由秦艳琳翻译；第 10、13 章由严博翻译；第 11、12、14 章由付钰翻译；赵林负责网络、通信部分内容的统稿，陈泽茂、朱婷婷负责全书统稿。杨波教授审阅了全书。

本书的翻译和出版工作得到了丛书编委会、海军工程大学信息安全系、武汉大学国家网络安全学院和电子工业出版社的大力支持，贲可荣教授在本书立项、翻译、统稿过程中给予了具体指导，在此一并表示感谢。

因水平和时间有限，译文在理解和表述方面势必存在不当之处，可请读者批评指正。

译者

作者序

本书是由 Jones & Bartlett Learning 出版的信息系统安全与保障（ISSA）系列丛书之一。该系列丛书全面详细介绍了信息系统安全学科领域内最新的理论成果和发展趋势，适合 IT 安全、网络安全、信息保护和信息系统安全等方面的课程教学。书中着重介绍了基本的信息安全原理，包含了大量的信息安全实例和案例。丛书由 CISSP 专业人员编写，并由本领域内权威专家逐字审阅，涉及内容涵盖信息安全的全部领域。丛书不仅包含最新的内容，而且具有良好的前瞻性，不但可以帮助读者解决今天存在的网络安全问题，还有助于应对未来的网络安全挑战。

本书第一部分是信息安全基础。主要介绍数字时代带来的新的风险、威胁和脆弱性。如今无论是个人、学生、教育工作者还是公司机构、政府部门，其通信方式和工作模式都已发生重大改变。互联网和宽带通信早已融入我们日常生活中，数字革命已经对信息系统安全提出新的要求。最新的法律法规要求公司机构应切实确保隐私数据安全、降低信息安全风险责任，信息系统安全从来没有受到如此重视。

本书第二部分改编自官方的（ISC）^{2}SSCP®CBK® 学习指南。本部分内容高度概括和总结了信息安全从业人员认证需要熟练掌握的七个领域：访问控制，密码技术，恶意代码及其行为，监控与分析，网络与通信，风险、响应和恢复，安全运营与管理。

本书第三部分为那些希望在信息安全标准、教育、专业认证和最新法律法规等方面了解更多信息的读者和学生提供了资源。这些资源也同样适合于那些想了解更多信息系统安全教育和就业机会的学生和个人。

本书的写作注重实践性，采用会话的方式。在全书中，结合大量实例循序渐进地介绍信息安全的各种概念和流程。文中的插图既是对正文内容的补充说明，同时也使文字内容图形化、具体化，便于读者理解和掌握相关知识。本书还有诸多注释提示，提醒读者注意和了解与主体内容相关的其他有用信息。章节最后对本章内容进行了小结，以便读者能快速回顾和预览章节的主要内容，帮助其了解本章内容的重要性。

本书适合人群包括计算机专业或信息科学专业的大学生、两年制技术学院的学生以及具有基础知识背景的社区学院的学生或具备 IT 安全基础知识并打算进一步提高学习的有关读者。

致　谢

本书来源于 Jones & Bartlett Learning（www.jblearning.com），它是信息系统安全与保障系列（Information Systems Security & Assurance Series，ISSA）丛书中最重要的一本。ISSA 系列丛书为培养信息安全行业人才的高校开设的 IT 安全和信息保障相关课程提供了配套教材与课件。

ISSA 系列丛书由信息系统安全专业人士、顾问和信息系统安全领域公认的领军人物共同开发，每一位编者都为丛书的编著做出了很大的贡献。他们努力和奉献的核心驱动力是“帮助教育当今的信息系统安全实践者”，通过创建最新的教科书、课件和在线课程，信息系统安全从业人员做好工作和技能准备提供支撑。

国际信息系统安全认证机构（ISC^2）为本书的写作提供了巨大的帮助。本书第二部分介绍了系统安全从业人员认证（SSCP®）的通用知识体系（CBK®）以及 SSCP®CBK®信息系统安全保障中七个领域的知识。SSCP®CBK®涉及的七个域包含了信息系统安全从业者在 IT 架构中能够采取的安全措施。

感谢 Jones & Bartlett 出版发行最优秀的信息系统安全丛书，并构建相应的优秀课程。

感谢（ISC^2）认识到 SSCP®专业认证 SSCP®CBK® 7 个领域包含了符合实际操作技能的项目。

感谢诸位读者、业内专家、文字编辑、开发编辑和美工技师在过去一年中为本书及整个 ISSA 系列丛书的出版所做的贡献。

最后，但也是同样重要的，感谢我的妻子 MiYoung Kim，她始终陪伴在我的左右。

David Kim

我由衷地感谢 Kate Shoup 为本书提出宝贵意见，这些意见对完善本书的内容非常有帮助。感谢 Lawrence Goodrich 和 Ruth Walker 所有的投入、工作和耐心，你们与友人的努力让这一过程变得如此顺利，并为本书增加了诸多宝贵内容。同时，感谢 Stacey 和 Noah 在多个主题研究中的帮助。

Michael G. Solomon

目　　录

第一部分　信息安全需求

第二部分 （ISC）²®中系统安全从业者认证（SSCP®）以及专业认证

第三部分　信息安全标准、教育、认证及法规

第一部分　信息安全需求

Chapter 1 第1章 信息系统安全

互联网从其起源至今已经发生了戏剧性的改变。它从少数高校以及政府机关之间的网络成长为全球范围的网络，拥有超过 20 亿的用户。互联网的成长极大地改变了人们的通信和商业模式，带来了许多机会和好处。目前，互联网仍然以各种新的、多样的方式扩张。它提供了诸如移动 IP 和智能手机通信等各种新颖的服务。与外层空间类似，逐渐成熟的互联网成为一个新的领域。由于缺乏管理互联网的政府和中心机构，互联网里充斥着各种挑战和不正当行为。

我们今天所熟知的互联网源于美国国防部高级研究计划局组建的计算机网络（阿帕网），它创建于 1969 年，隶属美国国防部。对当时的人而言，互联网应用是一个全新的概念和领域。而今，在网络上工作的人们必须面对和处理各种新的、不断进化的网络威胁。智能的、猖獗的网络犯罪、恐怖分子和行骗高手潜伏在阴暗处，我们的电脑或设备访问互联网后立即会暴露在他们的攻击之下，而这些攻击会挫败我们的工作，使我们陷入困境，同时也令那些个人信息被窃取的人尝尽了苦头。更糟糕的是，对计算机和网络设备的攻击对依赖于电子商务的国家经济是一种威胁。更甚之，网络攻击威胁到了国家安全。例如，恐怖攻击者能够切断电力网络系统、瘫痪军事通信等。

我们也可以改变上述境况（为了抵御风险，我们可以建立防御措施）。这个世界需要那些精通计算机系统安全并能保护计算机和网络免受犯罪分子和恐怖分子威胁的专家。为了便于学习，本章首先概述了信息系统安全的相关概念和术语。

1.1　信息系统安全

今天的互联网是一个全球性的网络，拥有超过 20 亿的用户。它包含地球上几乎每一个政府、商业组织以及其他各类组织。然而，正是因为网络上人数众多，必须对互联网的游戏规则进行革新。这些用户需要某种机制以便实现跨计算机链接各种文档和资源。换而言之，在计算机 A 上的用户需要一种便捷的方式打开计算机 B 上的文档。这需要升级网络系统以定义文献和资源如何跨越网络进行关联，这个系统被称为万维网（World Wide Web，WWW）。我们可以把它理解成网络空间或者简单地理解为网络。它的工作思路是：通过因特网建立各个网络之间的连接和通信。所谓网络就是各个网站、网页以及计算机中数字化内容之间的连接。网络空间包含世界范围电子领域内所有网络用户、各种网络、网页和相关的使用。

不幸的是，当我们接入到网络空间时，也为许多犯罪分子和恶意攻击者打开了方便之门。他们企图发现和盗窃我们的信息。每一台联网的计算机都存在这个风险。所有用户必须防御攻击者从而保护他们的信息。保护网络空间安全是每一个想要确保国家安全的政府的责任，也是每一个想要保护自身信息安全的组织的责任，同时也是我们保护自身信息安全必须完成的工作。图 1-1 描述了这样一个待探索的领域。

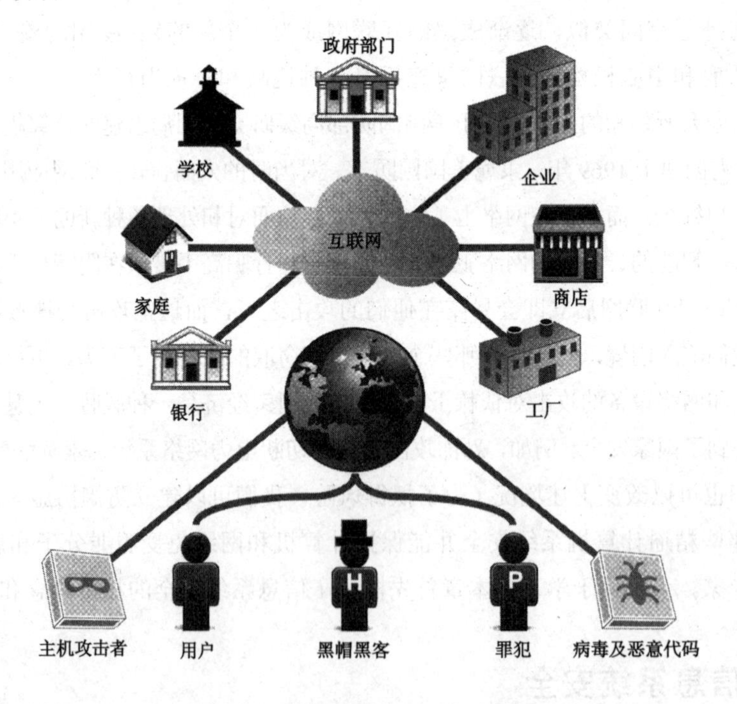

图 1-1　网络空间：一个新的领域

构成网络空间的各个要素并非天生安全，这些要素主要包括电缆、实体网络、操作系统以及各类上网需要的应用软件。其中，网络不安全的主要问题源于TCP/IP通信协议缺乏安全性。这个协议是上网计算机最普遍使用的通信语言（协议由一系列通信规则和方式构成）。实际上，TCP/IP由传输控制协议和互联网协议组成。它们一起工作时，允许任意2台计算机通过网络进行通信。TCP/IP作为一个整体，通过分块或包的方式，将数据在网络中传输。这里的IP数据包具有可读性，采用明文的形式。这就意味着需要采用隐藏或加密方法对数据包中的数据进行隐藏或加密，从而增加其安全性。图1-2显示了TCP/IP数据包结构。

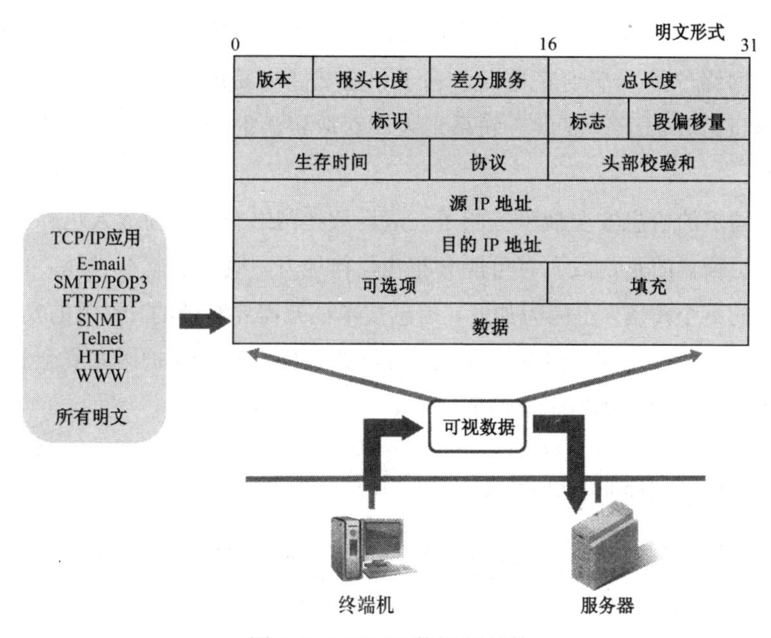

图1-2　TCP/IP数据包结构

以上这些带来了一个问题：如果互联网如此不安全，为何人们的上网会如此快捷呢？原因在于从20世纪90年代中期到21世纪初，网络获得了海量的发展，为上网的所有人提供了便捷的上网接口和大量的网络资源。另外，一个让全球都能便捷连通的呼吁对网络的发展提出了要求。伴随这个要求，网络的发展呈现高速率、低费用的特点。目前，家庭、公司和政府都能获得低廉的高速上网接口。另外，无线上网方式也更加普遍和廉价，无论我们身在何地，上网都变得更加方便、容易。

互联网的增长也带来了两代人的差异。随着婴儿潮一代逐渐老去，Y一代的文化逐渐成为主流。这些新生代是伴随着移动电话、智能电话和“无处不在”的上网接口成长起来的。这些工具设备提供了实时通信功能。今天的私人通信手段不但包括视频、音频会议，还包括诸如 IP 语音、短信、即时通信和聊天等。这些实时的被激活的会话发起协议（SIP）因为被应用于统一通信系统中而为大家所熟知。会话发起协议是一种用于支持实时通信的信号协议。在集会、即时聊天工具、音视频会议和各种其他合作中使用的统一通信系统里，均用到了会话发起协议。

网络空间为会议、社交和思想交流提供了新的场地。在这里，我们能和朋友、家人、同事以及任何地方的人进行沟通交流。但这也存在风险：我们无法真正知道网络的另一端到底是谁。骗子和盗贼能轻易地掩盖他们的身份。当网络空间提供给我们通过键盘去联系别人和获取资源的接口时，也带来了许多风险和威胁。

一场猛烈的信息安全战争打响了。战场就在网络空间，而敌人也存在于这个空间中。更糟糕的是，敌人有可能分布在任何地方，既可能就在当地，也可能在全球范围的某个角落。正因为如此，信息技术框架需要有效的、管用的安全措施，这就对信息系统安全和信息安全专业（在网络空间中帮助保护国家安全和商业利益的一种新的职业）提出了很高的要求。

1.1.1 风险、威胁和脆弱性

本书介绍网络空间存在的危险并讨论如何规避这些危险。书中揭示了在信息系统和 IT 基础架构中通常是如何识别和抵御危险的。为了了解如何让计算机更加安全，我们首先要了解网络空间中风险、威胁和脆弱性的含义。

风险指的是在有价值的资产上发生不好事情的可能性，它揭示了对有价值的资产产生影响的某些因素。在 IT 安全领域内，所谓有价值的资产可以是计算机、数据库或一条信息。风险的例子包括几种：

- 信息丢失；
- 因为灾害摧毁建筑导致的公司受损；
- 违反法律和规则的行为。

威胁是指对有价值的资产产生危害的行为。信息系统面临着来自自然和人为的双重威胁。例如，洪水、地震或严重的风暴产生的威胁则需要相关的组织机构有预案来确保业务的连续运行和恢复重建。业务连续性计划（BCP）给出了一个组织机构持续运行的若干优先权，而灾难恢复计划（DRP）则指出了大灾过后（如火灾、飓风灾害），相关业务如何回到它原有的轨道运行。计算机系统的人为威胁包括病毒、恶意代码和未授权访问。所谓病毒是一段人为的用于危害系统、应用和数据的计算机程序；恶意代码或恶意软件是一段人为的用于触发某个具体事件的程序，如擦除计算机硬盘数据等。这些威胁对个人、公司和各种机构组织均构成危害。

最终用户许可协议（End-User License Agreement，EULA）

EULA是用户和软件商之间的许可协议。它们保护软件商避免因软件不完美而引起的纠纷。典型的EULA包含免责声明。这就限定了软件存在BUG和黑客可利用的漏洞时软件商须负的法律责任。这里有一个微软公司的最终用户许可协议节选，其声明公司对软件仅提供“有限”的担保。该协议也指出所提供的软件产品“不保证毫无瑕疵”。

免责声明。上述的有限保修是唯一给您的明确保证，并可替代包装文件其他明示保证（如果有的话）。除有限保修外，在适用法律允许的最大范围内，微软及其供应商阐明软件产品和支持服务（如果有的话）的缺点，并特此声明所有其他担保和条件。

责任限制。尽管我们可能因任何原因遭受损害而受到一定的补偿（包括但不限于上述所有损害和一般损害的直接赔偿），EULA条款中规定微软的全部责任、其供应商的部分责任以及前述赔偿（不包括微软选出的有限赔偿的部分）应限于您实际支付的软件产品的金额。前述的限制性责任、排除的部分和免责声明（包括上述的第9、10和11部分）给出了法律最大程度的保障，即便这个补救措施没有达到根本目标。

所谓脆弱性是指系统中的弱点，这些弱点允许威胁的实现或对有价值的资产产生影响。为了了解脆弱性到底是什么，我们以点火举例说明。

火本身并无好坏之分。如果我们需要烤肉，就需要在烧烤架上生火。烧烤架就设计为具有盛火的功能，在正确使用的时候，对人是没有危害的。可是从另一方面来讲，如果在计算机数据中心纵火将导致严重危害。烧烤架能够耐火，而计算机数据中心却不能。一个威胁本身并不总是带来危害，而条件是需要存在使其实现的脆弱性。

脆弱性经常导致法律责任的后果。任何允许威胁实现的脆弱性都可能导致一场官司。由于计算机在使用时必须运行软件，而软件程序在编写过程中可能存在BUG。于是，软件销售商在最终用户许可协议（EULA）中必须对其脆弱性提出免责声明。在用户打开安装包安装软件之时，一份最终用户许可协议（EULA）随之生效。

所有的软件销售商都使用最终用户许可协议（EULA），这就意味着保护 IT 系统和数据的责任落在了网络信息系统安全专业人员的肩上了。

1.1.2 信息系统安全定义

通过对信息系统进行碎片化分解，我们很容易了解其安全性的定义。一个信息系统由硬件、操作系统、安装在设备上的各种应用软件、程序进程以及个人和机构组织的存储数据组成。所谓信息系统安全则是对保护信息系统及其中存储数据的各种活动的集合。许多美国和国际的法律均要求包含有关信息安全的条款。各个团体组织必须对其给出正面的回应。图 1-3 描述了 IT 基础框架内涉及的信息类型。

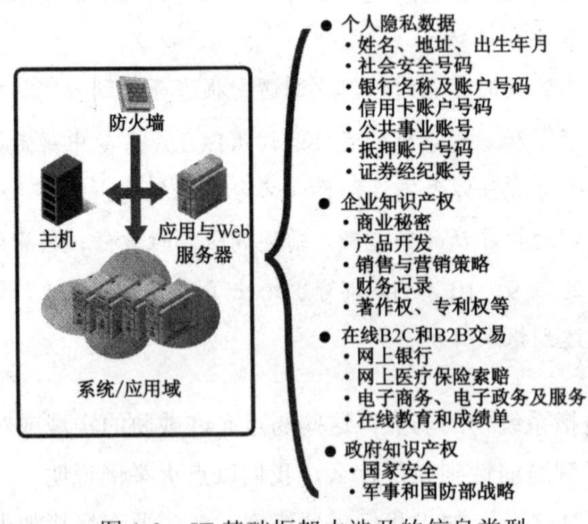

图 1-3 IT 基础框架内涉及的信息类型

1.1.3 美国法律对信息安全的指导要求

网络空间给个人和组织带来了新的威胁。人们需要保护他们的隐私。公司和各机构组织也有责任保护他们的知识产权以及所掌握的个人或私人信息。许多法律也要求相关机构组织使用安全措施以保护私人和机密的数据。近期美国关于信息安全的法律包括如下：

联邦信息安全管理法案（Federal Information Security Management Act，FISMA）：于 2002 年通过，联邦信息安全管理法案要求联邦政府机构为支撑联邦政府部门的各种资源提供安全措施。

- **萨班斯法案**（Sarbanes-Oxley Act，SOX）：于 2002 年通过，该法案要求公众贸易公司提供精确的、可信赖的财务报告。这部法律并未要求保护私人信息，但是它要求在保护报告本身的机密性和完整性方面采取安全措施。
- **格雷姆-里奇-比利雷法案**（Gramm-Leach-Bliley Act，GLBA）：于 1999 年通过，该法案要求所有各种类型的财务机构要保护消费者的私人财务信息。
- **健康保险携带与责任法案**（Health Insurance Portability and Accountability Act，HIPAA）：于 1996 年通过，该法案要求健康医疗机构需采取相关安全和保护隐私的措施以保护患者隐私。
- **儿童网络保护法案**（Child Internet Protection Act，CIPA）：于 2000 年通过，该法案要求公立学校和公共图书馆建立互联网安全策略。该策略必须遵循如下方面内容：
    - 禁止儿童在互联网上访问不合适的内容；
    - 当儿童使用电子邮件、聊天室和其他电子通信工具时，确保其安全；
    - 禁止通过儿童在线网络进行黑客和其他违法操作；
    - 未经许可不得公开和散布与儿童有关的个人信息；
    - 禁止儿童访问不良内容。
- **家庭教育权和隐私权法案**（Family Education Rights and Privacy Act，FERPA）：于 1974 年通过，该法案保护学生的私人信息和他们在学校的记录。

图 1-4 显示这些法案所属行业。

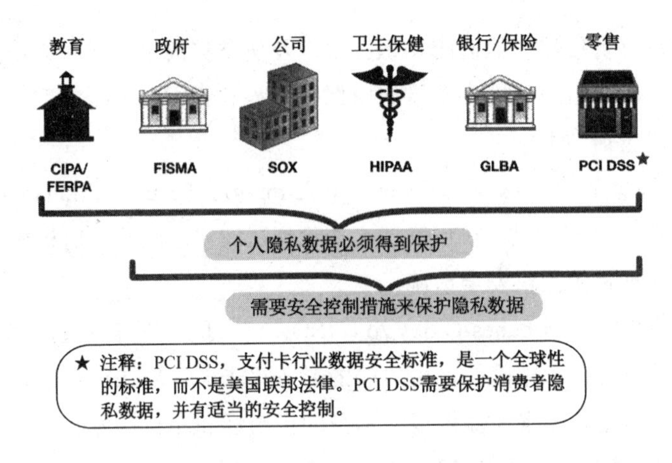

图 1-4　法案所属行业

1.2　信息系统安全要素

几乎所有人都赞成私人信息应该被保护。但是“确保信息安全”的真正意义是什么？确保信息安全应满足信息的三个要素或三个特性。做到三要素，那就满足了信息安全的要求。这三个要素如下：

- **机密性**：只有授权用户能够浏览信息；
- **完整性**：只有授权用户能够更改信息；
- **可用性**：授权用户无论何时都能访问信息。

图 1-5 显示了信息系统安全的三要素。当我们在设计和使用信息安全措施时，我们要遵循其中的一条或多条要素。

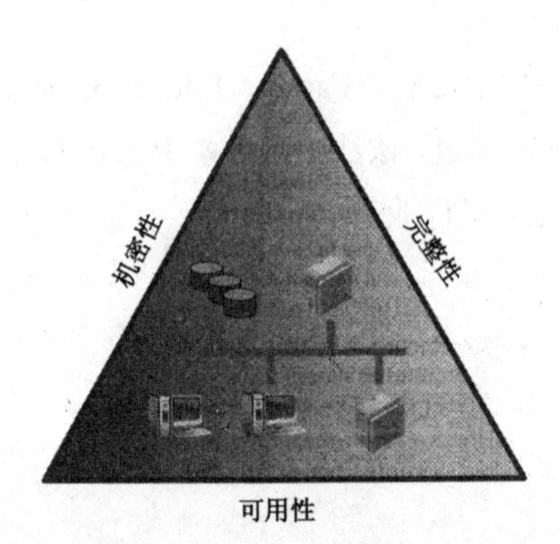

图 1-5　信息系统安全的三要素

当我们寻找面对安全问题的解决方案时，必须使用 C-I-A 三角形（三要素）。在典型的IT基础架构中，必须使用该三角形来定义安全底线目标。一旦安全底线目标明确，它们就基于我们所要保护的数据类型被转化成安全措施和安全需求。

身份盗窃

身份盗窃每年都影响了上千万的美国人。它是对美国消费者的主要威胁。个人的身份信息由许多要素组成，包括但不限于以下内容：

- 姓名；
- 邮件地址；
- 出生日期；
- 社会安全号码；
- 开户银行名称；
- 信用卡卡号；
- 多用途账号；
- 抵押账户号码；
- 证券及投资账号。

一个冒名顶替者通过借助我们的名字，家庭住址和社会安全号码，就能进入我们的账户。

身份盗窃不仅使我们的财物受到损失，还能危害我们在费埃哲（美国个人消费信用评估公司，FICO）的个人信用评估。这将严重影响我们从银行贷款、抵押或办信用卡等业务，我们将花费多年的时间来清理我们的个人信用记录。费埃哲是一家商业上市公司，它提供的信息被 Equifax、Experian 和 TransUnion 这三个美国最大的信用评级机构采用。

技术小贴士：

为了防止与美国中央情报局（CIA）缩写混淆，某些系统安全专业人员将该三原则定义为 A-I-C 三要素。

1.2.1　机密性

机密性的含义是指防止信息被那些无权知道它的人获取。机密信息包括以下内容：

- 私人信息；
- 公司知识产权；
- 国家安全。

用于保护国民私人信息的美国现行法律中，要求相关公司和组织机构应采取恰当的安全措施来确保其信息的机密性。

随着电子商务的发展，越来越多的人使用信用卡在线购物，这要求人们在电子商务网站输入私人信息，而消费者应当小心地保护他们有关个人身份的私人信息。

法律要求相关组织机构采取安全措施来保护消费者的私人信息，降低风险。这些安全措施举例如下：

- 为机构雇员安排每年一次的安全意识训练。这将帮助提醒员工正确处理私人信息，也能驱使在机构组织框架内产生和制定安全政策、标准、程序和指导方针的意识。
- 制定一个全面的 IT 安全政策框架。一个政策框架就像大纲一样，它明确各种安全措施的应用位置。
- 为 IT 基础框架设计多层次的安全解决方案。对私人信息和知识产权采取多层次或综合型的安全措施，能有效提升数据被窥视和盗窃的难度。
- 定期进行安全风险评估，并定期对 IT 基础框架和网站进行渗透测试。该手段有助于信息安全专业人员检测他们构建的安全措施是否正确。
- 在互联网进入和退出点建立安全事件监控。这就好比使用显微镜来观察互联网的进出情况。
- 对工作站和服务器采取自动化的反病毒和恶意软件保护。这是将病毒和恶意软件挡在计算机之外的有效手段。
- 对于敏感的系统、应用和数据，除了采取注册 ID 和密码的方式外，还应有更严格的访问控制。注册 ID 和输入密码仅仅是对用户的一次检测，对于进入敏感系统，应设置第二道检测以验证用户的身份。
- 对计算机和服务器上安装的软件以其安全控件经常进行升级，可以尽可能减少软件的安全漏洞。该手段能保障计算机上的操作系统和应用软件始终是最新版本。

警告：

绝对不要在邮件内以明文输入私人信息。记住，邮件在互联网上是以明文状态传输的，另外，绝对不要在非可信的网站上输入私人信息；绝对不要在未使用加密手段的网站和网络应用上输入私人信息。

保护私人数据就是一个确保数据保密性的过程。相关机构组织必须负责任地采用正确的具体安全措施。例如：

- 在组织范围内制定政策、标准、执行程序和指导方针以保护保密性数据。这些条款是如何保护私人数据的根本指导。
- 采用在整个 IT 基础框架内建立如何处理各种数据的数据分类标准，这可以为明确需要哪些安全手段提供指导。
- 针对极其私密的信息、系统和应用的访问进行限制，使得仅有授权用户才能使用。
- 采用密码技术来隐藏私密信息，使其对非授权用户不可见。
- 通过公开网络传递数据应当加密。
- 储存在数据库和存储设备中的数据应当加密。

利用网络向另一台计算机传送数据时，为了确保非授权用户无法得到私密数据，必须采取一些特定的方法。采用密码技术就是隐藏数据的一个可实践的方法，它能有效防止非授权用户获得数据。加密就是将明文数据转化成密文的过程。明文数据是任何人都能读得懂的信息，而密文则是通过明文加密而生成乱码，图 1-6 所示就给出了一个加密的例子。

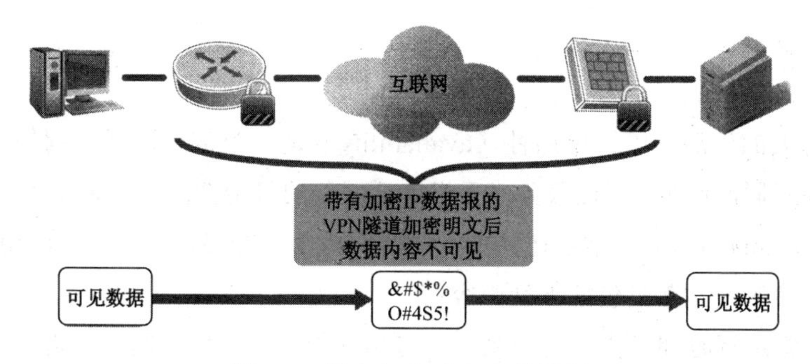

图 1-6　明文加密成密文的过程

私人数据如此重要，所以当地和州政府通过引用、扩展联邦法律，在当地也开始立法保护私人信息。

1.2.2 完整性

完整性体现了数据的合法正当性和精确性。数据缺乏完整性，说明数据有可能是不准的或是不正当的，自然就没有用处了。对某些机构组织而言，数据和信息就是其知识产权资产，其中包括版权、专利、未解密的公式以及消费者数据。这些信息具有很高的价值。未经授权而改变这些信息数据可能会削弱它们的价值。这就是为什么完整性是系统安全的一个要素。图 1-7 显示了数据完整性的含义。对相关机构组织而言，数据完整性的蓄意破坏和崩溃是一个严重威胁，尤其是商业公司的核心数据。

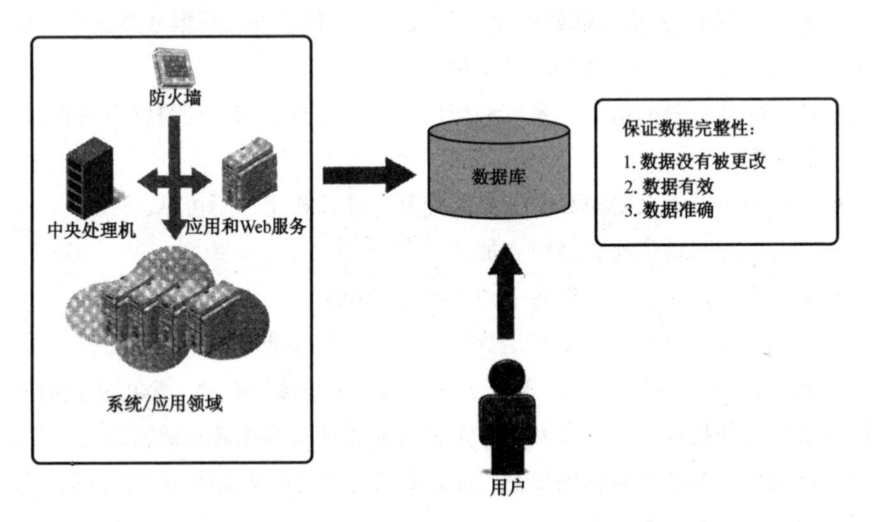

图 1-7 数据完整性

1.2.3 可用性

在每天的生活当中，可用性（availability）是一个常见词语。例如，我们可能会关注互联网服务、电视服务或手机电话服务的可用性。在信息安全的范围内，可用性（availability）通常描述为在某段时间内用户能够访问系统、应用和数据。通常可用性时间的衡量包括下列内容：

- **正常运行时间**是指可访问系统、应用和数据的全部时间。正常运行时间是在典型的日历月内采用小时、分钟和秒为单元进行测量。
- **宕机时间**是指不可访问系统、应用和数据的全部时间。宕机时间也是在典型的日历月内采用小时、分钟和秒为单元进行测量。

- **有效性**是指 A=所有正常运行时间/（所有正常运行时间+所有宕机时间）。
- **平均失效时间（MTTF）**是指系统平均能够正常运行多长时间才出现一次故障。在系统中，半导体及其电子设备的平均失效时间是很长的（25 年以上），而设备部件（例如，电缆头、电缆、风扇和电源）的平均失效时间则低得多（大约 5 年或更少），磨损和拉扯就可能令其失效。
- **平均恢复时间**——是指系统、应用或系统集成恢复正常所耗费的平均时间，令系统迅速复原是其目标。
- **恢复时间目标**是指在故障或灾难发生之后，令系统、应用和数据恢复工作所耗费的最高可承受时间。业务连续性计划通常都会规定应用于关键任务的系统、应用和数据的恢复时间目标。

如何计算月有效性

对于 30 天的日历月而言，系统的全部正常运行时间为:

30（天）×24（小时/天）×60（分钟/小时）=43200 分钟

对于 28 天的日历月而言，系统的全部正常运行时间为:

28（天）×24（小时/天）×60（分钟/小时）=40320 分钟

如下公式计算可用性所有正常运行时间/（所有正常运行时间+所有宕机时间）

如果每月 30 天，访问该月宕机30 分钟，则其可用性= $\dfrac{(43200)\text{分钟}}{(43200+30)\text{分钟}}$ =94.93%

通信和互联网服务提供商为其消费者提供服务水平协议（Service Level Agreements，SLAs）。该协议对一个月内大面积的联网服务的最低有效性作了约定。服务水平协议始终伴随着广域网络服务和互联网专线访问服务。有效性可以衡量一个月正常运行时间的服务水平承诺。举个例子，在一个 30 天的日历月中，发生 30 分钟的宕机时间，其系统有效性为 99.993%。服务提供商通常提供的有效性的范围在 99.5%～99.999%之间。

1.3　典型 IT 基础构架的七个域

在一个 IT 基础构架中系统安全的三要素通常都扮演什么角色呢？首先，让我们了解一下这里提到的典型 IT 基础构架看起来像什么？无论在一个小公司还是大型政府实体或是大型上市公司，绝大多数的 IT 基础构架都是由七个域组成，如图 1-8 所示。

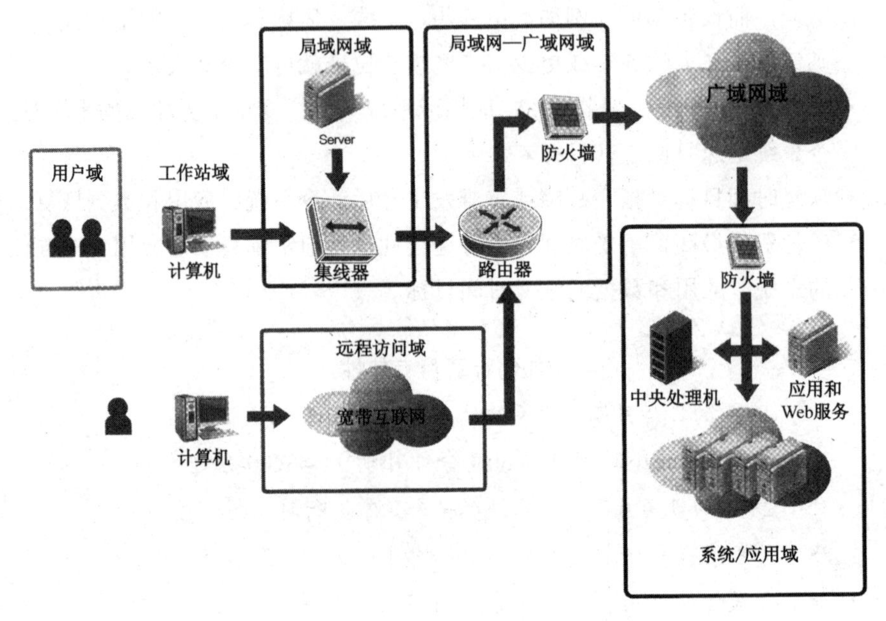

图 1-8　典型 IT 基础设施的七个域

1.3.1　用户域

用户域定义为登录一个机构信息系统的人。

1. 用户域的角色、责任和义务

对于用户域里发生的事情，存在如下观点：

- **角色与任务**——用户能够依赖于被赋予的访问权限访问系统、应用和数据。雇员必须遵守员工手册和相关政策。在用户域里存在可接受使用政策（AUP）。AUP 规定了机构自身的 IT 系统中用户允许做什么、不能做什么，它类似于雇员必须遵守的规则手册，违反这些规则将成为被解雇的理由。对于多层的安全战略而言，这是第一层防御开始的地方。
- **责任**——雇员将对他们使用的 IT 设施负责。新的法律规定对绝大多数结构而言，引入 AUP 是一次最好的尝试。机构可以要求其员工、合同工或其他第三方签署一个协议以确保信息的保密性。对于某些敏感的位置，还有犯罪背景检测的要求。部门经理或人力资源经理通常负责确认雇员签署并遵守 AUP。

- **义务**——机构里的人力资源部门有责任落实正确的雇员背景检测，尤其是针对那些访问敏感信息的人员。

2. 用户域中通常存在的风险、威胁和脆弱性

在一个 IT 基础框架中，用户域是最脆弱的一环。任何负责计算机安全的人员必须明白是什么原因导致某人让组织的系统、应用和数据陷入危险之中。表 1-1 罗列出了用户域中存在的风险、威胁和脆弱性以及应对措施。

表 1-1　用户域中存在的风险、威胁和脆弱性以及应对措施

风险、威胁和脆弱性	应对措施
用户意识缺乏	引导安全意识训练，张贴安全意识海报，在欢迎横幅中加入安全提醒，发送电子邮件提醒雇员。
用户无视相关规定和政策	引导年度安全意识训练，执行可接受使用政策（AUP），升级员工手册，并在业绩审查期间进行讨论。
违反安全政策	员工停职学习 AUP 和员工手册，并在业绩审查期间进行讨论。
用户插入带有个人相片、音乐和视频的 U 盘和 CD 等	封掉内部的 CD 驱动器和 USB 端口。对访问的媒介驱动器、文件以及电子邮件附件自动进行反病毒扫描。计算机硬盘上的文件需全部经过反病毒扫描，设置对电子邮件附件的反病毒扫描。
用户下载相片、音乐和视频等	对电子邮件附件进行内容过滤和反病毒扫描。根据 AUP 的定义配置内容过滤的网络设备，允许或拒绝某些特定的域名。
用户破坏系统、应用或数据	只允许用户因工作需要使用相关的系统、应用文件和数据，只允许数据的管理者删改数据。
机构遭受攻击或不满的员工的蓄意破坏	追踪和监控员工的反常行为、反常的工作表现以及非工作时间 IT 基础构架的使用情况，根据 AUO 的监控和遵守要求，开启 IT 端口的控制锁定程序。
员工失恋	追踪和监控员工的反常行为及其非工作时间 IT 基础构架的使用情况。根据 AUO 的监控和遵守要求，开启 IT 端口的控制锁定程序。
员工勒索敲诈	追踪和监控员工的反常行为及其非工作时间 IT 基础构架的使用情况。对敏感员工的地址和访问端口开启入侵检测系统/入侵防御系统（IDS/IPS）检测。入侵检测系统/入侵防御系统（IDS/IPS）安全设备检测流入和流出的 IP 数据流。入侵检测系统/入侵防御系统（IDS/IPS）里配套的警报系统能协助辨别反常的数据流，并能根据相关的策略规则组织 IP 数据流。

1.3.2 工作站域

所谓工作站域可以是台式计算机、便携式计算机、特殊服务终端或其他任何接入网络的设备。工作站计算机通常包含瘦客户端、胖客户端。所谓瘦客户端既可以仅仅是软件，也可以是一台内有硬盘驱动器的实体计算机。它在网络上运行，并依赖服务器提供应用、数据和所有的处理工作。瘦客户端通常应用在大型组织机构、图书馆和学校。相对地，胖客户端含有硬盘，并拥有更加功能全面的硬件设备，可以在本地进行数据的应用和处理，并与服务器之间进行文件存储。一台普通的 PC 机其实就是一台胖客户端。其他可以看成工作站的设备有电子记事簿（PDA）、智能手机和平板电脑等。在“远程访问域”部分，我们将会更加详细了解这些移动设备。

1. 工作站域的角色、责任和义务

- **角色和任务**——为了工作需要组织机构内的员工存在必须进行接入访问的情况。在此情况下，工作站域的任务包括硬件配置、系统增强和病毒检测等。系统增强是确保相关措施能有效运作的必要流程，这些措施可以用来应对处理系统中任何已知的威胁。增强工作包括确保所有的计算机均安装最新的软件版本、安全补丁以及进行系统配置。工作站域也需要额外的防护，其中一个重要的防护措施是设置工作站 ID 和登录密码，从而保护 IT 基础架构入口。
- **责任**——桌面技术支持团队是工作站域主要负责方，他们执行明确的标准确保用户工作站和信息的完整性。IT 安全专业人员必须在工作站域内部采取安全控制措施。人力资源部门根据员工承担的工作，为他们指定合适的访问控制规则。IT 安全专业人员根据上述指定规则，指定其对系统、应用和数据的访问权限。
- **义务**——IT 桌面管理者通常对允许职员最大限度地使用工作域负责。IT 安全指导人员要确保使用者遵照相关规则使用工作域，从而确保工作域安全。

2. 工作域内存在的风险、威胁和脆弱性

工作域要求严格的安全防护与访问控制，因为这是用户访问系统、应用和数据的入口。使用工作域需要登录 ID 和密码。表 1-2 列出了工作域中存在的风险、威胁和脆弱性以及相关的应对措施。

表 1-2　工作域中存在的风险、威胁和脆弱性以及应对措施

风险、威胁和脆弱性	应对措施
未授权访问系统、应用和数据	制定严格的访问控制策略、标准、程序和指导。历例进行测试以证实用户的访问权限。
台式或便携式计算机操作系统存在漏洞	制定工作站操作系统脆弱性窗口期策略和标准。所谓脆弱性窗口期是指工作站暴露出广为人知的脆弱性直到打上补丁之前的那段时间。应将频繁的脆弱性评估扫描作为持续安全防护的一部分。
台式或便携式计算机应用软件脆弱性以及软件升级	制定工作站应用软件脆弱性窗口期策略和标准，并根据制定的策略、标准、程序，指导升级应用软件和打安全补丁。
用户的工作站或便携计算机被恶意代码或恶意软件感染	制定工作站反病毒和反恶意代码策略、标准、程序和指导原则。安装能自动扫描和升级的反病毒保护程序，给予工作站正确的防护。
在组织机构的计算机上插入 CD、DVD 光盘和 U 盘等	封住所有光驱和 U 盘接口；系统自动扫描插入的 CD、DVD 光盘和 U 盘上的文件内容。
用户通过互联网下载照片、音乐和视频	利用内容过滤器和反病毒软件扫描从互联网中上传和下载的数据。工作站能自动扫描所有新的文件，自动隔离未知类型的文件。
用户违反可接受使用策略（AUP），对机构组织的 IT 基础架构产生安全风险	对所有员工开展每年度的安全意识教育。建立全年的安全意识培养行动计划

1.3.3　局域网域

所谓局域网（LAN）是指在某一区域内两台或多台计算机通过网络传输介质组成的计算机组。网络传输介质可以是电缆、光纤或无线电波。局域网域通常根据功能或部门来进行组织。一旦组网，我们的计算机将能够访问系统、应用、互联网和数据。局域网域是 IT 基础架构中第三层防御架构的实施部分。

局域网域的实体部分由以下元素组成：

- **网络接口卡（NIC）**——计算机和局域网之间桥梁。网络接口卡有一个 6 bp 物理地址（MAC），作为该网络接口卡唯一的硬件标识符。
- **以太网**——以太网是最主流的局域网标准。如今，局域网参照 IEEE802.3 CSMA/CD 标准。以太网可以以 10M bps、100M bps、1G bps、10G bps、40G bps 和最新的 100G bps 的速度实现园区和城域以太骨干网连接。
- **非屏蔽双绞线（UTP）**——使用 RJ-45 接头和插口的工作站电缆，用于连

接 100M bps 或 1G bps 或 10G bps 的以太网交换机。今天，许多机构组织都使用五类或超五类的 UTP 传输媒质来支持数据传输。

- **局域网交换机**——用于将工作站接入以太网的设备。交换机为工作站和服务器提供专门的以太局域网连接。局域网交换机分为两层交换机和三层交换机两种类型。二层交换机验证 MAC 地址并基于 MAC 地址表做出转发决策；三层交换机验证网络层地址并基于路由协议路径的路由数据包做出转发决策，三层交换机与路由器类似。
- **文件服务器和打印服务器**——在工作组中为用户提供文件分发和数据存储的大功率计算机。打印服务器支持工作组内用户共享打印机。
- **无线访问端口（WAP）**——用于无线局域网（WLAN），无线信号发射器用于将 IP 数据包从无线网卡传输到无线访问端口。无线访问端口发射无线局域网信号从而连接移动设备，无线访问端口（例如，无线路由器）采用非屏蔽双绞线接入局域网交换机。

典型的以太网络交换机为每台工作站提供 100M bps 或 1G bps 网速的连接。今天，骨干网上以太网交换机可以提供 10G bps 或 40G bps 网速的连接，这些骨干网通常采用光纤连接。

局域网的逻辑部分由以下元素组成：

- **系统管理**——建立用户基于登录 ID 号和密码访问控制的局域网账户。
- **目录和文件服务设计**——使用户获得对服务器、文件目录和文件夹的访问权。
- **工作站和服务器 TCP/IP 协议的配置**——IP 地址、路由器默认网关、子网掩码地址等。路由器默认网关是局域网的进/出口，子网掩码定义了 IP 网络号和 IP 主机号。
- **服务器硬盘存储空间以及用户数据备份与恢复设计**——提供用户数据文件在局域网盘上的备份和日常更新。一旦，数据丢失或损毁，能够从备份文件中恢复数据。
- **虚拟局域网设计**——利用二层和三层交换机，能够配置出以太网端口形成虚拟局域网（VLAN），甚至它们可以连接到局域网中各种实体设备上。这和在以太网或广播域中配置工作站和服务器的方式一样。

用户可以根据他们的工作需求访问他们工作组的局域网和其他相关应用。

1. 局域网域的角色、责任和义务

对于局域网域中发生的事情涉及的角色、责任、义务，目前主要有如下观点：

- **角色和任务**——局域网域中包含实体网络组成部分和针对服务用户的逻辑配置部分。

网络实体部分包括：

- 电缆；
- 网卡；
- 局域网交换机；
- 无线访问端口。

局域网系统管理包括掌握用户账户总体清单和访问权限。在局域网域中，需要双重身份认证，这类似于一个门禁，用户必须再次证明他的身份。

- **责任**——局域网技术支持小组掌控局域网域，包括其中的硬件实体部分和逻辑元素。局域网系统管理员必须能够维持和支撑部门的文件服务及打印服务，并为用户配置访问控制策略。
- **义务**——局域网系统管理者的责任是使局域网域中的数据具有最大程度的完整性，并得到最充分的使用。通常，IT 安全指导人员必须确保人员在局域网域中的行为遵守相关规则和政策。

2. 局域网域内存在的风险、威胁和脆弱性

局域网域也需要强有力的安全保障和访问控制。通过局域网域，用户能够访问全公司的系统、应用和数据。因此，这里就需要建立第三层防御。该防御能保护 IT 基础架构和局域网域。表 1-3 列出了局域网域内存在的风险、威胁和脆弱性以及应对措施。

表 1-3　局域网域内存在的风险、威胁和脆弱性以及应对措施

风险、威胁和脆弱性	应对措施
未授权访问局域网	确保布线室、数据中心和计算机房的安全。没有正确的 ID 号，不许任何人进入。
未授权访问系统、应用和数据	建立严格的访问控制策略、标准、程序和指导原则。对敏感的系统、应用和数据的访问，实施双重身份验证。限制用户访问局域网文件夹以及因需要读写和删除特定文档的权利。

续表

风险、威胁和脆弱性	应对措施
局域网服务器操作系统软件存在脆弱性	制定台式机、便携电脑和平板电脑的脆弱窗口策略、标准、程序和指导原则。周期性地进行局域网域脆弱性评估，从而及时发现软件漏洞。脆弱性评估是一种软件测评，目的是识别软件中的 BUG 和错误。通过升级软件补丁和控件，可以消除这些 BUG 和错误。
局域网服务器应用软件脆弱性和软件补丁升级	制定严格的软件脆弱窗口策略，迅速为软件打补丁。
无线局域网用户非授权访问	使用需要密码访问的无线局域网访问控制方式。关闭 WAP 上的广播通信功能。在准许接入无线局域网访问之前需要双重身份认证。
无线局域网传输中的数据泄密	在工作站和 WAP 之间进行加密处理以确保机密性。
由于各个局域网服务器拥有不同的硬件、操作系统和软件而带来的难以管理和故障检修的问题	执行局域网服务器配置标准、程序和指导原则。

1.3.4　局域网—广域网域

所谓局域网—广域网域是 IT 基础架构连接广域网和互联网的位置。然而，连接互联网就好比为攻击者铺上了欢迎进入局域网的“红地毯”。互联网是开放的、公众的且任何人都容易访问的。互联网中绝大多数通信都采用明文，这就意味着互联网的透明性和非私密性。网络中通常应用两类传输协议：传输控制协议（TCP）/用户数据报协议（UDP）。TCP 和 UDP 都使用端口号来识别应用和功能；这些端口号的功能类似电视机频道，它控制我们正在浏览的网站。当数据包通过 TCP 或 UDP 发送时，它的端口号显示在该数据包的报头部分。这从本质上揭示了数据包的类型，就好比向全世界宣扬我们正在传输的内容。

传统的 TCP 和 UDP 包含如下典型的端口号：

- **80 端口**：超文本传输协议（HTTP）。超文本传输协议（HTTP）是浏览器和网站之间明文信息交换的通信协议。
- **20 端口**：文件传输协议（FTP）。文件传输协议（FTP）是用来执行文件传输的协议。FTP 采用 TCP 作为面向连接的数据传输协议，它使用的是明文。面向连接的意思是为了提高文件传输的完整性，每个单独的数据包都分组和被编号用于接收确认。

- **69 端口**：简单文件传输协议（TFTP）。简单文件传输协议（TFTP）是用来执行文件传输的协议。TFTP 采用 UDP 作为无连接数据传输协议，它使用的也是明文。它被用于小的和快速的且无法进行单独打包的文件传输。
- **23 端口**：终端网络（Telnet）。终端网络（Telnet）是一种远程终端访问协议。Telnet 采用 TCP 协议，以明文形式发送数据。
- **22 端口**：安全外壳协议（SSH）。它也属于远程终端访问协议，SSH 对传输的信息进行加密，以保持通信的机密性。

大家所熟悉的端口号一共从 0 排列到 1023，这份完整的清单列表目前保存在互联网数字分配机构（IANA）。IANA 负责帮助分配全球的域名服务、IP 地址和其他网络资源。大家所熟悉的端口号可以在 IANA 网站上查询，其地址是：http://www.iana.org/assignments/service-names-port-number/service-names-port-numbers.xml。

由于 TCP/IP 协议簇缺乏安全性，所以在使用该簇中的协议对安全控制有着更高的需求。局域网—广域网域代表了典型的 IT 基础架构的第四层安全防御。

1. 局域网—广域网域的角色、责任和义务

对于局域网—广域网域中发生的事情涉及的角色、责任、义务，目前主要有如下观点：

- **角色和任务**——局域网—广域网域既包含物理实体设备，也包含逻辑上的安全应用设计。对安全而言，该域是 IT 基础架构中最复杂的区域之一。我们既要为用户提供尽可能多的访问，又要确保安全。安全设备必须遵照政策的要求进行逻辑配置，只有这样才能够获得最有效的服务，确保数据的完整性和机密性。局域网—广域网域里的角色和任务需求包括管理和配置以下内容：
  - **IP 路由器**——IP 路由器是用于和互联网或广域网之间传输数据的网络设备，通过路径选择管理来转发数据包，其配置任务包括 IP 路由和访问控制列表（ACLs）（ACLs 类似滤波器，用来允许和拒绝传输）的配置。
  - **IP 状态检测防火墙**——IP 状态检测防火墙是用来过滤接收到的 IP 数据包的安全装置。它基于各种 ACL 规则，针对 IP、TCP 和 UDP 数据包头进行配置。状态检测防火墙能够检测 IP、TCP 和 UDP 数据包头，

并进行过滤。

- **隔离区（DMZ）**——隔离区（DMZ）是局域网—广域网域中的一个局域网分段，它在收发 IP 数据包过程中扮演一个缓冲区的角色。外部服务器（例如，网页服务器、代理服务器和邮件服务器）可能被放置于此，以获得更好的隔离和对 IP 数据流进行更有效的筛查。
- **入侵检测系统（IDS）**——它是针对普通攻击和恶意行为的 IP 数据流检测。IDS 是被动的，常被作为触发警报使用。
- **入侵防御系统（IPS）**——IPS 与 IDS 作用相同，但它识别出恶意行为时能中止 IP 数据流。IPS 能终止实际的通信会话，通过源 IP 地址过滤阻止其对目标主机的访问。
- **代理服务器**——代理服务器在工作站和外部站点之间扮演一个中间人的角色。数据首先流经称为代理的中间服务器，在允许其进入 IT 基础架构之前，先经过分析和筛查。
- **网页内容过滤器**——基于域名或域名里的关键词过滤后，该安全装置能阻止相关内容进入 IT 基础架构。
- **电子邮件内容过滤与系统隔离**——这种安全应用能够阻断电子邮件内容及未知附件从而实现病毒筛查与免疫隔离。经审查后，邮件和附件才被转发给用户。
- **安全信息和事件管理**——它监控局域网—广域网域的互联网出入点，最大限度保障信息的机密性、完整性和有效性，监控安全事件和特殊事件的发生，并触发警报。

- **责任**——网络安全小组对局域网—广域网域的安全负责，包括其中的硬件实体和逻辑要素。团队成员负责应用规定的安全措施保护局域网—广域网域的安全。
- **义务**——机构的广域网管理者负有管理局域网—广域网域的责任。通常，IT 安全指导人员要确保局域网—广域网域的安全策略、标准、程序和指导方针的有效性。

2. 局域网—广域网域内通常存在的风险、威胁和脆弱性

局域网—广域网域需要严格的安全措施来应对接入互联网的风险和威胁。该域是所有进出数据都经过的区域。局域网—广域网域为组织机构提供互联网访问服务，并将其作为广域网的数据出入节点，它也是进出互联网的节点。在局域网—广域网域建立第四层防御十分必要。表1-4列出了局域网—广域网域内存在的风险、威胁和脆弱性以及应对措施。

表1-4 局域网—广域网域内存在的风险、威胁和脆弱性以及应对措施

风险、威胁和脆弱性	应对措施
未授权的网络嗅探和端口扫描	对局域网—广域网域内所有外部IP设备禁用Ping、嗅探和端口扫描：Ping采用控制报文协议（ICMP）中的回送请求和应答实现IP探测；在IDS/IPS的监测、嗅探和扫描中禁用IP端口号查看。
通过局域网—广域网域的未授权访问	采用严格的安全监控措施进行入侵检测和入侵防御。监控传输的异常IP数据和恶意数据，如果判断为恶意数据流，立刻阻止。
IP路由器、防火墙和网络应用操作系统软件脆弱	进行严格的零日漏洞窗口定义，通过安全加固和软件补丁更新防护策略
IP路由器、防火墙和网络配置文件出错或脆弱	依据局域网—广域网域内多层安全方案进行渗递测试，从而发现数据传输和网络空间中的安全漏洞。
远程用户访问IT基础设施和下载敏感数据	应用和强化组织机构的数据分类标准。依据访问控制列表中的源IP地址拒绝其出站申请。如果允许远程下载，应进行加密处理。
不明来源未知文件类型附件下载	对不明来源的未知类型文件进行传输监控、扫描和报警。
本地用户收到带有未知性质的附件和URL链接的邮件	针对未知文件类型，应用电子邮件服务器和附件病毒扫描与隔离手段；基于域名过滤策略，禁止相关域名网站的访问。
由于本地员工上网冲浪、无心工作而导致的工作效率降低	在互联网访问的出入节点处采取域名、内容过滤措施。

3. 广域网域

广域网域（WAN）链接远程地址。由于网络的成本下降，组织机构能够负担得起更快的互联网和广域网的链接。如今，通信服务商有偿提供下列服务：

- **全国范围的光纤骨干网**——用于链接各个私人光纤骨干网络。
- **端到端的IP传输**——通过使用服务提供商的IP网络基础架构实现IP服务和链接。
- **多站点广域网云服务**——为多站点链接提供IP服务，例如，多协议标签交换服务（MPLS）。MPLS 使用标签建立广域网各个终端之间的真实链接。

- **大城市的以太网链接**——以太网提供城市地区的网络链接。
- **互联网专线接入**——机构组织内宽带接入共享。
- **管理服务**——路由器管理和安全设备管理。
- **服务等级协议（SLAs）**——每个月提供服务内容的承诺合同，合同中包括有效性、包丢失率和设备故障响应时间等。

广域网域代表整个 IT 基础架构中的第五个安全层次。广域网服务包括提供互联网专线接入以及为消费者的路由器和防火墙提供管理服务，还普遍包括终端响应时间管理协议以及为网络、路由器和设备需要持续的监控和管理提供可靠保障服务。

4. 广域网域的角色、责任和义务

对于广域网域中发生的事情涉及的角色、责任、义务，目前主要有如下观点：

- **角色和任务**——广域网域中包括实体硬件组成和路由器、通信设备的逻辑配置。对安全而言，它是 IT 基础架构中第二个最复杂的区域，其任务是在确保数据进出安全的前提下，尽可能地为用户提供最大的上网便利。广域网域内这种角色和任务包括管理和配置，内容如下：
  - **广域网通信链接**——设备中的数字或光学服务终端提供实体通信链接。宽带链接速度为如下范围：
    - 数字服务：DS0（64Kbps）— DS1（1.544Mbps）— DS3（45Mbps）
    - 光纤服务：OC-3（155Mbps）— OC-12（622Mbps）— OC-48（2488Mbps）
    - 10/100/100Mbps 城域以太网连接的速度根据物理距离确定。
  - **IP 网络设置**——IP 网络和 IP 地址表的逻辑设置，涉及网络工程、不同路径设置和 IP 路由协议选择等方面。
  - **IP 状态防火墙**——用来从互联网进出的数据中过滤 IP 数据包和阻止不需要的 IP、TCP 和 UDP 数据包的一种安全装置。防火墙可以建立在工作站、路由器或用于保护局域网的单独设备上。
  - **IP 路由器配置**——为实现远程端点之间的链接，应该对所用的广域网主干路由器和边缘路由器提供真实的路由配置信息。这项配置必须基于 IP 网络设置和 IP 地址表。

- **虚拟专用网络（VPN）**——VPN 是一条从一个终端到另一个终端的专用加密通道。VPN 通道可以在互联网的远程工作站和 VPN 路由器之间或采用安全浏览器和 SSL-VPN 技术的网站之间建立。
- **多协议标签交换（MPLS）**——广域网软件的特点是允许用户的行为最大化。MPLS 为数据包打标签使其可以通过建立在选定的终端节点之间的虚拟通道快速传输。这是一层/三层 overlay 虚拟网络的一种形式，一旦一个长期的数据流被配置或动态确定，它能够旁路路由决策函数。
- **SNMP 网络监控和管理**——通常简单网络管理协议被用在网络设备的监控、报警以及日常工作中。
- **路由器和设备维护**——主要进行硬件和固件升级、上传新的操作系统软件、对路由器以及过滤器的规则进行配置。

- **责任**——网络工程师或广域网维护团队负责广域网的运行和维护。这里既包括实体硬件，也包括各种逻辑要素。网络工程师和安全人员根据既定的政策建立明确的安全措施。值得注意的是，由于 IP 网络的复杂性，许多机构将他们的广域网和路由器外包给服务提供商进行管理，这些服务包括确保系统的可靠运行以及故障快速恢复等，一旦广域网连接中断，用户可以给服务提供商的网络运行中心拨打免费报修电话。
- **义务**——组织机构 IT 网络管理者必须为广域网域提供管理、升级和技术支持。通常，IT 安全指导人员应确保公司遵守广域网域的安全策略、标准、程序和指导方针。

一些组织依托公共互联网作为广域网基础架构。由于互联网构建成本较低，所以无法保证通信质量和安全。

5. 广域网域（互联网）中的风险、威胁和脆弱性

通信服务提供商为终端之间通信提供广域网链接业务。服务提供商必须首先为他们的网络基础架构的安全负起责任。签署广域网通信服务协议的消费者必须阅读服务合同里的条款、条件和责任范围，相关组织机构必须明确路由管理和安全管理的范围，这一点非常重要。

广域网服务合同中最关键的部分是服务提供商应明确如何提供发现和维修故障、互联网管理以及安全管理的服务。在广域网域建立第五层防御　必要。表

1-5 列出了广域网域（互联网）中的风险、威胁和脆弱性以及应对措施。

表 1-5 广域网域（互联网）中的风险、威胁和脆弱性以及应对措施

风险、威胁和脆弱性	应对措施
互联网具有开放性、公共性，任何想访问的人都能很容易访问	根据文献“RFC1087：伦理学与互联网”，应用可接受的使用策略。颁布新的关于非授权访问系统、恶意攻击 IT 基础架构以及恶意中断导致金融损失等事件的相关法律。
互联网传输绝大多数采用明文	在非加密方式和没有使用 VPN 通道的情况下，禁止在互联网中进行私密通信。如果我们有数据分类标准，请遵守特定的策略、程序和指导原则。
对窃听的脆弱性	采用加密方式和 VPN 通道用于终端之间的安全 IP 通信。如果我们有数据分类标准，请遵守特定的策略、程序和指导
对恶意攻击的脆弱性	有效利用多层的局域网—广域网安全对策，部署具有防火墙的隔离区、用于安全监控的入侵检测/防御系统以及未知邮件、附件文件隔离系统。
对拒绝服务攻击、分布式拒绝服务攻击、TCP SYN 泛洪攻击和 IP 欺骗的脆弱性	应用外部IP状态防火墙过滤器和IP路由器广域网接口阻止TCP SYN 的“开放链接”和 ICMP Ping 数据包；提醒我们的互联网服务提供商根据 CERT（计算机安全应急响应小组） 公告 CA-1996-21，在其 IP 路由器广域网端口设置正确的过滤规则。该公告可以在 http://www.cert.org/advisories/CA-1996 -21.html 处查询。
对信息和数据损害的脆弱性	通过 VPN 进行加密 IP 数据传输。在安装有经过检测的数据恢复程序的异地数据库（在线或实体数据备份）备份和储存数据。
TCP/IP 固有的非安全应用（HTTP、FTP、TFTP 等）	参考数据分类标准来正确处理数据和使用 TCP/IP；对于没有正确加密措施的保密数据，不能使用 TCP/IP 的相关应用；建立一个网络管理虚拟局域网和独立的 TFTP 以及一个用于网络管理的 SNMP。
黑客、攻击者和渗透者发送的含有特洛伊木马、蠕虫和恶意软件的邮件	在局域网—广域网域对所有电子邮件进行类型、反病毒、反恶意软件的扫描，并在应用更多的安全手段之前，孤立和隔离未知的附件文件；提供安全意识的训练以提醒雇员其中的危险，例如，要求 员在点击嵌在邮件中的 URL 链接和打开从身份不明的团体发来的邮件附件时要小心谨慎。

通信服务提供商销售广域网连接服务，某些提供商现在也提供安全管理服务。接下来的部分介绍广域网连接存在的风险、威胁和脆弱性以及应对策略。

6. 广域网域（连接）中的风险、威胁和脆弱性

通信公司对建立和传输用户的 IP 数据流负责任。有时候他们通过互联网专用

端口汇聚和归拢 IP 数据流，为整个组织范围内提供共享的宽带接入。如果组织机构外包他们的网络基础架构，那么管理和安全必须延伸到服务提供商。组织机构必须制定安全策略并要求他们的安全管理提供商依照该策略进行工作。表 1-6 列出了广域网域（连接）中的风险、威胁和脆弱性以及应对措施。

表 1-6　广域网域（连接）中的风险、威胁和脆弱性以及应对措施

风险、威胁和脆弱性	应对措施
广域网的 IP 数据流合并到同一个服务提供商的路由器和基础架构中	通过服务商网络传输机密数据时使用 VPN。
维持高的广域网服务可用性	获取广域网服务水平协议（SLAs）。当可用性的要求为 100%时，部署冗余 Internet 和广域网连接。
最大化广域网的使用率和流量	当访问远程的系统、应用和数据时，采用广域网优化和数据压缩方案。确保在外部路由器广域网接口上的访问控制列表符合策略。
恶意使用 SNMP 网络管理应用和协议（ICMP、TELNET、SNMP、DNS 等）	创建单独的广域网网络管理 VLAN。使用严格的防火墙访问控制列表，允许 SNMP 管理者和路由器的 IP 地址通过局域网—广域网域。
24×7×365 小时 SNMP 报警和安全监控	外包安全运营和监控，将服务扩展到安全管理。

1.3.5　远程访问域

远程访问域将远程用户连接到机构组织的 IT 基础架构。对于在外场工作或出差在外的员工，例如，销售代表、技术支持人员或健康医疗人员等，进行远程访问非常重要。只要能发现存在无线网络热点（Wi-Fi）的地方，就可以很容易连接互联网、收发电子邮件以及进行其他商业活动。远程访问域非常重要，但使用起来充满潜在危险，因为它会从互联网上引来许多风险和威胁。

今天，在负责外场业务的工作人员工作时需要下列的技术支持：

- **高可用性的手机服务**——外场业务的工作人员需要手机通信服务以联系内场办公室和支持团队。
- **对重要通信的实时访问**——通过手机发短信或建立聊天提供对简单问题的快速回答，可以有效避免完全中断正在进行的工作。
- **通过移动设备访问电子邮件**——在手机、智能电话、PDA 或黑莓设备　　上安装电子邮件客户端，可为重要邮件信息提供高效的回复。

- **宽带 Wi-Fi 互联网接入**——某些全国范围的服务提供商目前提供 Wi-Fi 宽带上网卡，支持在主城区地区的无线上网。
- **本地 Wi-Fi 热点**——Wi-Fi 热点资源丰富，包括机场、图书馆、咖啡店和零售店等绝大多数场所提供免费的 Wi-Fi 服务，部分场所仍需用户支付费用。
- **家庭办公宽带上网**——在办公室工作的员工需要互联网宽带接入，通常与 VoIP 电话服务和数字电视服务进行打包。
- **对公司 IT 基础架构的安全远程访问**——远程工作人员需要安全的 VPN 通道通过公众互联网进行加密 IP 数据传输。这对于远程访问私密数据至关重要。

风险来源于模拟电话线和调制解调器存在的后门

很多维修商使用模拟电话线和调制解调器来进行设备维修。这就意味着他们不会使用 IP 或 SNMP 协议。尽管这种方式很方便，却使 IT 系统中出现了后门。攻击者通过相应的工具能够绕开调制解调器的密码。值得注意的是，工作站能够通过调制解调器连接后门接入电话线。我们的公司也许不知道 IT 人员和软件开发人员已经拥有了这个后门。由于调制解调器通常没有安全控制措施，所以成为系统中潜在的风险。以下是降低这些风险和威胁的方法：

- 在没有使用私人程控交换机 PBX 和 VoIP 的电话系统中，不要安装单独的模拟电话线路。
- 协调本地电话服务公司，确定没有单独的模拟电话线路接入。
- 阻止身份不明的来电接入（换而言之，来电显示“未知”）。
- 查看 PBX 和 VoIP 电话系统提供的有关欺骗电话和非正常电话模式的电话记录细节（CDR）。

该域局限于经互联网和 IP 通信的远程访问。远程访问域的逻辑配置需要依赖于 IP 网络工程和 VPN 的解决方案。远程访问远程访问域 IT 基础架构的第六层防御。

1. 远程访问域的角色、责任和义务

对于远程访问域中发生的事情涉及的角色、责任、义务，目前主要有如下观点：

- **角色和任务**——远程访问域通过公众互联网连接移动用户的 IT 系统。移动用户必须有一个能连接互联网的远程 IP 设备，可以是智能手机、PDA 或便携式计算机。通过这些移动设备，可以打电话，也可以发语音邮件、电子邮件、文本信息以及浏览网页。手机和 PDA 类似于运行移动软件的手持计算机。

远程访问域中涉及的角色和任务包括设计和管理下列事务：

  - **手机、智能电话、PDAs 和黑莓设备**——正品（公司正式发行）设备应当安装可升级的防火墙、操作系统软件和根据相关策略设计的补丁，设备使用时应当使用密码策略。
  - **便携式虚拟专用网客户端软件**——当机构组织在局域网——广域网域和远程客户的便携式计算机之间使用 VPN 通道时，我们必须选择符合组织机构特定要求和符合其他工作软件要求的 VPN 软件。
  - **安全浏览器软件**——使用 HTTP 协议的网页需要安全浏览器。HTTPS 在安全浏览器和安全网页之间对数据进行加密传输。
  - **VPN 路由器或 VPN 防火墙**——远程访问通道终端；连接在局域网——广域网域内的 VPN 路由器或 VPN 防火墙上，采用相同的通道。在便携式虚拟专用网络客户端（VPN Client）和 VPN 路由器或防火墙之间的所有数据均被加密。
  - **安全套接层（SSL）/VPN 网络服务器**——安全套接层在一个安全的 HTTPS 网页和安全的浏览器之间使用 128 比特的加密机制。这种加密的 VPN 通道为远程网页数据共享提供了终端到终端的机密性防护。
  - **身份认证服务器**——执行双向身份认证以证明远程访问用户身份的服务器。

- **责任**——网络工程师或广域网维护团队通常管理远程访问域，其中既包括硬件部分，也包括逻辑配置部分。网络工程师和安全人员根据相关策略管理安全措施的应用，其中包括关于远程访问域内的硬件和远程访问连接的维护、升级和故障维修。据此，应管理以下内容：

  - IP 路由器；
  - IP 状态防火墙；
  - VPN 通道；

    - 安全监控设备；
    - 身份认证服务器。
- **义务**——机构组织的广域网网络管理者负责远程访问域。通常，IT 安全指导人员必须确保远程访问域内安全计划、标准、方案和指导方针的使用。

2. 远程访问域内存在的风险、威胁和脆弱性

对于外场工作人员而言，远程访问是危险的却又是必需的，例如，销售代表、会诊医生以及其他技术支持团队等需要依赖移动工作方式进行远程访问。有的时候组织机构为了降低成本，通常会敦促员工在家工作。这种情况下的广域网是公众互联网，其连接安全成为最主要的问题，需要使用严格的数据分类标准来验证用户和加密数据。

远程访问安全控制必须使用下列方式：

- **身份识别**——这是提供身份信息的过程，例如，用户名、登录 ID 或账号。
- **身份认证**——用于证明远程访问用户合法性的过程，最普遍的身份认证方法是提供用户正确的口令。许多机构组织使用二次认证服务，例如，标记（硬件或软件）、生物指纹识别或智能卡。标记可以采用硬件设备，它发送一个随机码给用户；或者是软件标记，给用户发送包含数字的文本信息。生物指纹识别是指只有用户的指纹与系统里储存的指纹信息匹配才能登录访问。智能卡类似信用卡样式，其作用与标记类似，它含有一个微处理器芯片，通过智能卡读卡器证实用户身份。
- **授权**——赋予特定用户使用机构内的 IT 设备、系统、应用和数据的权利。
- **审计**——记录用户行为的过程，记录的信息经常用来分析用户在系统里做了哪些事情。

表 1-7 列出远程访问域中的风险、威胁和脆弱性以及应对措施。

表 1-7　远程访问域中的风险、威胁和脆弱性以及应对措施

风险、威胁和脆弱性	应对措施
用户 ID 和密码攻击	建立周期性改变用户 ID 和密码的策略（例如，每 30 天或 60 天改变一次）；密码必须使用；密码必须不少于 8 位且是数字和字母的组合。
多个登录重试和访问控制攻击	对企图登录重试设置自动阻止（例如，3 次登录失败后，阻止用户访问）。

续表

风险、威胁和脆弱性	应对措施
授权远程访问 IT 系统、应用和数据	对远程访问敏感系统、应用和数据，采用第一层（用户 ID 和密码）和第二层（标记、生物信息和智能卡）进行安全设置。
私人数据或机密数据远程窃取	对数据库或硬盘上的所有私人数据加密。如果数据失窃，也由于加密原因无法使用或买卖。
违反现行数据分类标准导致数据泄露	在局域网—广域网域内采取安全措施，包括数据泄露安全监控工具和按照数据分类标准进行跟踪。
外场工作人员的便携式设备被盗	如果用户已经访问了私人或机密数据，则对硬盘内的数据加密，当用户告知便携式设备丢失或被盗时，应用实时锁定规则。
外场工作人员的令牌或其他身份认证标识被窃	如果标识丢失或设备被窃取，开启实时锁定程序。

1.3.6　系统/应用域

系统/应用域掌握所有任务核心系统、应用和数据。在该域中，授权用户可以访问许多内容，因此安全访问需要双向认证。

需要双向身份认证的应用实例包括：

- **人力资源和工资列表**——只有编制工资表的人员才允许访问这些私人数据和机密信息。
- **账目与金融数据**——为了做出商业决定，执行管理者需要访问账目和金融数据。因此，需要确保金融数据的高度安全，保证只限于那些需要这些数据的人才能访问。公开的上市公司应遵守萨班斯法案（简称 SOX）法案中的安全规定。
- **客户管理（CRM）**——客户服务代表需要实时访问客户的购买历史记录、私人信息等，必须确保访问数据的安全。
- **销售订单输入**——销售人员需要访问销售订单输入和订单跟踪系统，私密的客户数据必须得到安全保障。
- **美军的军事思想和策略**——美国军方领导人做出的战场决定属于极度敏感信息，要访问它，必须符合美国国防部数据分级标准。

技术小贴士

安全控制保障了私人数据和知识产权的安全。加密数据能阻止假冒的用户。寻找数据的黑客知道人们将它藏在哪儿并知道如何找到这些数据。对数据库和存储设备里的数据加密是增加了另外一层安全保护。

系统/应用域体现了 IT 基础架构的第七层防御。

1. 系统/应用域的角色、责任和义务

对于系统/应用域中发生的事情涉及的角色、责任、义务，目前主要有如下观点：

- **角色和任务**——系统/应用域由硬件、操作系统、应用和数据组成。该域包括硬件设备和有关它们的逻辑配置。组织机构的核心应用和知识产权资产全部在该域中，该域必须确保在实体硬件和逻辑配置上都安全。

我们限制系统/应用域的范围以降低风险，该范围包括下列内容：

- **计算机房、数据中心和布线室的实体入口**——建立允许员工进入安全监控区域的相关程序。
- **服务器体系结构**——采取融合服务器设计，利用服务器支架将各服务器整合使用，同时降低费用。
- **服务器操作系统和核心环境**——通过软件升级和打补丁，降低操作系统软件因脆弱性而遭到攻击的时间。
- **虚拟服务器**——区分实体硬件和逻辑虚拟环境，同时将多层的安全方案延伸到虚拟服务中。虚拟技术允许在实体服务器的内存中安装许多操作系统和应用软件。
- **应用服务器的系统管理**——为用户提供服务器和系统管理。
- **数据分级标准**——审查在数据处理方面的数据分级标准、程序和指导方针。掌控私人数据传输和储存的安全。
- **软件开发生命周期（SDLC）**——在设计和开发软件时，应当采用软件生命周期策略。
- **测试和质量保证**——采用声音软件测试、渗透测试和质量保证等手段发现和填补安全空隙以及软件漏洞。
- **储存、备份和恢复程序**——根据数据分级标准，制定相应的数据存储、备份和恢复方案。

  - **数据的获取和保留**——对数据的存储和保留制定一套完整的策略、标准、程序以及指导方针。
  - **业务持续性计划（BCP）**——当计算机作为最重要的使用工具时，需分析其对业务的影响。对每一个系统制定恢复时间目标（RTO）。对那些最重要的影响因素制定业务持续性计划以保障业务的持续性。
  - **灾难恢复计划（DRP）**——基于 BCP 制定灾难恢复计划（DRP）。首先将那些最重要的计算机系统列入 DRP，并组织 DRP 小组和远程数据中心。
- **责任**——系统、应用管理者和软件开发管理者对系统/应用域负责，具体包括如下内容：
  - 服务器系统管理；
  - 数据库设计和管理；
  - 为系统和应用设计访问权限；
  - 软件开发；
  - 软件开发项目管理；
  - 软件代码；
  - 软件测试；
  - 产品支持。
- **义务**——系统、应用管理者和软件开发管理者对产品系统和使用负责。通常，IT 安全管理人员须确保系统/应用域中策略、标准、程序和指导方针的执行。

2. 系统/应用域中的风险、威胁和脆弱性

组织机构的数据都存放在系统/应用域中。这些数据就是财富，它可以是私密的用户数据、知识产权保护的数据以及国家安全信息，它是攻击者重点寻找的目标。保护这些财富是每一个组织机构的目标。在系统/应用域中，数据丢失是最大的威胁。

根据数据分级标准，不同类型的数据像一个个团体独立分开。越是重要的数据，我们应当把它隐藏得越好。长期的数据应当加密储存。表 1-8 列出系统/应用域中存在的风险、威胁和脆弱性以及应对措施。

表 1-8 系统/应用域中存在的风险、威胁和脆弱性以及应对措施

风险、威胁和脆弱性	应对措施
未授权进入数据中心、计算机房和布线室	依据相关的政策、程序和标准等，控制员工、参观者等进出关键区域。
服务器因维护检修而产生停机	构件一套综合系统，将各服务器、存储设备和网络整合。
服务器操作系统软件存在脆弱性	使用稳定的操作系统产品，并为服务器操作系统环境设定脆弱窗口期。
缺陷导致的云计算虚拟环境的不稳定	启用虚拟防火墙和不同的 VLAN 中的服务器分配。所谓虚拟防火墙是一种使用在虚拟环境下的基于防火墙技术的软件。
脆弱的客户端/服务器结构以及网页应用	在发行之前，对软件和网页进行应用测试和渗透测试。
未授权访问系统	依据数据分级标准中二次身份认证的原则进行控制。
私人信息泄露	将私人数据分散在不同的数据库中，加密数据库和存储设备中的数据。
数据丢失或损毁	为保持每月的数据完整，启用每日数据备份和远程数据储存。基于设置好的 RTOs，设置数据恢复程序。
由于备份设备的二次使用导致备份数据丢失	将所有数据转化为数字信息长期储存。基于设置好的 RTOs 对从外部获得数据进行备份。
恢复关键商业数据时，可能由于耗时过长导致数据不可用	开发业务持续保护计划，为任务核心应用提供相应策略，从而保持系统运行的稳定。
灾难后延长的修复周期导致 IT 系统暂停	开发一套特定的针对任务核心应用和数据灾难恢复的计划，以保持系统受灾后快速恢复。

1.4 IT 基础架构安全性中最脆弱的环节

在安全性中，用户是最脆弱的环节。甚至信息系统的安全专业人员都可能犯错误。对于任何组织机构而言，人为的错误是最主要的风险和威胁。没有哪个团队能够完全控制任何人的行为。

对于上述情况，每个组织机构必须对恶意用户、非熟练用户和粗心用户可能带来的风险有相应的预案。

下列措施能降低这些风险：

- 仔细检查每个工作人员的背景；
- 对每个员工进行定期的评估；
- 对敏感系统、应用和数据的访问采取轮换模式；
- 定期评估典型 IT 系统七个域中的安全计划；
- 执行每年度的安全措施审查。

为了建设一个受重视的且有效的专业，信息系统安全专业人员必须有道德和遵守行动原则，以下章节将解释这是为什么。

1.4.1 道德与互联网

想象一下，如果没有空中交通管制员而让飞机随意飞行。飞机的起飞和降落将极度危险，可能会发生比现在多很多的事故，这种情况非常糟糕。

难以想象如果网络空间中没有身份认证（其功能像空中交通管制员），会是什么情况。

更糟糕的是，人们在线上的行为通常比在常规社会环境中更不成熟。对今天的恶意攻击者而言，网络空间已经成为一个新的游戏场地。这也是为什么对系统安全专业人员的需求增长如此之快的原因。

美国政府和互联网架构委员会（IAB）已经制定了一套关于美国居民上网可接受行为的政策，该政策不可违反。政策中规定的网上行为基于常识和个人的诚实。下面一页呈现了互联网架构委员会（IAB）制定的互联网和使用相关的道德规范。

道德规范要求人们诚实、正直，也规定了系统安全专业人员做哪些事情是对的、哪些是错的。使用互联网是所有人共同的权利。它是一个无国界、没有文化偏见和歧视的通信媒体。每个用户都有权连接互联网。这是我们要心怀感谢的事情。不幸的是，心怀叵测的人使用网络空间进行犯罪和制造麻烦。这导致全世界都对系统安全专业人员提出了需求。

RFC 1087——伦理与互联网

IAB 政策声明

互联网是一个国家的基础设施，它的广泛应用在一定程度上取决于它广泛的可用性和可访问性。关键资源的不负责任的使用对技术的可持续使用带来了巨大威胁。美国政府的赞助商对公众合理有效地分配政府资源负有诚信义务。

当高破坏性的滥用发生时，支持该赞助商的正当理由就会受到影响。同时，所有用户都有访问和使用互联网的权利。当高度破坏性的滥用发生时，支持该用户使用系统的正当理由也将受到影响。

IAB 强烈支持国家科学基金网络、通信研究和基础设施部分分工咨询小组的观点，对不道德、不可接受的行为进行了如下描述：

- 获得非授权访问网络资源的权限
- 破坏互联网的预期用途
- 通过这样的行为浪费资源（包括人员、能力、计算机）
- 破坏计算机信息的完整性
- 损害用户隐私

1.4.2 (ISC)²：信息系统安全认证

国际信息系统安全认证协会是最负盛名的安全专业人员认证机构之一，它也被简称为(ISC)²。

1.4.3 SSCP®专业认证

为了被(ISC)²认证，我们必须遵守其规定的职业道德规范。(ISC)²有两个认证。第一个是系统安全从业者认证(SSCP®)，它的知识体系里包含如下领域：

- 访问控制；
- 安全操作与管理；
- 恶意代码行为分析；
- 监控与分析；
- 密码使用；
- 网络与通信；
- 风险、响应和恢复。

该认证要求作为安全从业人员具有至少一年的工作经历且考核合格。它证明我们能够具有应用安全措施的能力。

1.4.4 CISSP®专业认证

“注册信息系统安全专家”（CISSP®）是全球承认和重视的认证，受到许多系统安全专业人员的青睐。CISSP 报考者必须通过一场难度较大的综合性认证考试，并且需要至少在信息安全领域内工作五年的经历才能取得认证。维持 CISSP 认证要求我们必须遵守它的职业道德规范。它的知识体系里包含下列领域：

- 访问控制；
- 应用安全开发；
- 业务持续和灾难恢复计划；
- 加密；
- 信息安全监管和风险管理；
- 法律、法规、调查和遵守；
- 安全操作；
- 硬件（环境）安全；
- 安全构架和设计；
- 通信和网络安全。

其他信息请参考（ISC）^{2} 网站（http://www.isc2.org）。

1.4.5　(ISC)^2 道德规范

下面黑框里的内容呈现的是(ISC)^2 道德规范的序言和总则。总则规范了该专业和个人操守。

黑框里的内容给出(ISC)^2 道德规范的具体细则。所有被 CISSP 和 SSCP 认证的专业人员必须遵守该准则以保证其被(ISC)^2 持续认证。

道德准则序言

英联邦安全、负责人的责任以及彼此之间的责任要求我们必须遵守最高的道德行为准则。我们必须以最高道德行为准则遵守维护安全、原则中规定的义务以及其他的要求。因此，严格遵守准则是认证的一项条款。

道德规范

保护社会、联邦以及基础设施的法案；

诚实、公正、公平、负责、守法；

对当事人提供负责和充足的服务；

推进和保护行业。

道德准则

通过$(ISC)^2$认证的所有信息系统安全专家获有并维持着特有的权益。为了支持这个原则，所有的$(ISC)^2$成员被要求承诺全力支持这一道德准则。$(ISC)^2$成员有意图或故意违反本守则的任何规定，将由同行审查小组进行审查并采取进一条措施，其结果是撤销认证。他们有义务遵守道德申诉程序，观察违反该规则的成员的任何行为。如果不这样做，可能会被认为是违反规范Ⅳ。

准则中有四个强制规范。除非必要，这种高层次的指导并不意味着可以替代职业道德的判断。

考虑到系统安全的敏感性，很多确定性的工作被要求必须通过认证。

对于敏感系统的安全，具体的工作有明确的认证要求，这对我们追求相关的教育、训练和专业认证十分重要。

1.5 IT 安全策略框架

在没有保证用户安全的情况下，网络空间不能保持持续繁荣。现在许多法律要求组织机构对个人的信息保密。如果互联网上任何人都能够随意盗窃个人信息，那么业务就无法有效地开展。对于任何组织机构的生存而言，IT 安全至关重要。本节将介绍 IT 安全策略框架，它由降低风险和威胁的政策、标准、程序和指导方针组成。

1.5.1 定义

一个 IT 安全策略框架包含以下四部分主要内容：

- **政策**——所谓政策就是由组织机构管理者为总体框架设计的较短的书面声明，其指出整体的行动方向或指导方向。政策往往由管理高层制定，应用于整个组织机构。
- **标准**——所谓标准是对硬件和软件及其使用方式的具体书面定义。标准确保在整个 IT 系统中安全措施被持续应用。
- **过程**——所谓过程是对政策和标准的使用给出的书面指导，包括行动计划、安装计划、测试计划和安全措施审查。

- **指南**——所谓指南是针对在应用政策、标准或程序给出的建议的行动方向。指南在使用上是特定的或有弹性的。

图 1-9 是一个 IT 安全策略分层架构的例子。策略应用于整个组织机构。标准是一个具体详细的策略。程序和指导方针是辅助应用。在每一个策略和标准里，明确其对典型的 IT 基础架构七个域的影响。这将有助于定义七个域的角色、责任和义务。

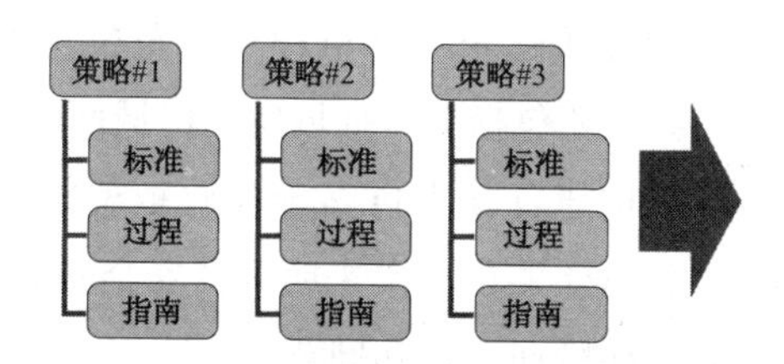

图 1-9　IT 安全策略分层架构

1.5.2　IT 安全基本策略

机构 IT 安全策略框架核心是降低风险、威胁和脆弱性，策略和标准的具体设计要求是对实现这个核心至关重要。这些要求是合理、正确地应用安全措施、实现安全控制的依据。策略的条款必将限制相关标准、程序和指导方针，同时也为制订它们提供参考。策略规定了在遵守法律和规则的情况下如何进行安全控制和采取措施。

基本的 IT 安全策略通常包含以下内容：

- **可接受使用策略（AUP）**——AUP 定义了在使用组织机构自身的 IT 设备时，什么行为允许、什么行为不允许。该策略用于特定的用户域，可减轻组织机构与其雇员之间的行为风险。
- **安全意识策略**——该策略定义了如何确保全体员工对安全重要性的认识以及在组织机构的安全策略框架下期望的行为。
- **资产分类策略**——该策略定义了组织机构数据的分类标准。它说明了对于组织机构任务而言，核心 IT 资产是什么。它通常定义组织机构的系统、应用和数据的优先权，明确典型 IT 基础架构七个域的相关设备。
- **资产保护策略**——该策略帮助组织机构定义核心任务的 IT 系统和数据的优先权。该策略以组织机构的商业影响分析（BIA）为标尺，用来规避那些灾难过后威胁机构持续运行的风险。

- **资产管理策略**——该策略包括典型 IT 基础架构中所有 IT 资产设备的安全运行和管理。
- **脆弱性评估和管理**——该策略定义了在组织机构范围内所有操作系统和应用软件产品的脆弱窗口期。根据该策略，可以进行组织机构范围内的脆弱性评估和管理的标准、程序和指导方针的制定。
- **威胁评估和监控**——该策略定义了机构组织范围内的威胁评估和监控权力。在该策略中，应该还包括关于局域网—广域网域和 AUP 措施的细节。

组织机构需要针对环境构建自身的 IT 安全策略框架。许多机构，在为它们的 IT 系统进行安全评估后，根据策略的定义来明确其安全漏洞和防护空隙。典型的策略要求行政管理人员和法律顾问复盘和同意。

1.6 数据分类标准

数据分类的目的是为组织机构应该如何处理和保护不同类型的数据提供一套稳定的依据。不同的数据类型采用不同安全措施进行保护。这些安全措施包含在典型的 IT 基础架构七个域中。程序和指导方针必须定义在典型的 IT 基础架构七个域中，并明确如何处理数据才能保证其安全。

根据近期生效的相关法律，公司和组织机构中典型的数据分类标准包含以下主要类别：

- **隐私数据**——关于个人隐私的数据。组织机构必须采取合适的安全手段。
- **机密数据**——组织机构自己独家拥有的数据和信息。例如，知识产权、客户名单、价格信息和专利等都是机密数据。
- **内部使用数据**——仅用于机构组织内部分享和使用的信息数据，但是机密的信息数据不包括在内。
- **公开领域数据**——公开分享的数据和信息，例如，网站内容等。

根据数据分类标准，需要对储存在存储器和硬盘上最高级别的敏感数据进行加密。如果采用公开互联网进行远程访问时，应对数据进行加密并采用 VPN 通道传输。但是，在内部局域网通信和访问系统、应用和数据时不必加密。

用户通常在获得客户私人数据时有严格的限制，仅仅能够访问明确的数据信息。客服代表在提供客户服务时也不能得到全部的客户数据。例如，他们不可能看到客户完整的社会安全号码或账号，仅仅看到最后的 4 位数字。

本章小结

本章对信息系统安全和系统安全专业。进行了介绍，给出了典型 IT 基本架构的一般定义。通过学习，我们能够了解七个域内存在的风险、威胁和脆弱性以及为降低它们对系统影响而采取的应对策略；了解 IT 安全策略框架如何通过定义权威的策略降低帮助组织机构安全风险；了解数据分类标准为组织机构提供了一张如何处理不同类型数据的路线图。高效率系统安全专家通常被要求建立安全管控和对策。作为安全专业人员，我们必须具有最诚实的品格和高尚的道德。

Chapter 2
第 2 章　个人和商业通信的改变

电话改变了通信的方式，其影响也预示了即将到来的计算机革命。由于电话变得越来越普遍，几乎遍及每个办公场所和家庭，从而带来了通信方式的改变。实际上，直到 20 世纪 80 年代中期，个人和商业通信主要包含 3 种工具：

- **电话**——人和人之间实时语音通信；
- **电话应答机和语音留言**——存储、转发和接收语音信息；
- **传真**——通过模拟电话线实时传输文件信息。

在 20 世纪 80 年代，电话开始由模拟制式向数字制式转变。电话和语音邮件系统开始数字化。随后，20 世纪 90 年代互联网的大发展再次改变了通信的样式。商业机构连接万维网（WWW）并开始使用这一新工具进行商业联系。互联网的连接也令电子邮件开始普及。几乎一夜之间，它变成主宰个人和商业的通信工具。今天，随着便携式计算机、智能手机和 PDA 设备的发展，电子邮件通信也几乎成为实时通信。

今天的 VoIP 和统一通信（UC）提供多种实时通信的选择，包括以下内容：

- **语音通信**——通过 VoIP，提供终端之间传递完整语音信息的电信服务；
- **可能性/现状**——即时聊天通信窗口里的状态更新信息；
- **即时聊天通信**——对简单问题的快速回答；
- **召开会议**——语音和视频会议；
- **协作**——为会议提供资料共享。

2.1　语音通信革命

直到 1984 年 1 月 1 日之前，美国电话电报公司（AT&T）完全垄断了美国的电话通信产业，并且在 1984 年之前，AT&T 没有竞争者和市场压力。但在一份美国司法部的协议里，AT&T 被拆分成多个本地贝尔运营公司（RBOCs）。这次拆分指的是贝尔系统的剥离重组，也被称为 AT&T 重组。

在这期间，电话客户几乎没有感觉到改变，电话的拨号音还是原来的拨号音。美国通信产业从剥离拆分再到现在的改革进化，如图 2-1 所示。但新兴的有竞争力的电信产业开始吞噬 AT&T 的市场占有率。这件剥离重组事情改变了通信产业，打开了革新的步伐，开启了宽带时代。特别是，这次剥离重组导致了下列事件：

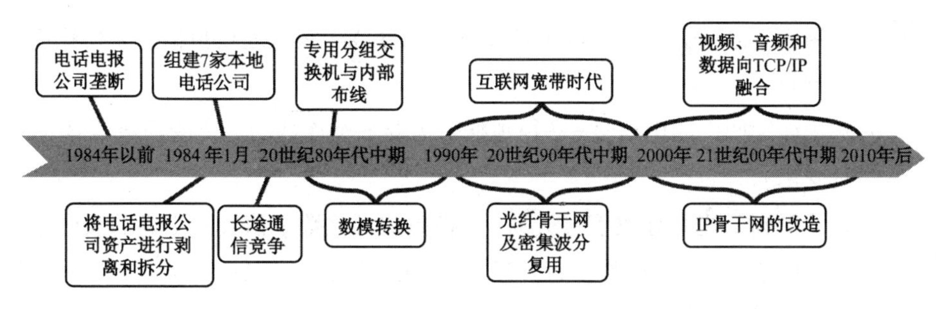

图 2-1　美国通信产业从剥离拆分到现在的改革进化示意图

- 产生 7 个本地贝尔运营公司（RBOCs）——每个 RBOC 被分配给本地不同的电话运营公司。
- 电信服务形成竞争性局面——消除 RBOC 只允许在本地经营的障碍，RBOC 可以将经营服务拓展到区域外。
- 竞争激烈的长途电话服务——RBOC 和通信服务商首次就长途电话的分钟通话费用展开竞争。
- 电话程控交换系统（PBX）——消费者可以为电话程控交换系统（PBX）服务付费并牵线入宅。
- 模拟交换机到数字交换机的转变——从 20 世纪 80 年代到 90 年代早期，服务商更换了中央交换机的核心部件，将模拟交换机改造成数字交换机。
- 数字通信服务——当语音信号从模拟制式转化为数字制式时，语音信号可以采用和数字通信相同的路由。
- 由光纤骨干网络和多路复用技术主导的宽带网络——在全国范围内采用光纤缆线能够使宽带互联网和广域网路由费用下降。随着密集型光波波分复用技术的推广，在相同的光纤路由里，光线能传递许多信息流，从单个光纤束扩展到全带宽。

- 伴随互联网接口的宽带互联网协议（IP）骨干网络——随着互联网专线接入，许多机构组织建设了基于 IP 网络的广域网。
- 网络管理和管理服务——随着 IP 网络复杂度提高，路由管理和安全设施外包给服务提供商形成了良好的商业模式。

2.1.1 从模拟到数字

在采用光纤之前，大多数的电话线是铜制导线，它传递模拟信号。模拟通信具有以下特点：

- 基于连续产生的电信号——模拟通信需要一个连续的且交变的电信号（正/负变化）。
- 容易受到干扰并导致信号失真——模拟信号比数字信号有更高的误码率。在模拟信号中，误码率为每发送 1000 比特信息就有 1 个错误；在数字通信中，误码率为每发送 1000000 比特信息才有 1 个错误。
- 易受到电接口和噪声的干扰——对模拟通信而言，接口和噪声会降低速度和流量。导线上的静电和噪声会导致误码率提高。
- 传输速率较低——模拟通信的传输速率最多只有 56Kbps，通常一般在 9.6～38.4Kbps 之间。
- 带宽受限——人的耳朵能听到的声音频率为 0～3kHz，电话系统就在这个频率运行。

久而久之，模拟电话线和传真线逐渐消失。数字程控交换系统开始取代模拟电话系统。音频和数据通信全部数字化。数字通信允许视频、音频或数据信息共享带宽。广域网简化了管理，降低了运营成本，这对许多机构组织来说，能够负担起先进的数字通信的费用。图 2-2 给出一个集视频、音频或数据信息通信为一体的例子。

时分复用（TDM）技术支持视频、音频或数据信息通信共享带宽。这种复用模式降低了费用，令混合通信更加容易管理、应用和获得支持。图 2-3 给出时分复用广义网解决方案。

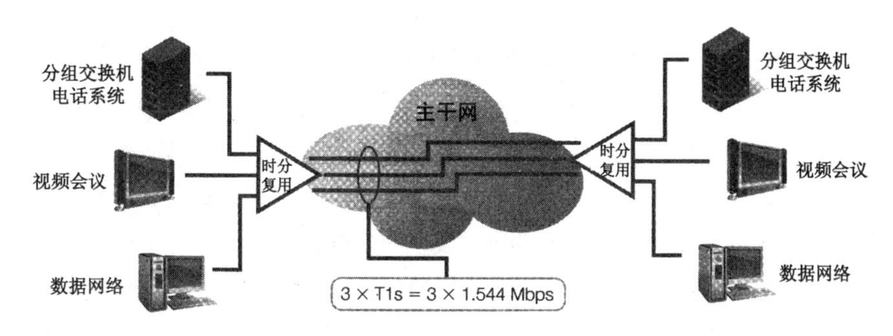

图 2-2　视频、音频或数据信息通信整合示意图

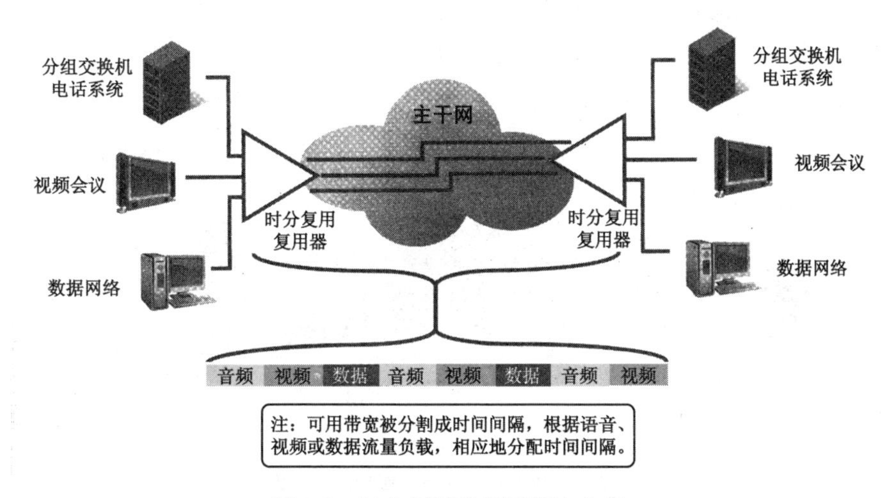

图 2-3　时分复用广义网解决方案

提示：

时分复用模式（TDM）是同时在同一个通信媒体上传递视频、音频和数据通信流的技术。在该技术中，时间域被分成周期循环的一些小段。在通信链路中每一个小段分别传输视频、音频或数据信息。TDM 需要共享带宽以支持视频、音频或数据信息传输。由于采用 TDM 后，所有通信模式都能共享带宽，这个新技术很快就统治了广域网连接。

2.1.2　电话的风险、威胁和脆弱性

PBX 面对黑客的恶意攻击很脆弱。这些攻击通常是企图获得对计算机或其他类型电子设备的非授权访问。那么，这些攻击者获得非授权访问后在寻找什么呢？通过 PBX 系统，这些攻击者通常在寻找公开的或隐匿的长途通话。更糟的是，他

还可能匿名登录其他联网计算机对别人发起攻击。换句话说，那些攻陷 PBX 的人能使用我们的系统再发起攻击，这就意味着该攻击显示的是我们的 PBX 的位置。

由于贝尔系统剥离重组后，要求客户或其他人租借或购买电话系统，PBX 黑客便开始频繁出现。商业机构不得不开始首次管理和维护他们自己的电话系统。由于许多 PBX 系统都是在安全问题被引起足够重视之前设计的，所以缺少合适的安全控制措施。许多公司在安装它们的通信系统时，经常雇用系统集成商来完成先前由 AT&T 完成的许多工作。这样一来，就为外部的人员留下了许多后门，使其通过电话或音频邮件系统获得用户的拨号情况。

图 2-4 显示 PBX 是如何遭受黑客攻击。

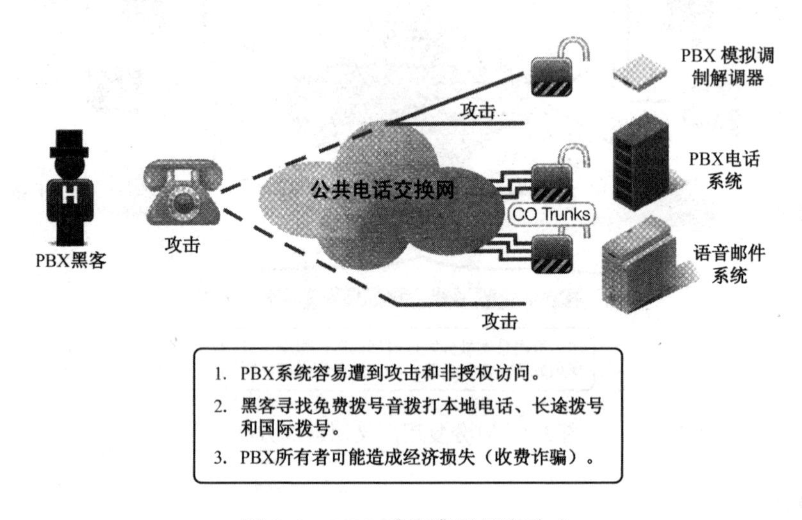

图 2-4　PBX 系统遭受黑客攻击

这些攻击者通常是有组织的罪犯、毒贩或其他想获得免费的长途通信和/或想获得免费访问端口以连接到其他计算机的人。一旦他们进入系统，他们能够买卖交换机的端口或自用。

自 AT&T 重组以来，许多商业机构不得不决定去租借或购买他们自己的电话系统。另外，他们又必须雇请相关团队来管理和维护这些系统。电话通信交换系统，存在潜在的风险、威胁和脆弱性。表 2-1 列出了通常存在于 PBX 和关键电话通信系统中的风险、威胁和脆弱性以及应对措施。

表 2-1　PBX 和关键电话通信系统中的风险、威胁和脆弱性以及应对措施

风险、威胁和脆弱性	应对措施
在系统里仍然使用默认的密码	周期性地更改密码，采用安全性强的密码设定方式
社会工程学（骗子行为或操控无辜的人实施行骗）被应用，模拟的调制解调器存在针对电话系统的后门	教育员工对骗子冒充电话专家的行为提高警惕。去掉远程模拟的调制解调器访问。启用安全控制和拨号调制解调器拨号
自动拨号器能够通过拨号接入方式探测主要的电话号码和向内直拨电话号码	禁用直接呼入系统（DISA）以阻止一旦外线进入交换机内所进行的访问
不安全的服务类别（COS）设置	服务类别（COS）设置对于特定电话分机或 DID 号码是唯一的 COS 设置允许创建具有不同权限的用户配置文件，COS 设置通过电话系统进行访问限制。禁用中断访问可令设置失效
不安全的中继组访问限制（TGAR）设置	中继组访问限制（TGAR）设置规定了特定的语音路线（分机或语音信箱）是否可通过出站拨号访问外部路线，可通过安全控制设置对外线进行访问
外部来电者可从电话系统转到语音邮件并返回	配置单向和呼叫未应答的决策路径。可通过配置 COS 设置阻止来电者在电话系统中来回切换
外部来电者从语音信箱中获取拨号音	彻底禁用中继组访问、禁用由语音信箱到分机的访问功能
外部来电者从用户分机中获取拨号音	彻底禁用中继组访问、一旦呼叫者转移到语音邮件系统，阻止其对电话系统的访问
内部用户可通过桌面电话直拨长途（国际长途）	禁用 COS 中的长途功能，彻底禁用国家区号和国际长途拨号功能，对确有需要打长途电话的员工，采用受权码的形式
一旦拨号音接通，外部人员可通过系统拨打长途电话（国际长途）	禁用国家区号和国际长途功能，对确有需要打长途电话的员工，采取授权码或密码授权方式

2.1.3　确保电话安全的最优方法

一套电话系统就像其他计算机系统一样，对攻击而言是开放的。机构组织所面临的风险要求需要正确的、合适的安全控制措施来规避攻击带来的灾难。如表 2-1 所示。

许多机构组织经常会忘记电话系统安全。现在，随着音频信息通过 IP 数据包来传递，和数据系统相同的风险、威胁和脆弱性也出现在音频系统中。我们必须增强电话通信系统安全以抵御来自 TCP/IP 的风险。

以下是增强电话通信和音频通信安全的最优方法：

- **建立、应用电话系统策略**——我们必须建立合理的正确的策略、标准、过

程和指南。包括针对电话使用和长途拨号授权的可接受使用策略（AUPs）。

- **加强硬件安全**——锁住所有布线室和电话交换机房的门。记录所有电缆路由和连接点。记录所有新的和变化的设备以及任何设备位置的改变。
- **禁用经模拟调制解调器端口的远程访问**——PBX 远程访问端口缺乏足够的安全性，应考虑禁用这些端口。
- **通过升级软件强化操作系统**——尽可能及时升级所有在用的软件，从而降低风险。
- **对用户强化服务等级的定义**——相关策略应当定义对不同用户类型的服务等级。
- **强化中继组访问限制**——相关策略应当定义什么人以及哪个电话可以访问中继器或电话链路。
- **禁用来自音频邮箱的中继访问**——绝不能允许从音频邮箱访问一个外部电线链路。
- **开启系统登录和呼叫拨号记录**——这些是安全运行和管理的必要部分。
- **执行周期性的呼叫拨号记录审计和审查**——我们应当定期审查域内和长途呼叫，这是安全运行和管理的一部分。

2.1.4 从数字电话到网络电话（VoIP）

在 AT&T 被打散剥离重组为 RBOCs 的 15 年后，语音通信交换机从模拟进入到数字模式。这使得音频、视频和数据通信开始采用复杂的通信技术。在 2000 年后的 10 年里，全球都接受了互联网并采用了 TCP/IP 协议，这带来了另一个变化：语音通信交换机从数字 PBX 系统变成了网络电话（VoIP）。语音通信变化历程如图 2-5 所示。

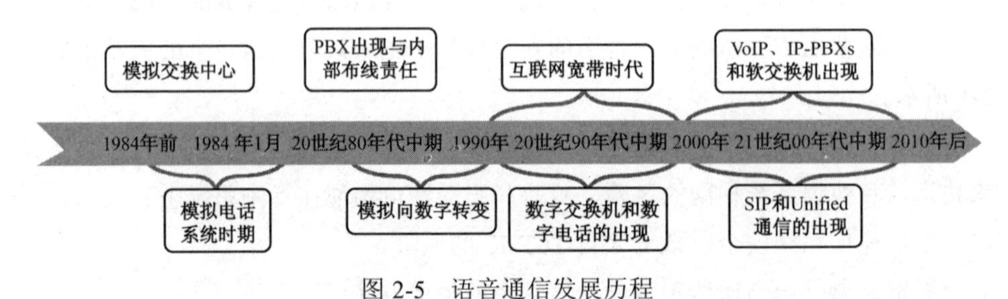

图 2-5 语音通信发展历程

现在语音数据可以通过局域网或广域网进行传输。这种在语音通信上的根本性改变有它自己的安全特点和要求，且几乎在以下方面影响了每一个 IT 机构：

- **从数字 PBX 演变到 VoIP 后，对于数据传输需要一个迁移策略**——某些 PBX 提供商开发了从基础 PBX 技术到 IP-PBX 混合技术的迁移策略。
- **通信和数据网络部门的融合**——位于语音和数据两个部门之间的障碍消除，在互相的斗争和缩减中产生了新的部门。
- **管理和支撑的责任被固化**——IT 机构组织从语音和数据两个基础架构和管理中受益，使得运行简化。
- **局域网和广域网需要更新**——VoIP 需要专门的以太局域网交换连接。由于用户将以太网从 GigE 升级到 10GigE，交换机必须同时支持语音和数据的 IP 传输。基于局域网供电系统（PoE）的交换机可为 IP 电话数据交换提供支持。
- **广域网链路上的服务质量（QoS）需求**——如果 VoIP 需要经过拥堵的广域网进行传输，则需要服务质量（QoS）保障。服务质量（QoS）针对某些实效性带宽应用提供服务，例如，VoIP 和统一通信。网络设备能利用传输优先权来更好地支持 VoIP 和 SIP IP 数据包交换，从而降低丢包率和延时。
- **在相同的局域网和广域网基础架构内实现语音和数据通信融合**——VoIP 和统一通信传输使用 64 比特和 128 比特 IP 数据包。
- **语音和数据虚拟局域网（VLAN）必须为语音和数据传输配置分段**——语音和数据传输必须被分散到不同的 VLAN 上。这就将 VoIP 的传输同数据传输独立开来，从大量的数据包中分出少量 IP 数据包，更容易进行管理和故障检修。
- **100Mbps 或 GigE 工作站局域网连接被用来支持 VoIP 和数据传输**——随着宽带局域网连接到工作站，VoIP 和数据传输能在相同的局域网连接内共存，并在局域网交换机上进行分段。
- **不同的主干网链路上的语音和数据传输进行分段**——为了优化实施方案，将语音和数据传输分段并分散在 GigE 或 10GigE 的光纤主干网上。
- **网络应扩大规模使其支持 64 比特 VoIP 和 SIP 数据包**——VoIP 和统一通信都是实时通信应用。统一通信使用 SIP 协议，其隐藏在 IP 数据包里。
- **安全措施应当被应用，以确保 VoIP 和 SIP 在局域网和广域网上的安全**——VoIP 和 SIP 协议是不安全的，必须采用安全手段以降低相关的风险、威胁和脆弱性。

表 2-2 介绍了通常存在于 VoIP 系统和 SIP 应用系统中的风险、威胁和脆弱性以及应对措施。

表 2-2　VoIP 系统和 SIP 应用系统中的风险、威胁和脆弱性以及应对措施

风险、威胁和脆弱性	应对措施
窃听：未授权的团体在未经允许的情况下窃听电话内容	锁住布线室、锁死局域网交换机受攻击的关口，在数据中心放置 VoIP 服务器。有效利用分散的语音虚拟局域网尽可能减小对 VoIP 传输的访问概率，同时根据相关政策，加密 VoIP 数据包
攻击者获得了关于呼叫控制（电话服务器软件）、呼叫模式、呼叫应用等相关知识内容，有助于他们获得非授权访问	和上面相同，对 VoIP 系统使用强力的访问控制措施。应用连续的审查和注册模式来控制所有系统对 VoIP 系统的访问，将所有 VoIP 呼叫服务器安放在装有专用防火墙的 VLAN 上并对呼叫控制进行加密
攻击者模仿一个非授权用户来获得 VoIP 电话的访问	在 VoIP 上应用访问控制阻止收费欺诈和非业务用途的长途和国际长途直拨。在 VoIP 电话上应用双重身份认证
收费欺诈或非授权使用 VoIP 电话	用户提供授权码来进行长途和国际长途直拨访问
对 VoIP 电话系统进行密码攻击	将 VoIP 呼叫服务器放置于 IT 基础架构的深处使得 Ping 和 ICMP 数据包不能通过 IP 网络进行移动。阻止从恶意 IP 源地址来的 Ping 和 ICMP 数据包。在互联网进出口位置上采用 IDS/IPS 阻止 Ping 攻击
网络失效导致 VoIP 呼叫失败	对语音和数据使用分散的 VLANs。在含有 VoIP 服务器的相同的 VLAN 上分段传输语音信息。使用 GigE 或 10GigE 交换机的局域网连接到工作组。启用 QoS
服务器失效、丧失关键的业务功能	在异地使用备份的 VoIP 呼叫服务器
由于 VoIP 和数据分享导致秘密信息暴露	将 VoIP 和数据的 VLANs 独立分开，启用 VoIP 和 SIP 防火墙以确保携带秘密信息的 VLANs 的安全。通过安全外壳协议（SSH）远程访问 VoIP 系统

2.2　VoIP 和 SIP 风险、威胁和脆弱性

VoIP 和统一通信要求实时支持。所谓“实时”是指即将或正在发生。VoIP 支持语音通信。统一通信使用 SIP 协议。SIP 支持以下统一通信的应用：

- **显示/可用性**——在一个多人聊天会话窗口内，我们能罗列业务、个人和家庭成员的通信对象列表，并得到目前接触对象的当前状态。
- **即时消息链**——这是实时通信的一个模式，能快速答复他人刚刚提出的问题。
- **音频会议**——音频会议是针对 VoIP 呼叫者的一种基于软件支持的实时会

议模式。

- **视频会议**——一种基于软件支持的实时视频会议服务。
- **网络协作**——网络协作是基于软件支持的实时多人共享文件和应用的一种方式，常具有即时聊天、视频、音频会议等功能。

虽然 VoIP 是更加先进的通信模式，但是 VoIP 电话系统还是会受到和 PBX 系统相同的风险、威胁和脆弱性。由于 VoIP 和统一通信使用 TCP/IP 协议簇，它们也和 TCP/IP 的其他应用一样面临相同的风险、威胁和脆弱性。

2.2.1　VoIP 和 SIP 最佳安全方案

如前所述，VoIP 和 SIP 并非安全的协议。这就成了一种安全负担，即需在 IT 基础框架设计中，采用多层安全方案来获得 C-I-A 安全属性。一套多层安全方案意味着在 IT 基础框架内我们应当在多个域中设置安全设施。除此之外，语音和统一通信采用 64 比特 IP 数据包实时通信，这导致许多小数据包在互联网上传输。特别是，在大量数据包存在的情况下，也带来了局域网和广域网上的通信负担。针对如上特点，一种设计方案是考虑对语音和数据采用分散的 VLANs。这种分段网络传输的方案有助于实施并方便管理。图 2-6 显示，VoIP 和 SIP 数据包从 IP 数据包中分离的示意图。

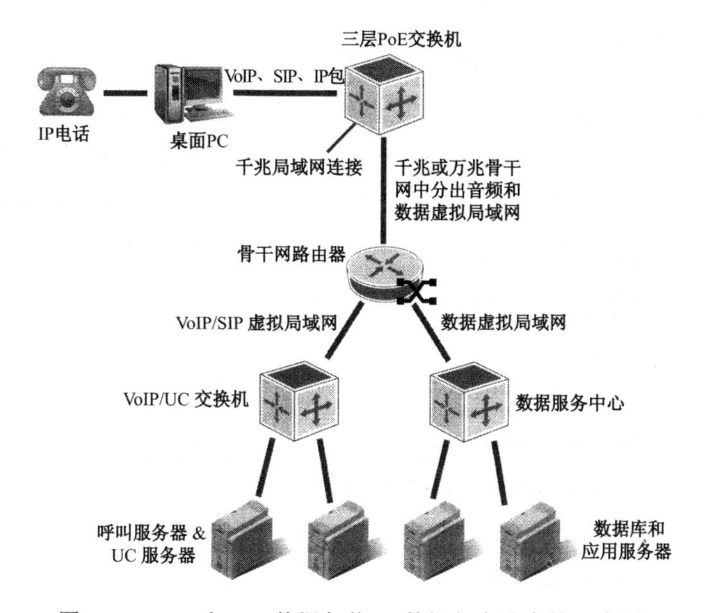

图 2-6　VoIP 和 SIP 数据包从 IP 数据包中分离的示意图

在已知协议不安全的情况下，组织机构如何使用 VoIP 和统一通信呢？他们可以采用与数据通信相同的方法。正确、合理的安全措施是保护机构组织的语音通信设备，包括长途拨号设备。记住，VoIP 和 SIP 数据流贯穿 IT 基础架构七个域。这就要求对影响 VoIP 和 SIP 应用的威胁和脆弱性进行风险评估。图 2-7 显示了 VoIP 和 SIP 如何贯穿于这七个域进行传输。

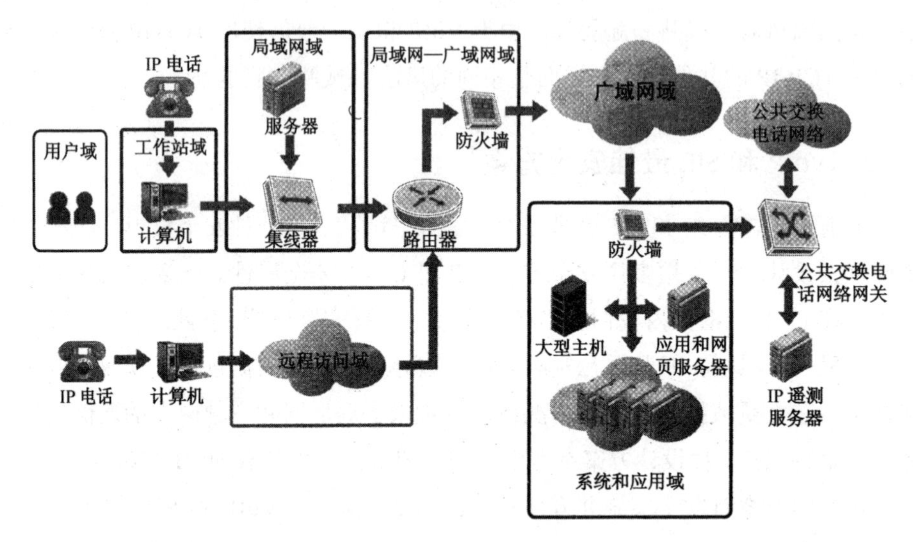

图 2-7　VoIP 和 SIP 数据包在 IT 基础设施中的传输示意图

VoIP 安全联盟（VoIP SA）是非营利组织。公开文献“VoIP Security and Privacy Threat Taxonomy, Release 1.0, October 24, 2005”定义其为提供 VoIP 安全公开论坛的领导者。该文献定义 VoIP 面临的威胁并描述了降低这些威胁的最佳方法。它的网站列出一系列 VoIP 安全工具和应用：http://www.voipsa.org。

作为其公共服务的一部分，VoIP SA 共享了这些安全最佳方案和有用的白皮书。软件机构免费提供公开的源许可证，所以任何人可以得到所有的软件、文献和其他材料。

免费的软件机构（http://www.fsf.org）制定 GUN 免费软件许可证和文献许可证。GUN 的 URL 为 http://www.gun.org，这些公开的许可证的副件就在它们的网站上：

- Lesser GUN Public License(LGPL)V3
- GUN Free Documentation License (GFDL)V1.3

当你在寻找 VoIP 和 SIP 的最佳安全方案时，我们不得不思考 C-I-A 三角形如何影响这些系统。当 VoIP 和 SIP 数据包穿过 IT 基础架构时，必须保持 C-I-A 的坚固性。从先前的风险降低策略列表来看，确实存在一些考虑 C-I-A 的最佳 VoIP 和 SIP 安全使用方案，涵盖终端安全、硬件安全、网络架构安全以及安全运行与管理：

- **终端安全**
  - 在任何人开始拨号之前，IP 电话必须逻辑连接 IP 网络。接着，用户必须提供他们的身份信息。
  - 仅仅开启运行 IP 电话设备特定分机和通信要求有关的最小功能。
  - IP 电话进行拨号呼叫之前应要求输入密码或 PIN 码。用户必须输入有效码来拨打长途电话。如果这样做太烦琐，用户在使用 IP 电话进行拨号呼叫时需证明他的身份。
- **硬件安全**
  - 锁紧电话交换机房、布线室和线缆系统房间的所有门。
  - 对电话交换机房、布线室和线缆连接位置采用严格门禁制度。
- **网络架构安全**
  - 对语音和数据传输设计采用分布式 VLANs。
  - 在分布式 VLANs 上应用呼叫服务器和系统保证合理隔离和安全。
  - 通过最新的安全升级补丁来强化服务器操作系统以及应用软件安全。
  - 如果在单个 VLANs 上不能保证隔离呼叫服务器，需加密呼叫服务器信号。
- **安全操作和管理**
  - 对呼叫服务器、VoIP 系统和 IP 电话采用严格的密码控制。
  - 对于远程访问和管理呼叫服务器、VoIP 系统，采用加密措施（VPN、SSH、HTTPS 等）。
  - 将提供备用电源或柴油发电机组作为组织机构业务持续计划的一部分。

对服务器开启注册登录功能。启用呼叫直播记录，以便对分机、呼入/呼出电话和收费长途电话记录进行周期性审计。

提示：

有必要一直开启电话系统中的通信记录（CDR）功能。CDR 报告将给出关于电话系统使用的具有法律效力的信息。这对于审查每月的电话账单和长途使用情况非常重要和关键。同时，可以识别员工是否有滥用电话。CDR 也是获取每个电话分机呼入/呼出记录的最佳方法，它提供信息的详细程度可以让我们掌握电话系统的每一次使用。CDR 报告可帮助我们审查关于电话系统、电话账单和员工长途使用。这样有助于通过成本整合和改进长途呼叫计划降低运营成本。

2.3 转换到 TCP/IP 世界

电子邮件如何成为顶级的个人和商业通信工具？手机、互联网和 TCP/IP 通信领域如何影响 Y 一代？这些改变如何影响商业？简单的回答是电子世界里的信息传递方式已经影响了我们的生活方式。每个人都能轻易访问互联网，个人、家庭、公司、教育界和政府所有的通信方式都和以前的大不相同。图 2-8 显示互联网和 TCP/IP 是如何改变我们每天的生活。

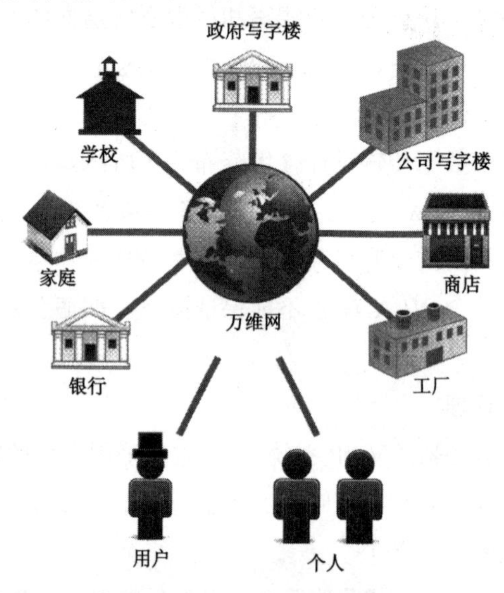

图 2-8 互联网和 TCP/IP 如何改变我们的生活

在万维网诞生之前

在互联网应用普及之前——大约 20 年前——人们似乎满足于采用模拟制式的设备来进行诸如打电话和看电视等活动。此时，没有万维网来提供信息的即时访问，而是通过报纸、电视和收音机来了解新闻。为了和他人实时聊天，我们不得不给他们打电话。寻呼机和语音信息系统的出现帮助人们实现实时访问和信息的储存、转发。尤其是手机代替了寻呼机之后，人们能够及时地联系到任何人，无论他在何处。

在 20 世纪 90 年代中期，互联网和万维网的使用变得普遍起来，从信息高速公路的访问开始，每个人的生活发生了改变。紧随商业之后，人和人之间的联系也进入互联网时代。

2.3.1　各种群体的通信有何差异

表 2-3 显示了人们通信类型的差异。

表 2-3　人们通信类型的差异

人	语音	文本	电子邮件	存在/可利用性	IM 聊天	语音/视频会议	合作
青年学生	L	H	M	H	H	L	L
大学生	L	H	H	H	H	L	L
Y 一代	M	H	H	H	H	L	L
婴儿潮时代	H	L	M	L	L	L	L
销售/市场/教学专业人员	H	M	H	H	H	H	H
销售/市场/教学管理人员	H	M	H	M	M	H	H
行政管理人员	H	L	H	L	L	H	H
L=低使用频率，M=中等使用频率，H=高使用频率							

依赖于手中可用的资源，不同的用户采用不同的通信模式，其主要可以分成两种通信方式：

- **实时通信**——当需要立刻和某些人交谈时，实时通信是首选模式。例如，当处于生命受到威胁的情况下时，或进行例如股票和期货的交易时或需要对安全漏洞做出反应时，就需要实时通信模式。
- **存储和转发通信**——当通过电话或电子邮件联系某些人，且并不需要立即收到回应时，可以采用存储和转发通信模式。语音邮件和电子邮件就是存储和转发通信模式的例子。我们也能够实时进行存储和转发通信，这其实也是在统一通信里做的事情。该模式将我们的语音信息转化成为音频文件并发送到电子邮箱中。这就像在播放一段音频的 WAV 文件，只是该文件里只有语音消息。我们能够下载该邮件到具有支持即时访问语音消息和电子邮件功能的智能电话、PDA 设备或黑莓设备上。

2.3.2 20 世纪 90 年代宽带的爆发

互联网采用 TCP/IP 协议簇，个人、家庭、公司、各种机构和政府都被这种信息高速公路连接起来。这种信息高速公路的发展和变化源于 20 世纪 90 年代光纤通信网络的应用。这种网络支持高速、宽带互联网访问。

在 20 世纪 90 年代，互联网访问快速发展的需求引起了网络宽带化的爆发。成百上千万的拨号用户蜂拥而至。America Online、EarthLink、AT&T 和其他互联网拨号服务商带头迎接这次挑战。在此次浪潮中，拨号服务商建设了国家范围内的光纤主干网络。

在 20 世纪 90 年代早中期，互联网拨号服务商为人们提供的还是模拟制式拨号服务。最大连接速度的范围在 33.6～56Kbps 间。互联网革命的先锋之一，America Online，直接将互联网访问引入住宅用户被证明是成功的。成百万用户注册 America Online 拨号访问服务。此举令互联网拨号服务提供商大量增加。

电话公司发现了利用现有铜线电缆实现互联网访问的新方法。数字用户线路（DSL）服务提供了高速互联网访问。通常情况下，DSL 服务称为非对称数字用户线路（ADSL）。在 ADSL 中，下载和上传的带宽不同。ADSL 利用现有铜质电话线采用不同频率数据传输，虽然上传数据的速率较慢，但能支持 384Kbps～20Mbps 的下载速率。对称数字用户线路（SDSL）是另一种提供双路通信的宽带手段，其上行和下载的带宽一样（带宽依赖于硬件设备、线路条件和采用的 DSL 技术类型）。

有线电视带来了新的宽带革命。美国联邦通信委员会(FCC) 打开了语音、互联网、有线电视和数据连接的市场。几乎没有人能预见该决定的长期影响。现在，有线电视提供商、互联网提供商和电话公司都能提供下列服务：

- **语音通信服务**——本地和长途电话服务。
- **互联网访问**——基于服务水平协议（SLAs）的专用互联网连接。
- **有线电视服务**——按需求内容进行付费的本地有线电视服务。
- **住宅和公司消费者服务**——有不同消费者服务部门来分别面对住宅和公司消费者。

市场的开放带来了宽带服务的竞争格局。今天，在通信方面，住宅和公司消费者有许多选择。消费者在每月的账单周期内享受服务提供商的多种附加（绑定的）服务。站在服务提供商的角度，这种提供服务的新方法的另一个吸引人的特点是这些附加（绑定的）服务令消费者很难更换服务商，起到稳定客源的作用。图 2-9 显示从拨号连接到宽带的互联网发展历程。

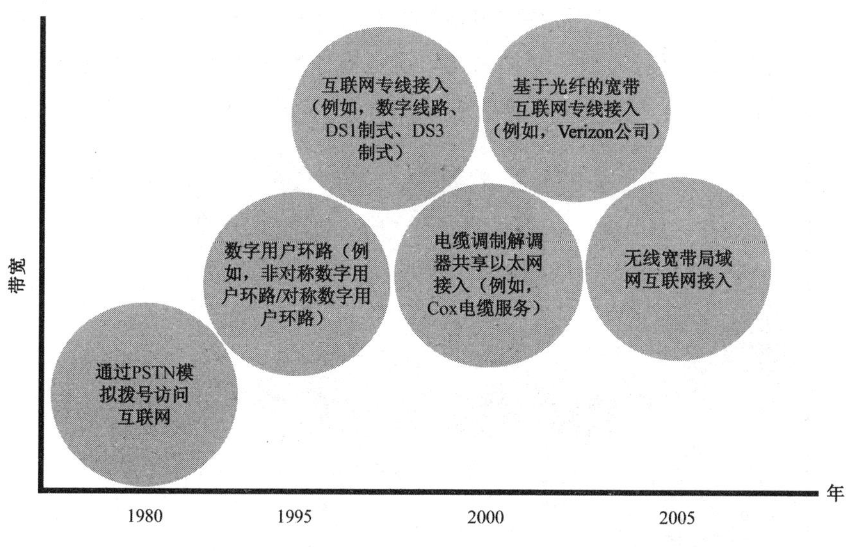

图 2-9　从拨号连接到宽带连接的互联网发展历程

2.3.3　通信服务提供商向 IP 网络转化

在电话公司和服务商利用新的市场机遇之前，他们面临一个主要的挑战，即他们不得不将原先的回路交换网络改造成新一代的宽带网络。好消息是这些宽带网络采用光纤主干网和 IP 网络，坏消息是在 20 世纪 90 年代早期，它们正在建设中且尚未投入使用。容易分离的铜质电缆正被光纤取代。随着光纤主干网络的投入使用，导致宽带连接费用下降。随着越来越多的数据采用这一路由方式，每兆比特的费用降低许多。

服务商竞相将老的网络改造成新一代宽带网络。这一转换带来了许多重要的变化：

- **铜质电缆最大可重用性**——对服务商而言，电缆的再利用是变化为数字通信系统的关键步骤。
- **用光纤代替铜质电缆**——用光纤代替铜质电缆以及支持今天的宽带网络。
- **将回路交换转化为数据包交换**——基于数据包的网络的出现，例如，帧中继和非对称转化模式（ATM）——支持广域网连接。
- **从数据包交换到 IP 网络转化**——互联网访问变得普遍，IP 网络得到迅速发展。在 20 世纪 90 年代早期，新型的服务商已出现。这些新一代宽带服务提供商建设了全国范围内的光纤主干网络。IP 骨干网络一次到位地支持互联网访问和 IP 连接。传统的电话公司和服务提供商不得不将他们的模拟制式交换系统更新为数字交换系统。服务商做出如此改变的目的仍是为了商业发展，毕竟不改变就无法生存。图 2-10 显示了网络服务的发展历程。

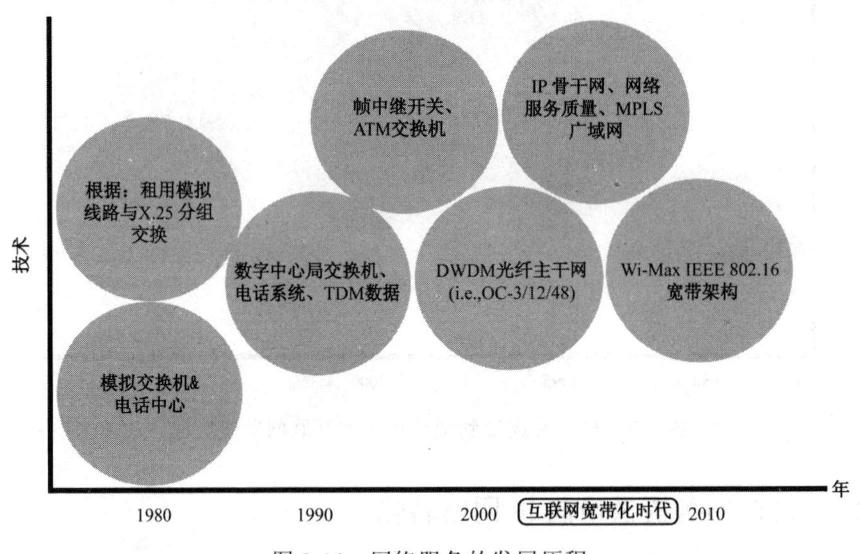

图 2-10　网络服务的发展历程

1. 20 世纪 70 年代到 1984 年（剥离重组）：模拟通信的天下

在这一时期：

- 电缆基础架构是以铜线为基础；
- 通信系统是模拟制式；
- 模拟制式传输有较高的误码率；
- 语音通信由模拟交换机和电话系统支持实现；
- 数据通信由模拟专线和 X.25 分组网络组成；
- 根据物理线路的质量，带宽范围可从 9.6～56Kbps。

在剥离重组之前的这个年代，语音和数据都采用模拟通信制式。采用模拟制式传输数据的一个普遍的问题是它会带来高的误码率。服务提供商采用现有的铜质电缆来设计语音和数据通信系统。这导致带宽限定在 9.6～56Kbps 范围之间。最多数的情况，质量比较好的线路其带宽一般在 38.4Kbps。在数字化和宽带服务应用之前的 20 世纪 70 年代到 80 年代，广域网技术中普遍采用 X.25 分组交换技术。

2. 1984年（剥离重组）到20世纪80年代后期：数字化时代的转化

在这一时期：

- 基于铜质材料的电缆基础架构仍被采用；
- 模拟系统被数字系统取代；
- 长途通话竞争开始出现；
- 数字通信具有更低的误码率；
- 标准数字服务速率（**DS0**）出现，从开始的56Kbps到T-1s（1.544Mbps），再到T-3s（45Mbps）；
- 支持语音、视频和数据通信的融合；
- 带宽的共享为广域网连接带来规模经济。

AT&T的重组带来了一场通信革命。服务商将模拟交换变换为数字交换。这促进了低误码率下的更高速率。数字通信的带宽远远超过了56Kbps，达到45Mbps。在20世纪90年代，T-1s（1.544Mbps）数字线路变得普遍。数字通信整合了语音、视频和数据。网络已经做好了面对TCP/IP和互联网流行起来的准备。

3. 20世纪80年代后期到90年代中期：新一代的广域网服务

在这一时期：

- 基于铜质材料的电缆基础架构仍被采用；
- 数字通信支持固定的带宽，但伸缩性不大；
- 一对多和多对多的远程连接存在需求；
- 帧中继交换机用于提供可支付带宽；
- 帧中继广域网服务提供按需分配带宽功能；
- 在采用光纤网络（OC-3、OC-12等）的高速主干网中，ATM交换机被用来提供基于铜质线缆的T-1s（1.544Mbps）或T-3s（45Mbps）的终端访问；
- ATM作为前期的IP方案用来支持语音和视频等的实时应用。

在这段时期，服务提供商开始提供帧中继和ATM广域网服务。帧中继是基于数据包的广域网服务。它能支持一对多和多对多广域网连接并提供云服务功能。这意味着组织机构能通过最近的端口连接云或网络，享受服务商的主干网络。帧中继是独特的技术，它为用户提供带宽的保证。这类似于一个阀门，称为承诺信息速率（CIR）。CIR类似汽车的定速巡航功能。同样，在保证CIR或流量的情况下，帧中继能支持大的传输数据量。CIR反映的是帧中继交换机通过虚拟回路到用户路由所能保证提供的带宽数量。

例如，CIR 能保证达到 256Kbps，而它能够支持的帧数量远远超过承诺的带宽。图 2-11 显示了帧中继 CIR 阀门如何工作。

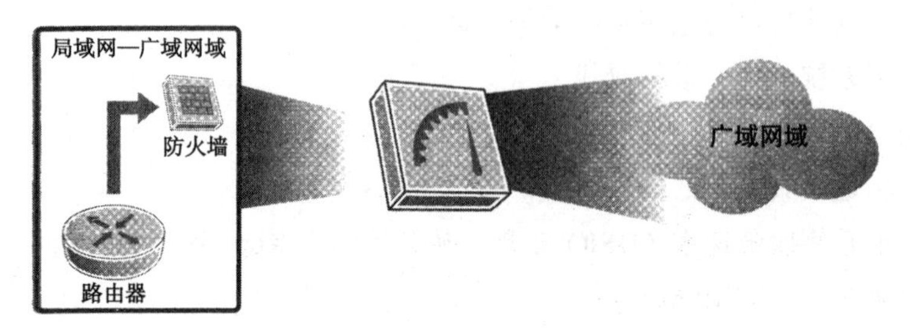

图 2-11 帧中继 CIR 节流阀

发展到今天，数字网络已经能够支持时效性的应用，例如，语音和视频。数字网络改变了数据包交换的结构体系类型。数字网络从帧中继模式发展到异步传输模式再到 IP 网络。IP 网络的先进性使其允许支持即时通信的应用，例如，VoIP 和统一通信。统一通信采用的是 SIP 协议。

服务提供商喜欢 ATM，因为它能支持语音、视频和数据通信。ATM 采用 53 比特单元或数据包，能支持光波速率。在 20 世纪 90 年代中后期，互联网和 IP 网络爆发式增长之前，ATM 应用最多、最受欢迎。图 2-12 说明一个 ATM 单元结构。

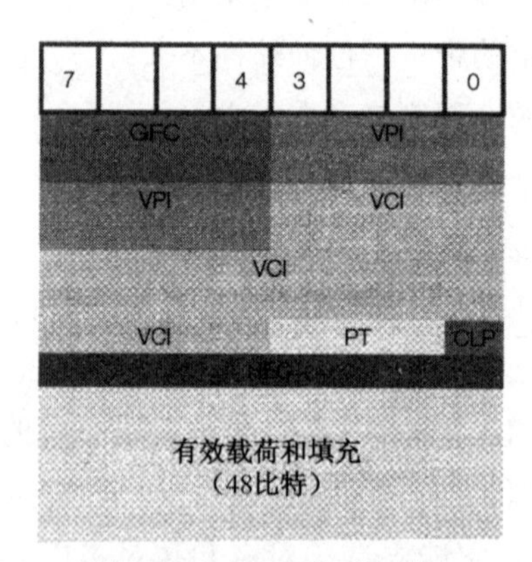

图 2-12 ATM 单元结构

2.4 多模通信

今天，人们拥有多种不同的通信类型。为了追求快速和快捷，Y 一代更倾向于采用手机和智能电话来发送文本消息。婴儿潮时代的人们更倾向于直接打电话的方式来联系别人。个别在网上使用 VoIP 或即时聊天工具。

那么你应该使用哪种通信方式呢？这依赖于我们通过通信要做什么。个人之间的通信通常是短而迅速的，即问一个问题，快速得到一个回答；而商业公司的通信可能是短的，也可能是长的；当面对和多人通信时，我们可以考虑建立会话或会议模式；在公司业务上通常需要具有共享文献并和别人进行讨论的功能。本节内容将揭示多模通信是如何解决业务通信中这一独特挑战的。

目前，个人和业务通信有许多通信方式的选择，需要根据多种因素来选择一个最佳的通信方式，主要考虑以下情况：

- 通信终端设备是什么？终端设备决定通信的类型。今天，手机、智能电话和 PDA 设备类似于一台小型的移动计算机。
- 个人有实时访问的需求吗？紧急情况下的应答者，例如，警察、消防和医务人员等，需要与报警者进行实时通信。
- 实时访问有必要吗？有时，根据实际情况，储存和转发模式可能更合适。
- 是提高生产力的需要吗？商业用户能够从视频和音频会议应用中获益。各个公司一直努力开拓新的方法来发掘和留住消费者。他们应该如何做，取决于他们如何进行通信。

婴儿潮时代的人通常采用打电话作为基本的业务通信工具，而 Y 一代更倾向于发短信、电子邮件和即时会话。商业公司需要了解并适应它们的消费者。引入消费者到自助网站，有助于降低费用。它为消费者提供 24×7×365 的“不间断”的服务。商业公司需要 VoIP 和 SIP 协议及其应用来提高为消费者服务的水平。图 2-13 显示了多模通信不同的组成部分。

图 2-13　多模通信

2.4.1 基于 VoIP 的语音通信

在 21 世纪初期，出现了从传统 PBX 技术跨越到 VoIP 的一场群众运动。这是由什么引起的呢？IP 数据包和 IP 网络是如何支持实时语音通信的呢？如果 TCP/IP 是不安全的，是否意味着 VoIP 也不安全呢？起初，VoIP 看起来似乎与语音通信格格不入，并不被人接受。那么这种观念是如何改变的呢？哪些商业上的领军者引领人们从传统的 PBXs 到 VoIP 的跨越呢？

这里给出一些从 20 世纪 90 年代中期到 21 世纪初期企业所面临的真实境况，这些境况引领人们去使用 VoIP：

- **通信领域正在向 TCP/IP 转变**——互联网驱使个人和公司改变他们的通信的应用方式。
- **PBXs 虽然能传输语音，但不能传输数据**——传统的语音 PBXs 系统不支持整合数据功能。
- **语音、视频和数据的整合要求导致 IP 网络升级**——语音和音频需要广域网和宽带桌面连接以支持时效性的应用，例如 VoIP、会议和协作。
- **通过整合降低了运营和不间断管理的成本**——语音、视频和数据整合后，所有通信都通过 TCP/IP。
- **VoIP 不安全**——就像 TCP/IP，VoIP 协议也不安全。这给网络安全带来了负担并需要一个多层的安全方案。
- **SIP 是统一通信的基础**——SIP 是实时应用的协议，例如，即时聊天软件、会议和协作会使用该协议。

由于 VoIP 能使用和数据通信相同的物理网络，VoIP 持续成了大、中、小企业单位最受欢迎的选择。这也进一步带来了更大的经济规模。随着宽带连接到桌面计算机，VoIP 和工作站网络能共享相同局域网连接。VoIP 设备也进行整合，融合了语音、视频和数据的通信。这些整合包括协议整合、架构整合和应用整合：

- **协议整合**——TCP/IP 已经成为多模通信中底层的通用基础，许多应用已经整合并将 IP 作为网络层协议来使用。
- **架构整合**——采用相同 4 对非屏蔽双绞线电缆，100Mbps 或 GigE 工作站就能连接到共享相同物理缆线的 IP 电话。在共享工作站电缆的基础上混合语音和 IP 数据流。离散的语音和数据 VLANs 在布线室和主干网络上分配数据并进行传递。

- **应用整合**——各种应用整合起来能提高生产力。统一通信就是一个例子。它将所记录的语音消息整合到电子邮件中。这就允许远程用户通过接收电子邮件的方式接收音频信息，并能够像播放音频文件那样来播放这些语音。

为什么要大力宣传 VoIP 和整合？没有这些整合，我们无法将语音融入数据通信中。今天，VoIP 为更多的实时消息的语音通信融合服务提供了基础。VoIP 支持语音呼叫和音频会议。图 2-14 显示了一个企业的 IP 电话架构。

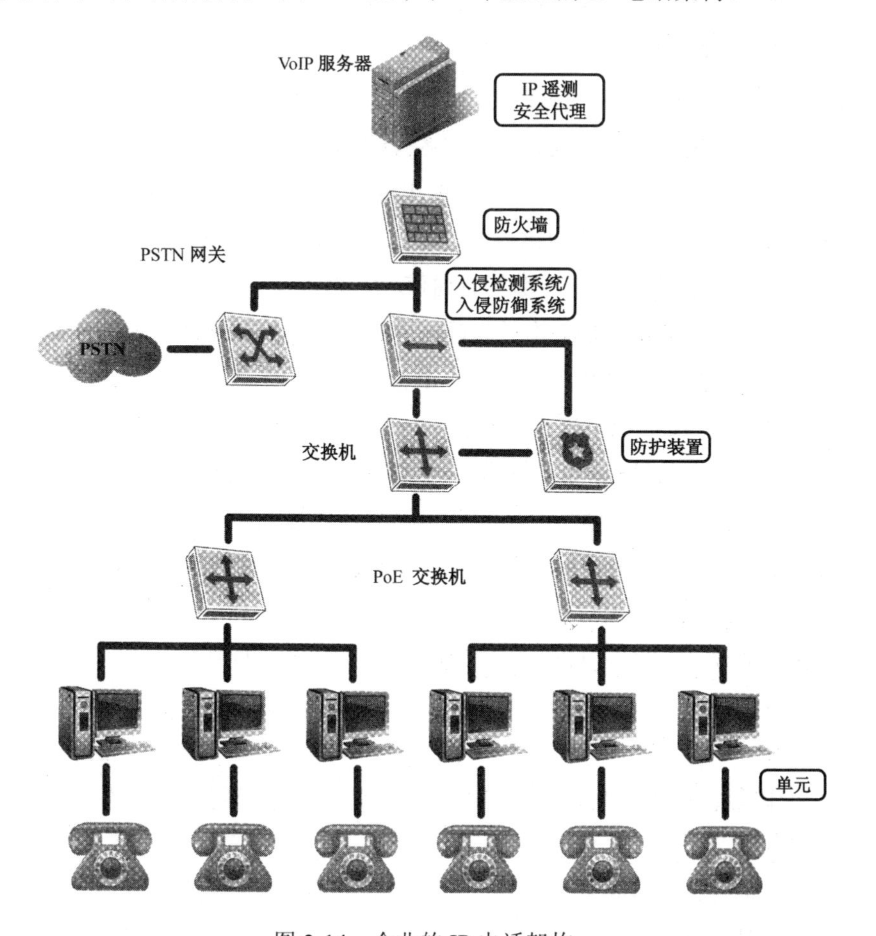

图 2-14　企业的 IP 电话架构

2.4.2 统一通信（UC）

仔细想想 VoIP 对个人和商业通信造成的影响。感谢互联网，一旦用户应用 VoIP，那么长途通话就能成为免费的事情。VoIP 支持语音通信，是许多流行的即时通信应用软件所采用的模式。Yahoo！、Instant Messenger、Microsoft Windows Live 和 Skype 这些软件都采用 VoIP 和 SIP。今天，台式计算机、便携式计算机和上网本都装配了麦克风和网络摄像头。这些为 VoIP 和 SIP 准备的工具支持实时的多模通信。

从模拟制式到数字电话系统的演化恰如一个模式发生巨大改变。然而，数字电话变迁到 VoIP 发生了更大的变化。由于工作站的连接达到了宽带的速度，VLANs 有助于将语音流从数据流中分离出来。与此同时，广域网也需要经过改良以支持即时性的用途。这就包括需要引入 QoS 来设置传输优先权。IP 网络适合 VoIP 传输的大流量。VoIP 为统一通信的出现提供了基础。UC 给出了许多实时通信方案，在解决的通信业务的挑战中，每一个方案都很独特。

什么是统一通信？UC 是一套实时通信应用软件，它提高了生产效率并支持我们日常通信的一般方式。UC 并不是新的东西，自从 Instant Messenger 出现时，它就诞生。Y 一代用户使用 UC 作为一个社会网络的工具。现在，许多公司用它来提高生产效率。UC 应用软件具有如下特点：

- **可见性和有效性**——UC 提供 24 小时不间断的连接状态。
- **即时聊天**——即时聊天是实时传递消息和快捷回答问题的最好方式。如果用户在线，我们能得到立即响应；如果不在线，消息会被发送到接收系统，并在用户下次登录时恢复。
- **语音会议**——UC 支持语音会议服务，可以让用户在电话会议里参与讨论。
- **视频会议**——UC 支持视频会议服务，可以让用户在视频电话会议里参与讨论。
- **协作功能**——UC 支持即时共享功能，可以令远程用户真正在一起参与实时合作。

多模式的通信为我们提供了许多与客户通信的方式。这些方式包括电话、传真和电子邮件。例如，我们能够给某些人打电话并且当对方未接听时留下一段语音消息。这还有一个储存—转发通信的例子，例如，电子邮件。UC 不是用来留言，而是用来即时通信。组织机构在提供最好的客户服务时，必须规定如何让他们的商业伙伴和客户与他们联系。随着通信模式的多样化，我们也必须告诉客户需要采用什么方式联系到我们。

下一节将介绍如何应用 UC 来解决内部的和外部的业务挑战。UC 能够提供给用户即时访问和通信。我们能从多种不同的设备中进行选择来支持 UC，包括智能电话、PDA 设备和台式计算机。

2.4.3　采用统一通信模式解决通信业务上的挑战

企业流程再造是针对简化业务流程的一种设想，目的是减少决定过程中的人为因素。人为因素是指人们考虑投入、加工和回报这一商业循环过程所花费的时间。再造企业流程的过程中我们要明确一点，即只有拥有决定权才能够让事件继续。接着我们提出改变业务流程来满足该决定。UC 通过提供即时访问和通信解决了各种人为因素，缩短了业务上做决断的时间。UC 和诸如语音邮件和电子邮件等储存—转发通信模式是相反的。想象一下下列场景，如果采用语音消息或电子邮件信息会有什么后果：

- 我们在高速公路上开车并接近某个出口，我们给朋友打电话要求指路，结果得到的是语音请留言。
- 在交通事故中我们受伤了，911 接线员无法即时联系到救护车。
- 我们马上就要谈成一笔大生意，结果联系不到老板，无法决定是否有更大的折扣。
- 我们联系不上自己的配偶，无法商量买房合同里的新变化。

我们能想象这些例子里的人为因素可能会影响我们的生命，令我们经济受损或失去商业机会吗？这就是应用 UC 的目的，通过消除各种人为因素，达到即时通信的效果，从而解决问题。表 2-4 所示为 UC 方案实例。

表 2-4　UC 方案实例

无效率的业务流程	UC 实现方案
找不到急救室的医生或护士	急救室医务人员在具有 UC 功能的手机、智能电话、PDA 或平板电脑上一直在线。通过即时聊天系统能实时联络
销售管理者不在，以至于无法批准一项带有折扣的大的商业订单	销售管理者和外出的销售人员都通过 UC 连接。可以实时地出现、联系和聊天

续表

无效率的业务流程	UC 实现方案
高价值客户无法到达客户服务点享受即时服务	各个客户服务点都通过 UC 连接到客服中心。当 VIP 客户呼叫，即时联系首选的客户服务点提供服务
在生产过程中恰好找不到工厂负责人来处理产品问题，延误了交货计划	工厂负责人和生产一线监督人员都用 UC 连接。即时出现，并通过网络聊天、会议和共同协作的方式进行远程讨论来解决问题
股票经纪人和交易员无法联系到客户，以决定大的买卖订单，延误了金融交易	股票经纪人和交易员都用 UC 和客户连接，以便在需要时能及时答复
银行销售必须和金融保险公司、信贷员和风险评估员共享贷款资料文件	通过 UC 连接金融保险公司、信贷员和风险评估员，实时共同协商同一工作日内的贷款批复决定

人为因素和 UC 实现的例子

在简化商业流程中，人为并不是最有效率的。UC 能通过即时联系到关键人物来解决这一问题。它是突发事件中公共安全人员进行通信联络所使用的一款优秀工具，它能拯救许多生命。UC 缩短了人们在互相通信联络过程中的时间。

UC 能帮助各个公司寻找到改变客户服务的途径。许多公司都有着应对频繁采购业务的方案。他们识别高价值客户并为其提供奖励性的机制以提高他们的购买欲望。许多公司证实了 80/20 原则，即 80%的利润由 20%的客户创造。同时公司还要想办法将剩下的 80%的低价值客户转化为高价值客户。图 2-15 描述了 UC 能加强对高价值客户的客户服务水平。

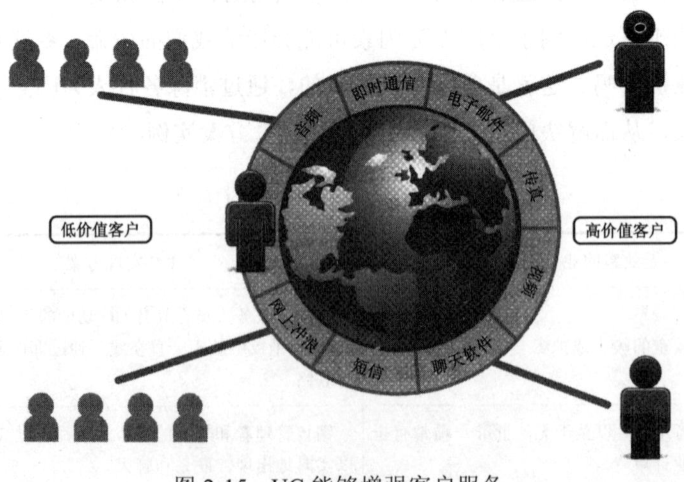

图 2-15　UC 能够增强客户服务

UC 能给公司带来许多潜在利益。在微软公司的带领下，实用的 UC 软件现在已经可以安装在台式或便携式计算机上。工作人员可以通过他们的手机或 PDA 设备保持在线或连接互联网。学生现在也通过 UC 联系。所以 VoIP 和 SIP 的安全性变得越发重要。使用 UC 能带来以下许多好处：

- **UC 能强化父母对孩子的管教**——UC 可以令父母随时与孩子保持联系。
- **UC 能提高生产效率**——UC 可以支持与所有工作人员的实时联系，支持语音、视频会议和项目协作。
- **UC 能省钱**——降低了不动产的价格，降低了通信的费用并消除了不得不面对面开会和训练的差旅花费。
- **UC 可以让员工在家里上班**——随着宽带互联网访问的应用，员工能在家里就与同事保持联系并进行工作，减少了花费，节约了上班的路途时间。
- **UC 能够进行实时的培训，或传输培训录像**——去培训地点的花销节省了，并且对员工的培训可以随时进行。
- **UC 增强了客户服务**——通过对技术人员和客服代表的实时访问，有助于指导客服加强对高价值客户的服务。
- **UC 缩短了业务上做决定的时间**——由于可以随时联系关键的决定者，能够更快地做出重要的商业决定，缩短了循环时间。

这些好处要求 VoIP 和 SIP 具有合适的安全措施。我们必须首先保证 VoIP 和 SIP 的安全性。这就要求采用一个多层的安全方案来确保 C-I-A。

2.5　从实体经济到电子商务的演变

互联网完全改变了人们的通信方式。它也改革了商业模式。实体公司目前已经通达全球。而电子商务改变了公司交易模式，互联网也改变了公司争夺市场的方式。

什么是电子商务？即在互联网上销售货物和服务。在线消费者通过供货商的网站购买货物和服务。他们需要输入私人信息并检测注册账号或信用卡信息。

电子商务支持两种商业模式：商对客模式（B2C）和商对商模式（B2B）：

- **商对客模式（B2C）**——商家建立一个顾客在线购物平台，顾客直接从其网站购物，例如 www.amazon.com。

- **商对商模式（B2B）**——商家建立在线系统用于引导消费者链接其他商户的销售，通常从销售到递送具有完整的供应链。

电子商务和应用软件要求具有严格的 C-I-A 安全措施。机构组织必须采用牢固的安全措施来保护他们的信息免受来自互联网的攻击。特别是当私人信息和信用卡信息通过互联网进行传递时，这一点就尤其具有现实意义。为了遵守第三方支付行业数据安全标准，商业公司必须引入安全评估和采用正确的措施来保护客户私人数据。

2.5.1 通过电子商务的转变来解决商业挑战

几乎一夜之间，互联网建立了全球的在线市场。没人能预见到现在这么巨大的变化，而市场化也不再受限于电视、广播、报纸和杂志。所谓市场化是发现客户、保持客户并为其提供更好的服务。由于上网的方便，互联网有可能实现上述市场化的行为。互联网面临新的商业挑战，这些新的挑战包括：

- 通过互联网，各个商业公司不断壮大；
- 将现有的传统商业改变成电子商务；
- 建立安全的、高可靠性的网站和电子商务门户；
- 建立网上客服策略；
- 通过互联网市场化发掘新的客户。

例如，Amazon、DELL、Apple Computer I Tunes、Western Union、e-Bay、Domino Pizza 和 UPS 等公司已经建立了电子商务模式。它们都采用网站来作为连接全球消费者的主要方式。它们的客户通过网站加强的客服推送进行采购。这种经营模式称为自助服务。许多在线活动。例如，账户管理，就是自助服务模式。验证表明，通过 VoIP 和即时聊天工具实时访问客服代理能增加高价值客户。

什么是电子商务战略呢？利用网络所能提供的应用，电子商务改变商业的功能和运行。

电子商务战略包括市场化和销售货物及在线服务。一个典型的电子商务战略包括如下要素：

- **电子商务方案**——这应该是在一个安全交易中所要采购物资和服务的在线目录和系统。
- **互联网市场化战略**——互联网市场化战略包含搜索引擎优化（SEO）。它通过内嵌的元标记和关键词来帮助搜索引擎进行结果分类。当顾客导向产生时，市场营销人员就从信息网页和下载的白皮书中寻找顾客信息；电子邮件蓬勃发展，使得广告和优惠券通过电子邮件直接发送给预期的客户；基于客户的兴趣进行直销和开拓市场，进一步推动了市场化。

- **电子客户服务推送策略**——自治服务和在线客户服务策略。
- **支付和信用卡交易过程**——安全的在线支付过程和信用卡交易过程必须通过严格的后端系统安全措施进行加密以防止私人客户信息被非授权访问。

2.6　为什么今天的商业公司需要互联网市场化战略

建立一个电子商务策略远远不是只建立一个网站那么简单。我们必须要了解如何通过互联网发掘新的商业伙伴和全球新客户。如果没有一个电子商务战略或迁移到电子商务的计划，那些不熟悉互联网的商业公司很可能败给那些熟悉互联网的竞争者。互联网市场化策略是公司取得成功的关键组成部分。它所做的就是要吸引更多的眼球来关注我们的网站并留住这些客户。互联网市场化策略通过市场化协议来使用搜索引擎。搜索引擎所展示的内容对客户来说都必须是新鲜的且必需的。在今天的全球化市场下，将实体商业模式作为唯一的销售模式已经过时。商业公司必须有在线的电子商务平台，使客户可以持续地进行访问以得到所需的信息、产品和服务。图 2-16 显示了万维网上的电子商务模式转化过程。

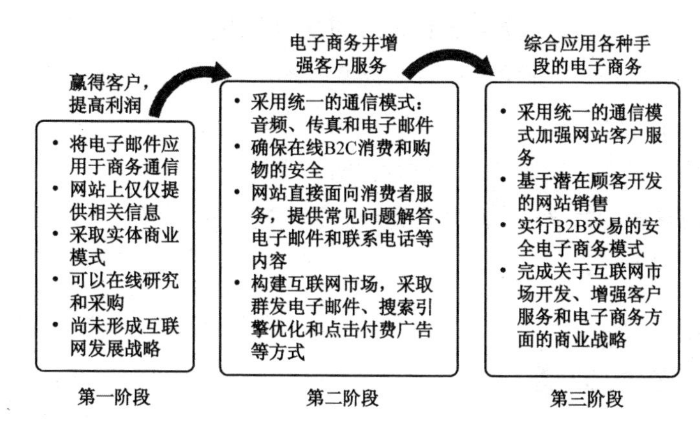

图 2-16　万维网上的电子商务模式转化过程

由于商业公司在其经营模式中包含了互联网，这就大大提高了它们暴露在网络上所面临的风险、威胁和脆弱性。记住，连上互联网就意味着将自己暴露给了网络黑客和网络窃贼。安全网页的应用，安全的前端和后端系统以及客户私人数据的加密是每一个机构组织都必须采取的关键安全措施，用以降低网络风险。

2.7 万维网对个人、公司和其他机构组织的影响

电子商务改变了许多公司的商品销售模式。其他的机构组织也很好地利用网络来处理其他的事务，举例如下：

- **购买计算机**——现在，计算机已经能通过线上进行订购。根据我们的需求定制将商品送到我们的住宅或公司。品牌机分销商和兼容机销售商几乎都支持在线销售。
- **购买录制的音乐**——我们能够下载喜爱音乐的数字拷贝。CD 和磁带零售商店仍然存在，但是比以前少得多。
- **全球汇款**——现在可以通过信用卡在网上进行操作。亲自去银行汇款不再是唯一的汇款方式。
- **购买旅行服务**——购买机票、订酒店和租车等事务也可以在互联网进行。对公司和客户来说，通过网络预订是最受欢迎的选择。
- **购买房地产**——房产名录已经发布到网上。客户在联系房地产代理商看实景之前，可以先观看房产的图片和视频介绍。
- **向慈善机构进行捐赠**——许多慈善机构组织发现通过网络联系捐赠者比通过电子邮件和电话有效率得多。捐赠者通常更喜欢通过网络进行联系，同时他们也更喜欢通过网络进行捐赠。
- **了解学校和大学**——网站是当今教育机构的重要部分，它可以立刻吸引所需要的生源。

2.8 IP 移动业务

随着通信技术的发展，通信设备也随着通信技术而多样化。在通信上最明显的改变是应用了更新式的计算机并连入互联网。语音通信通常采用电话。多年以

来，电话除了能支持语音通信，没有什么其他用处。然而，经过多年的发展，个人通信设备和移动电话的功能已经变得非常强大。在 20 世纪 90 年代，手机的使用发生极大发展，人们开始使用它来扩大自己的交际圈。今天的移动电话、智能电话和 PDA 的功能和灵活性已经发展到可以和许多小型的计算机相匹敌的程度。掌上电脑（PDA）是手持轻便，是一种基于笔交互的计算机，常作为个人记事本使用。PDA 通常包含有日历、地址簿等类似的功能。软件开发商瞄准便携式设备市场已经推出了许多应用程序。平板电脑、智能电话和上网本已经出现并满足了轻便、可携带的设备要求。越来越多的人开始携带这些设备来替代传统的笔记本电脑开展多种用途。

IP 移动业务对公司的很多方面产生了影响，其中之一就是个人通信设备应用的不断增长。这就形成了一个策略，叫作“携带自己的设备办公”（BYOD）。各个公司开始允许他们的员工和合作者使用他们自己选择和购买的设备来连接公司网络。这个方式通常取代了由公司购买设备分配个人使用的惯例。一些专家支持这种行为的“商业意识”。因为这种方式可以降低销售价格，降低运营成本，且员工可承受，而相关的应用软件也得到支持。然而，BYOD 也带来了必须重视的安全问题。

用户需要可上网和多功能的小型通信设备。在过去的 10 年里，传统的笔记本电脑变得更小、更轻且功能更强大。它们的功能强大到足以和许多台式计算机相比较。用户开始依赖他们的笔记本电脑并享受这种离开办公桌、边移动边工作的状态。他们也享受这种离开办公室也仍然能连接电子邮件和大量的办公应用程序的乐趣。计算机厂家开始开发更小、更轻的笔记本电脑来响应那种不断增长的不需要携带笨重设备而又可以在任何地方上网的诉求。

智能电话和 PDA 厂家也同样关注这个情况。他们也开发更快、更强大的产品。在这个不断增长的市场中占有大量份额的公司之一是黑莓公司。1999 年年底一个黑莓设备发布。它允许用户使用单个设备就可以打电话，登录邮箱和管理日程安排。用户也能够运行一些应用软件并且可以在不使用笔记本电脑的情况下处理一些工作。苹果公司紧接着也发布了 iOS 产品，拉开了深受欢迎的 iPhone 大幕。第一个 iPhone 于 2007 年发布。而第一个使用安卓系统的电话是使用全新安卓操作系统的 T-Mobile G1，于 2008 年发布。随着市场上 3 个重量级对手的出现，对最广大移动通信用户的争夺开始。

2.8.1 移动办公人员

这有一个问题：谁真正地希望使用移动设备？答案是：几乎所有人！人们希望移动设备深入到他们的个人工作生活中。这个趋势也点出了 BYOD 的重要性。移动设备、软件和服务几乎都能按照要求提供。移动用户在每一个新的设备和软件发布时几乎都能发现移动技术有更加广泛的用途。移动计算开始接近传统计算的能力和便捷性。但是，这也受到至少 3 个条件的制约，即网速、可靠性和安全性。

移动设备和应用软件有许多用途。最早期的一些应用软件仅仅是轻量级网页应用软件。用户在他们的移动设备上使用轻量级网页浏览器来间接访问网页服务器。后来智能电话和 PDAs 支持不需要持续网络连接的本地应用软件，即某些应用软件需要全时联网，而某些则不需要。移动设备必须连接上网才能和服务器同步数据，但是数据同步完成后，就没必要一直挂在网络上。采用那些不必持续联网的应用软件，就可以在飞机上或其他类似的地方利用移动设备进行工作。

移动设备最早期的用途之一是可以从工作场所脱离到外面办公。移动办公人员很快变成将办公应用软件迁移到移动设备上的高手。通常，帮助管理电子邮件和计划进度表的应用软件首先被安装到移动设备。医学专业人员也很快认识到移动计算的优势很符合他们的特殊需求。医疗和医学信息管理是个长期的任务。病人的私人医疗信息里充满了相关的图表和文件。医护人员需要能够快速访问病人信息以提供最好的治疗。医院、诊所和治疗室已经在管理病人数据方面投入了大量时间和金钱。移动设备会让医生、护士和其他授权的工作人员按要求很容易查询病人记录。

2.8.2 连接到蜂窝网络

移动设备通常采用两种途径连接到网络。第一个连接移动设备的途径是采用蜂窝网络。该途径具有更好的灵活性，但有时连接速度较慢。第二种途径占主导地位，就是 Wi-Fi。它提供了更高的带宽，但是覆盖范围比较小。表 2-5 所示为蜂窝网络类型。

表 2-5　蜂窝网络类型

网络类型	技术
模拟-1G	AMPS
数字-2G	GSM、CDMA
数字分组技术-2.5G	GPRS、EDGE
移动宽带-3G	WCDMA、CDMA2000
本地 IP-4G	WiMAX、LTE

第一种可用的数据网络是先进移动电话系统(AMPS)，于 1978 年美国首先提出。AMPS 也被称为 1G（第一代）网络。AMPS 是模拟制式网络，仅仅能提供最基本的网络服务。网络上所有数据流都能被“无掩盖”地传输。AMPS 不能提供任何的数据加密，并且不是非常安全。

第二代蜂窝数据网络于 20 世纪 90 年代提出。这更新一代的 2G 网络是数字网络，具有加密数据流的能力。它们相比 1G 网络要安全得多。最流行且最具竞争力的 2G 技术是欧洲的 GSM 和美国的 CDMA。使用这些技术的新型移动设备所提供的数据服务，具备与更传统的计算机网络相竞争的可能性。

2G 网络的改进型号大致上成为 2.5G。最初这种网络包含 GPRS 和 EDGE 网络。这两种技术的某些能力介于 2G 和 3G 之间。

下一代移动网络先进技术是 3G 网络。它们为移动设备提供了真正的宽带能力。3G 网络包括 WCDMA 和 CDMA2000。2G 网络和 3G 网络最大的不同之一在于它们建立和保持网络连接的方式。2G 网络采用回路交换技术，回路交换网络工作非常类似于原先的电话网络。建立通信双方之间的回路并保持通话。而另一方面，3G 网络采用数据包交换。数据包交换网络将信息分成许多小数据包，每个数据包各自路由到目的地。相比回路交换，数据包交换网络在同一设备中可以支持多路会话。3G 网络为移动设备提供很多类似于有线设备的功能。但是，尽管 3G 设备为移动设备提供了类似于有线网络的连接能力，但它们仍然不能使用真正的 IP 网络地址。

移动计算持续快速增长很快令 3G 网络饱和。为了满足不断增长的移动设备和用户数量要求，新的网络出现了。新的 4G 网络摒弃了现有的回路交换技术开始使用 IP 地址通信。4G 网络提供包括全球微波互联接入（WiMAX）和长期演进

（LTE）。这个最新的网络技术为移动设备提供与有线设备相同的能力。语音和数据之间的分隔消失。在 4G 网络上的语音呼叫将被按照类似于音频数据流的方式进行处理。今天的 4G 网络能提供和那些有线设备相竞争的能力。

2.8.3 与其他网络的连接

移动设备通常也支持一种更快的连接网络的方式。绝大多数移动设备支持 Wi-Fi 连接到 IEEE802.11 网络。Wi-Fi 连接能提供更快的网络连接。它们也允许移动设备在没有附加费用的情况下连接网络。对 3G 网络或 4G 网络而言，许多移动蜂窝数据计划都有每月的流量限制（类似于我国移动运营商推出的套餐活动），一种普遍的应对措施就是使用 Wi-Fi 连接，能够有效减少 3G 或 4G 的流量使用。

绝大多数移动设备也支持使用蓝牙协议来建立与其他设备的连接。蓝牙网络范围通常比较小，同时也容易与外围的移动设备建立连接。通常蓝牙设备包括耳机、键盘和鼠标。虽然几乎所有设备都不用蓝牙来连接更大型的网络，但是蓝牙协议能够被用来偷连设备和进行网络渗透，可见蓝牙很方便，但也可能很危险。

2.8.4 移动应用软件

许多公司正通过开发网络应用软件来努力满足移动用户新的需求。绝大多数采用含有种类有限的网页浏览器的移动设备运行许多网页应用软件。这个途径为那些先前只能在家使用计算机来进行应用访问的用户打开了方便之门。不幸的是，这个功能经常出问题。由于应用程序软件并非专门为移动设备使用的浏览器而编写。因此，运行不稳定，经常会无故地中止运行，令用户感到困惑和郁闷。对于移动用户来说，还有许多应用程序软件由于糟糕的界面设计显得非常失败。

当移动设备生产商、软件开发商和服务提供商开始支持移动用户时，他们首先面临的主要问题是：“哪些人在使用移动应用软件”“哪些人想使用移动应用软件”他们发现在各个领域中都有许多用户在使用移动应用软件。而早期最急迫的应用者是医护人员。

从早期的移动设备使用来看，将医学应用软件设计成移动的应用软件是合适的。医护人员需要持续地和病人沟通，并需要不断了解他们的相关数据。举个例子，医院的病人每天可能需要接触好多的医生、护士和其他人员。每个人都需要能了解病人的某些信息。病人的信息可能包括人口统计、病历、诊断和治疗。每个与该病人联系的医疗人员都必须能访问病人的信息以提供合适的医疗方案。然而，在每个病房都放一台计算机是有困难且花费很大。医疗人员和医院早就认识到移动设备能够提供访问获取所需要信息的能力，这样就没必要在那么多计算机和建设网络架构上进行投资。每个医护人员都能携带一台移动设备并且很容易按要求获取所需信息。

2.8.5　IP 移动通信

今天的 4G 网络提供真正的 IP 通信。相比以前的技术，这是一个具有重大意义的进步和提高。每一个 4G 设备都有唯一的 IP 地址，类似于网络上的其他有线设备。这就允许移动设备在不需要翻译地址的情况下能够连接其他 IP 设备。4G 移动设备仅有的局限性是它的处理功能。然而，随着移动设备变得越来越快，它和有线设备之间的差异几乎消失。

移动设备现在能够像有线设备那样运行，却不必受到物理网络连接的限制。这既有优势又有潜在的危险。传统的网络管理通常基于对设备位置的了解，而自由移动的设备要实现安全性就变得困难。

移动用户想连接互联网就好像在办公室里插上上网的水晶头那样简单。标准的 IP 路由协议让这种情况成为可能。用户改变位置且保持连接。他们甚至都没有意识到他们的设备可以从一个网络移动到另一个网络。只要移动设备留在网络的覆盖范围之内，用户就可以一直保持网络连接。网络类型可以在蜂窝网络和 Wi-Fi 之间进行切换，并仍提供有效清晰的连接。

这里将说明移动 IP 是如何提供透明连接的。许多独立实体一起工作来确保移动设备在不掉网的情况下从一个网络转移到另一个网络。

- **移动节点（MN）**——一个网络转移到另一个网络的移动设备。无论当前处于哪个网络，这个 MN 都有固定 IP 地址。
- **本地代理（HA）**——一个在标准路由器之上具有传统能力的路由器。HA 保持它所管理的 MNs 踪迹。当一个 MN 离开本地网络时，HA 将转发数据包给 MN 当前所在网络。
- **外部代理（FA）**——一个连接其他网络的具有传统能力的路由器。当 MN 连接其他支持移动 IP 的网络时，它将通知 FA，FA 将分配给 MN 一个本地地址。
- **转交地址（COA）**——当 MN 连接另外的网络时获得的本地地址。当 MN

连接时，FA 分配 COA 给 MN 并发送 COA 到 HA。在许多情况下，COA 就是 FA 地址。HA 为 MN 转发任意的数据包到 COA，FA 收到数据包并把它们转发给 MN。

- **响应节点（CN）**——与 MN 通信的节点。

假设一个 MN 离开本地网络并连接到其他网络。当 MN 连接到了新的网络时，FA 发送 COA 给 HA。接着，CN 和 MN 建立通信。CN 依据 IP 地址发送一个消息到 MN，网络路由数据包路由到 MN 的本地网络。HA 收到数据包并转发给 COA。FA 转发数据包给 MN，如图 2-17 所示。

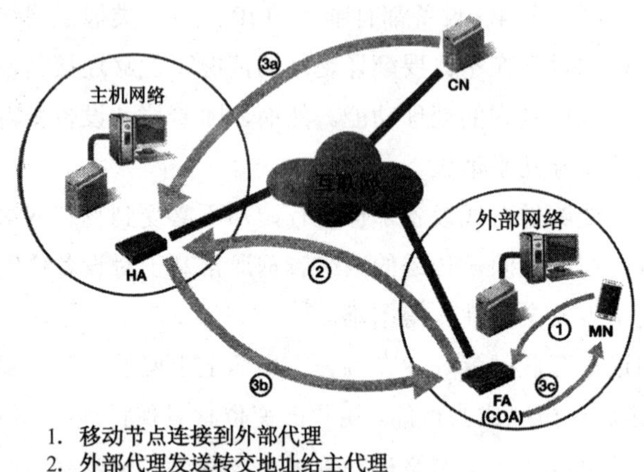

图 2-17　IP 移动通信过程

2.8.6 风险、威胁和脆弱性

随着移动设备异地移动，它们会连接许多不同的网络，同时也可能会被遗忘或被盗。这些特点使移动设备的安全性比固定设备更难得到保证。安全的各个方面都是重要的。安全的移动设备需要新的或相比以往完全不同的硬件、技术和管理措施。表 2-6 列出了与 IP 移动设备有关的风险、威胁和脆弱性以及应对措施。

表 2-6　与 IP 移动设备有关的风险、威胁和脆弱性以及应对措施

风险、威胁和脆弱性	应对措施
非可信访问节点	对所有网络访问采用 VPN。
非可信外部网络	对所有网络访问采用 VPN。
移动设备上有敏感数据	对敏感数据强制加密。
设备丢失或被盗	在发现登录失败或设备丢失或被盗后，要求软件远程清除设备上的数据，并要求软件对丢失或被盗的设备进行定位。
个人设备安全性脆弱	制定强制性的访问密码，并在设备上安装反恶意程序软件。制定策略并结束在如此危险下的用户培训，合理使用红外或蓝牙与周边设备连接。
个人和公司数据混合在一起	在公司数据的合理使用和隔离方面制定严格策略。
欺骗和会话劫持	当员工连接非可信网络时，需要制定策略并通过最佳方式进行培训。对所有网络访问采用 VPN。

大多数传统网络的安全措施依赖于固定的节点。连接传统网络的计算机通常的位置是固定的，且它们通常由拥有和维护该网络的公司持有和管理。笔记本电脑连接网络后使网络安全变得复杂。移动的工作人员使得移动计算机的安全更难得到保证。而真正的移动设备则带来了更多安全挑战。移动设备通常连接的是外部网络。初始连接的身份认证发生在一个不可信赖的环境中。由于设备连接到大量的外部网络，所以设备的安全性和身份认证变得更加关键。

许多公司通过只允许它们自己的设备连接内部网络的方式来规避传统的威胁。管理设备提供给公司一些措施手段来确保它们网络安全节点连接。但是，目前的趋势是数量不断增长的移动用户正使用他们自己的设备联网并开展工作，这就是通常被称为携带自己设备的工作模式（BYOD）。

BYOD 意味着不受公司管理的设备可以接入公司内部网络。BYOD 也导致使用该方式的人越来越多，而且设备可以在任意时间进行连接。这将不再有常规的办公时间的概念。更糟的是，这些不受管理的设备也是通过不受公司管理的访问节点进行连接，例如，一个特别真实的场景是一个不受公司管理的设备连接上一个不受公司管理的咖啡店中的网络，并通过该网络进入公司内部网络。对于攻击来说，这样的机会简直太多了。

移动安全性不能仅仅依靠其自身。它也是整个公司安全环境的一部分。通过多种途径引入移动安全性，会令建立一个安全的环境变得更加困难。允许移动设备访问改变了公司网络信息流的进出方式。即使公司内部网络安全且每一个移动设备也安全，但是节点之间的连接并不全是安全的。针对这个现状和原因，许多公司限制移动设备访问并且过滤它们能访问和调取的信息类型。一些公司为远程设备设计了记录档案来确保敏感信息不至于从网上泄露。这种方式提高了安全性，但是限制了移动设备的作用发挥。

BYOD 的主要挑战之一就是在安全性和实用性之间取得平衡。用户要求设备具有无论在任何地方都能联网使用的能力。这种网络连接的自由性和网络资源的可用性经常被称为网络的实用性。每一个公司都必须确定最佳的措施以允许没有太多连接难度的安全访问。当然，措施的强度依赖于内部网络的敏感性。当连接网络获取极其敏感的资源的时候，用户往往也接受更严格的安全措施。BYOD 是一个增长的趋势，应该引起网络安全计划和分析人员的足够重视。

本章小结

在本章中，我们学习了通信的改变以及互联网对个人及商业的影响，也学习了数字协议演变及其对语音通信、视频通信以及数字通信的影响。这种改变带来了以 VoIP、SIP 为基础的统一通信。如今，VoIP 以及 UC 能够支持存储转发及实时通信。由于 VoIP 和 SIP 是不安全的协议，需要确定 IT 架构的分层安全策略。VoIP 和 SIP 的安全实践能够降低风险、威胁和脆弱性。

VoIP 和 SIP 的安全性对于消费者在线以及通过 Web 建立实时通信非常重要。Web 应用以及互联网安全是推进实体经济向电子商务转变至关重要的因素。由于商业、消费以及应用向互联网的拓展，通过 C-I-A 确保安全和应用的需求继续增加。

Chapter 3 第3章 恶意攻击、威胁与脆弱性

本章，我们将学习恶意攻击、威胁与脆弱性所造成的严重问题。互联网是一块难以控制的新领域，它与日常生活环境的不同之处在于，网络空间中没有成文的法律。因此，破坏和信息失窃等网络犯罪时有发生。这些犯罪行为给个人、企业乃至政府都造成了影响，但人们却常常难以将犯罪分子绳之以法，有时甚至都无法察觉到他们的犯罪。

每年由于恶意攻击所造成的财产损失可达上亿美元。幸运的是，许多企业和个人正在努力保护 IT 资产安全。本章将介绍如何识别网络的安全脆弱性，从而保护企业免受威胁，保护计算机免受恶意攻击。

3.1 不断增长的恶意活动

关于网络攻击，读者可能在新闻报道中、在电视上或报纸上了解到一些相关内容。例如，其中某个案例是这样的：近期，一个大学生攻击了副总统候选人的电子邮件账户，当局对他判处 20 年监禁；类似地，服饰零售商 TJX 企业承认因其疏忽造成了数百万用户的银行卡号信息被盗。又如，在一个黄金时段的广告宣传中，一个笨拙的员工因为点开了一个看似“无害”的邮件，而触发了全企业范围内的病毒。无论身在何处，我们都会发现身边这样的例子比比皆是，而这些恶意攻击是安全专家们每天都要面对的。

虽然新闻媒体和公众非常关注此类恶意攻击，但事实上大部分网络攻击的受害者都没有公布其所遭受到的攻击。每一天，全球各地的系统都在受到威胁，然而在大部分情况下，只有安全专家和信息技术专业人士才了解这些攻击。表 3-1 显示了 2011 年北美地区目标的攻击源排行榜。

表 3-1 北美地区目标的攻击源排行榜（2011 年）

攻击源	攻击占比
美国	62.0%
中国大陆	10.3%
泰国	2.2%
加拿大	1.9%
韩国	1.7%
俄罗斯	1.5%
英国	1.4%
巴西	1.3%
德国	1.2%
中国台湾	1.1%

（资料来源：Symantec Corporation ）

安全专家们有责任保护他们的系统免受威胁，并且在恶意攻击发生时进行有效处理。保护计算机系统最有效的方法之一，就是确认 IT 基础设施能够快速、高效地减轻系统脆弱性。

美国是 2011 年针对北美国家开展网络攻击最多的国家。在网络攻击占比中，美国以 21.1%的比例位列全球恶意攻击源之首。美国的 WEB 攻击源占到了 16.9%。在全球网络攻击源排名中，美国位居第二。全美计算机有 12.6%遭受僵尸感染。如此高的比例意味着美国在北美各国的攻击源排名中位列榜首，即使部分攻击源头在美国之外。

3.2 保护的对象

简而言之，需要保护的是资产。资产就是任何有价值的东西。尽管在一个企业中，任何东西或多或少都有些价值，但资产这个术语通常特指具有实际价值的东西。企业的资产可能包含以下部分：

- 信息技术和网络设施：硬件、软件和服务；
- 知识产权：专利、源代码、公式、工程计划等敏感信息；

- 经济财产及财务数据：银行账户、信用卡数据和金融交易数据；
- 服务可用性及生产力：计算机服务和软件可支撑人类或机器生产的能力；
- 声誉：企业合作和品牌形象。

3.2.1　信息技术与网络设施

对于所有企业来说，硬件和软件是基础设施中最重要的部分。图 3-1 展示了一个典型的信息技术基础设施的 7 个领域。每个领域的组成部分可以连接网络或互联网，同时也可能遭受恶意攻击。

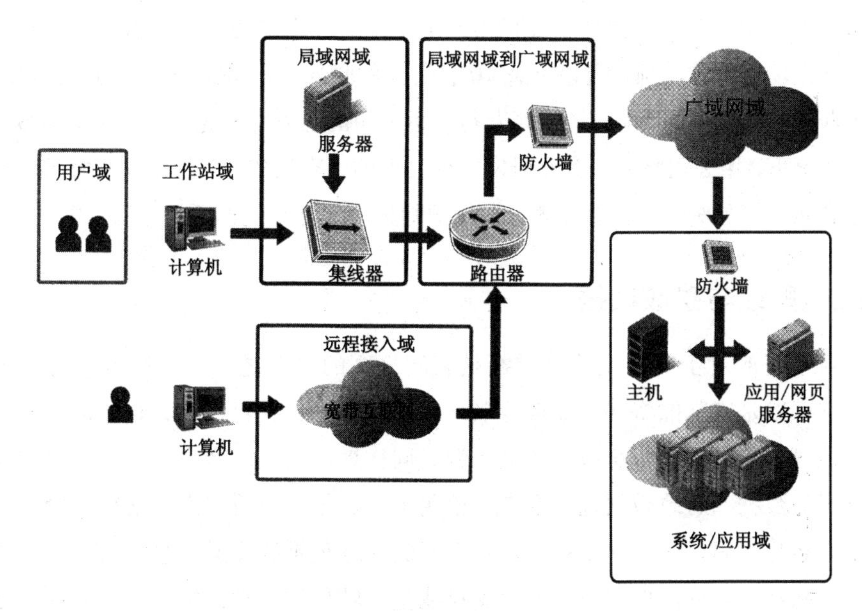

图 3-1　一个典型的信息技术基础设施的 7 个领域

当软、硬件被木马或是蠕虫等恶意攻击破坏时，修复或替换它们需要花费一定的工作时间与资金。恶意攻击对软、硬件的破坏还会导致更多问题。这些问题可能包括：关键数据丢失、财务信息失窃以及知识产权被侵犯。未提供保护的 IT 和网络基础设施资产为攻击者与网络犯罪提供了获取敏感信息最为广阔的渠道。易于访问使得连接互联网的资产首当其冲。这说明我们应当把最有价值的资产藏于 IT 基础设施的最深处。因此，我们必须建立层次式的安全防护体系。

3.2.2 知识产权

知识产权是许多企业工作的中心。它是一个组织的重要资产。知识产权也许是一个特殊的商务流程或者是像顾客数据那样实在的数据。它可以囊括如下事物：专利、药品配方、工程计划、科学公式以及菜谱。假如一家连锁餐厅拥有可快速烹饪食物并配送的独特处理流程。如果该流程被其他同行知道，那么这家餐厅的行业竞争优势将损失殆尽。

IT 安全防护的核心就是保护其知识产权免遭侵害，并且防止知识产权被同行业的竞争对手或公众知晓。泄露知识产权可以将一个企业的竞争优势化为乌有。想象一下，甲制药公司投资了 2 亿美元来研发一种新型处方药。当该药研制成功并面向市场销售时，预计可以带来 10 亿美元的收入。再想象一下，当甲公司准备将该药物推向市场的时候，乙公司获得了甲公司的配方并且先其一步推向市场。在这种情况下，甲公司将失去其在研发该项目上的所有投资，并且损失销售新药品的丰厚利润。可见对于任何企业来说，保护知识产权都是他们所考虑的重中之重。

3.2.3 财政与财政数据

财政资产对于所有企业来说都是利润最高的资产之一。这些资产有多种形式。它可以是实际的资产，如银行账户、交易账户、支付账户、企业信用卡，以及其他可以直接获取资金或贷款的来源。同样地，这些资产也可以是获取实际财政资产的数据。财政数据包含客户的信用卡号、个人财政信息、银行或投资账户的用户名与密码，还包含企业与银行之间的转账记录等交易信息。这就包含了电子数据交互的数据，以及用于电子支付或基金转移的自动票据交换所数据。恶意攻击造成的财政资产丢失是所有企业最为痛心疾首的事情。这不仅代表着实际资产的巨大损失，而且还对企业声誉和品牌形象有着深远影响。

3.2.4 服务可用性与生产力

计算机应用为企业的商业运作提供了许多特定服务。企业需要使用这些关键服务时，它们的可用性十分重要。暂停服务时间是指因为失效或维修而造成的服务无效时间。暂停服务可以是有意的，或是无意的。通常，管理员会提前安排有意的暂停服务。例如，当服务器需要升级操作系统或打补丁时，管理员会人为地组织它们离线，从而保证必要的工作不受影响。在安排人为暂停服务时，必须保证不会影响企业的其他业务。管理员必须谨慎处理暂停服务带来的影响，不能干扰关键的商务活动。很多人可能在生活中遇到过类似的暂停服务，例如，重要软件在周末升级，或是邮件系统在晚上打补丁等。

无意的暂停服务可能归因于技术失败、人为失误或是遭受攻击。技术失败和人为失误是暂停服务中最为常见的情况。尽管恶意攻击导致的暂停服务比较少见，但是研究表明此类现象正在快速增长。恶意攻击可以造成IT基础设施7个领域中任何领域的暂停服务，其最典型的攻击目标就是用户域、工作站域、局域网域，以及局域网到广域网域。

机会成本是指一个企业因为暂停服务而产生的经济损失。暂停服务既可以是有意的，也可以是无意的，但是不管哪种都会直接影响服务可用性。某些企业将机会成本等同于真实的暂停服务损失。这常常关系着一家企业因为暂停服务而遭受的生产力损失。假设一家大型航空公司的预约服务器发生故障。由于服务器全部暂停服务，所有顾客都无法预订机票。我们可以想象因为暂停服务而卖不出去机票会造成多大的经济损失。无意暂停服务需要的机会成本通常高于有意暂停服务的机会成本。机会成本是信息安全专家极为关注的部分。在每年大约10亿美元的网络犯罪和恶意攻击处理费用中，机会成本占据相当大的比例。

3.2.5　声誉

企业声誉与品牌形象是信息安全专家最希望保护的资产之一。对于遭受安全威胁和恶意攻击的企业，将它们的任意资产公之于众都会造成极其严重的负面影响。例如，攻击者利用某个企业的安全漏洞盗取用户信用卡信息并在全球传播，这将对该企业的声誉与品牌形象造成致命打击。即使它们反应迅速，高效地解决了相关问题，公众对该企业和品牌的负面认知仍会持续很长时间。除此之外，这还会造成企业的财政收入、网络价值和市场资产化减少。

不富不休

2010年5月，法庭判决28岁的阿尔伯特·冈萨雷斯20年监禁，罪名是他入侵了数家著名零售商网络并且盗取数百万用户的信用卡号，并利用一个非法信用卡网站转卖了这些信息。仅仅使用一个简单的数据包嗅探器，冈萨雷斯成功窃取了支付卡的实时转账记录。然后，他将这些信息打包，上传至拉脱维亚和乌克兰（苏联的部分地区）的盲服务器。冈萨雷斯将他的行为描述为“不富不休”，通过倒卖窃取的信用卡信息，他过着纸醉金迷的生活。在情报局最终追查到了他的下落之前，“不富不休”已经持续两年有余。在此期间，他给 TJX、Max Office、Barns & Noble、Heartland 及 Hannaford 等主要零售商造成了超过 2 亿美元的经济损失和维护费用。该案件是当时最大的计算机犯罪案件。

乍一看，“不富不休”案似乎有始有终。一个攻击者实施了一系列网络犯罪，警方逮捕了犯罪者，当局成功将其审判入狱。冈萨雷斯先生自食其果，受害的企业和信用卡所有者得到了公正。然而，并非所有的责任都在网络攻击者身上。在大部分的网络攻击中，受害者也在攻击中扮演主要角色。几乎所有的网络攻击都是利用已知的技术，并且企业可以保护它们的系统免受已知攻击。网络攻击成功的原因并不是防守失败，而是给攻击者提供了机会。正是因为上述原因，TJX 的股东、银行合伙人和顾客对该企业提起了一系列的共同起诉。起诉文件认为：TJX 提供的所谓“高级防护”存在漏洞，企业应当对冈萨雷斯所造成的破坏承担部分责任。起诉文件还指出：冈萨雷斯对 TJX 的网络实施网络嗅探长达数月，却无人发现。法庭文档也指出：TJX 企业没能发现其服务器用企业自有的高速网络传输了至少 80GB 的数据。最后，TJX 的卡务处理合作人审计发现：在确保卡务转账安全的 12 项要求中，TJX 企业有 9 项不达标。TJX 的核心信息安全保护措施如此低效。攻击成功并不能完全归咎于冈萨雷斯，企业也难辞其咎。因此，被多方控告。

当漏洞细节被曝光后，除了诉讼之外，TJX 还要面对顾客和媒体的不信任。当客户得知 TJX 在发现漏洞 6 周后才将信息公之于众后，他们十分愤怒。新闻媒体刊发了许多头条，将 TJX 刻画成一个粗心大意的企业。消费者则警告人们不要在 TJX 购物。“不富不休”案的曝光使得 TJX 名誉扫地，品牌形象倒塌。由此可见，“不富不休”案让我们学习到的不仅仅是网络犯罪本身，它还教育人们：糟糕的安全策略应当为攻击事件的发生负首要责任。

3.3 你想抓住的人

在大众和媒体的广泛使用中，“黑客”这个词常常描述的是那些未经认证就入侵网络系统的人。在大部分案件中，通过网络或者软件进行远程控制的人就是黑客。媒体和公众也使用黑客一词形容那些被指控利用技术进行恐怖主义活动、蓄意破坏、信用卡诈骗、窃取身份、侵犯知识产权或者任一其他形式的犯罪。在计算机领域，黑客一词通常形容那些热爱探索和学习计算机系统的极具才华的程序员或技术专家。因为这些矛盾，对黑客这个词存在一些争议。

本书将对黑客进行如下分类以解开围绕着“黑客”一词的谜团：

- **黑帽黑客**。黑帽黑客是指那些为了证明技术优越而破坏 IT 安全、未经认证就设法进入系统的人。黑帽子通常利用特殊的软件工具来利用脆弱性。黑帽子在系统里挖掘漏洞，却从不向系统管理员告知他们发现的漏洞。他们试图推动计算机资源的免费与开放使用，这与信息安全的理念截然相反。
- **白帽黑客**。白帽黑客，也叫中立黑客，是指信息系统安全专家。他们拥有权限来找出脆弱性，并且实施渗透测试。白帽子和黑帽子的区别在于：白帽子挖掘漏洞的目的是修补漏洞；而黑帽子挖掘漏洞的目的只是出于兴趣或是利用这些漏洞。
- **灰帽黑客**。也叫赶超崇拜者，灰帽子和上述两种黑客实力相当，可以选择成为白帽子，也可以哪天就变成了黑帽子。（不过，不同的人对于这个词的用法也不一样）。

（提示：另一种黑客叫作脚本小子。脚本小子是指技能很低级甚至没有技能的人。这类人只是按照步骤或者使用工具书来实施网络攻击，并没有完全理解其每一步操作的意义。）

黑客和骇客不一样。骇客不怀好意，拥有精湛的技术，而且可能对获取经济利益更有兴趣。骇客对网络和信息资源的威胁是最大的。这些威胁通常包括诈骗、数据窃取、数据破坏、通道封锁和其他恶意活动。不过，黑客的这些行为也会造成破坏和损失。

网络钓鱼的一个变种是鱼叉式网络钓鱼。鱼叉式网络钓鱼利用电子邮件或者即时消息瞄准特定组织，寻找机密数据的未授权访问方法。与常规钓鱼攻击中的消息类似，鱼叉式网络钓鱼看起来像是来自可信赖的源头。

3.4　攻击工具

保护企业的资产和 IT 基础设施需要了解攻击者的想法。知道攻击如何实施，利用哪些工具实施，将帮助安全专家建立一个防护计划。实际上，许多企业用来识别系统漏洞的工具和黑客使用的工具是一样的。在自己的计算环境中比攻击者更早寻找到弱点通常会好得多。

计算机犯罪分子和网络攻击者使用多种硬件和软件工具来实施攻击。这些工具和技术如下：

- 协议分析器；
- 端口扫描器；
- 操作系统指纹扫描器；
- 脆弱性扫描器；
- 攻击软件；
- 战争拨号器；
- 密码破解器；
- 击键记录器。

3.4.1 协议分析器

协议分析器或数据包嗅探器（或嗅探器）是一种能够使计算机监控或者捕获网络流量的软件程序。它既可以分析有线局域网协议，也可以分析无线局域网协议。攻击者可以捕获并计算密码和明文数据。协议分析器有硬件版、软件版和综合版。嗅探器工作在混杂模式下，即它不侵入网络，也不产生网络流量。这意味着嗅探器能捕获和查看每一个数据包。嗅探器能够对数据帧和 IP 数据报进行解码，在没有加密的情况下可以明文查看所有数据。

3.4.2 端口扫描器

端口扫描器是一种扫描 IP 主机设备上可用开放端口的工具。端口就像是 IP 数据包的通道选择开关。RFC 1700 定义了 IP 端口号及其对应的服务。可以把端口号想象成一个通道选择开关。例如，80 号是 Web 服务 HTTP 协议的端口，21 号是文件传输协议 FTP 端口，23 号是远程登录服务 Telnet 端口。要想获得完整的端口号码表，可以查询互联网号码分配权限（IANA）。端口扫描器就是通过识别 IP 主机上可用的开放端口来确定其上运行的应用与服务。这为攻击者实施攻击提供了有价值的信息。

3.4.3　操作系统指纹扫描器

操作系统指纹扫描器是一种允许攻击者向 IP 主机设备发送登录数据包的软件程序。这种登录数据包可以模仿工作站使用的各种操作系统。当 IP 主机设备响应这些登录数据包后，操作系统指纹扫描器可以猜测设备上安装了哪种操作系统。一旦攻击者获取操作系统类型和版本信息，他们就有可能找到已知软件的脆弱性并加以利用。这里，软件的脆弱性指程序中的 bug 或弱点。利用则是指攻击者找到脆弱性后进行攻击活动。

3.4.4　脆弱性扫描器

脆弱性扫描器是一种软件程序，可以用来识别和侦测 IP 主机设备（如计算机、服务器、路由器等）上安装了哪些操作系统和软件。根据这些信息，脆弱性扫描器会比对数据库中已知软件的脆弱性信息与扫描得到的信息。扫描器发送操作系统指纹信息并请求登录不同的操作系统。在正确识别出操作系统后，扫描器会检测已知软件脆弱性列表看看是否存在匹配。最后，脆弱性扫描器列举出所有的软件脆弱性，并将它们按照严重、重要和一般优先级进行分级。

想要获取完整和实时更新的已知软件脆弱性和漏洞，请访问 https://cve.mitre.org/。常见脆弱性和漏洞列表由 Mitre 公司代表美国国土安全局维护和管理。

3.4.5　攻击软件

攻击软件是一种集成已知软件的脆弱性、数据和脚本控制命令的应用软件，通过计算机系统或 IP 主机设备的弱点实施攻击。攻击软件是可以用于执行某种形式恶意攻击的程序，包括拒绝服务攻击、未授权访问、暴力密码攻击和缓冲区溢出等。请记住：正是软件脆弱性给系统带来软件 bug、故障或者后门等弱点。

攻击者在实施风险评估和入侵渗透测试时会使用攻击软件。入侵测试会产生恶意网络流量。渗透测试则是白帽黑客或黑帽黑客为侵入一个计算机系统或 IP 主机设备所进行的测试。这会使得他们拥有访问系统和数据的权限，这是大部分黑帽黑客们最想得到的奖品。而白帽黑客进行渗透测试只是想确认是否存在高危漏洞。白帽黑客们将会在事后的渗透测试分析报告中给出该漏洞的解决方案。

3.4.6 战争拨号器

随着数字电话以及 IP 电话和 IP 语音电话（VoIP）的兴起，战争拨号器正在过时，其使用频率也越来越低。

在 VoIP 出现之前，攻击者们通常使用战争拨号器访问 PBX 电话系统，并获得拨号语音或者国际拨号能力以实施电信诈骗。另外，攻击者可以利用战争拨号器来识别模拟调制解调信号，并且获得某个 IT 基础设施的远程访问许可。

战争拨号器是一种可以拨号寻找另一端计算机的计算机程序。其工作方式是自动地拨打指定范围之内的电话号码，然后登录并进入那些号码接入的调制解调器的数据库中。一些战争拨号器同样可以识别计算机上运行的操作系统，以及实施自动渗透测试。在这些案例中，战争拨号器预先设定好常见用户名与密码的排列列表，并通过尝试获得系统的访问许可。

网络入侵者可以用战争拨号器来识别潜在的目标。如果战争拨号器程序不提供自动渗透测试，那么入侵者就需要黑掉未设置保护或密码可被轻易破解的调制解调器。网络系统管理员可以利用商用的战争拨号器在企业网络中寻找未经授权的调制解调器。这些未经授权的调制解调器能够给攻击者提供方便进入企业内部网络的渠道，必须严格管控或者直接移除。

尽管战争拨号是一种相当古老的攻击方式，但是它对于查找计算机的访问点仍然有用。许多计算机网络与语音系统有连接到电话线的调制解调器。这些调制解调器可能出于技术支持的目的直接连接到旁路网络访问限制区，也可能由人工尝试连接到该访问限制区。甚至在今天的互联网环境中仍然保留了几部调制解调器，它们时刻等待着响应另一台计算机的拨号呼叫。一旦成功连接到使用了调制解调器的计算机，就有可能访问企业网络中的其他部分。

3.4.7 密码破解器

破解密码主要是为了找到被忘记的或者未知的密码。密码破解器是可执行以下两种功能之一的软件程序：

- **暴力破解**：通过暴力尝试获得系统访问权限或者恢复存储在计算机系统中的密码。在暴力破解攻击中，攻击者将不断尝试使用每一种可能的字符组合，直到破解成功为止。
- **字典攻击**：是暴力攻击的子集。在字典攻击中，由于某些密码经常被使用，黑客们能够用更短、更简单的字符组合，包括实际的单词（正如其名），来破解密码。

3.4.8　击键记录器

击键记录器是一种监视软件或硬件，它可以将用户在使用键盘过程中的每一次击键记录到一个日志文件中。然后，击键记录器就可以将日志文件发送给特定的接收者或者对其执行检索。企业负责人可以通过击键记录器确定员工是否只用企业计算机办公。然而，间谍软件也可以植入在击键记录器中，将击键信息传输给未知的第三方。（我们将在本章的剩余部分中学习间谍软件的相关知识。）

广告软件

广告软件与间谍软件类似，但是它不会传输个人可辨别信息（Personally Identifiable Information，PII）。即使传输了 PII，开发者也保证不会售卖该信息。PII 是指任何能够帮助识别出一个人具体身份的信息。常见的 PII 包含驾驶证号码、社保号码、信用卡号码等。此外，广告软件搜集的信息可以给热衷购物的人发送量身定制的弹出窗口，或者用于市场研究。（弹出窗口是一种出现在浏览器顶层的窗口，通常含有广告。弹出窗口也不全是广告，许多广告软件利用它们与用户进行互动。一些软件广告的产品中包括锁定弹窗的选项。）

间谍软件与广告软件已经迅速地成为更加常见的计算机威胁，一些专家估计至少 90%的计算机都被感染了。幸运的是，一些软件供应商开发了反间谍软件程序和反广告软件程序。实际上，大部分反病毒程序与一般的反恶意软件程序都能检测并清除恶意软件和广告软件。从这些程序中找出适合组织的程序是一件很困难也很重要的事情。

典型的硬件击键记录器是一个电池大小的接口，连接在用户键盘和计算机之间。由于该设备酷似普通键盘接口，因此隐藏起来非常简单，普通人很难发现这种监控行为。另外，工作站的键盘通常插在计算机后方，这让击键记录器更难被发现。当用户在键盘上打字时，记录器会搜集每一次击键并将其以文本格式保存在微型硬盘中。之后，安装记录器的人必须回收设备以获取其搜集的信息。

击键记录器软件程序通常伪装成木马软件，这种恶意软件可以隐藏在 URL 链接、PDF 文件或 ZIP 文件中。只要攻击者能够通过网络访问某台计算机，他或她就可以将任意文件（包括可执行文件）传输到目的主机。许多攻击者会利用社会工程学来引诱用户启动已下载的程序。用户也会无意识地下载诸如间谍软件的击键记录器，这些软件使得攻击者能够执行一部分恶意驱动程序。（我们将在本章剩余部分中学习到恶意驱动程序的知识。）击键记录器记录下用户键入的每一个字符，并将这些信息通过 Internet 网络定期地上传给攻击者。

提示：

RFC 2827 是对安全管理员非常有用的信息资源。它提供了过滤进入流量以阻止 DoS 攻击的方法，这些攻击通常会使用伪造的 IP 地址。

3.5 破坏安全的行为

尽管可以采取许多强硬措施来保护计算机免受攻击，但攻击者总能攻击成功。任何导致违背 C-I-A 安全原则的事件都称为安全事件。一些安全事件故意扰乱系统服务，另外一些安全事件则是出于无意，可能源自硬件或软件失效。无论安全事件是意外的或是恶意，它都会影响组织的业务能力及声誉。

以下行为将会导致安全事件：

- 拒绝服务攻击；
- 分布式拒绝服务攻击；
- 不可接受的网页浏览行为；
- 搭线窃听；
- 使用后门访问资源；
- 意外的数据修改。

3.5.1 拒绝服务攻击

拒绝服务（Denial of Service，DoS）攻击会导致服务中断或系统无法访问。DoS 攻击影响信息系统可用性。它是一种协同攻击，可使计算机执行无效任务并拒绝提供正常服务。大量的无效工作会使得系统无法执行合法操作。当硬盘中被塞满文件、系统封锁某个账户、计算机崩溃或者 CPU 运行变慢时，就拒绝提供服务——正如其名。DoS 攻击通常起源于单个计算机。一旦检测到一次 DoS 攻击，我们可以轻易地阻止它。

下面给出两种常见的 DoS 攻击：

- **逻辑攻击**。逻辑攻击利用软件缺陷造成远程服务器崩溃或性能严重下降。可以安装补丁来升级软件避免此类攻击。
- **泛洪攻击**。泛洪攻击发送大量的无用请求给目标计算机，耗尽其 CPU、存储器或者网络资源。

抵御 DoS 攻击最好的方式之一是使用入侵防护系统（IPS）软件或设备，可以利用它们检测并阻止此类攻击。入侵检测系统（IDS）软件和设备也可以检测出 DoS 攻击并提醒我们攻击正在进行。如果不部署针对 DoS 攻击的防御措施，那么我们的服务器、台式机和网络硬件都会迅速被耗尽资源，导致企业的计算机运行速度变慢直到完全停止。在一些案例中，DoS 攻击能够瘫痪整个基础设施。

大部分 DoS 攻击的目标是整个系统架构的弱点而不是软件 bug 或是安全缺陷。攻击者可通过常见的网络协议发起攻击，例如，TCP 和 ICMP 协议。通过这些协议发起的 DoS 攻击会在网络上塞满大量无用的数据包并提供错误的网络服务状态信息，从而导致一个或多个网络服务器崩溃。这称为数据包泛洪。

最流行的数据包泛洪技术之一是 SYN 泛洪攻击。SYN 是 TCP 协议中的一个控制比特位，用于同步序列号。在 SYN 泛洪攻击中，攻击者发送大量的数据包请求连接目标计算机。目标计算机会记录下每一个请求并为每一个连接在内存的本地表中预留一定的存储空间。然后，目标计算机会返回一个确认报文。而攻击者不会回复该报文，这就导致目标计算机中等待请求确认的连接表被填满。此时，任何合法用户都无法连接到目标计算机，因为 SYN 泛洪已经填满了整个连接表。目标计算机会一直保持无法连接的状态直到那些无效请求超时。

提示：

几乎所有网络供应商会给设备设置一个默认的用户名和密码，在安装时必须修改。在部署新设备时，如果不修改用户名和密码失败，那么系统就会存在一个众所周知的后门——极其严重的脆弱性。

另一种流行的 DoS 技术是 smurf 攻击。smurf 攻击通过直接的广播给目标计算机制造网络拥塞。

内部攻击者和外部攻击者都能发起网络攻击。然而，大部分攻击都来自匿名的外部用户。网络入侵检测技术（IDS/IPS）可以有效检测此类攻击。

安全专家会例行采取激进措施以保证攻击者无法恶意使用他们的系统。另外，不少 Web 内容提供者和网络设备生产商都会在其默认配置表中加入新的安全规则来防范 DoS 攻击。必须全天候防范攻击者访问我们的计算机，这种付出是值得的。

3.5.2 分布式拒绝服务攻击（DDoS）

DDoS 攻击是 DoS 攻击的一种类型，同样会影响用户访问系统的可用性。此类攻击会使得计算机超负荷运行，并且妨碍合法用户访问系统。DDoS 攻击与传统 DoS 攻击的区别在于其规模更大。在 DDoS 攻击中，攻击者劫持互联网中成百上千台计算机，并在它们的系统内植入自动攻击代理。攻击者会指示这些代理向目标站点发送大量伪造的信息，对其“狂轰乱炸”。目标站点将会过载，网络流量也将被堵塞。攻击的关键来自数量上的优势。攻击者通过大量计算机实施分布式拒绝服务攻击的破坏性更大。

公司和大学的规模越大，则它们对 DDoS 攻击者来说越具有吸引力。据研究人员估计，每周攻击者会对网络发起成千上万次 DDoS 攻击。DDoS 攻击带来的威胁非常严重，许多企业（包括安全产品供应商）都将防范此类攻击列为首要任务。DDoS 攻击比 DoS 攻击更难以阻止，因为它来自不同的攻击源。保护系统免受 DDoS 攻击需要多层安全防护。DDoS 攻击和 DoS 攻击都有多种形式和不同的严重等级，并且都会造成巨额的财政损失。

3.5.3 不可接受的网页浏览行为

违反企业使用许可原则的行为（AUP）（例如，不可接受的网页浏览行为）也是一种安全事件。企业应该确立一个明确的 AUP，声明哪些行为可以接受、哪些不被接受。不可接受的行为包括用户未经授权就搜索文件或者存储目录以及浏览禁止访问的 Web 网站。AUP 中定义了什么行为属于安全漏洞事件。

3.5.4 搭线窃听

攻击者可以窃听电话线路和数据通信线路。攻击者可以实施主动式搭线窃听，即主动修改线路。攻击者也可以实施被动式搭线窃听，即未经授权的用户仅仅窃听信道中的信息却不改变任何内容。被动式入侵包括复制数据，以便接下来实施主动式攻击。

搭线窃听主要有以下两种：

- **线路间窃听**。此类窃听并不会修改合法用户发送的信息，但是当合法用户暂停发送时，会把一些多余的消息插入到通信线路中。
- **非法进入窃听**。此类窃听会拦截并修改原始信息，方法是断开通信线路，然后将信息传递给另一个虚假的目标主机。

尽管搭线窃听这个词通常与语音电话通信联系在一起，但是攻击者也可以利用搭线窃听来拦截数据通信。然而，在讨论数据通信拦截时，更常用的术语是嗅探（尽管嗅探不仅能够窃听到有线通信的信息，还可以拦截无线传输的信息）。

3.5.5　使用后门访问资源

软件开发者有时会在程序中保留一些称为后门的秘密的系统访问方法。后门给予开发者或者技术支持人员方便进入系统的入口，以避免与安全控制的纠缠。问题是后门并不永远隐藏着。当攻击者找到后门之后，他或她就可以利用后门来绕过密码、加密等已有的安全控制。合法用户通过用户名和密码进入前门，而攻击者通过后门绕过这些常规的访问控制机制。

攻击者们同样可以修改一个系统并在其中安装自己的后门程序。攻击者可以利用这种后门绕过管理员保护计算机系统的安全控制。NetCat 是如今最流行的后门工具之一。

Rootkits 是躲避常规检测技术的恶意软件程序。它们使攻击者获得计算机系统的访问权。一旦攻击者获得 root 权限或是系统管理员权限，他们就会安装 Rootkits。传统的 Rootkits 会替换关键程序为攻击者提供后门，并且在宿主系统中隐藏后门。因为 Rootkits 取代了原有的系统组成部分，所以它们比应用层的特洛伊木马程序的危害性更大。

我们将在本章的剩余部分学习到有关 Rootkits 的知识。

3.5.6　意外的数据修改

人为或意外的数据修改将会影响信息系统完整性。这也同样被视为安全事件。当多个进程在未遵守基本的数据完整性限制的前提下，同时更新数据时，就可能发生修改不一致。又如，当记录域不足以容纳所有数据时，数据将会被截断。几乎所有的编程语言都会发生这个问题，而且很难被检测到。但是带来的后果却可能非常严重。避免数据修改的最好方法就是数据存储前对其进行验证，并且确保程序严格遵守数据完整性规则。

3.5.7 附加的安全挑战

附加的安全挑战可以来源于垃圾邮件、恶作剧、间谍软件，甚至 Web 浏览器保存在本地的信息。以上多种的组合也能带来安全挑战。

3.5.8 垃圾邮件

垃圾邮件是一种不请自来的电子邮件或即时消息。大部分垃圾邮件都是商业广告——例如，快速致富的方法、可疑的产品或者其他服务。发送垃圾邮件的花销很少，因为接收者承担了相关的大部分费用。ISP 和在线服务传输垃圾邮件需要一定的费用。处理大量垃圾邮件的代价十分昂贵。ISP 将这些费用直接转嫁给服务订阅者。此外，接收方也不得不浪费他们的管理时间来清除与监控收到的垃圾邮件。

E-mail 垃圾邮件的目标人群是使用邮件的个人用户。通常垃圾邮件制造者会向公开或私人邮件论坛的邮件列表中的所有成员发送垃圾邮件。另一种较为常用的技术是使用软件构造包含常见用户名和域名的邮箱地址，然后将垃圾邮件发送给这些地址。例如，垃圾邮件程序可能会给地址为 arron@yahoo.com 的邮箱发送垃圾邮件，同样它也可以向 yahoo.com 域名上所有首字母为 A 的邮箱发送垃圾邮件。即时消息垃圾也采取同样的方法，只不过是用即时消息替代了 E-mail。

垃圾邮件制造者们最喜欢的技术是将含有“取消订阅”链接的消息发送给一系列 E-mail 地址。该方法利用链接来检测某个 E-mail 邮箱地址是否有效。也就是说，如果用户点击了取消订阅的链接，那么就能够判断出这些 E-mail 地址是有效地址，它们是更为诱人的目标。类似地，垃圾邮件生成软件中通常包含许多 E-mail 地址列表。软件开发者通常会假定这些地址是人们已经“选择”过的。然而，实际上，它们只是来自新闻群组或邮件列表中的典型随机地址。尽管垃圾邮件制造者们声称他们会按照用户要求从名单中删除他们的地址，但是他们几乎从来不会删。

垃圾邮件已经不再仅仅只是令人讨厌的东西。拦截垃圾邮件的能力对于 IT 安全来说至关重要。最近，垃圾邮件已成为犯罪分子的新工具，他们通过垃圾邮件获取个人与企业的信息并向用户计算机植入木马程序和其他恶意软件。另外，某些类型的电子邮件广告（例如，儿童色情广告）是违法的。

为了对抗网络犯罪，企业必须解决垃圾邮件问题。网络钓鱼邮件是指诱骗用户点击 URL 链接或者打开邮件附件的虚假电子邮件。如同上节中所描述的，恶意软件、木马或者击键记录器可能会通过网络钓鱼邮件植入系统中。收到这些邮件的用户如果点击了内嵌的 URL 链接或是打开了邮件附件，就会毫无察觉地运行这些恶意软件。解决此类安全事件需要综合使用反病毒软件、反间谍软件及反恶意软件。

3.5.9　恶作剧

恶作剧是一种欺骗或欺诈消息接收者的行为。这里提到的恶作剧基本上通过 E-mail 消息传递。通常，这些消息中会包含有关毁灭性新型病毒的警告。尽管恶作剧不会像病毒或木马那样自动地感染系统，但是处理这类问题需要消耗时间。实际上，处理那些未被证实的恶作剧比处理真正的病毒或木马程序更加费时。

解决恶作剧的最佳方法是要求用户不再转发给其他人。给一两个朋友转发消息不是问题。但是，将未被证实的警告或请求转发给地址簿里的每一个人，并要求他们转发给他们地址簿中的每一个人，这会给每个人已经满的收件箱添乱。收到此类 E-mail 的用户绝不应该将其转发给他们认识的每一个人。

3.5.10　Cookie

为了帮助 Web 服务器追踪用户历史，Web 浏览器允许服务器在用户的硬盘上存储 Cookie。Cookie 只是一个文本文件，它包含了从以前访问的网站上搜集到的细节内容。这些细节可能包括用户名、用户输入的信用卡信息等。之后，当用户向 Web 服务器发送请求时，服务器可以通过 Cookie 授权而不需要用户重新输入信息。

Cookie 有时会存在争议，因为它们允许 Web 服务器向计算机传输文件并存储到本地硬盘中。但是 Cookie 是文本文件，通常不会很快地造成伤害。Cookie 不会直接实施恶意行为。它们既不会传播病毒，也不会获得用户硬盘上的其他信息。但这并不意味着 Cookie 就不会产生安全隐患。尽管 Cookie 无法从用户的硬盘中获取信息，但是有时确实会存储敏感信息，比如信用卡的详细信息。

Cookie 的问题在于它们将信息存储在明文文件中。这意味着任何一个进入计算机系统的人都有可能读取到 Cookie 的内容。尽管一些网站会遵守安全协议，保证不在 Cookie 中存储信用卡号之类的敏感信息，但是有些网站却很草率。我们永远不知道 Cookie 在计算机上保存了什么信息。避免 Cookie 存储个人信息的最好方法是只允许受信任的网站保存 Cookie。

3.6 风险、威胁和脆弱性

风险、威胁和脆弱性相互依存。风险是某些不好的事情将要发生的可能性，威胁则是任何可以破坏资产或违背协议的行为，脆弱性是指设计或软件代码本身的弱点。能够被利用的脆弱性就是威胁。

如果系统中存在脆弱性，就有可能同时存在威胁。任何挑战脆弱性的威胁都会带来负面事件发生的风险。我们无法消灭威胁，但是可以避免脆弱性来保护系统。这样的话，就算威胁依然存在，它也无法利用脆弱性。保护资产免受攻击的风险，关键就是消灭或定位任何可能的脆弱性。

在一个 IT 基础设施中会存在许多威胁和脆弱性。表 3-2 列出了 IT 基础设施 7 个领域中常见的威胁和脆弱性。

表 3-2 IT 基础设施 7 个领域中常见的威胁和脆弱性

领域	常见的威胁和脆弱性
用户领域	缺乏安全原则的意识和关心
	意外的可接受的违反原则
	有意的恶意活动
	社会工程学
工作站领域	未被认证的用户权限
	引入的恶意软件
	已安装软件的弱点
局域网领域	未认证的网络权限
	传输未加密的私人信息
	传播恶意软件

续表

领域	常见的威胁和脆弱性
局域网到广域网领域	暴露和未经认证从外部获取内部资源
	引入恶意软件
	缺乏网络途径导致生产力低下
广域网领域	传输未加密的私人信息
	来自匿名源的恶意攻击
	拒绝服务攻击
	软件的弱点
远程接入领域	暴力密码破解攻击获取权限与私人数据
	未认证的远程接入资源
	从远程途径泄露数据或丢失存储设备
系统/应用领域	未认证的接入物理或逻辑资源
	服务器操作系统或应用软件的弱点
	因为错误、故障和灾难而造成的数据缺失

威胁可以来自单个人、一群人或一个组织。对计算设备的威胁是任何对个人或组织资产与资源造成负面影响的行为，无论它是意外的还是恶意的。资产可以是硬件、软件、数据库、文件、数据或者物理网络本身。

从安全的视角来看，威胁极其重要。计算机安全的目标就是提供解决威胁的洞察力、方法论和技术。为了达成这个目标，我们需要遵守一些安全原则，它们会帮助计算机和网络系统的管理员、设计师、开发者和用户避免不希望出现的系统特性和弱点。

我们可以根据威胁的重要性和影响力来识别威胁并排序。可以根据经济损失，负面声誉，金融债务或者它们可能多久发生一次，来对威胁进行排序。每一个组织对同一个威胁排的序或高或低，这都基于它对该组织的重要程度。威胁的级别决定于它的潜在影响。

常见的威胁包括（排名不分先后）：

- 恶意软件；
- 硬件或软件故障；
- 内部攻击者；
- 设备失窃；
- 外部攻击者；
- 自然灾害；
- 行业间谍；
- 恐怖主义。

提示：

识别并响应威胁和脆弱性的过程可能会很复杂。在一些案例中，威胁可能需要花费过多的资金和时间而无法解决。我们需要尽可能地减少所有威胁出现的机会，同时谨慎地评估用于保护资产的费用是否超过资产本身的价值。否则，我们就可能在识别和处理威胁上耗费比资产实际价值更多的时间和资金。

并非所有威胁都是恶意的威胁。尽管有些威胁可能是人为的，但是其他的可能是意外的。意外的威胁包括由于缺少控制而产生的硬件损坏或软件问题。然而，意外的威胁造成的破坏可能和恶意威胁所造成的破坏一样严重。总体的目标就是保护网络和计算机系统免受攻击，并且防止个人或企业资产的失窃、破坏和崩溃。

3.6.1 威胁目标

利用他或她最喜欢的搜索引擎，攻击者可以找到几乎所有类型的协议、操作系统、应用、设备或是硬件环境的精准命令来进行破坏。因此，我们必须紧密地监视所有的威胁。我们永远都不知道下一个威胁会从哪里出现。攻击者可能是专家级别的网络罪犯，也可能和我们共处一室。最安全的方法就是持续而谨慎地监控所有威胁目标。

制定一个监控计划的第一步是确定在IT基础设施7个领域中最可能出现威胁的环节。表3-3列出了IT基础设施7个领域的威胁目标。我们可以看到，在这7个领域中存在许多威胁目标。

从表3-3中可以清楚地看到，攻击者有许多机会来制造大麻烦。同样地，还应该注意到许多威胁目标出现在不同的分类中。应该明确，制定一个跨越所有领域的综合性安全计划十分必要。

表 3-3　IT 基础设施 7 个领域内的威胁目标

领域	威胁目标
用户域	个人计算机，笔记本电脑，智能手机（黑莓、苹果），个人数据助手（PDA），应用软件（生产率、Web 浏览等）
工作站域	管理工作站，笔记本电脑，部门工作站，服务器，网络，操作系统软件
局域网域	文件服务器，打印服务器，电子邮件服务器，管理服务器，数据库服务器，无线局域网服务器（WLAN），集线器，中继器，网桥
局域网域到广域网域	HTTP 服务器，电子邮件服务器，终端服务器（FTP 等），IP 路由器，防火墙，集线器，中继器
广域网域	IP 路由器，TCP/IP 堆栈与缓冲区，防火墙，网关，接线台
远程域	三方电子邮件改寄（RIM/黑莓），使用 VPN 软件的笔记本电脑，SSL-VPN 信道
系统/应用域	桌面操作系统，服务器与网络操作系统，电子邮件应用与服务器，企业资源计划（ERP）应用与系统，Web 浏览器

3.6.2　威胁种类

为了保证信息的安全，我们需要保护其机密性、完整性和可用性。以下三种主要的威胁会直接影响到 C-I-A 安全原则：

- 拒绝或破坏威胁；
- 篡改威胁；
- 泄露威胁 。

1. 拒绝（否认）或破坏威胁

拒绝或破坏威胁会造成资产及资源不可用或者不能用。任何破坏信息或使得信息不可用的威胁都违背了信息安全的可用性原则。如果能够阻止合法用户访问资源，无论是暂时的还是永久的，这次攻击就是成功的。

拒绝服务攻击（DoS）就是一个很好的例子，它属于拒绝或破坏威胁。在上文我们已经介绍了：DoS 攻击通常是恶意的，它阻止合法用户获取计算机或网络资源。许多组织都是 DoS 攻击的潜在受害者。实际上，任何连接到互联网的计算机都是 DoS 威胁的潜在受害者。此类攻击可以只是造成小问题，也可以造成大麻烦，这取决于它所封锁的资产或资源的重要性。例如，假设攻击者向服务器上某个特定的端口实施泛洪攻击。如果这个端口不是为重要资源而开放的，那么该攻击造成的影响就微乎其微。然而，如果该端口允许授权用户访问公司的 Web 网站，那么用户会长达数分钟乃至数小时无法进入网站。在这种情况下，所造成的影响可能会非常严重。

这真的是 DoS 攻击吗

系统响应很慢不总是因为 DoS 攻击。也有可能是因为网络设施的超负荷运行。超负荷运行意味着使用网络的计算机或进程超出了原定计划载荷。换句话说就是，用户在过度地使用网络。网络供应商利用此类技术来提高用户费用的利润。此外，可能是服务提供商造成用户无法访问网络资源。例如，供应商可能会将关键资源下线以实施系统升级或网站更新。另一种情况可能是网络管理员使用网络节流技术减小网络流量。此外，也可能只是用户的操作失误。

2. 篡改威胁

篡改威胁破坏了信息的完整性。此类攻击在系统上实施有意或无意的未授权数据修改，以此破坏系统。篡改攻击可能发生在数据存储中，也可能发生在数据传输过程中。有意的篡改通常是恶意的，而无意的篡改通常出于意外。人们可能而且经常因为操作错误而影响了计算机与网络资源的完整性。尽管如此，无意的修改仍然会带来安全问题。

对于系统构造的篡改也可能破坏网络资源的完整性。未经授权方对资产进行了篡改，或者合法用户的修改造成了意料之外的影响，就可能造成篡改。例如，用户可能修改数据库文件、操作系统、应用软件甚至是硬件设备。明智的做法是在恰当的位置使用恰当的技术追踪或者审计所有这些改动。另外，修改管理系统，限制谁能够修改、能够怎样修改以及文档如何修改。确保只有授权用户能够以合法的方法更改资产，这一点十分重要。

提前做好准备可以减小篡改威胁带来的影响。例如，为数据制作备份或者拷贝，那么备份不可用所带来的影响就显得无关紧要。不过，数据恢复应当只是作为保底措施。避免篡改攻击的更好途径是第一时间阻止修改。保护信息永远比修补或恢复信息好。

3. 泄露威胁

当未授权用户访问了存储在网络资源中或在网络资源之间传输的私人信息或机密信息时，我们称之为泄露。泄露同样也指存有私人信息或机密数据（例如，医疗记录的数据库）的计算机或设备失窃。攻击者用来非法获取或修改数据的技术如下：

- **蓄意破坏**：蓄意破坏是指对资产的破坏或者对于正常操作的阻碍。从技术上说，蓄意破坏影响了信息安全的可用性属性。
- **侦察**：侦察是一种获取秘密信息的间谍行为。恐怖分子和敌方机构可能会参与获取政府敏感信息的活动，他们可以利用这些信息展开下一步攻击。蓄意破坏并非悄无声息，但是侦察可以不留明显痕迹。

在许多组织中，大量存储信息无法公之于众。这些信息中包括用户计算机中的个人信息或大型数据库中存储的机密记录。泄露对于信息的影响会根据情况变化。例如，用户的私人信息泄露可能会造成尴尬，而将公民的隐私记录公之于众可能导致严重的后果。另外，如果涉及政府机密或情报文件，信息泄露可能会导致更多问题。

信息安全专家投入大量的时间和精力与信息泄露威胁做斗争。特别地，美国政府十分紧密地关注着此类威胁，因为它们可能在重要安全领域造成问题。然而，此类威胁斗争的困难在于未授权用户可以不留痕迹地拦截未被保护的数据。因此，安全技术的研究和发展已经高度关注泄露威胁及其应对措施。

3.7　恶意攻击

攻击计算机或网络资产，是通过利用系统的脆弱性来实现的。攻击主要有四大类。一次攻击可能同时包括以下四种类型中的一种或几种：

- **伪造**：伪造是指制造一些骗局来诱骗警惕性不高的用户；
- **拦截**：拦截是指窃听信息传输并将信息未经授权地重新定向；
- **中断**：中断会造成会话信道的中断，从而阻塞数据传输；
- **篡改**：篡改是指改变传输或文件中数据的内容。

如前所述，安全威胁可以是主动的也可以是被动的。两种类型都可能对 IT 基础设施造成负面的后果。主动攻击包括篡改数据流或者试图未经授权访问计算机或网络系统。主动攻击是一种侵入攻击；而在被动攻击中，攻击者对系统不做任何改变。此类攻击只是窃听并且对信息传输进行监视。

主动攻击包含如下类型：

- 暴力密码破解攻击；
- 字典攻击；
- 劫持；
- 重放攻击；
- 中间人攻击；
- 伪装攻击；
- 社会工程学；
- 网络钓鱼；
- 线路盗用；
- 域欺骗。

这些攻击广为传播且十分常见，它们的发生率逐年递增。下文将讨论几种最常见的恶意攻击。

3.7.1 暴力密码破解攻击

暴力密码破解攻击是最行之有效的攻击方法之一。在此类攻击中，攻击者在系统中尝试不同的密码，直到其中一个密码正确。通常，攻击者会使用软件程序尝试不同的密码组合，例如，用户 ID 或者安全码，直至找到匹配的密码。这个过程迅速而有序。此类攻击被称为暴力密码破解攻击是因为攻击者只是简单地尝试密码，完全没有技巧或技术可言，只是暴力地破解密码。

如今的巨型机可以在很短的时间内尝试数百万次的密码组合。只要有充足的时间和计算机资源，就可以破解大部分密码算法。

3.7.2 字典攻击

字典攻击是另一种简单的攻击方式，它利用了用户使用的弱密码。在字典攻击中，密码破解程序会从字典文件中逐一选取每个条目，将其作为密码去尝试登录系统。

使用常用词汇作为密码很容易遭受字典攻击。抵御字典攻击最好的方法是强制使用复杂密码原则。用户应当设置包含字母和数字组合的密码，并且密码不应该包含任何个人信息。

3.7.3　IP 地址欺骗

地址欺骗是指个人、程序或计算机伪装成另外的人、程序或计算机以获得某些资源的未授权访问。常见的地址欺骗包括使用伪造网络地址来伪装成另一个计算机。攻击者可以更改一台主机的网络地址，使其看起来像是目标网络中的一个认证主机。如果目标网络管理员的本地路由器没有用内部地址过滤掉外部地址发送的网络流量，这种欺骗攻击就有可能成功。攻击者可以通过 IP 地址欺骗获得被保护的内部资源。

提示：

《CERT IP 地址欺骗参考》披露：CERT 协调中心已经收到有关入侵者伪造资源 IP 地址数据包的报告。入侵者利用此类攻击可以扮演用户，并且在目标系统中提高安全权限。这意味着入侵者有能力掌控登录链接并进行破坏。

3.7.4　劫持

劫持是指攻击者控制两台机器间的对话，并且扮演其中一台机器。劫持有以下几种类型：

- **中间人劫持：**在此类劫持中（这里讨论更多的是细节），攻击者通过扮演其中任何一个终端，利用程序来控制连接。例如，Mary 和 Fred 想要对话，攻击者假扮成 Mary 与 Fred 对话，又假扮成 Fred 与 Mary 对话。Mary 和 Fred 都不知道他们是在与攻击者对话。攻击者可以搜集大量的数据，并且篡改传输于 Mary 和 Fred 之间的数据。此类攻击使得攻击者既可以获取信息，又可以在转发前修改信息。
- **浏览器劫持：**在此类劫持中，用户会连接到一个与其请求不同的 Web 网站，通常是攻击者伪造的网页。攻击者将用户的浏览器从真正的网站重定位到伪造的网站，这将给用户错觉，以为该网站已被黑客攻击，此类攻击可以和网络钓鱼共同实施，诱骗用户提供其密码等个人隐私信息（下文将介绍网络钓鱼技术）。

- **会话劫持**：在会话劫持中，攻击者试图接管两台联网计算机中已存在的连接。此类攻击的第一步是攻击者控制局域网中的某台联网设备，比如防火墙或者另一台计算机，以监视网络连接。然后攻击者就能够获得发送方与接收方所使用的序列码。确定序列码之后，攻击者就会产生看起来像是来自对方的虚假消息。这样就从合法用户手中窃取了会话。为了能够除掉会话劫持对象（即原合法用户），攻击者会设法使其通信设备因过载而断开此次会话。

提示：

会话劫持揭示了在一次会话中认证对方的重要意义。入侵者有可能代替合法的用户继续后续的会话过程。这就要求我们在整个消息传递的过程中都要对数据来源进行认证。实际上，验证连接对端身份的双方认证可以减少被劫持而不被发现的风险。然而，即使最强的认证方法也不能绝对避免劫持攻击。也就是说，我们需要对所有的传输加密。

3.7.5 重放攻击

重放攻击是指从网络捕获数据包并将它们重新发送以产生未授权即可访问的效果。接收复制的认证 IP 数据包可能会造成设备崩溃或是其他不利结果。攻击者通过再次使用旧消息或旧消息的一部分欺骗系统用户实施重放攻击，可能会造成系统崩溃。这样入侵者就能获未授权用户访问系统所需的信息。

3.7.6 中间人攻击

中间人攻击利用了不同种类网络的多跳进程。在此类攻击中，攻击者在通信双方将消息送达原始目的地之前截获该消息。

Web 欺骗就是中间人攻击的一种，它使得用户相信他和特定 Web 服务器存在安全的会话。实际上，他只是与攻击方存在安全连接，而非 Web 服务器。然后，攻击者与 Web 服务器建立一个安全连接，并在用户与 Web 服务器间传递消息。这样，攻击者就可以诱骗用户提供密码、信用卡信息以及其他隐私数据。

利用中间人攻击，攻击者可以窃取信息、实施拒绝服务攻击、篡改传输消息、访问企业内部计算机和网络资源，以及在网络会话中引入新的消息。

3.7.7 伪装攻击

在伪装攻击中，用户或计算机伪装成另一个用户或计算机。伪装攻击包括其他形式的主动攻击，例如，IP 地址欺骗或重放攻击。攻击者可以捕获认证序列，然后重放该序列以重新登录应用或操作系统。例如，攻击者可能监视了发送给安全性较差的 Web 应用的用户名和密码。之后攻击者利用截获的证书认证消息来登录 Web 应用，从而伪装成为合法用户。

3.7.8 窃听

联网主机将网络接口设置为混杂模式时，可以复制所有途径的数据包并进行分析，这称为窃听或者嗅探。混杂模式允许网络设备截获并读取每一个网络数据包，即使那些数据包的地址与该网络设备不相匹配。这样攻击者就能够在不惊动任何其他用户的情况下，通过连接硬件和软件监控以及分析传输载体上的所有数据包。窃听的对象包括卫星、无线、移动以及其他传输方式。

3.7.9 社会工程学

攻击者常常使用所谓的“社会工程学”骗术访问 IT 基础设施中的资源。几乎在所有案件中，都会涉及攻击者使用社会工程学欺骗授权用户为未授权用户执行某些操作。社会工程学攻击的成功依赖于人们想要帮忙的基本心理趋势。

社会工程学将人的因素置于安全缺口的关键位置，并且将它作为武器来使用。伪造或者盗取的供应商或员工 ID 可以提供进入保密场所的入口。然后，入侵者就可以访问到重要资产。通过唤起员工想要帮助技术员或者承包人的自然天性，攻击者可以轻易地打开企业边界的缺口获得访问权限。

提示：

今天的许多社会工程活动，其最初的策略其实根源于线路盗用攻击者。实际上，还有好几个社会工程攻击的名称都是以字母“ph”开头的，这就是为了向这些社会工程攻击先驱者致敬。

例如，前台接待和经理助理等公司中提供先期对外服务的人员，常常会成为社会工程学攻击的目标。对组织结构有一定了解的攻击者，常常会瞄准新来的未受训员工，或是那些看起来不懂安全策略的员工。

阻止社会工程学攻击很困难，但是以下的几种技术可以帮助我们减小它们的影响：

- 确保员工对安全环境的基础知识有一定了解；
- 制定安全策略以及计算机使用规定；
- 对于内部和外部的技术支持流程施以严格监管；
- 对所有人员进行全方位认证；
- 通过严格控制发布在公告栏、黄页、网页以及公开数据库中的消息，限制数据的可用性；
- 在使用远程连接时小心谨慎，使用强认证技术手段，掌握访问网络的人员信息；
- 教育人事部的员工如何安全地发送和接收电子邮件；
- 销毁可能含有机密或敏感信息的文件。

3.7.10 线路盗用

电话线路盗用，或者线路盗用是一个俚语，用来描述那些学习、实验或利用连接到公用电话网络的电话系统、电话公司设备和系统的亚文化行为。线路盗用是利用电话系统中存在的 bug 和小漏洞的高超技术。

3.7.11 网络钓鱼

欺诈问题在互联网愈演愈烈。网络钓鱼是一种欺诈技术，攻击者诱骗受害者提供其隐私信息，诸如信用卡号码、密码、生日、银行账号、自助取款机（ATM）PIN 码及社保号码等。

网络钓鱼骗局指通过电子邮件或即时消息实施身份窃取。网络钓鱼消息伪装成来自合法消息源，例如，可信的商业和金融机构，其中包含着对个人信息的迫切需求。网络钓鱼消息通常会提示因为重要的原因需要迅速升级账号（银行、信用卡等）。这些消息会指示受害者提供所需信息或者点击消息中提供的链接。点击链接会使得受害者连接到伪造的网站。这些网站和官方网站一模一样，但是它们实际上是骗子构建的。输入到这些网页中的个人信息会直接发送给骗子，而非合法组织。

网络钓鱼的一个变种是鱼叉式网络钓鱼。鱼叉式网络钓鱼利用电子邮件或者即时消息瞄准特定组织，寻找机密数据的未授权访问方法。与常规钓鱼攻击中的消息类似，鱼叉式网络钓鱼看起来像是来自可信赖的源头。

抵抗各类钓鱼攻击的最好方法就是：无论是电子邮件还是即时消息要求提供个人信息，我们都要拒绝。如果我们相信这个请求是合法的，那么在提供个人信息之前，请打电话给该公司的客服验证一下。如果确实要给那个公司打电话，不要使用消息中提供的号码。即便请求是合法的，请在 Web 浏览器中手动输入网址进入网站，而不是点击消息中的链接。

反网络钓鱼工作组（APWG）是一个全球性的泛工业法律组织，旨在消灭各类电子邮件欺骗导致的欺诈和身份失窃。想要获取更多信息，请访问 APWG 的网站，网址为：http://www.antiphishing.org。另外，联邦贸易委员会（FTC）网站可为消费者提供建议，消费者可以发送电子邮件举报网络钓鱼行为或是发送表格举报身份失窃事件。FTC 的网址是 http://www.ftc.gov。

提示：

反恶意软件程序以及防火墙无法检测出大部分的网络钓鱼骗局，因为它们不包含可疑代码。一些垃圾邮件的过滤器甚至允许钓鱼消息通过，因为它们看起来像是来自合法消息源。

如何鉴别钓鱼网站

只通过在电子邮件中点开的链接看到的页面来判断是否为钓鱼网站，可能会有点困难。然而，地址中的一些线索有时会揭示骗局，包括：

网络钓鱼者在 URL 中常常使用相似的字符来替代真实的字符。例如，他们常常用 1（数字 1）取代 l（字母 L 的小写形式），就像用 paypa1.com 替代 paypal.com。

网络钓鱼的骗术已经变得十分精湛，骗子们能够利用合法的链接，包括真实站点的安全证书。在点击链接前，我们应该预想一下链接会跳转到哪里。如果我们注意到域名看起来有些奇怪时，就不要点击链接，而是应当联系合法网站的客服或技术组，询问该链接是否有效。这种方法会花更长的时间，但是比不做检查而直接点开链接要安全得多。

一些网络钓鱼者会购买与合法公司域名相似的域名，例如 walmartorder.com。

真正的公司是名称 Wal-Mart，但是其域名中并不包含 order。

还有一种骗局就是使用相同的域名，但后缀是.org 不是.com。使用相同域名的骗子会发送数百万封电子邮件要求客户验证账号信息、生日、社保号码等。不可避免地，一些计算机用户会对其回复。请认真检查包括后缀在内的整个域名！

3.7.12 域欺骗

域欺骗是另一种通过域名欺骗以获取个人信息或私密金融信息的攻击。不过，域欺骗攻击并不使用虚假消息诱骗受害者访问貌似合法的假冒网站。相对地，域欺骗使用域名欺骗来“毒害”域名系统（DNS）服务器。其结果是用户在浏览器地址栏中输入受害服务器的网址后，他或她将被导航到攻击者的网站。用户的网络浏览器仍然显示正确的网址，这使得域欺骗难以被检测到——因此带来的安全问题更加严重。网络钓鱼利用电子邮件或即时消息一次只能骗一个人，而域欺骗通过假冒域名一次可以骗一大群人。

3.7.13 高级持续性威胁

高级持续性威胁（APT）是一种直接指向特定目标（个人、组织或政治集团）的网络犯罪。成功的 APT 攻击通常由技术高超、隐蔽的团队实施。它们使用各种技术（例如，目标网段扫描、端口扫描）搜集目标系统的信息，并使用其他非技术类的攻击方式（鱼叉式网络钓鱼、社会工程学）。APT 可以持续很长一段时间，为了盗取信息和数据时，犯罪分子能够运行恶意软件长达数月而不被检测到。甚至在关键系统已被打开安全缺口时，被入侵的系统还看起来仍然一如往常。为了有效地处理 APT 攻击，组织必须采取主动、层次式的防御控制，并完整覆盖组织的受攻击面。

3.8 恶意软件

并非所有软件都会完成有益的任务。一些软件渗透到一台或多台计算机之中，并且执行攻击者的命令。这些指令可能包括：造成破坏、提高安全权限、泄露私人数据，甚至篡改或删除数据。这种类型的软件就是恶意软件，或者简称 malware。

使用恶意软件的目的在于破坏系统甚至使之崩溃。恶意软件的效果小到拖慢计算机速度使其无法正常工作，大到窃取信用卡号码，甚至更严重。浏览网页、阅读电子邮件或者下载音乐或其他文件，都可能使计算机被恶意软件感染——通常用户都不知情。

使用恶意软件主要分为两类：感染性程序和隐藏性程序。感染性程序会把自己复制给其他计算机。它们的目的是对新目标执行攻击者的指令。此类型的恶意软件包括以下种类：

- 病毒；
- 蠕虫。

隐藏性程序会隐藏在计算机中，在躲避检测的同时执行攻击者的指令。趋于隐藏的恶意软件包括以下种类：

- 特洛伊木马；
- 恶意驱动软件；
- 间谍软件。

下文将详细介绍每种恶意软件。

3.8.1　病毒

计算机病毒是指一个将自身附加或复制到计算机另一个程序上的软件程序。病毒的目的是诱骗计算机执行不是来自原始程序开发商的指令。用户可能在网络、flash 驱动或在线服务中、从另一台计算机中复制被感染的文件。同样地，用户也可能在家里或办公室里访问了互联网或其他网络服务的便携式电脑中传播病毒。

计算机病毒和生物病毒有相似的行为模式。它“感染”宿主程序，并导致宿主程序将其复制给其他计算机。病毒软件甚至可以在没有宿主的情况下存在，并且可以在传染模式中从一个宿主传播给另一个宿主。

历史上的第一个病毒是研究员 Bob Thomas 于 1971 年编写的 Creeper 病毒。Creeper 病毒将自身复制到另一台计算机上，并且显示：“我是 Creeper，如果你有本事的话，来抓我呀！” Thomas 将这个病毒设计为一种实验性的自我复制程序，观察网络上受其影响的计算机数量。在 Creeper 病毒面世之后不久，一些研究人员发布了 Reaper 程序以寻找并清除 Creeper 病毒。

如今，有数千种已知病毒能感染所有类型的程序。病毒的关键就在于它们经常将自身附在常见的程序中。当用户运行这样被感染的程序时，他们实际上用他们的用户证书和授权运行了病毒代码。病毒实际上不需要提高权限，因为用户在运行被感染的程序时，就已经为病毒提供了他或她的认证证书和授权。

随着时间的推移，病毒已经变得更加智能化。例如，一些病毒可以抵抗恶意软件检测程序，使其无法正常运行检测功能。文件被病毒感染后其尺寸会变大，简单对比感染前后的文件大小即可检测病毒。然而一些病毒弥补了这个缺陷，使得感染前后文件大小不变。这样就察觉不到文件的任何变化。

3.8.2 蠕虫

蠕虫是一种自包含程序，它可以复制自身并传播给其他计算机，逐渐地扩散到整个网络。蠕虫的目标可能是通过占用网络带宽或者采取其他恶意的措施以降低计算机的可用性。病毒和蠕虫的主要区别在于：蠕虫不需要感染某个宿主程序。蠕虫是一个独立的程序。

据报道，第一个对外传播的蠕虫是 Morris 蠕虫。Robert Tappen Morris 于 1988 年编写了 Morris 蠕虫代码。Morris 蠕虫攻击缓冲区溢出漏洞。Morris 蠕虫的初衷是通过传遍整个互联网，并且感染运行 UNIX 操作系统的计算机来估算互联网的体量。

然而，蠕虫的传播速度超出了其作者的预期。最后，蠕虫多次感染计算机，最后导致被它感染的每一台计算机都不可用。Morris 蠕虫传播是第一个得到大众媒体关注的恶意软件事件，并且导致了美国在 1986 年制定了《计算机使用与欺骗行为法》。

3.8.3 特洛伊木马

特洛伊木马，也叫木马，是一种假扮成可用软件的恶意软件。它的名字起源于《埃涅伊德记》中的特洛伊木马。故事中，与特洛伊作战长达 10 年的希腊人建造了一个巨大的木制马，并将其作为“礼物”送给特洛伊人。特洛伊人将木马视作求和的礼物，将木马带回城里。当晚，当特洛伊人正在熟睡的时候，藏在木马空肚子里的希腊士兵爬出来并打开了城门，接应其他希腊士兵入城。希腊人在那个晚上大败特洛伊。

类似地，特洛伊木马程序用它们的外表来诱骗用户运行它们。它们看起来可以有效完成任务，然而实际上隐藏着恶意代码。一旦程序被运行，得到用户的许可和认证，攻击指令就会被执行。

已知的第一个特洛伊木马程序名叫 Animal，发布于 1974 年。Animal 将自身伪装成一个简单的问答游戏：用户想到一种动物，程序会提问来猜是哪种动物。但是除了提问之外，程序还会将自己复制到用户具有写权限的每一个目录中。

如今的木马程序能做的不仅仅是将自己的副本保存下来。木马能够隐藏搜集敏感信息的程序，能够设置计算机后门，甚至能够主动上传和下载文件。木马的危害数不胜数。

3.8.4　恶意驱动

恶意驱动的出现比其他种类的恶意软件更晚。它们直到 1990 年才出现。恶意驱动软件会修改或取代一个或多个已经存在的程序来隐藏它的攻击痕迹。尽管恶意驱动软件通常只修改操作系统的一部分来隐藏它们出现的痕迹，但是它们可以存在于任何一个级别——从计算机的开机程序到操作系统运行的应用。一旦被安装，恶意驱动软件就能为攻击者提供更加便捷的途径以入侵计算机并发动其他攻击。

恶意驱动软件可以存在于包括 Linux、UNIX 及 Windows 在内的不同种类的操作系统中。由于恶意驱动软件种类繁多，而且一旦安装成功就能有效隐藏其踪迹，因此它们很难检测到或是清除掉。因此，识别和清除恶意驱动软件对于维持系统安全至关重要。基于主机的 IDS 系统可以主动监测恶意驱动软件的行为。

如果在系统上检测到恶意驱动软件，最好的解决办法就是将系统还原到初始状态。如果有备份的话，这就需要从备份中重建和修复用户和应用数据。如果没有完整的备份系统，那么这个工作很难进行。阻止允许攻击者安装恶意驱动软件的非授权访问权限，这种方法比清除已安装的恶意驱动软件有效得多。

3.8.5　间谍软件

间谍软件是一类专门威胁信息机密性的恶意软件。它会通过网络连接，在用户毫无察觉的情况下搜集用户的信息。间谍软件有时会隐蔽地捆绑在用户从网络中下载的免费软件或共享软件的程序中，这一点和特洛伊木马很类似。间谍软件也可以通过 P2P 文件传播。间谍软件诞生于 20 世纪 90 年代，但是在 2000 年后其传播越来越广泛。网络的急速增长让攻击者们能够从越来越多的毫无戒心的用户手中搜集到有用的信息。

间谍软件一旦被安装，它就会监控用户在互联网上的行为。它同样可以搜集电子邮件地址甚至密码，以及信用卡号码之类的信息。间谍软件会将这些信息回传给开发者。他们可能只是出于广告或市场目的利用这些数据，但是也可能利用这些信息进行身份窃取。

除了盗取信息之外，间谍软件还会利用用户的互联网带宽将信息传输给第三方，这同样会消费他们的计算机存储资源。运行多种间谍软件的计算机通常比没有运行间谍软件的计算机慢很多。另外，间谍软件需要消耗存储资源以及其他系统资源，可能会造成系统不稳定甚至崩溃。

间谍软件是独立的可执行程序，它可以实施许多操作，具体如下：

- 监视击键记录；
- 扫描硬盘上的文件；
- 假冒其他应用，如聊天程序或者文字处理器；
- 安装其他间谍软件；
- 阅读 Cookie 记录；
- 更改 Web 浏览器的默认主页。

提示：

恶意驱动软件通常与其他恶意软件协同工作。例如，假如 Windows 系统上运行着一个“malware.exe”程序。恶意驱动软件可能会用一个修改过的 Windows 任务管理器版本取代正常版本，在这个版本的进程列表中不会显示任何关于名为 malware.exe 的进程。因此管理员就不能察觉这个恶意软件正在运行。

3.9 应对措施

保护组织的计算机没有简单的措施可行。工作重点应当聚焦在脆弱性检测、攻击防范以及对成功的攻击做出响应等应对策略上。这并不简单，但是这比起其他方法更好。处理计算机和网络攻击是商业运作在 IT 领域中的一项必要开销。

虽然聪明的攻击者和入侵者不断开发出新的方法来攻击计算机和网络资源，但是许多攻击都广为人知，并且可以多种可用工具加以防御。最好的策略就是挖掘并消除脆弱性，避免遭到轻易的攻击。

避免攻击应该拥有最高优先级。即便如此，一些攻击还是会成功。对攻击的响应做到积极主动、先发制人并像攻击本身一样灵活。当计算机和网络资源受到攻击时必须做出快速响应，响应措施包括制定快速修复计划、修补组织的安全防护缺口和搜集攻击者犯罪证据等。当然，我们应该从相似的攻击中吸取教训来保护网络。

应对攻击的方式包括计划、策略以及侦察。幸运的是，我们可以找到应对团队来帮助应对安全事件并且控告攻击者。另外，在安全事件发生时，许多组织都有特别的团队进行处理。这种安全事件应对团队（SIRT）知道如何判定事件，也能够采取行动将攻击造成的破坏最小化，并且为后一步的行动保留证据。

在下文中我们将学到多种应对措施。首先将介绍一些最常见的 IT 基础设施保护对策，然后介绍如何使用它们应对威胁和脆弱性以及正在进行的恶意攻击。

3.9.1　应对恶意软件

恶意软件为针对个人网络和商务网络的攻击提供了平台。反恶意软件相关措施是阻止攻击的第一道防线。为了避免恶意软件进入组织的网络环境，必须采取一定措施。阻止恶意软件总比修复恶意软件造成的破坏要好。安全专家需要制定安全计划来阻止攻击。

以下是阻止恶意软件的六个基本步骤：

- 制定教育计划，阻止用户在系统上安装恶意软件。
- 定期在公告栏上发布有关恶意软件的问题。
- 除非计算机上安装有反恶意软件工具，否则不要从未知或不信任的数据源下载文件。稍后我们将了解反恶意软件工具的相关内容。
- 在将软件或文件引入工作环境之前，先在一台隔离的计算机（与组织网络的任何一部分都没有连接的计算机）上测试新软件或打开可疑文件。
- 安装反恶意软件，保证软件和数据都是最新的，安排定期扫描以阻止恶意用户安装软件，并且对现存的软件进行检测。

- 使用安全的流程进行登录验证。

应对恶意软件的另一个重要方法就是随时了解恶意软件的发展状况。每周阅读计算机期刊获取有关恶意软件的最新信息，或是加入类似国家网络安全联盟（NCSA）的或 US-CERT 组织。另外，应该在以下网站上了解有关恶意软件的更多信息：

- 国家网络安全联盟（NCSA）http://www.staysafeonline.org/
- 计算机安全协会（CSI）http://gocsi.com/
- 美国计算机应急预备队（US-CERT）http://us-cert.gov/

此外，还应该使用系统上反恶意软件来扫描所有引入工作站和邮件服务器的文件。（此类软件更常用的名称是杀毒软件。但是，由于如今的杀毒软件除了杀毒还能解决其他问题，所以反恶意软件更加精准。）在整个网络中，大多数管理员在许多方面都会运用此类软件。

有许多反恶意软件产品可以用来防止各种恶意软件的传播，并从被感染的计算机中删除恶意软件，包含如下：

- Bitdefender http://www.bitdefender.com/
- Kaspersky Anti-Virus http://www.kaspersky.com/
- Webroot Antivirus http://www.webroot.com
- Norton Antivirus http://www.symantec.com/norton/antivirus
- ESET Nod32 Antivirus http://www.eset.com/
- AVG Antivirus http://www.avg.com
- G DATA Antivirus http://www.gdatasoftware.com/
- Aviria AntiVir http://www.avira.com
- Trend Micro http://www.trendmicro.com
- Microsoft Security Essentials http://www.microsoft.com/security_essentials/

一类反恶意软件的工作原理是检测某个文件的行为以判定其是否为恶意软件。这些类型的反恶意软件程序使用一种名为启发式分析的方法，判断程序是否像恶意软件那样“工作”。其他类型的反恶意软件通过比对已知恶意软件的签名对程序和文件进行判别。问题是，程序不会迅速识别出新的恶意软件的签名并对其进行响应。在软件检测这些恶意软件之前，反恶意软件必须升级它的签名数据库以包含新的签名。因为攻击者会不断地开发新病毒，所以更新反恶意软件是十分必要的。最有效的方法就是运行更新的反恶意软件的程序，并且对每一个登录口进行扫描。

即便被感染系统中的恶意软件已经被检测并消除了，它们仍有机会潜伏在组织中的其他部分，随时准备再次传染或攻击系统。这对协同式的环境尤其适用：含有病毒的文件可能存储在中央服务器上，然后扩散到整个网络中。这种感染—清除感染—再次感染的循环会一直持续，直到恶意软件被从整个系统中完全清除为止。为了在整个系统中检测恶意软件的踪迹，必须对包括存储设备在内的整个系统进行全扫描。

3.9.2　利用防火墙保护系统

防火墙是一种监控途经网络流量的程序或者硬件设备，可根据用户设置的规则拒绝或允许数据通过。防火墙的基本职能是调整不同信任等级的计算机网络之间的流量，例如 LAN-2-WAN 域和 WAN 域之间，在这里私有网络会连接到公共网络。

目前市面上有多种防火墙解决方案，其中最著名的防火墙供应商如下：

- Cisco Systems http://www.cisco.com/
- SonicWALL http://www.sonicwall.com/
- WatchGuard Technologies http://www.watchguard.com/
- Check Point http://www.checkpoint.com/
- ZyXEL http://www.zyxel.com/
- Netgear http://www.netgear.com/
- Nortel http://nortel.com/
- Juniper Networks http://www.juniper.net
- DLink http://www.dlink.com
- MultiTech Systems http://www.multitech.com

本章小结

IT 基础设施 7 个领域中的风险、威胁和脆弱性及其资产每天都遭到安全威胁。组织与用户必须识别自身系统中存在的风险、威胁与脆弱性，并采取计划以减轻它们带来的危害。

威胁的种类很多，包括机密性威胁、完整性威胁和可用性威胁。另外，还存在着恶意攻击的威胁。恶意攻击分为主动威胁和被动威胁，前者包括暴力破解、假冒攻击、IP 欺骗攻击、会话劫持、重放攻击、中间人以及字典攻击等，后者则包括窃听和监控。病毒是最常见也是使用最为频繁的攻击。反恶意软件是解决病毒攻击最有效的方法。威胁目标随着联入互联网用户数量的增加而增加。常见的目标包括计算机系统、网络组件、软件、电力系统以及数据库。可能发起攻击的主体包括黑帽黑客、白帽黑客、灰帽黑客、脚本小子和骇客。

Chapter 4 第4章 信息安全业务驱动因素

每一个公司都需要进行各种商业活动来实现其经营的目标，而我们必须认识在公司中用于支持商业经营目标的各种要素。这些要素成为公司的商业驱动因素。商业驱动因素包括人力、信息和其他用于实现商业经营目标的各项条件。信息安全各种措施直接为许多常规的商业驱动因素提供支持，包括对知识产权的保护，等等。当然，信息安全措施有时也会对商业驱动因素产生消极影响，使其公司在商业活动中遇到阻碍。

另外，还有某些外部的要求直接会左右公司的商业经营行为。这些要求可能来自法律、法规、行业要求以及公司自己的标准。每个公司都有一些必须遵守的要求。公司必须竭尽所能满足这些要求。同时，绝大多数法律、法规要求公司要制定应对业务中断或业务灾难的计划。实际上，绝大多数存储操作在业务中断后能满足恢复业务的需求。

在遵守各项法律、法规方面，也始终需要考虑采取各种各样的措施。在安全行为对商业经营目标的影响和保证信息安全之间保持平衡至关重要。在本章中，我们将学习与安全相关的商业驱动因素以及如何全面支持这些商业驱动因素。

4.1 风险管控定义

风险管控是识别、评估、分级和消除风险的过程。任何严肃对待安全的公司都将风险管控视为一个长期的过程。

风险管控确保公司有计划地应对那些可能对其运营造成影响的各种风险，使得在安全事件发生之前，公司能够有相应的计划来消除各种安全风险。那些能够将安全和其自身商业战略目标良好结合的公司，能够在减轻风险的情况下成功实现经营业务。

所谓风险是指影响一种或多种资源的不确定事件所发生的可能性。绝大多数人只能看到风险带来的消极影响。然而，在美国项目管理协会（Project Management Institute，PMI）提出的项目管理知识体系（Project Management Body Of Knowledge，PMBOK）中认为风险的影响既可能是正面的也可能是负面的。PMI 所提出的是基于主动作为的风险管控思想体系，即同时考虑以下两个方面：

- 令风险的负面影响最小化；
- 令风险的正面影响最大化。

首先来看看典型的风险观点。图 4-1 显示了风险、威胁和脆弱性之间的典型关系。

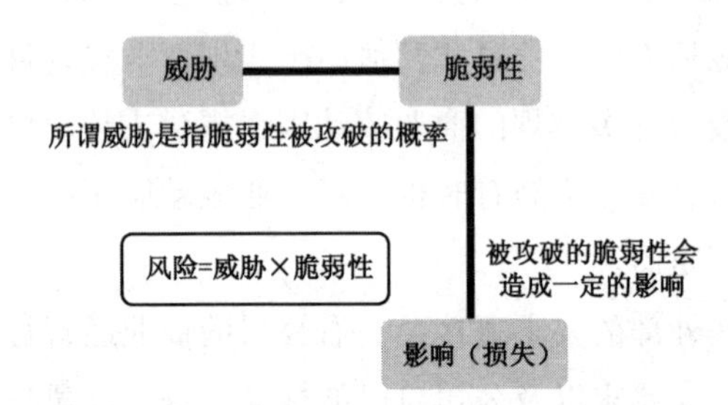

图 4-1　风险、威胁和脆弱性之间的典型关系

如图 4-1 所示，风险等式如下：

$$风险=威胁\times脆弱性$$

所谓威胁是指安全事件发生的概率。在大多数情况下，该方程中的安全事件是指负面的或有害的事情。脆弱性是指特定的威胁被成功执行的可能性，受威胁的概率与脆弱性的发生概率之积就是特定事件风险发生概率。风险往往应对特定的资产。根据资产的成本，可以乘积得出风险发生概率，该结果揭示了某个特定的风险。

许多人从未将风险作为正面的安全事件来考虑。然而，不确定性可能导致事件既有正面的影响，又有负面的影响。例如，假设根据计划安排公司将从软件供应商处获得软件，并为终端用户进行配置。公司的风险管控计划应该能够应对及时获得软件或被拖延这两种情况。如果公司从软件供应商处及时获得软件，则可以进行全面的测试并及时为我们的用户进行配置；如果软件供应商拖延交货日期，将会打乱计划的配置时间安排，那么就必须有预定计划来应对这些风险带来的正面的或负面的影响。

风险研究方法是关于如何管控风险的具体描述。公司所采取的风险研究方法应包括应对每一个风险所采取的措施、需要的信息和各种相关技术。其中，措施规定风险研究方法中的执行步骤。例如，该措施可能阐述了在特定的时间段执行风险分析。执行这些分析的工具包括对各种风险进行定义、分类和分级的各种文档。该措施应和 PMI 制定的 PMBOK 保持一致性，同时，PMI 所规定的措施不仅仅只是用来做上述事情，它通常提供一套整个项目计划管控的规定流程，当然包含了风险管控。

风险管理过程始于风险识别。根据 PMI 规定，风险管控过程包含以下步骤：

- 风险识别；
- 风险分析；
- 风险应对计划；
- 风险监控和控制。

4.1.1　风险识别

风险识别是对可能影响我们的各种风险进行确定和分类的一个过程。识别风险是有效风险管控的关键部分。在风险识别时，应当尽可能让承担不同工作角色的人来参与，越多的人参与越有助于从多个角度识别风险。

风险识别过程的结果是一系列被定义出来的风险清单。PMI 将该清单称为风险登记表。风险登记表可以包含许多不同类型的信息，但至少应包含下列内容：

- 某个风险的具体描述；
- 相关事件发生造成的预期影响；
- 该事件发生的概率；
- 消除风险的步骤；
- 阻止该事件发生的步骤；
- 风险等级。

现阶段，我们就可以完成风险登记本中的上述内容。而最终的目标是尽可能健全各种风险档案。在风险登记本中，有很多风险记录，这比严重风险发生时而被忽视要好得多。我们可以通过多种途径搜集风险登记本中录入的风险记录，这些途径包括：

- 风险识别的“头脑风暴”会议；

- 正式调查；
- 发出信息调查和评论请求；
- 采取一些激励的措施，例如，在会议午餐或者学习部分增加信息评价和反馈环节。

提示：通常可以通过提供礼物或免费食物的方式来鼓励大家踊跃反馈意见。

公司应对任何风险的能力在于如何很好地识别潜在风险。查询风险登记本是一个好的方式，这将综合多个角度帮助公司完成一个更加完善的风险应对计划。

在这里，确保公司管理上层的支持是关键。没有公司管理层的支持，安全人员将缺乏权力执行具体步骤来发展好的风险管控计划。从风险识别行为开始，安全人员将享受有全体管理层支持所带来的各种好处。随着信息搜集过程的持续，可能将有更多的人参与其中。由于更多团队陆续指出公司中存在的各种缺陷和弱点，这也许会令信息搜集者感到灰心丧气。同时，那些指出公司各种缺陷和弱点的人也担心遭到报复或被看成是抱怨者。因此，在这种特殊的工作工程中，我们就需要采取一些技巧。我们需要人们的坦率和真诚，可以采用 Delphi 法。该方法采取正式的多轮匿名问卷调查的方式来搜集人们的观点和信息。由于问卷调查是匿名方式，这就鼓励人们给出坦诚的回应。专家组评阅每一轮的问卷调查结果并基于前一轮的结果建立新的问卷调查。经过多轮调查，就会让我们注意到大家共同关心的领域并可以从许多行业专家那里了解到更多的细节。

现在我们应该明白风险管控是什么了吧。现在考虑一下，风险管控是如何应用到 IT 基础架构的 7 个域中的。因为公司的许多资产就放置在 IT 基础架构 7 个域中，所以每个域中都应用到了风险识别、分析、应对计划和监控。首先要对用户、工作站、局域网、局域网—广域网、广域网、远程访问和系统应用这 7 个域中的风险、威胁和脆弱性进行分析和评估。而具体的风险分析和评估过程将在本节描述。

4.1.2 风险分析

第一步应当明确公司有哪些资产，放置在哪儿。例如，就数据而言，应当根据公司的数据分类、政策和标准进行归类，数据分类、政策和标准规定了哪些信息必须保密且如何保密。接下来，将分析和识别 IT 基础架构七个域中存在的风险并决定如何将它们分级。所有公司的预算都是有限的，这就决定了不可能对每一个潜在的风险都做出应对。而风险分析就是让公司决定哪些风险需要更加注意，并重点应对。对于那些看起来不会发生的风险，或即使发生了危害也很小的风险，不要把时间和有限的资源浪费在它上面，需集中主要精力应对那些发生概率高的风险和可能会导致对绝大多数设备产生重大危害的风险。

公司通常采用两种途径来分析风险：

- 定性风险分析；
- 定量风险分析。

1. 定性风险分析

定性风险分析采用相应的分级手段来确定风险。该技术基于风险发生概率和所造成的冲击两个指标。风险发生概率指标非常重要，因为它度量了某个风险发生的可能性。当在执行定性风险评估时，通常采用风险发生概率来表征风险发生的可能性。典型的风险发生概率表达如下：

- **高概率**——非常可能发生；
- **正常概率**——既不频发也不罕见；
- **低概率**——几乎不可能发生。

显然，一个高概率的风险肯定会比一个低概率的风险引起更多的关注。

另一个风险评估方法是根据风险影响进行分析。风险影响是定性地度量风险影响公司资产和 IT 基础架构七个域的程度。评估风险的范围从严重（影响大）到轻微（影响忽略不计）。具有严重影响的风险和轻微影响的风险其应对的措施不一样。

典型的风险冲击表达如下：

- **严峻**——具有很大的影响，需立即应对和处理；
- **中度**——中等影响，需要优先考虑；
- **轻微**——几乎没有影响，仅仅在需要分析和评估时进行必要的应对。

对于风险发生概率和风险冲击影响而言，不同公司可以选择不同的分类模式。定性风险分析通过快速对风险进行优先级排序来执行风险响应计划和未来的风险分析。

2. 定量风险分析

定量风险分析是另外一种风险分析方法。它依据数学公式和相关数据对风险的严重性进行分级。定量风险分析对风险可能造成的后果进行量化，明确风险后果的发生概率，识别高影响的风险并开展针对性的应对计划。虽然定量风险分析是个复杂课题，但是它的基本思想还是基于各种风险的不同性质及其造成的影响进行分析。

安全人员当然可以对风险登记本上录入的所有风险进行定量风险分析，但是那样太费精力，因为在一些低发生概率和低影响的风险上浪费精力，显得得不偿失。所以，定量风险分析通常应用在定性风险分析所得到的那些高危风险上。

以下是对风险登记本上记录的风险进行定量分析的步骤：

（1）计算风险暴露程度。

① 定义每一个资源的价值；

② 确定每一种真实威胁造成资源损失的百分比，该值称为某个威胁针对某个资源的暴露因子（EF）。

（2）计算单个威胁发生时造成的损失，即所谓单一预期损失（SLE），采用以下公式：

SLE=资源价值×EF

（3）计算或确定年度损失概率。估计某个特定的威胁每年实际发生的概率称为年度发生率（ARO）。

（4）估算某个特定发生的威胁所造成的年度损失，即所谓年度损失预期（ALE），采用如下公式：

ALE= SLE×ARO

表 4-1 包含了一些风险的例子，并计算了每一个风险的 ALE。一旦我们获得了每一个风险的 ALE，就可以决定首先应对哪个风险。

表 4-1 量化风险分析

资源	风险	代价	暴露因子	单一预期损失	年度发生率	年度损失预期
建筑	火灾	700 美元	0.60	420 美元	0.20	84 美元
文件服务	磁盘破坏	50 美元	0.50	25 美元	0.20	5 美元
敏感数据	盗窃	200 美元	0.90	180 美元	0.70	126 美元
电子商务互联网连接	一个小时的不能应用	15 美元	1.00	15 美元	12.00	180 美元

4.1.3　风险应对计划

在对诸多风险进行识别和分级后，下一步就是针对每个风险选择对应的策略。在风险登记本中，应当包含这些应对策略。我们的风险应对计划应显示出安全人员已经考察了公司的诸多风险并制定了应对每一个风险的计划。因此，在风险登记本中对每一个风险应对计划的具体描述非常重要。选择忽视某个风险并不是一个好的选项，而是应该针对每个风险指定一个或多个相应的“负责人”并按计划执行相关的保护行为。

针对风险的负面因素，通常存在以下 4 种应对行为：

- **风险预防**：预防某个负面风险的发生，可通过改变资源或 IT 基础架构来消除威胁。例如，为了防止单个节点失效带来的风险，需要指定冗余或备份的方案。这确实需要花额外的钱，但不失为预防风险的有效办法。
- **风险转移**：所谓风险转移，就是将风险转嫁到第三方。例如，可以采取外包安全操作管理的方式，将相关的风险转给管理服务提供商。
- **风险消除**：消除负面风险，即降低该风险的发生概率或影响。例如，为了消除来自公共互联网上外部攻击者的攻击风险，需要在局域网—广域网区域利用防火墙、入侵检测和系统防护等手段建立多层次的安全防护体系。
- **风险接受**：如果接受面临的风险，将不需要做任何事情。例如，该风险毫无价值或不会导致数据损失，何必要花费金钱和精力去应对它呢？在这种情况下，公司将接受该风险。

风险的正面因素，包括以下应对方式：

- **风险利用**：利用风险的正面因素，就是要利用应对风险时产生的好机会。例如，假设公司开发了一套内部使用的训练材料来帮助我们标示一个特定的风险，那么可以通过利用该风险来包装该训练材料并将其推广出售给其他的公司组织。
- **风险共担**：共享风险的好处在于，可以利用第三方来帮助我们获得克服相关风险的机会。例如，和其他公司组织一起采购一组工作站许可证，由于采购规模较大，可以两家机构共同得到实惠的折扣（在该例中，其风险就是许可证价格的变动）。
- **风险增强**：为增强风险的正面因素，提高与风险有关事务的正面影响力或发生概率。例如，假设公司有一个合同规定，为了参与竞争的需要，及早发行一套软件有 20000 美元的奖金，为了增强该风险的正面因素（由于发行日期可能与公司的进度安排不一致所带来的因素），那么可以再寻找一个次承包商，并用 5000 美元的金额规定其在期限之前完成工作。

- **风险接受**：当接受一个风险的正面因素时，通常就不会对该风险采取任何措施。因为，该风险的潜在影响是正面和增值的。例如，已经采购了一套新的自动备份和配置设备，理论上它能使公司工作站的配置时间减半。但是由于该设备是新的，需要花费时间去学习，从这方面来说，它并不能帮助公司在新工作站部署上节约时间。更糟糕的是，有可能学习该设备和使用它来管理配置所花的时间与人工配置时间相同。然而，如果认识到该风险的正面因素，将可能会比更新计划更快地进行部署。

4.1.4 风险监控和控制

不对风险不能只进行一次鉴别和分析。在公司机构中，环境条件会持续发生改变，公司所面对的风险也不断变化。必须持续监控风险，任何时刻发现新的风险存在时，都需要及时进行分析，以获得新的应对措施。监控和控制风险的正规过程，聚焦于新风险的鉴别和分析，同时也聚焦于跟踪以前明确的风险。该过程是公司执行风险管控计划的典型部分，这就需要公司执行预先的风险评估。

为公司制定一个年度风险管理计划是十分必要。按照相关法律要求，例如，HIPAA 和 PCI v2.0 标准，要求各商业机构即使运营环境未发生改变，也都必须制定年度风险评估计划。当以下事件发生后，必须重新评估风险：

- 有证据显示某个威胁已经或即将发生；
- 公司同意风险应对计划改变请求；
- 环境发生任何可能影响资源风险的改变；
- 采用纠正行为或预防的措施。

应该持续确保风险管控计划与当前的环境相匹配。如果环境发生任何改变，都应该重新评估风险，从而确保有最佳的手段来应对威胁。

4.2 实现 BIA、BCP 和 DRP

风险管理最主要的中心是及时清除已经发生的威胁。想要预判和阻止每一件会引起损失的事件是不可能。这就意味着对于任何组织机构仍然都存在与引起业务流程中断的事件进行对抗的可能性。信息安全要求当授权用户有需求时，相关的所有信息应该都可用。因此，必须通过开发和实现相关的方案和技术来保护组织机构的 IT 资源，并确保其正常的商业功能不会被诸多事件干扰和打断。

4.2.1　业务影响分析

在研究应对有关风险干扰事件的相关计划时，首要步骤是明确商业机构中存在哪些关键的商业功能。商业机构的有些活动，对于商业操作非常关键，而有些却不是。当某个事件严重干扰商业机构的商业操控能力时，马上储存最关键的操作数据十分重要。当然，在做这件事情之前，首先必须明确这些关键数据的功能是什么。

业务影响分析（Business Impact Analysis，BIA）是对商业机构的功能和活动进行正规分析，并将这些功能和活动分成关键和非关键两种类型。关键功能是商业运行中必需的。如果这些关键的功能无法执行，将会产生无法接受的严重危害。非关键功能也许也是重要的，但是如果它们不运行，我们可能也会忽略它。但是，它们的确不会令商业机构的商业活动停止。BIA 同时也会根据重要性对关键商业行为进行分类，并帮助商业机构决定存在严重干扰的情况下，应按照什么顺序存储数据。

在 BIA 中，每一个关键功能分段后面都有附加信息，包括对每个功能进行恢复的目标和要求的描述。恢复的目标和要求按照以下内容表述：

- **恢复点目标（Recovery Point Object，RPO）**——使得数据损失的数量可接受。依赖于该功能本身的性质，维护团队能重建数据或重新进入数据。为 PRO 在减少损失和校正损失之间进行更好的选择提供了指导。
- **恢复时间目标（Recovery Time Object，RTO）**——恢复功能的最大允许时间。许多不正规的恢复计划会忽略 RTO。其实，时间也是一个关键的因素，对恢复时间提出明确的要求有助于决定最佳的恢复方案。
- **业务恢复要求**——如果某些业务功能是开展商业活动的先决条件，而且其他的业务活动功能都是必须在该功能恢复后才能发生，那么业务恢复要求有助于决定恢复的顺序。
- **技术恢复要求**——针对支持业务功能的技术先决条件。在大多数情况下，技术恢复要求能指导 IT 基础架构的各个组成部分处于其正确的位置上。

确保商业机构关键流程和功能连续，对于商业机构的生存至关重要。BIA 不但能帮助明确哪些功能关键，而且还能在受到严重干扰时帮助如何快速令基本业务回到整个业务流程中。它也明确了快速恢复基本业务的资源需求。在诸多 BIA 中，通常都会假设一个应对最糟糕情况的方案。在该情况中，那些支持所有业务行为和功能的硬件设施（包括其中的所有的数据）都遭到了破坏。对于任何时间中断的商业流程，BIA 都能够选择某个计划进行应对。但是，在许多 BIA 中，针对最主要资源的恢复计划的时间不可能少于 30 天。换而言之，当常规的基础设施失效时，一个可靠的 BIA 将给出恢复基本业务所需要具体延长期限。

4.2.2 业务连续性计划

所谓业务连续性计划（Business Continuity Planning，BCP）是综合性的应对计划，主要针对会导致关键业务活动或功能中断的任何事件。在制定一个 BCP 之前，很重要的一步是执行 BIA，因为 BIA 可以明确地指出哪些资源需要 BCP。

那些对于商业机构生存起不到关键作用的资源，没有必要为其开发相应的 BCP。当一个中断事件发生并导致业务无法开展时，BCP 最主要的是要满足操作、资源、设备和硬件的各种需求从而使得关键的业务可以持续进行。

对于任何一个 BCP 而言，其最重要的部分是优先权的设置。即事件发生时，最先要考虑的是什么。任何应对业务中断和灾难的计划都必须把安全和保持商业机构人员的良好状态放在最优先的位置，其他的事情则可以放在次要位置。在一个良好的均衡的 BCP 中，优先顺序如下：

- 安全性和人员的良好状态；
- 业务功能和操作的持续性，包括本地或外地、人工或基于 IT 系统；
- IT 基础架构七个域各组成部分的持续性。

在 BCP 的优先顺序分类中，根据顺序要进入次一级的分类时，必须首先满足本级中各个元素的需求。如果目前的环境条件对员工而言是危险的，那么他们肯定不会开展任何生产活动。如果我们手下的人员是安全的，但是公司的建筑被损毁，则我们无法维护各种服务器和网络设备，必须等到损害被修复，或公司另外选址重新搭建各种基础设施。在制定计划时，牢记资源的优先顺序可以避免业务流程被中断。

然而，对许多商业机构而言，在某些特定情况下，对许多商业机构而言，一个正规的 BCP 未必有帮助。法律、法规通常要求 BCP 要确保系统的安全。如今，商业机构对 IT 基础架构的依赖性大量增长，这就要求 IT 基础架构的稳定以保障业务开展。对于这些公司而 言，系统检修成本难以承受。系统检修的直接成本和间接成本包括：

- 客户流失；
- 利润损失；
- 市场丢失；
- 额外花费；
- 名誉受损。

各商业机构必须从综合角度考虑意外事件以及恢复计划。这些计划不能仅注重单一的资源，而忽略其他方面。意外事件的方方面面和恢复计划所要保障的各种资源都必须罗列出来，并形成较大的文本记录。这些大型的文本记录是计划制定过程的依据，它使得公司面对风险时能及时修复受损中断的资源。

一个完整的 BCP 应当包含以下要素：

- 政策声明，定义资源部署调度的政策、标准、流程和指导；
- 明确项目团队成员角色、责任和义务；
- 保护生命、安全和基础架构的紧急事件响应流程；
- 形势和危害评估；
- 资源拯救和恢复；
- 紧急状态模式下业务短期恢复和长期恢复之间采用的设备和方法之间的转换。

简而言之，BCP 指出了确保机构组织关键业务功能不被中断，得以持续所需要的所有行为活动。BCP 假设前提是：支持业务流程所需的基础架构各个部分处在正确位置。然而，在一场灾难过后，往往这种情况不复存在。例如，一场火灾发生的时候，我们的数据中心会变得如何呢？在这种情况下，我们还能持续开展业务吗？所以，还需要另外一个计划——灾难恢复计划（Disaster Recovery Planning，DRP）。

提示：

直接成本是指由于收益减少带来的经费支出；间接成本（例如，客户流失）会影响到整体的盈利，但由于没有消费记录，很难直接计算损失。所以间接成本是指对销售业绩产生潜在影响的成本。

4.2.3 灾难恢复计划

灾难恢复计划（DRP）可以为灾后资源的恢复、重建所采取的必要行动提供指导。DRP 是 BCP 的一部分，它为 BCP 所要求的资源留存并达到可用状态提供了必要的保障。BCP 明确了会对保障关键业务功能的资源造成危害的事件，而 DRP 则是 BCP 的延伸和支撑。BCP 包含了一个保障每个业务功能的资源目录。在制定 DRP 计划时需要考虑这些资源会受到哪些灾害的影响。

1. 威胁分析

所谓威胁分析是明确关键资源可能受到的威胁并建档。在从灾难中恢复之前，首先要考虑灾害的类型和可能带来的危害。例如，恢复遭受火灾的数据中心和恢复遭受水灾的数据中心所采取的方法截然不同。灾难威胁的种类繁多，一些常见的灾难威胁包括火灾、洪水、飓风、龙卷风、疾病、地震、网络攻击、蓄意破坏、意外中断和恐怖主义等。

上述灾难中，除了疾病，其他每项都会对商业机构的 IT 基础架构产生潜在危害。相反地，疾病则直接影响到工作人员。在对抗疾病方面，可以有多种方法。但是，如果疾病影响了恢复计划的具体管理人员，那么这些恢复计划将无法执行。

提示：

这些威胁一般都不会同时发生，但是一个威胁的发生可能导致另一个威胁发生。例如，洪灾中大量的污水侵入办公室，有可能令员工染上疾病而失去工作能力。另一个例子，人为蓄意破坏或地震也可能导致火灾。所以，诸多灾难的发生往往会一起发生，而绝不仅仅是单个灾难事件。

2. 影响情景

在制定综合的 DRP 时，在明确潜在的威胁后，下一步要对灾难的场景进行想定，并对其影响进行评估，这是构建 DRP 的基础。绝大多数商业机构在其建立的综合性计划中，往往并不会局限于某些小型的干扰业务的事件，而是针对最广泛的灾难事件制定计划。如果关注的干扰事件范围过于狭窄，则会导致 DRP 的应用范围受到很大限制，从而缺乏更宽泛的战略性。更宽泛的战略性对于同时恢复各种关键资源是必需的。例如，任意想定一个威胁，它可能会带来“建筑损失”这种场景，那么这里就可能包括所有关键业务功能的丧失，从而导致最坏的潜在结果。如果一个商业机构拥有不止一栋建筑，那么一个 DRP 还需要包含其他的想定灾难场景。

一个坚实的 DRP 还应包含其他一些更加具体的想定灾难场景的影响评估。例如，计划中可以包含这样一种场景，即当建筑物被某种程度的洪水侵害造成损失时，如何去应对。许多计划中都会低估异地迁移所必需的资源，千万不要忽视计划中执行每个步骤所需要的资源。假如异地迁移时，我们没有足够的运输工具来搬运各种设备，那么所制定的计划就不够坚实，就会导致整个恢复计划失败。

3. 恢复所需的文件

一旦完成了分析阶段，安全人员需要将业务和技术要求编辑成册并进入具体的配置阶段。安全人员需要授权得到资产信息，包含资产清单以及灾难期间这些资产的可用性等信息。每个资产往往都有各自的主人，这些资产所有者必须对灾难救援团队开放授权。最典型的情况，BCP 和 DRP 的团队领导人能够全权进行任务指挥，以确保业务持续开展或及时恢复业务功能和流程。一个典型的 BCP 和 DRP 的团队，包含执行管理人员、法律人员和进行内外通信联系的公共事务联系人员等。

资产信息必须明确并能够提供给 BCP。以下信息必须在关键时刻能够便捷地提供给灾难恢复团队：

- 完整、精确的所有设备资产记录；
- 完整、精确的 IT 资产、硬件、软件、许可证、合同和维修保养合同等记录；
- 完整、精确的可替代的办公室场所位置清单；
- 完整、精确的业务伙伴、供应商、服务提供商和技术支持商的清单、详细合同；
- 灾难恢复团队成员的联系信息——工作号码和私人号码；
- 关键的业务功能、流程以及所需的 IT 系统、软件、资源和数据恢复；
- 备份数据的恢复和使用；
- 灾难恢复团队成员和资源所需的人工和工作环境；
- 度量恢复时间目标和步骤所需的事物。

4. 灾难恢复

对所有员工进行正确应对灾难的训练非常重要。当灾难发生时，一个普遍的问题就是大部分员工过于慌乱导致无法开展灾后恢复工作。尽管我们的公司组织投入大量的时间和资源发展 DRP，但是面对灾难，我们也必须确保能在无计划的时候做出正确反应。应对灾难的关键步骤包括以下内容：

- 首先确保每个人的生命安全——没有什么比人的生命重要；
- 在开展恢复工作之前的抗灾工作——根据灾害的性质特点进行抗灾工作，在抗灾期间先不要做任何灾后恢复工作；
- 按照 DRP，及时联系所有受影响的部门——一旦人员安全，且抗灾工作结束，即可开始灾后恢复工作。

灾后恢复是 DRP 的延伸，DRP 主要是恢复较普通的系统损坏或中断。但是一个灾害的程度比普通的系统损害严重得多，那些仅能提供简单恢复手段的资源往往力不从心。例如，绝大多数数据管理系统能通过拷贝数据让我们快速恢复主要的数据库。然而，如果一场灾难导致我们的数据库服务器受损，那么在恢复数据之前，我们将不得不首先将服务器恢复到一个理想状态。

一场灾难就可以导致数据中心失效，迫使我们异地重建，那么就需要仔细规划，令这种迁移切实可行。虽然数据中心异地迁移听起来并不是一个多困难的任务，但是其中也牵扯到许多细节——所以还应该投入精力去制定一个完善的计划。例如，硬件和软件的安装、网络和通信的需求。表 4-2 列出了几种常见的灾难恢复数据中心选项。

表 4-2　几种常见的灾难恢复数据中心选项

选项	描述	建议
热站	环境控制设备、硬件、软件以及原始数据中心的镜像数据	最昂贵的选择，最少的启用时间
温站	环境控制设备和基本计算机硬件	相比热站花费较少，但需要较多的时间安装操作系统、软件、数据并配置
冷站	仅有基本环境控制设备，但没有 IT 基础架构	最少的花费，但需要最长的启用时间来进行所有硬件、软件和数据装载
移动站	具有必要的环境控制设备，具有温站或冷站功能的移动式站点	非常灵活，较短的启用时间，根据其规模和性能其成本变化很大

提示：

在某些企业之间，合作协议是强制性的。例如，银行之间需要强制性维持合作协议。每个银行也会定时检测其使用其他银行设备的能力，以便为客户提供不间断服务。

在灾难事件中，为了共同利益和其他公司达成合作协议并互相提供备份的资源十分有益。这些协议包括非工作时间授权计算资源、物理空间作为临时数据中心。在签署一个合作协议时，应仔细考虑所有需求。为数据中心提供最基础、最关键的功能看起来简单明了，但是某些资源，例如，在不同的地点之间通信服务的切换却并不容易。所以，替代的地点和现有的地点之间保持合适的距离也是需要考虑的问题。如果采用的替代的地理位置太靠近现有的地点，那么一场诸如洪水或地震等大的灾难就可能同时影响两个地点。

在大型企业计算机运行能力中，灾后的快速恢复已经成为越来越重要的一个方面。由于业务环境变得更加复杂，许多事情在处理时更容易发生错误，恢复计划相应地也变得越来越复杂。根据自身的因素，每个企业之间的 DRP 各不相同。这些因素包括商业机构的类型、所涉及的业务流程以及安全需求水平。绝大多数企业面对灾难时都是准备不足或毫无防备。尽管反复强调，仍有许多公司却根本未建立 DRP。而那些建立 DRP 的公司，也有一半以上未对 DRP 进行测试，有和没有一个样。

为了验证 DRP 是否有效和完善，需要进行精确的测试。一个 DRP 的完善性和正确性仅仅是第一个层面，我们还必须监测 DRP 的漏洞。一旦明确其计划有漏洞，就必须对该 DRP 进行再完善。在该 DRP 测试中，应该关注其灾后恢复的可靠性。测试范围从简单的灾后指导到整个灾后的应对措施。最有效的测试是模拟真实的灾难，包括在计算机之间互相调用软件以确保我们能和备用的地点建立联系。以下是 DRP 计划测试的各种类型：

- **目录测试**——最简单的 DRP 测试类型。在目录测试中，按照 DRP 目录中要求的步骤按部就班地进行测试并给出反馈结果。可以利用目录测试进行 DRP 的训练，培养 DRP 意识。
- **结构普查**——DRP 的结构普查类似于目录测试，但是在结构普查中 DRP 团队采用角色扮演的方式来模拟一场灾难并评估 DRP 的效果。该类型的测试也被称为桌面演习或会议室测试。
- **模拟测试**——相比结构普查，模拟测试更加贴近实际。在模拟测试中，DRP 团队采用角色扮演的方式并尽可能在不影响人身安全的情况下来实现被模拟灾难的各种效果。
- **平行测试**——在主数据中心未被中断的情况下，平行测试用于评估另外的备份数据中心的各项能力。

- **完全中断测试**——这是唯一的一种最完整的测试方式。在完全中断测试中，主数据中心被中断，并将相关的数据处理功能转换到备份中心。

DRP 的各个方面并不都是灾后反应式的。DRP 中的某些部分是预防性和计划性的，主要用来在第一时间避开灾难所带来的消极影响。DRP 预防性的部分主要包括以下方面：

- 建立硬盘系统的本地镜像并使用诸如磁盘阵列（Redundant Arrays of Independent Disks，RAID）或存储区域网络（Storage Area Network，SAN）等数据保护技术来保护系统；
- 浪涌保护器用来最大限度地降低浪涌对精密电子设备的影响；
- 不间断电源（Uninterruptible Power Supply，UPS）或备用电站用来保证停电事故中设备的用电；
- 火灾预防系统；
- 反病毒软件和其他安全控制。

4.3 风险、威胁和脆弱性评估

开发综合性 BCP 和 DRP 的第一步是全面评估与商业机构核心资源相关的风险、威胁和脆弱性。想要剔除所在环境中的各种威胁是不可能的，所以必须对这些威胁进行优先级排序。同样，了解到了相关风险，也有必要知道相应的应对和补救措施。

评估风险的方法很多，每个商业机构都应根据自己的特点来开展风险评估。在风险评估过程中，切忌仓促拼凑的无差别对待，而应该从诸多公认的方法中选择对自身最有用的一种。先对各种方法进行研究，能让整个评估过程更加高效，表 4-3 罗列出了常用的风险评估方法。

表 4-3　常用的风险评估方法

名称	描述	备注
信息技术与系统风险管理指导（NIST SP 800-30 和 SP 800-66）	属于特别出版物的 800 系列报告的一部分，针对风险管理中应考虑的问题和计算机安全风险评估提供的详细指导。该报告包含了目录、图表、公式，并参考了美国的相关监管方面的问题	http://www.csrc.nist.gov

续表

名称	描述	备注
CCTA 风险分析与管理方法（CRAMM）	CRAMM 是由英国政府开发的一种风险分析方法，其方法和工具的第一版就基于英国政府机构最佳的实践经验编撰，用户遍及全球。CRAMM 也是英国政府推荐的风险分析方法，非常适合大型的商业机构组织	http://www.cramm.com
关键威胁、资产以及脆弱性评估手册（OCTAVE）	OCTAVE 为基于风险的战略性评估和安全性技术提出定义和指导，采用自我导向的途径。OCTAVE 有两个版本：OCTAVE 和 OCTAVE-S。CRAMM 非常适合大型的商业机构组织，而 OCTAVE-S 比较适合人数不超过 100 人的商业机构	http://www.cert.orgloctavelosig.html
ISO/IEC27005 信息安全风险管理	ISO 标准采用通用的方式阐述信息安全风险管理。该标准文件中包含用于信息安全风险评估的各种方法途径的实例和可能存在的威胁、脆弱性的目录以及安全管控方式	http://www.iso.org

4.4　关闭信息安全缺口

尽管尽了最大的努力，但是并非将所有安全管控措施合起来就能做到万无一失。系统中始终会存在某些现有管控措施无法克服的脆弱性。这样，在已有的安全控制措施和为了对付所有脆弱性所需要的安全控制措施之间就存在安全缺口。

缺口分析能够帮助公司建立令人满意的安全方针。从 IT 安全角度来看，缺口分析就是将已有的安全控制措施和为了对付所有脆弱性所需要的安全控制措施之间进行比较。缺口分析应该持续进行，日复一日对最新产生的威胁进行评估。如果出现现有措施无法应对的威胁，则指示我们的安全体系存在缺口。

缺口分析是检测一个商业机构 IT 环境整体安全水平的有效方法。另外，缺口分析也确保实际环境中安全策略的一致性。缺口分析的类型很多，包括正规的研究或非正式的调查。影响分析的因素包括公司的规模、涉及的行业、涉及的成本、涉及的人工及分析的深度等。

缺口分析通常按照以下步骤进行：

- 明确安全策略和其他标准中可用的元素；
- 搜集有关方针、标准、处理流程和指导策略的各种文献；

- 评论和评估这些方针、标准、处理流程和指导策略的执行情况；
- 搜集所有相关硬件和软件的目录清单信息；
- 评估用户专业知识和使用方针政策的情况；
- 将安全方针和当前的安全环境进行比较；
- 明确需要解决的安全缺口的优先级；
- 记录并执行应对措施以达到安全要求。

缺口分析的一个重要方面是要明确缺口的产生原因。存在缺口就意味着安全管控措施是不合格的，但是缺口为什么会存在呢？在任何一个商业机构中都存在许多因素会引起安全缺口，例如：

- 缺乏安全训练，导致违规行为；
- 故意或无意地忽视安全制度；
- 软硬件的升级改进未经过正确的风险分析；
- 未经过正确的风险分析而改变配置；
- 外部需求的改变，例如，法律法规或行业标准的变化导致的安全管控措施变化。

正如分析所见，绝大多数的安全缺口都和用户的行为紧密相关。所以关闭安全缺口的第一步，就是要确保对所有员工进行安全方面的训练。良好训练人员是公司 IT 环境安全最好的保证。随着安全投入的增加以及公司员工在安全方面越来越富有经验，碰到安全缺口也会越来越少。

4.5 坚持遵守法律法规

近 20 年间，计算机的运算能力呈现爆发式增长，海量计算机被应用到各行各业中。对网络资源、硬件和软件的极大依赖，为恶意使用信息资源提供了许多新的机会。对商业机构而言，信息已经成为一种有价资产；对攻击者而言，则成为具有吸引力的目标。与信息相关的犯罪呈现出增长趋势。因此，制定了相关的法律、法规来保护商业机构和个人。

如今已经颁布了诸多法律来保护各种商业机构电子信息的机密性。每个商业机构必须遵守有关法律、法规，无论公司处于何处、处理何种信息，从事何种行业，都应有特定的法律、法规与之对应。

以下是一些最有影响力的法律、法规，它们直接影响和指导了公司在 IT 方面的行为：

- **萨班斯法案（SOX）**——萨班斯法案，于 2002 年 7 月立法，全面规范了公司法人管理和金融活动。鉴于多起公共金融丑闻，SOX 建立了美国公众公司会计监督委员会，它的主要责任是作为各公众公司的审计员，监督、规范、检查和指导各公司的财务账目。SOX 也制定政策以保证独立审计、法人管理、内部控制评估并提高财务的透明度。
- **健康保险携带和责任法案（HIPAA）**——HIPAA，2006 年 4 月 14 日生效。要满足信息的机密性，有许多的要求以及需要遵守的制度。安全管控措施中最重要的类型之一就是保持私人信息的机密性。确保信息的可用性和完整性虽然也非常重要，但机密性受到最多的重视。这是因为一旦违反了机密性，将无法补救。例如，某些人如果看到了涉密信息，那就再也无法从其记忆中删除。在面对信息安全三要素时，必须加倍小心来保护机构组织的数据资产。图 4-2 显示了信息安全的三要素。

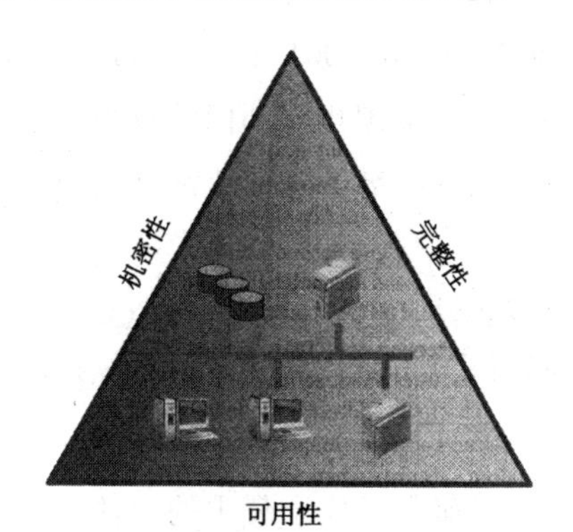

图 4-2　信息安全的三要素

- **联邦信息安全管理法（FISMA）**——FISMA 是官方的法案，其认识到信息安全对于美国国家安全和经济方面的重要性。FISMA 要求每个联邦政府发展和维护统一的信息安全处理方案，包括提高全民安全意识、安全访问计算机资源、严格的可接受使用政策和统一正规的事件响应与突发事件应对计划。
- **格雷姆-里奇-比利法案（GLBA）**——GLBA 主要面对的是金融行业所关心的信息安全问题。GLBA 要求金融机构提供客户一条私人通知，用于解释金融机构需要搜集客户的哪些信息，这些信息的共享程度以及金融机构将如何保护这些信息。在客户办理业务之前，金融机构必须首先向客户提供这条通知。

- **第三方支付行业数据安全标准（PCI DSS V2.0）**——虽然 PCI DSS V2.0 不是法律，但是它对任何处理或存储信用卡信息的机构组织提出了标准要求。第三方支付标准委员会下属的各品牌公司，包括联邦快递、DFS、JCB、Master Card Worldwide 和 Visa International——联合开发了 PCI DSS V2.0 以实现全球数据安全管理的一致性。PCI DSS V2.0 是一个综合性的安全标准，包括对安全管理、安全政策、安全处理流程、网络结构、软件设计和其他关键的保护措施均提出要求。
- **家庭教育权和隐私权法案（FERPA）**——这项联邦法律保护了学生教育记录的隐私。该法律应用于所有由美国教育部资助的学校。在 FERPA 法律下，学校在发布任何学生教育记录信息之前必须获得由学生家长或有资格的学生签署的书面同意书。
- **美国爱国者法案 2001** ——在 2001 年“9・11”事件过去 45 天之后，美国爱国者法案极大地扩展了美国执法部门的权力，授权其向美国国内和海外的恐怖分子开战。该法案扩展了美国执法部门获取信息的权限，以便进行持续的反恐调查。
- **美国儿童网络隐私保护法（COPPA）**——COPPA 对 13 岁以下儿童网络信息搜集做出了严格规定。它规定网站管理员必须了解一个隐私保护策略，例如，在什么时间以及如何获得可验证的孩子父母的同意书、管理员如何保护孩子网络隐私以及确保其安全使用的责任有哪些。
- **政府信息安全改革法案 2000**——该法案主要关注未分级的信息安全和国家安全系统的管理和评估。它规范了现有的行政管理和预算局（OMB）的安全方针并重新规定了 1987 年计算机安全法案中规定的安全责任。
- **加州数据库安全违反法案 2003**——这是加州的地方法案，许多其他的州也有类似的法案。它要求任何存储客户电子数据的公司在任何时候发现存在安全违法行为时都应及时通知其客户。相关公司发现某些人违反侵入公司计算机并盗窃涉密信息时，必须立即通知相关客户。其他类似的条款也限制了金融机构与第三方共享非公开客户信息的能力。每个金融机构有责任了解哪些法律和法规适合它们，并依法采取对应的管控措施。要确保这些金融机构严格遵守法律，就需要监管方多加注意，并经常采取设计和评估手段。

4.6　保持私人信息机密性

我们将学习到各种不同的技术来确保数据的机密性、完整性和可用性。数据安全宗旨是授权用户可以使用数据而非授权的用户无法使用数据。在完全确认数据是安全的之前，必须明确许多细节。保持数据机密性是一个不间断的主题。实际上，许多确保机密性的管控措施也同时能确保数据安全性的其他方面。

通过学习多种不同的安全管控手段，我们将了解到它们是如何联合工作保护数据免受非法使用的。数据安全的绝大多数策略都采用了三管齐下的方法，即包括身份认证、授权和账号注册三方面技术。这三种技术确保只有授权用户才能登录资源和数据。它们也确保在登录访问中如果存在异常，也能获得足够的相关信息进行检查。安全事件的调查依赖账户信息重建过去的事件。

三管齐下的根本目的是防止任何需要保护的资源被非授权使用，从而保障系统安全。诸多身份认证和访问控制手段都能保证上述目标的达成。身份认证过程可以辅助如下手段：

- 密码和 PIN 码；
- 智能卡；
- 生物认证设备；
- 数字认证；
- 挑战、响应及握手；
- Kerberos 认证；
- 临时密码。

一旦身份认证成功，访问控制会确保仅有被授权用户才能访问受保护的资源。授权控制包含以下手段：

- 身份认证服务规则和许可；
- 访问控制目录；
- 入侵检测和防御；
- 物理访问控制；

- 连接和访问策略过滤；
- 网络数据流过滤。

以上给出部分安全控制手段，将有助于确保我们的商业机构数据安全。

提示：

在监控信息系统活动中，“审计”这个词意味着在日志中记录有关事件。我们能使用计算机事件审计跟踪用户的活动并明确一系列发生的事件，这样有助于安全事件的调查。

本章小结

本章介绍了确保数据安全的多种方法。安全在任何组织机构中都是比较脆弱的部分。准备充分的 BCP 和 DRP 可确保商业机构在灾难事件中保持最基本和最主要的业务功能，并能够保护公司的相关资产，包括数据资产。商业机构如果遵守必要的法律、法规和其他安全要求，则能形成一个健全的安全基础架构并为自身的安全提供保障。简而言之，安全是商业机构生存并开展业务的前提。

第二部分 （ISC）²®中系统安全从业者认证（SSCP®）以及专业认证

Chapter 5 第5章 访问控制

所谓访问控制是用来限制或允许进入（接入）特定对象的控制手段，这些特定的对象可以是汽车、房间、计算机或者移动电话。最初的访问控制体验可能是将某个兄弟姐妹拒之门外或用密码锁将心爱之物锁在学校衣帽柜里。类似的，我们只能用自己车的钥匙发动自己的汽车。房子或房间，也是如此。除此之外，我们会采用一套特殊密码锁住移动电话，这套密码只有自己知道，自然也只有自己能解锁、使用电话。同样，在家中电视某些频道需要运用正确的安全码才能观看。这些都是实际生活中实现访问控制的例子。

访问控制实际上是保护某个资源的过程，该资源只允许被授权使用，防止被非授权使用。例如，房子或汽车上的锁—钥匙系统就是一类访问控制系统；还有银行信用卡采用个人信息码（PINs）也是实现访问控制的手段。

在很多商业机构中，会采用访问控制来约束员工能干什么、不能干什么。访问控制规定了被授权的用户有哪些、他们能被允许做什么、能接触哪些资源以及能执行什么操作。访问控制系统通常可以采用多种技术手段，包括密码、硬件令牌、生物特征以及证书等。这些方法的使用，能够实现物理资产、计算机系统以及数据资源的授权访问。

5.1 访问控制的四个部分

通常，访问控制的实现主要包含以下四个部分：

- **权限规定**——允许谁能访问、可访问哪些内容、可执行什么操作？
- **身份验证**——用户如何证明自己的身份？
- **身份认证**——用户的身份能否被系统证实？
- **可追溯**——跟踪个人活动，形成与用户行为相关的过程报告，从而确保有人篡改数据或系统时能被查证。

以上这四个部分又可被划分为两个阶段：

- **策略定义阶段**——该阶段明确谁可以访问、可以访问哪些系统和资源。这个阶段包含了权限规定的过程。
- **策略执行阶段**——该阶段将基于第一阶段的授权策略对访问请求进行授权或拒绝。该阶段包含身份验证、身份认证以及实现可追溯的过程。

5.2 访问控制的两种类型

在实际应用中，访问控制主要被划分为物理访问控制、逻辑访问控制两类。商业机构

- **物理访问控制**——主要包括对进入建筑、停车场和其他受保护区域采取的控制措施。例如，我们我们独有办公室门的钥匙，这把钥匙就控制了其他人对我们办公室的物理访问。
- **逻辑访问控制**——主要实现对计算机系统或网络的访问控制。在实际中，很多商业机构会要求员工在商业机构计算机系统中注册、使用独有的用户名和密码。这种方式能够很好的实现员工对公司计算机系统和网络资源的访问控制，该方式是逻辑访问控制方式。

5.2.1 物理访问控制

商业机构的设备管理人员通常负责物理访问控制。该管理人员会发给员工一张写有员工 ID 号的安全卡片（例如，智能卡）。当员工需要进入停车场大门或

通过电梯到达所需楼层时，需要通过读卡器扫卡才能通行；到达办公室之前，可能还需要刷卡解锁办公室门锁。上述过程说明，作为员工，商业机构的授权策略会授权我们进入规定的地方，没有授权的人无法进入公司。如果公司与其他机构共用一栋建筑，那么在下班后要进入该建筑有时还需要另外一张授权卡。以上这种访问控制方式为物理访问控制。

5.2.2 逻辑访问控制

计算机系统管理员使用逻辑访问控制来决定谁可以进入计算机系统、从事何种操作。系统管理员也能够应用逻辑访问控制来控制全体员工对系统的使用。以下是人力资源（HR）系统访问控制的实例，实现步骤如下：

- **决定哪些用户可以进入系统**——例如，规定仅有人力资源部门的员工才能获取 HR 服务器中所存储的敏感信息。
- **监控系统中用户的行为**——例如，规定某些 HR 部门的员工可以查阅档案，其他 HR 部门的员工可以编辑档案。
- **限制或影响系统中用户的行为**——例如，如果某个 HR 部门员工试图复制某些被限制的信息，则会被系统拒绝。

上述方式实现逻辑（或系统）资源的访问控制，安全内核、访问控制策略是实现逻辑访问控制的重要部分。

1. 安全内核

在实现系统访问控制的硬件、软件和防火墙中，安全内核是最关键的部分。安全内核为访问控制提供一个中心点，执行引用监控器概念，负责分析处理所有访问需求，并仅允许符合规则或条件的需求的访问。例如，某个用户请求访问特定目标，安全内核会拦截该请求；会参考其基础安全规则（也被称为安全内核数据库），确定授权，安全规则通畅依据商业机构的相关政策设定；会根据规则和确定拒绝或允许该类请求；系统处理的访问请求都将被记录用于事后追溯和分析。

图 5-1 为用户访问某个特定目标的请求，该特定的目标是一份文件。引用监控器首先拦截该访问请求，安全内核将根据数据库中规则对该访问进行授权。这种规则可以存放在访问控制列表（ACL）、目录或其他访问许可资源库中。访问请求满足规则要求，则引用监控器允许此次访问并建立访问日志。

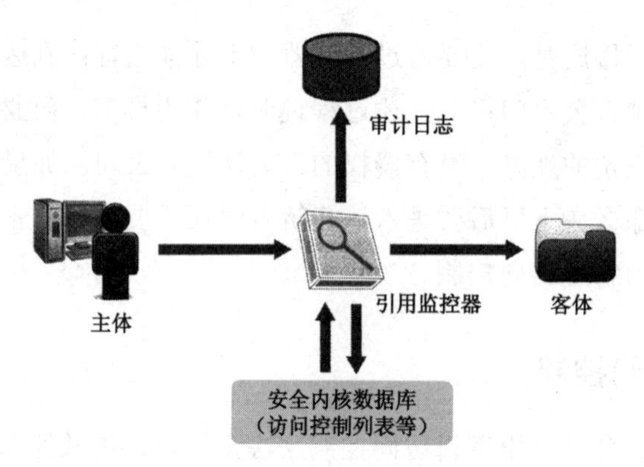

图 5-1　访问控制过程

2. 访问控制策略

访问控制策略由一套规则体系构成，它的作用是允许规定的用户群在规定资源中执行规定的操作。如果用户未被授权，则无法使用系统功能或资源。采用访问控制策略可以有效减少和控制安全风险。访问控制策略可以以人工或自动的方式实现。

访问控制策略包含以下核心要素：

- **用户**——使用某种系统或某些程序的人员，更广义上的用户指的是客户端。
- **资源**——在系统中受到保护的目标文件，这些资源仅允许被授权的客体访问，并且仅能在被授权的条件下使用。
- **行为**——被授权的用户使用资源时可进行的操作。
- **关联**——用户和资源之间存在可选条件。这种关联是将被授权用户与可执行的操作（例如，可读、可写或可执行等）进行关联。
- 这四个核心要素规定了访问控制协议的内容。

5.3　制定授权策略

访问控制第一个步就是建立授权策略。所谓授权是决定谁可以访问哪种计算机系统或网络资源。在绝大多数的组织机构中，依据工作角色、背景调查以及其他官方要求进行授权。因此，授权的条件和政策既由组成员策略决定又由权力层面政策决定。

在组成员策略中，权限由所在团队决定。例如，在商业机构中，只有 IT 部门

成员的安全卡被授以能够进入存放计算机设备机房的权限，非IT部门成员使用的安全卡未被授权。我们我们

在权力层面的策略中，需要高层权力机构的许可才能访问某个特定资源。例如，在IT部门中，由于服务器通常比终端机更有价值，所以通常有关政策限定仅有资深的高级成员才能进入存放服务器的房间。

5.4　身份认证方法和指导原则

一旦明确定义了授权策略中的授权规则，系统就必须执行这些规则。每次用户申请访问资源，系统会按照授权规则允许或拒绝这种访问。

执行授权策略的第一步是身份认证。主体提出访问系统或资源的请求。这里的主体可以是用户、程序或其他实体。在实际应用中，通常有多种途径（方法）实现主体身份认证，具体方法的选择往往依赖于系统安全要求和计算能力。在本节中，将学习到系统身份认证的方法和指导原则。

5.4.1　身份认证方法

用户名在用户身份认证中使用最普遍。用户名可以是某种形式的用户ID、用户账号或个人身份识别码（PIN）。还有一些应用通过信用卡大小的智能卡标识用户的身份，实现身份认证。智能卡无需记忆密码，可以方便地提供综合的个人身份信息，应用时只需将智能卡扫过读卡器，便可被授权进入停车场、公司以及办公室房间。除此之外，还有一种技术称为生物特征技术。该技术基于被认证者的一个或多个生理或行为特征进行认证。生物技术过去常常被用来指认（或确定）人员身份。常用的生物特征包括指纹、面部、声音、DNA、字迹、视网膜甚至体味等。

提示：

美国海关和边境保护组织（CBP）采用了两种生物特征来标识组织成员的身份，并定义了不同的认证程序：预先批准出入频繁的旅客绕过常规的海关线路，使用更快的自助信息验证机；美国和加拿大口岸的NEXUS信息验证机使用视网膜扫描来识别用户；美国许多国际机场的全球信息验证机使用指纹扫描来识别用户。

5.4.2 身份认证指导原则

身份认证指导原则如下：

- 为了确保计算机系统执行的所有行为都能和某个特定的用户关联，系统为每个用户分配唯一的标识符，这唯一的标识符能够让系统区分相同用户名的用户。
- 将用户与操作进行关联，记录用户行为并进行分析，这个过程称为审计跟踪。系统审计跟踪的数据常被保存用于监控用户的行为。。
- 当用户离职或登录系统超过规定时间未进行操作时应冻结该用户 ID。
- 使用标准命名规则命名账户，这种命名与工作职能无关。
- 确保分配用户 ID 的程序可证明和安全。

5.5 认证流程及要求

到目前为止，我们已经学习了身份认证方法和身份认证指导原则。下一步实现认证。在访问控制中，用户首先需要证明或提供身份信息；认证部分确认用户声称的是谁，并且证明其访问被允许，并不需要弄清楚用户是否是其声称的用户。

5.5.1 认证类型

在实际应用中，认证主要被划分为三种类型：

- **基于知识的认证**：利用用户所掌握的知识（例如，密码、组合密码、PIN 码等）实现认证。
- **基于所有物的认证**：利用用户所拥有的东西（例如，智能卡、钥匙、徽章、令牌等）实现认证。
- **基于生物特征的认证**：利用用户唯一的特征（例如，指纹、视网膜、签名等）实现认证。由于涉及的生物特征为用户的自然特性，这种类型认证又被称为基于“我们是谁”的认证。

每一种类型的认证都可以被其拥有者灵活应用。使用其中一种认证类型的认证方式被称为单因素认证。通常，包含重要或敏感信息的系统使用至少两种类型的认证。这样的认证被称为双因素认证（TFA），它比单因素认证安全性更高。

1. 基于知识的认证

基于知识的认证通常基于用户掌握的知识，例如，口令、组合密码、PIN 码等。静态口令是指那些改变不频繁的口令。口令认证是一种古老且使用最普遍的系统认证方式，也是最脆弱的一种方式。因此，不建议用户单独使用这种方式保护重要资源。随着资源价值的提升，用户应该增强对资源访问的控制。对于敏感资源的保护至少需要使用双因素认证的方式。

攻击者经常使用蛮力破解或字典攻击的方式破译口令。这种方式能够有效地破解脆弱口令，例如，那些较短或使用攻击字典中包含词汇的口令。

- 蛮力攻击涉及尝试各种可能的特征组合。如今，口令攻击者不需要尝试所有的字母、数字和特殊字母顺序组合，而是首先确定特征熵（随机性度量）。它们首先测试信息熵低的单词，接下来测试中等信息熵的单词，最后测试信息熵高的单词。
- 字典攻击者通常将各种单词的哈希值放入字典中（通常用 01、02、4u 等后缀进行补充），并将其与系统口令文件匹配。攻击者熟悉用户使用习惯，例如，很多用户在后面拼写名字或者使用一些简单的替换（例如，用 3 替换 e，0 替换 o，$替换 s 等等）。
- 因为大多数的系统存储了口令的哈希值，攻击者首先重新计算这些字典中的词并建立字典表。同时，他们搜索字典表中存储的口令哈希值文本，从而找到产生这些值的单词。这些表被称作彩虹表，它应用广泛。例如，取证研究者普遍知道的美国 AccessData 公司研发的 FTK 综合分析软件，它拥有由数以百万单词组成的彩虹表。根据 FTK 网站的信息可知，根据这个表可以比对出 28%的用户口令。

2. 最佳的口令实践

为了保护好口令，用户在设置和使用口令时应该考虑如下问题：

- 不要使用弱口令——不要使用字典里出现的词作为口令。
- 除非绝对必要，不要存储口令书面副本——如果必须存储书面副本，应该将其放置在安全的位置，或者写一个口令提示而不是将真正的口令记录下来。当此口令不再需要的时候，需将其销毁。
- 不要将口令告知他人——即使面对十分信任的人，也应保持口令的隐私性。
- 不同的账户使用不同的口令——对于不同的账户使用相同的口令就如同我

们的汽车、房门、邮箱、保险箱使用相同的钥匙，一旦钥匙丢失，攻击者就可以为所欲为。当不同的系统使用的口令不同时，即使一个口令遗失，仅仅一个系统受到损害。这个策略能够阻止由于攻击者获得口令而访问其他系统和数据。同样，也应该避免使用相似的口令，例如，在系统中使用我们自己孩子们的名字作为口令。如果在不同的系统中使用相似的口令，攻击者很容易在获得一个口令的情况下推断出其他的口令。

- 如果认为口令不安全，应立即更换口令——当拿到被分配的口令时，应第一时间更改它。最好每 30 天更改一次密码。
- 注意计算机中保存口令的方式——很多对话框会呈现保存和记录口令的选项（例如，用来进行远程访问和其他的电话连接等）。这些选项的使用存在潜在的安全威胁，主要因为勾选这些选项后打开对话框口令会自动列出。
- 选择难以被猜测的口令——不能基于个人信息来设置口令，否则黑客通过字典攻击轻松地破解口令。更安全的口令应当采用那些没有任何意义却很好记的词组。例如，可以采用源于某一首诗或歌曲的第一个词组来构成口令的内容或者利用一些模糊的字符来代替，例如，星号（*）、美元符号($)、“at”符号（@）、大括号（{}）以及数学符号（+）等。这样就令口令破解和猜测变得困难。记住：破解工具可以检测某些简单的密码变换技巧，例如，单词拼写顺序变化、大小写或特定字符替代等（例如，mouse 变成 mOus3）。

警告：

用户名和口令结合的认证方式是一种单因素认证方式。例如，可以使用进入大楼时刷卡（我们所拥有的）和输入 PIN 码（我们所知道的）的方式保护大楼资源的安全。但仅用这种方式去控制敏感系统、应用、数据的访问不够安全。

提示：

缩短口令生存时间能够提高密码使用安全性。较健壮的口令控制策略通常要求用户 30 天以内改变一次使用口令。较短的口令生存时间意味着攻击者在口令过期前破译其机会较低。

设置强密码的小贴士

不要给系统用户设置弱密码的机会。如果用户坚持原则，则每个人都可以做得很好：

- 口令必须由至少 8 个以上字母或字符组成；
- 口令必须包含大小写字母和数字；
- 口令前 7 位中必须包含至少 1 位特殊字符；
- 口令的第一位和最后一位不得采用数字或数学符号；
- 口令中不得包含用户名；
- 口令中不得包含用户姓名或其好友亲戚姓名；
- 口令绝对不允许使用员工 ID 号、社会安全号码、生日、电话号码或任何可被轻易猜到的个人信息；
- 口令绝对不允许包含经常被广泛使用的名字，包括任何虚构的名字或地址；
- 口令绝对不允许由简单的字母或数字组成，例如，qwertyxx。

（1）账户锁定策略

许多系统在登录多次失败后会改变配置令用户 ID 失效。在多数情况下，经过 3～5 次登录失败后，用户账户会失效。触发账户失效行为的登录失败次数称为登录门限。达到门限后，用户账户可能会被锁定几分钟、几个小时或直到通过安全人员对账户进行重置。这样有助于有效避免攻击者对其进行口令猜测攻击，但这也会令入侵者通过输入一堆非正确的口令来锁定用户——这是一种拒绝服务攻击的模式。

在定义账户锁定策略时要注意一些问题。锁定策略确实提高了商业机构阻止攻击的概率，但严格的账户锁定策略也会意外地锁定授权用户，这令人不快且会遭受损失。所以当采用账户锁定策略时，设定的门限次数应确保授权用户不会因为输错口令而被锁定。

（2）审计事件日志

审计事件日志提供追踪谁访问计算机的途径，例如，它可以提供每个用户登录访问和离开的时间记录。如果某个非授权用户盗窃了口令并登录了计算机，通过日志文件能够确定该安全事件发生的时间。当分析事件中审计登录失败记录时，能够明白某个登录失败是不是由于非授权用户或攻击者企图登录计算机所致。这也是入侵检测的基础。

（3）口令重置和存储

当用户忘记口令或口令必须通过帮助菜单重置时，新的口令应该仅对某次登录有效，并且它的有效期也十分有限（通常不超过 48 小时）。

除非商业机构采用一套自动口令重置程序，否则维护人员可能会发现密口令重置请求是他们收到的最为普遍的一类请求。当维护人员收到这种请求时，他们应该要求用户提供身份证明信息。例如，用户应提供员工 ID 号或操作许可证等证据。如果该请求不是由人为发出，则帮助维护人员采用提问的方式来验证用户身份，例如，“我们母亲娘家的姓氏是什么”等。缺乏强力的身份认证手段可能会使攻击者请求成功、改变任何用户的账户并进行任意访问。

千万不能以明文的形式存储或传输口令。在存储和传输口令时，必须将口令置乱。注意，某些系统还会对这些置乱的口令进行加密以降低受攻击的可能性。因此，必须采取措施保护口令文件免遭非法的访问。

提示：

虽然审计登录事件能够有助于实现入侵检测。但是请注意，失效审计也会把系统暴露在拒绝服务（DOS）攻击之下。拒绝服务攻击有两种形式：

- 攻击者填充安全日志。这有可能导致系统崩溃或阻止其他用户正常登录。
- 攻击事件被覆盖。攻击者可以通过持续输入不正确的用户名或口令对网络进行登录操作，从而达到覆盖攻击事件的目的。故意覆盖审计事件可以有效清除攻击活动的证据。

（4）口令短语使用

口令短语稍不同于传统口令，它更长且通常更难被猜测破解， 通常认为安全性更高。它通常由两个或两个以上的词语组成，在应对字典攻击时更加安全。口令短语通常被用于基于公私钥对的身份认证。用户使用一个只有自己知道的口令短语，利用它解锁能够帮助用户访问信息的私钥。在绝大多数情况下，用户会将口令短语转换为口令。系统可以通过程序调用算法将口令短语转化为口令。口令短语比口令更强大，但其字节比较长。虽然口令短语固定，但它能够较好地抵抗暴力破解攻击。

3. 基于所有权的认证

所有权认证是身份认证的第二种类型。该模式基于拥有的某些物品，例如，智能卡、钥匙或令牌。令牌包含同步和非同步两种方式：

- **同步令牌**——采用某种算法同时在身份认证服务器和令牌设备之间计算出

一个数字，该数字显示在令牌设备窗口上。而用户只要输入该数字即可认为是合法用户。

在基于时间同步的系统中，将当前的时间作为输入值，令牌会产生动态的口令（通常每分钟产生一次），并在令牌窗口中显示。为了获得访问许可，这种动态口令通常包含在工作站用户的 PIN 中，不需要通过令牌设备上的键盘进行输入。该系统要求令牌上的时钟与身份认证服务器上的时钟保持同步。如果时钟不同步，服务器则会花上 3～4 分钟搜索两边设备的时间，检测时间是否有偏差。如果偏移量太大，就必须对它们进行重置。

基于事件同步的令牌能够通过使用中不断提高计数器的值规避时间同步上的问题。计数器上的数字就是输入值，而用户按下按键后将产生一个一次性密码。输入该密码和 PIN 码后即可获得访问许可。基于事件同步的认证系统普遍的问题是当用户通过令牌产生口令而不是使用口令进行登录时，服务器上的计数器和令牌上的计数器会变得不同步。

连续身份认证采用系统连续验证的方式进行用户身份。通常采用感应卡或其他设备连续与访问控制系统进行通信来实现连续身份认证。如果用户离开台式机并走出访问控制检测器的范围，系统会锁死台式机。

提示：

同步令牌可以用在具备 PIN 和口令自动输入功能的感应设备上。

- **非同步令牌——非同步令牌**是令牌设备的第二种类型。该令牌设备看上去像一个信用卡大小的计算器。身份认证服务器要求用户向令牌输入一个挑战数字，而令牌设备针对服务器提出的挑战数字根据某个算法计算结果给出反馈。接着，用户将令牌上显示的计算结果输入服务器。许多系统会要求用户根据最初的挑战值输入 PIN 保护令牌不被错误使用。

非同步令牌设备采用挑战/应答技术，该技术包含认证设备与正在认证的远程实体之间会话，此时需要一个数字化键盘。图 5-2 显示一个非同步令牌的挑战/应答过程。

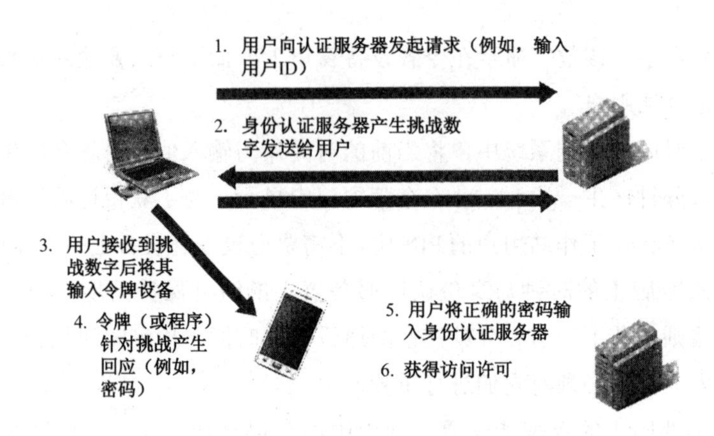

图 5-2 非同步令牌的挑战/应答过程

非同步令牌的挑战/应答过程如下：

- 用户首先发出登录请求；
- 身份认证服务器给用户发送 挑战数字（一个用于输入的随机数）；
- 用户接收到挑战数字后将其输入令牌设备，同时输入一个仅有用户自己知道的 PIN 码 ；
- 令牌（或程序）计算产生挑战回应（口令），并显示在令牌窗口上；
- 用户将该口令正确的输入身份认证服务器；
- 获得访问许可。

没有非同步令牌设备和正确 PIN，面对挑战无法产生正确应答。

USB 令牌是一种常用令牌，它可以采用公钥基础架构技术（PKI），使用可信赖的认证机构签署的认证结果，不需再提供一次性口令。

USB 令牌是可以直接插入计算机 USB 口的硬件设备。这种设备可以利用数字签名证明令牌的归属,而无须输入任何信息。

智能卡是另一种常用令牌，它形似信用卡，包含一个或多个微处理器芯片，并通过读卡器接收、存储和发送信息。智能卡中包含的信息可以提供身份认证。绝大多数的智能卡需要读卡器驱动微处理器工作。用户只需将智能卡插入读卡器中，就能进行卡、器之间的通信。

智能卡的明显优势在于用户的身份认证过程完全在卡和读卡器之间完成。ID 和身份认证信息不用传到远程服务器，此举解决了“可信路径”的问题（实际当 ID 和身份认证信息传到远程服务器上时，敏感信息可能会被嗅探器截获）。智能卡使用时，读卡器与身份认证服务器之间建立了握手协议，通过这个协议可以直接实现身份认证。根据通用标准，可以建立卡和读卡器之间的可信路径。通用标准框架允许用户、设备供应商和实验室测试人员合作并共同努力正式地说明、实施和评估此类产品。

提示：

并非所有智能卡都需要插入读卡器，存在非接触式的感应式智能卡，这种卡包含内嵌的无线射频发射器，当卡靠近读卡器时就能工作。

智能卡使用中的一个问题在于某些用户可能会不小心将它遗忘在读卡器里。这就意味着当卡留在读卡器中时，任何人都可以被访问授权。

4. 基于特征和生物识别技术的身份认证

生物学识别技术既可以用来进行身份识别（生理生物识别）又可以用来进行身份认证（逻辑生物识别）。生物识别技术包含检测每个人在解剖学或生理学行为上与众不同的特点（该特点仅为此人所特有）。下面将学习到那些最普遍的生物特征识别方法，这些方法可以被分为两大类型：

- **静态特征（例如，生理学），即我们身体上具有的生理特征**。生理学生物识别技术包括指纹识别、虹膜粒度、视网膜血管、面相和手形等。
- **动态特征（例如，行为学），即我们的行为习惯**。行为生物学包含讲话的音调、敲击键盘的手法和签字笔迹等。

（1）关注生物学识别技术

关于生物学识别技术主要关注其三个特性：

- **精确性**——生物识别设备并非完美。每个设备至少会有与之相关的两个错误率。错误拒绝率（FRR）是真实事物被误判为假的比率；而错误接受率（FAR）是虚假事物被误判为真的比率。在 FRR 和 FAR 之间需要权衡，两个比率相同的点我们称为交叉错误率（CER）。CER 是衡量系统精确度的参数，其用百分比来描述。在实践中，保护敏感资源的生物识别设备通常会将错误拒绝率配置得非常高；而保护较不敏感资源的系统则会对错误拒绝率配置得比较低。
- **可接受性**——对于某种生物识别方式（例如，相比较其他生物识别方式，某些用户可能比较反对视网膜扫描这种方式）。如果用户不适应使用这种系统，他们可能会拒绝采购。

- **响应时间**——每一种生物识别设备都对系统的识别检测和响应有时间要求。如果响应时间太长可能会影响工作效率。例如，机场使用的人脸识别技术，如果系统需要 5 分钟来识别乘客身份，那么在安检的地方乘客可能就会积压。对绝大多数安检点而言，系统的响应时间必须迅速。任何太慢的因素都会阻碍工作效率和访问。

（2）生物学识别技术类型

生物学识别技术主要包含 9 种类型：

- **指纹**——记录了手指尖上的纹路类型。
- **掌纹**——检测手掌的生理结构。掌纹和指纹在证明用户身份方面均被认为是高度精确的特征。系统的响应时间是 5～7 秒，人们渐渐接受这样的方式。
- **手形**——在这种生物识别技术类型中，照相机使用一块 45º 的倾斜镜子对手掌拍照，并对手指的长度、宽度、粗细和轮廓进行分析。手形测量具有高精确性。系统响应时间为 1～3 秒，人们也逐渐接受这种方法。
- **视网膜扫描**——这种类型的生物识别技术将采用低光源的镜头分析眼球区域后端的血管分布形状，即所谓的视网膜。在身份识别和身份认证方面视网膜扫描非常精确。然而，当人们的生理条件发生改变时，视网膜扫描又非常敏感。例如，糖尿病、怀孕和心脏病都会引起视网膜变化，并要求这些类型的用户需要重新登记视网膜信息。许多人不喜欢视网膜扫描，因为他们感觉这种方式具有侵略性并对健康不利。同时，他们还担心自己不得不显示其私人的医疗信息。视网膜扫描的响应时间为 4～7 秒。
- **虹膜扫描**——这种类型的生物采用小型摄像记录仪记录人眼具有的彩色部分 ，即所谓的虹膜。在身份识别和身份认证方面虹膜扫描也非常精确。虹膜扫描设备能够提供连续的监控能力防止会话被劫持。虹膜扫描的响应时间为 1～2 秒，而且被人们普遍接受。
- **面部识别**——在面部识别技术中，摄像机镜头会衡量特定的面部特征，例如，双眼间距、下巴形状、鼻子的长度和宽度、颧骨形状和眼窝宽度等。一般是从 80 多种可测量的特征中选择 14 种，并建立面部特征数据库。面部识别对于身份认证而言是准确率较高的方式，因为面部角度可以控制。然而，对移动的人群进行身份识别，该方法并不精确。它属于被动和非介入的形式，可用于持续的身份认证。

- **声音模式**——在声音识别技术中，录音机和其他感应器会计算鼻音里的 7 个参数、喉部的振动和话音的空气压力。对于身份认证而言，声音识别方式并不精确，那是因为声音很容易被计算机软件复制。如果在去除背景噪声的情况下，该方法的精确性会提高。绝大多数用户都接受这种类型的识别技术，其响应时间为 10～14 秒。由于其响应时间过长，如今并不流行。
- **键盘敲击动力学**——在该模式中，用户将选择的短语敲击到参考模板上，键盘敲击动力学系统将测量每一次键盘敲击的驻留时间（按键被按下的时间）和空闲时间（两次敲击的间隔时间）。一般认为键盘敲击动力学非常精确。他们为其自身提供了良好的双重身份认证。由于用户登录时，该技术很容易被使用，所以它会和所有权认证方式联合使用。键盘敲击动力学也被普遍接受并可被用于持续身份认证。
- **签字笔迹**——在这种类型的生物识别中，传感器安装在钢笔、签字笔或写字板中，用来记录笔画的速度、方向和压力。签字笔迹这种方式很精确且被用户普遍接受。

（3）生物学识别技术的优缺点

优点：

- 被身份认证的人必须生物学意义上存在；
- 用户不需要去刻意记忆某些东西（例如，口令等）；
- 生物学识别技术很难造假；
- ID 号丢失或忘记密码也不受影响。

缺点：

- 生理学特征可能会变化；
- 生理学特征变化会令用户很难被基于指纹、手形或笔迹的系统识别；
- 所有技术并非都有效，有时很难决定采用哪种类型生物识别技术最佳；
- 响应时间比较慢；
- 设备昂贵，采用这些耗时很长的方式进行身份认证，商业机构为了防止登录和访问瓶颈，可能必须提供大量身份认证设备，导致费用很高。

（4）隐私问题

生物识别技术不会搜集个人的所有数据，它主要搜集个人的内在特征信息。

每个人都必须参加测试，并且以数字化的记录和存储测试信息。非授权访问这些数据可能会导致数据被错误使用。生物识别还能用来观察个人的活动和行为。通过记录和重播 ID 数据，可能让某个人伪装成他人。它也存在身份被盗窃的风险。

5.5.2 单点登录

单点登录（SSO）策略允许用户登录计算机或网络一次，并通过身份识别和身份认证后，可以访问网络中其权限内的所有计算机和系统。在该计算机上不能同时输入多个 ID 号或口令。SSO 能够降低因人为错误导致的无法登录，人为错误是系统出错的主要原因。该方法很可取，但较难落实。

1. SSO 优缺点

优点：

- 高效的登录过程，用户仅需一次登录。
- 可以设置更强的密码。由于只需要记住一组密码，用户通常会设置强密码。
- 提供持续、清晰的身份再认证。SSO 服务器始终和工作站连接并监控其活动，允许在用户登录系统中始终强制执行超时阈值。当工作站有一段时间没有工作活动时，系统会自动掉线，从而在用户离开工作站后保护工作站不被未授权的人员冒充使用。
- 提供登录失败的门限次数和锁定功能。这样当入侵者采用蛮力方法去猜测授权用户的 ID 和密码时，系统能够及时予以保护。
- 提供集中控制管理。确保相关的策略方针和流程能持续进行。

缺点：

- 一旦密码被攻破，则入侵者可以进入那些对密码所有者开放的区域。采用动态密码或双重身份认证可以减少类似问题的发生概率。
- 静态密码提供的安全性十分有限。当用户采用 SSO 方式进行访问时，采用双重身份认证或者动态密码（至少是一次性的密码）非常有必要。
- 将 SSO 加载到网络上的单个计算机或系统上有困难。
- 脚本可让各种事情便于管理，但也暴露了数据。脚本不能为敏感系统和数据提供双重身份认证。
- 在系统访问时，身份认证服务器可能会出现单点失效的情况。

2. SSO 过程

SSO 过程的例子包括 Kerberos 和 SESAME。

（1）Kerberos

Kerberos 是一种允许通过非安全网络进行节点通信的计算机网络安全认证协议，用于某个节点通过非安全网络向处于安全环境中的另一方证明身份。同时，麻省理工学院（MIT）也发行了一套应用 Kerberos 协议的免费软件。它的设计主要针对客户端/服务器模型，并提供节点之间的互相认证——用户和服务器之间互相证明自己的身份。Kerberos 协议消息是受到保护的，能够防止窃听和重置攻击。

起初，用户会通过工作站上的 Kerberos 客户端软件发送他的 ID 和访问请求给密钥分发中心（KDC）。KDC 的身份认证服务器通过 KDC 的数据库证实用户身份和请求服务后会发出一张“票据”。该“票据”用于请求服务并被打上时间戳，它对用户而言是唯一的密钥。如果在有效时间内，该“票据”未使用，则过期作废。该“票据”包含用户 ID 和会话密钥且被加密，密钥与 KDC 共享。

在 Kerberos 中，安全性依赖于细心的操作和维护。身份认证证书的生命周期应尽可能缩短，并使用时间戳来降低重置证书的威胁。KDC 必须在物理上是安全的，因为它（尤其是在身份认证服务器中）存在潜在的单点失效风险。冗余的身份认证服务器能够减小该风险。KDC 应被安全增强，这就意味着它应该具有安全的操作系统和应用程序。KDC 禁止任何非 Kerberos 的网络行为。

提示：

联合访问的意思是用户只需登录网络一次就可以访问相同网络上或不同网络上的多个系统和应用程序。这些系统和应用程序可以由不同的商业机构持有和管理。

例如，某个商业机构的内部网络为员工的健康保险、退休金账户和移动电话服务提供外部站点连接。当用户使用工作账号登录内部网络时，便能够简单地点击连接访问其他外部网站来查看私人信息，此时不需要再次在外网上登录注册账户。

许多 SSO 系统采用联合访问技术并通过联合访问数据库共享信息。该数据库包含每个站点所需要的用户身份信息。

提示：

Kerberos KDC 服务器主要提供两个服务功能：

- **身份认证服务器服务（AS）**——身份认证服务器基于用户密码预先交换的密钥证实用户身份。该属于对称密钥，其和 KDC 共享，并存储于 KDC 数据库。在接到用户的访问请求后，所有和用户工作站之间的对话均用共享密钥加密。用户不用发送密码给 KDC。相反，在进行身份认证时，用户工作站上的 Kerberos 软件会询问密码创建公钥并对来自身份认证服务器的“票据”进行加密。该“票据”包含和预期的应用服务器之间的会话密钥。如果提供的密码错误，则“票据”无法加密且访问请求失败。
- **提供“票据”授权服务（TGS）**——TGS 将在证实用户身份后提供通往相同或其他应用程序的途径，使得认证步骤不必在一天内重复多次。“票据”通常有效期为 1 天或几个小时。

（2）SESAME

欧盟委员会资助研究和开发了多厂商环境下安全的欧洲应用程序系统（SESAME）。SESAME 的开发主要针对克服 Kerberos 的弱点。SESAME 支持 SSO，但和 Kerberos 不同，它同时采用对称密钥和非对称密钥来保护内部交换的数据。它是关于 Kerberos 的一个重要延伸，提供公钥密码系统和基于角色的访问控制能力。

5.6 问责政策与程序

到目前为止，已经学习了用户授权（步骤 1）、身份识别（步骤 2）和身份认证（步骤 3）。现在开始访问控制的最后一个部分：审计。所谓审计，是通过跟踪个人或程序来掌握是谁修改了系统或数据。错误追踪过程对于审计和事件调查非常重要。通常，通过审计界定责任时，应先回答一个问题：我们我们能令用户对他们在系统上的所作所为负责吗？

5.6.1 日志文件

日志文件对责任界定而言是一个关键的要素。日志文件是系统登录的具体细节记录，它反映了登录人员、登录时间及登录后的行为等信息。在早期的计算机应用时代，许多用户共享系统的登录应用。并对用户的使用时间进行计费。此时，日志主要追踪时间信息。当互联网的使用通过时间计费时，日志文件主要由诸如CompuServe 和 AOL 等计算公司使用管理。而如今的网络，其计费方式要么是固定费用，要么 基于流量记费，基于时间的计费形式逐渐消失。日志的使用不仅仅在于计费，它也成为一个检测、保护或监控系统访问的工具。

5.6.2　数据保护、介质处理及遵守的要求

近期的诸多法律要求商业机构应采取措施来保护多种数据类型的安全。健康保险携带和责任法（HIPAA）就是其中的一个实例。另外一个例子是公平准确信用交易法（FACTA）。FACTA 要求任何保存有客户数据、用于商业目的的实体在被丢弃之前都必须将其彻底销毁。

这些法律都要求采取合理的安全措施保护数据隐私。同时，也规定了数据处理、存储和销毁的正确方式。如果不遵守这些法律、法规，入侵者通过简单的翻找公司丢弃的垃圾数据就可以获得敏感信息。

1. 流程

商业机构可以采用不同的访问控制模式来设置各种限制等级，也可以在计算机系统中的不同位置设置不同的访问控制等级。各种访问控制手段联合使用可以为系统提供深度防御保护。深度防御保护使攻击者不得不面对多重安全措施和手段，想要取得攻击成功更加困难。在多重保护地系统中，哪怕攻击者成功的攻破某一种防御措施，他还将面临其他多种安全防御措施。所以安全人员应确保每一个核心资源均处于多重防护中，绝对不能只依赖一种防御手段。

2. 安全控制措施

所谓安全控制措施是指用来规避、阻止或最小化资源遭受攻击风险的机制或手段。安全控制措施有多种类型，基于防护目的不同，这些安全控制措施表现也各不相同。绝大多数商业机构使用多重安全控制措施保护系统免遭各类攻击。表 5-1 罗列出了常用的安全控制措施。

表 5-1　常用的安全控制措施

控制措施类型	具体描述
管理层面	主要包含管理层批准的各种安全策略，所有员工均需遵守。这些策略是第一道安全防御，主要面向它们所负责的用户。例如，密码长度策略。

续表

控制措施类型	具体描述
逻辑/技术层面	主要是关于自动控制和自动执行方面的策略，以降低人为错误为目标。例如，计算机会检测密码是否符合规范。
硬件层面	主要包括检测和验证 ID 的各种设备。例如，网络上的媒体访问控制（MAC）过滤器、进行双重身份认证的智能卡和用作射频识别标签的安全令牌等。在这种情况下，MAC 是硬件地址，可以唯一标识网络节点。此处的媒体访问控制与本章随后讨论的强制访问控制不是一回事。
软件层面	这些控制措施包含在操作系统和应用软件中，包括 NTFS 许可、用户账户登录以及规则限制服务或协议类型，它们通常都属于 ID 验证阶段的一部分。
物理层面	从物理上控制资源访问的设备，包括各种安全手段、员工 ID 卡、围墙和门锁等。

3. 媒质处置要求

现在绝大多数组织机构进行安全防护时将注意力集中在确保安全访问中，却忽略了在已经报废的存储媒质甚至垃圾中仍存在数据的事实。在处理这些报废媒质时防止商业机构的数据泄露非常重要。媒质处置的安全要求可以防止攻击者获得这些涉密文件、存储内容和其他受保护的数据。许多商业机构允许存储媒质再次被使用，但只能是在这些存储媒质从未存储敏感数据的情况下使用。举一个极端的例子，一个曾经存储过核武器计划的存储媒质是绝对不能再次被使用的。如果在丢弃这些存储媒质之前没有及时地清理其中的数据，则会违反法律。

提示：

销毁存储介质（CD 光盘、硬盘、U 盘、DVD 光盘、纸质文档、闪存和其他形式的存储介质）的方法包括撕毁、焚烧或粉碎等。

没有必要坚持从物理上销毁存储媒质，采用消磁器也是一种常用的处理存储媒质的方式。消磁器可以产生一个强大的磁场擦除磁性存储媒质中的数据。一旦数据经过消磁器的处理，则无法再次被恢复。当我们使用消磁器时，磁性材料将被彻底消除，从而无法重建数据。如果媒质存储的信息并非特别敏感，则可以继续采用该存储媒质来存储其他信息。然而，如果媒质存储了非常敏感的数据，则必须进行破坏处理。

另一个无损清除数据的方法是进行数据覆盖。通过重复写入随机字符数据破坏原始数据。如果需要覆盖的数据量非常小且数据覆盖的速度非常快，则该方法是个不错的选择；如果需要覆盖的数据量非常大且设备写入速度很慢，则该方法就不适合用于该环境。

5.7　访问控制形式化模型

在技术控制措施中最常见的是对计算机资源访问保护的措施。绝大多数用户均有账户的访问控制限制。例如，任何输入错误密码的用户将会被拒绝访问。

由于在限制访问各种资源方面存在许多方法，所以参考一些规定的模型有助于设计良好的访问控制措施。目前，有许多种访问控制的形式化模型，包括如下几类：

- **自主访问控制（DAC）**——在 DAC 中，资源的所有者可以决定谁可以进行访问，并可以根据需要修改访问许可权限。资源的所有者可以将权限传递给其他人。
- **强制访问控制（MAC）**——在 MAC 中，访问系统或其他任何资源的许可权限由资源的敏感性和相关安全性水平决定。它不允许权限传递，安全性高于 DAC。
- **非自主访问控制**——非自主访问控制是通过安全管理人员实施监控，而并非通过系统管理人员实现。
- **基于角色的访问控制（RBAC）**——存在一系列由数据所有者制定的角色规则，并通过这些规则来明确用户可以访问哪些资源。

其他还有基于 Biba、Clark-Wilson 和 Bell-La Padula 等模型的访问控制措施。这些模型也详细描述了访问控制技术的使用并能够保护信息的机密性或完整性。

5.7.1　自主访问控制（DAC）

1. 基于 DAC 的操作系统

对于操作系统来说，一个基本的功能就是对文件、存储内容和应用程序等系统资源进行访问控制。对于安全管理人员来说，其主要的工作之一就是设置和维护访问控制策略，并高效地确保合法用户能够访问他们所需要的资源。随着访问控制的建立，既要保证良好的安全效果又要保证高效的访问，兼顾两者对安全管理人员来说是一个挑战。商业机构必须决定设计一种合适的访问控制方式来满足上述需求。这里将介绍在开发访问控制策略时，商业机构必须考虑到的几个关键要素：

- **访问控制模式**——操作系统包含针对个人用户（基于规则）和群体用户（基于角色）的访问控制设置。我们我们需要根据商业机构的规模以及个人或群体的特定需求选择模型。
- **新用户注册**——当有新的用户到商业机构登记注册时，必然要生成一个新的用户账户，这可能需要花费许多时间。然而，只有快速完成该过程，那些新来的人才能开展工作。所以用户注册必须标准化、高效和精确。
- **周期性审核**——随着时间的推移，用户经常会由于需要完成某个特殊的项目或执行某些特殊任务而获得特定访问许可。这些访问许可需要反复审核评估以确保当用户不再需要这些访问许可时，可以随时终止。这样就解决了在遵守规定和审计上面临的难题，即确保用户只能访问其所需要的区域。

责任分解和须知原则

责任分解是将某个大任务分解成一系列由不同的个人完成的单一活动，这些人中每个人仅仅被允许执行整个任务的一部分。这个原则会使人们对各自的工作质量负责，并起到互相监督的作用。责任分解在需要团队共同努力合作完成某个任务时能起到降低单人错误影响的作用。双重控制就是责任分解的例子，例如，开启门上带有两个组合锁的保险箱或导弹控制系统时需要控制台中的钥匙同时转动，这些钥匙一个人无法管理。

需知原则：用于防止人们不用负任何责任即可获得对信息的访问。基于须知原则来提供访问服务能降低非正确处理数据或非正确发布信息的概率。

责任分解和须知原则在下列情况下会失效：

- **互相勾结**——共同工作员工之间互相勾结避开控制措施并互相帮助对方执行非授权的任务。工作轮换可以减低互相勾结的风险。
- **隐蔽通道**——通过隐蔽的方式躲过商业机构的安全策略来获得信息。主要有两种隐蔽通道：时机通道（信号从一台系统传输到另一台时）和存储通道（在未受保护的区域或不恰当的区域进行数据存储）。

2. 基于 DAC 的应用系统

基于 DAC 的应用系统会实现基于内容的访问控制。该应用程序仅对当前的授权用户开放。例如，ATM 机菜单仅向某个特定的合法客户显示各种选项从而实现内容访问限制。我们我们可以基于用户情景或资源内容来使用 DAC 中各种类型的安全控制措施：

- 基于客户情景的系统中，访问控制基于用户在数据记录中被定义的权力。这些数据记录通常会明确对个人赋予一个明确的工作角色或所需承担的任务。
- 基于资源内容的系统中，访问控制是基于数据目录中数据的价值和敏感性设定的权限。该系统会检测被访问数据的内容和允许权限，例如，A 部门的经理只能看与 A 部门相关的雇员个人记录，该记录不会包含 A 部门以外的其他雇员的信息。

3. 许可等级

许可等级指的是某个主体访问系统、应用程序、网络或其他资源的权限。在 DAC 环境中，授权系统采用许可等级来界定哪些客体能够被主体访问。许可等级可以通过如下方式确定：

- **基于用户**——对某个用户的许可授权通常都是针对某个特定的用户。此时，应根据该用户 ID 或其他唯一的身份认证设备进行规则设置。
- **基于 RBAC**——对具有相同或类似工作角色的人统一进行许可授权。
- **基于项目**——当一个团队（例如，项目组）在为某个项目进行工作时，他们通常被授权可以访问和项目相关的文献与数据。
- **基于任务**——基于任务的访问控制限制某个人只能执行某个特定的任务，并且不同任务之间具有互斥性。换而言之，如果某个人执行该任务的其中一部分，则他就不能再执行该任务中的其他部分，这其实就是基于责任分解和须知原则实现的访问控制。

提示：

可信计算机安全评价标准（TCSEC）分别提供了 DAC 和 MAC 的定义。这些定义满足公立和私营机构对信息敏感性保护的需求。在美国国防部的彩虹标准系列中，TCSEC 是一个著名的标准。彩虹系列标准是有关计算机安全标准和指导的合集，分别出版于 20 世纪 80 年代和 90 年代。该系列中每一本书都采用不同颜色的封面，故被称为“彩虹系列”。TCSEC是橙色封面，所以通常被称为橘皮书。在2005年通用标准取代了橘皮书。

4. 强制访问控制（MAC）

强制访问控制（MAC）是另外一种限制资源访问的方法。我们可以根据资源的敏感性等级来决定限制等级。个人必须获得正式授权才能访问敏感信息。安全策略要求用于处理分类信息的系统必须包含MAC策略。也就是说，这些系统必须包含一套规则来规定谁可以访问什么样的信息。

MAC如何工作？

在强制访问控制中，系统和信息持有人联合决定访问许可。信息持有人提供须知的要素。并非所有具有访问权限或对敏感信息具有许可等级的用户需要访问所有敏感信息。该系统将根据Bell-La Padula模型（Bell-La Padula模型将在下一节提及）比对主体和客体标签。基于比对结果，系统或对访问授权或拒绝访问。

时间隔离也是一种常用的实施访问控制的方式，是依据时间进行访问。它首先对客体的敏感等级进行分类，接着仅允许在特定的时间段对这些客体进行访问。时间隔离通常和基于角色的访问控制联合使用。

提示：

敏感等级标签或分类，应被应用到所有客体（资源）中。权力或许可等级标签应被分配给所有主体（用户或程序）。

5. 非自主访问控制

在非自主访问控制中，访问规则并非由系统持有人或持有系统内文件的普通用户来管理，而是由安全管理人员进行严格的管理。

非自主访问控制可以被用于许多操作系统中，它比自主访问控制更加安全，不仅仅依赖于用户对商业机构规章制度的遵守实现。例如，即使用户遵守了完善的文件保护策略，特洛伊木马程序仍可以修改该保护并允许非法访问进入。但是在非自主访问控制下，这种情况则不可能发生。

在非自主访问控制中，安全管理人员具有足够的控制权限来确保被写保护的敏感文件仅有授权用户才能够修改和读取，这样就保证了文件的机密性。由于用户只能运行那些经过检验允许运行的程序，因此病毒（恶意）程序被运行的概率被大大降低。

非自主访问控制可以确保系统的安全性是强制的且防止被修改。如果商业机构需要管理高敏感信息，应考虑采用非自主访问控制。在保护信息的机密性和完整性方面，它比 DAC 更加有用。在此类访问控制中，数据所有者（通常为用户），没有设置访问条件的权力，这就可以使我们享有没有增加管理开销的 MAC 的优势。

6. 基于规则的访问控制

在基于规则的访问控制系统中，系统访问则基于一系列授权规则。数据所有人制定或批准这些规则，然后授予用户某些特定的权力，例如，读、写或执行等。

在基于规则的访问控制中，访问的成功与否取决于数据持有人对我们用户的信任程度。该类型的访问控制使数据持有人的地位远高于系统管理员，它们更喜好技术良好并具有安全意识的用户，而不支持多用户或用户缺乏技术和培训的场景。图 5-3 所示为基于明确规则的访问控制实例。

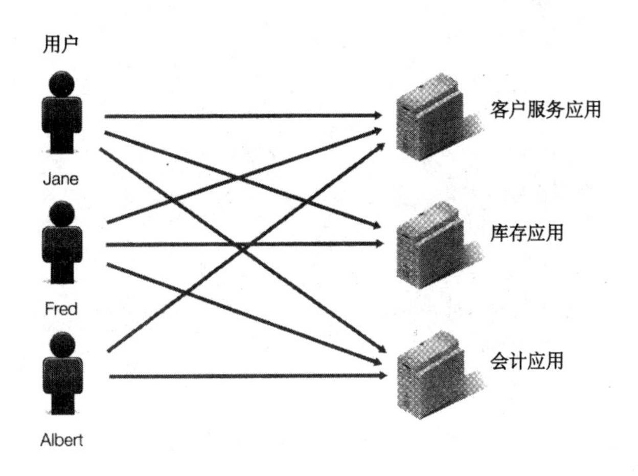

图 5-3　基于规则的访问控制实例

5.7.2　访问控制列表（ACLs）

绝大多数操作系统提供多种选项将列表或权限与客体进行关联。这些列表就是所谓的访问控制列表（ACLs）。不同的操作系统提供不同的可用 ACL 选项，例如，Linux 和 Apple Macs 有读、写和执行等各种许可权限，不同的文件所有人、团队以及全球用户等拥有不同的操作权限。Windows 既设定了共享权限又设定了安全权限，并采用这些可用 ACLs 来定义访问规则。共享许可权限常被用于限制网络获得资源，而安全许可权限则常用于限制本地用户登录获得资源。

- **共享许可权限**——全部操作、可修改、只读和拒绝；
- **安全许可权限**——全部操作、可修改、列出文件夹目录、可读—可执行、只读、可写、特殊和拒绝。

在上述两种许可权限中，拒绝的等级均优先于其他许可权限。

由于具有更多的选项，所以 Windows ACLs 的粒度更细，其控制等级的划分更加细致。图 5-4 显示的是一张访问控制列表（ACLs）实例。

Hal	
用户 Hal 目录	完全控制
用户 Kevin 目录	写
用户 Kara 目录	无法访问
Printer001	执行
Kevin	
用户 Hal 目录	写
用户 Kevin 目录	完全控制
用户 Kara 目录	无法访问
Printer001	无法访问
kara	
用户 Hal 目录	写
用户 Kevin 目录	完全控制
用户 Kara 目录	无法访问
Printer001	执行
Printer002	执行

图 5-4　访问控制列表实例

5.7.3　基于角色的访问控制（RBAC）

另一种访问控制的类型是基于角色的访问控制（RBAC）。RBAC 的策略是根据用户所分配的工作任务来授予访问权限，而安全管理人员则会分别为每个用户指定一条或多条规则。某些操作系统采用团队来代替角色。资源持有者可以决定哪些角色的用户可以访问哪些资源。微软的 Windows 系统采用全局组来管理 RBAC。图 5-5 所示为基于角色的访问控制实例。

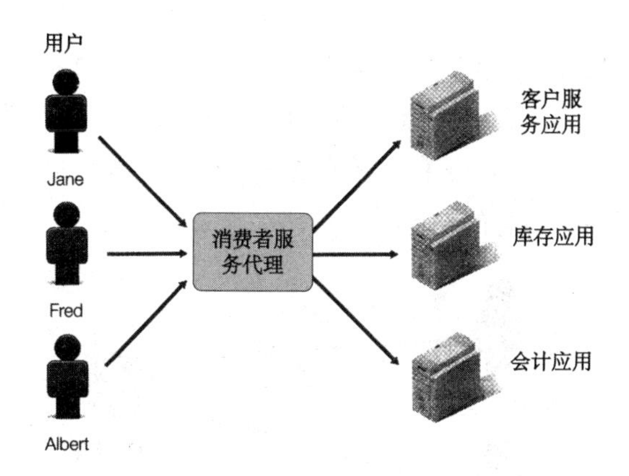

图 5-5　基于角色的访问控制实例

在向某个工作角色分配访问规则之前，必须对商业机构内的各种工作角色进行定义和描述。工作角色的定义、批准、角色分级和约束等过程被称为角色工程。制定一个清晰的适合我们商业机构的角色定义列表是有效执行 RBAC 的关键。而 RBAC 相比其他访问控制方式带来的真正好处在于它有能力呈现整个商业机构的结构，并在整个结构内强制性实施访问策略。

图 5-5 所示为基于角色的访问控制实例。假设 Jane 和 Fred 均可访问库存目录程序，而 Albert 却不行。但是 Albert 也访问了该程序，这里就违反了需知原则。这是由于角色定位不清晰造成的，而角色定位不清晰可能会导致提供的访问权限人数比预期的要多。所以分配工作角色时，应分别考虑每一个用户的工作角色。在 Windows 的“拒绝许可”中可以为每一个工作角色制定单独规则。这就可以降低对 Albert 进行过度授权带来的风险。在很多实际应用中，用户可以被赋予具有类似特权的角色，并被授予高于其需知的访问权限，以便降低管理成本。

5.7.4　基于内容的访问控制策略

顾名思义，基于内容的访问控制就是根据数据所包含的内容来制定访问策略。这要求访问控制机制（即决策程序，属于应用程序部分，不含在操作系统中）通过浏览数据内容来决定访问者是否有权来访问这些数据。相比前期已经了解的访问控制方式，该方法具有更好的访问控制粒度。访问被控制于某个文件的内容的访问级别中，而非简单地控制到文件级别。但是这种访问控制策略由于需要设计特殊的决策程序，会导致成本更高。决策程序使用正在访问对象的信息（例如，记录中的内容），根据一个简单的“如果……那么……”问题来做出决定。例如，“如果是高安全标志，那么要检查用户的安全级别”。例如，部门经理可以访问薪水数据库浏览本部门具体员工的有关数据，但他无权访问其他部门员工的数据。图 5-6 显示了基于内容的访问控制策略如何保护数据。

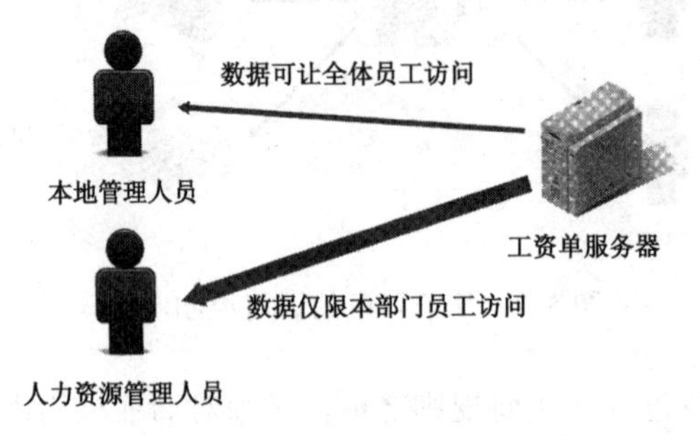

图 5-6　基于内容的访问控制

提示：

信息权限管理（IRM）是保护含有涉密内容文档免受非授权访问的技术。通过 IRM，能够设定该文档的访问权限，规定哪些人可以对该文档进行浏览、修改、打印或拷贝。

IRM 通常用于保护含有金融或保险信息、高级管理层通信信息、专利和规划的文档。

5.7.5　约束用户界面

通过约束用户界面，用户登录后的操作权限和所能使用的系统资源会被两种事物限制，即用户被允许的权限、显示在硬件设备或程序界面上的许可。相关的硬件设备（例如，ATM）或软件（例如，公共访问浏览器）会根据用户权限提供相应的功能、文件或其他资源。这样就通过限制用户访问操作能力来限制用户非授权访问其他资源。例如，某些系统会将不可用功能对应图标标为灰色。限制用户权限包含多种方法：

- **菜单**——让用户远离某些数据的简单的方法就是不让他们知道这些数据的存在。当用户登录的时候，弹出的菜单里的选项不能包含非公开的范围。
- **数据库视图**——也称为基于视图的访问控制（VBAC），该方法经常用在数据库访问控制中。数据库系统会为每个用户创建一幅视图来对其所能查看的数据进行限制。这样，尽管数据库中存在很多其他数据，但是用户仅能访问视图中所规定的相关数据。许多主流数据库也会提供一种将数据库分成若干片区的方法，该方法被称为多租户技术。该技术允许不同的用户群访问同一数据库，但不同用户群之间的数据不能互访。这项技术对于那些采用云计算技术来共享程序和数据的商业机构而言非常重要。

- **物理约束用户界面**——通过用户界面机制向用户呈现有限选项（例如，ATM 机仅提供一定数量可用按钮），这种形式称为物理约束用户界面。
- **加密**——该方法需要用户提供密钥才能获取或阅读系统中所存储的数据，从而对用户进行访问控制。同时，加密技术也对信息内容进行了隐藏，例如，系统卡中用户信息等。

5.7.6 其他访问控制方法

实际应用中，除前述访问控制方法，还有一些重要的访问控制模型。最典型的访问模型包括 Bell-La Padula 模型、Biba Integrity 模型、Clark-Wilson 模型以及 Brewer-Nash 模型。下面将介绍这些模型。

1. Bell-La Padula 模型

Bell-La Padula 模型主要用于用户数据加密以及对机密信息的访问控制。与下一节介绍的 Biba Integrity 模型不同，Bell-La Padula 模型在保护数据机密性方面制定了一系列规则。在该模型中，系统的各个部分被划分为主体和客体，系统的当前条件被描述为状态。该模型会定义一个安全状态，同时保证每个状态转换都能从一个安全状态转换到另外一个安全状态，从而保持整体安全性。该过程确保系统能匹配模型的安全客体。Bell-La Padula 模型建立在一个状态机的概念上，标识网络系统的一组允许状态，从一种状态到另一种状态的转换通过转换函数来定义。

2. Biba Integrity 模型

1977 年，Kenneth J. Biba 基于完整性级别定义了第一个计算机系统完整性模型。Biba Integrity 模型修补了 Bell-La Padula 模型中的漏洞，即 Bell-La Padula 模型仅能用于保护数据的机密性。Biba Integrity 模型由三部分组成：

- 第一部分阐述主体不能阅读那些完整性级别低于主体级别的客体数据。明确了主体仅能读取相同级别或更高级别的客体文件，这是简单完整性规则。

- 第二部分阐述某个主体不能改变具有更高完整性级别的客体。明确了主体仅能修改相同级别或更低级别的客体文件，这是星完整性规则。
- 第三部分阐述某个主体不能要求具有更高完整性级别的主体为其提供服务。明确了主体仅能访问相同级别或更低级别的主体。

3. Clark-Wilson 模型

该模型于 1987 年由 David Clark 和 David Wilson 共同提出。Clark-Wilson 完整性模型主要集中于实现合法用户进入系统后进行非法活动所引起后果的控制。该模型关注内部完整性威胁。这两个方面正是 Biba Integrity 模型不具备的。该模型着眼于软件实现设计功能。这其实是最主要的完整性问题。Clark-Wilson 完整性模型涉及 3 个完整性目标：

- 阻止非授权用户进行篡改（Biba Integrity 模型仅仅实现了该目标）；
- 阻止非授权用户进行非正常篡改；
- 保持系统内部和外部一致性。

Clark-Wilson 完整性模型通过对数据进行约束制定了一套良好交易模式。例如，某个商业销售系统设定某种新的豪华轿车的售价在 40000 美元以上，那么销售人员试图将该车以 4000 美元或 400000 美元进行销售，则该价格无法输入销售系统。这样就保证了内部的一致性。内部的一致性可以确保系统在任何时候都可以按照所设想的情况进行运行。

在 Clark-Wilson 完整性模型中，主体的访问是通过授权批准来进行控制并通过执行程序（良构事务）来完成。这样一来，非授权用户就无法执行该程序（第一完整性规则）。被授权用户可以访问不同的程序并对每个用户所能执行的修改操作进行规定。该模型包含两个重要部分：

- 访问要素——主体、程序和客体联合形成访问三元组合。
- 捆绑方式强制执行执行完整性保护。通过对主体—程序和对程序—客体等要素之间的捆绑强制实现完整性。这样就产生了职责分离，从而确保只有被授权的交易才能进行。

提示：

该模式被认为是一种商业化完整性模型。与早期其他模型不同，早期其他模型开发主要面向军事应用，而该模型的开发主要用于商业贸易。

4. Brewer-Nash 模型

Brewer-Nash 模型的基础是一套于 1989 年提出的数学理论，主要用来确保公平竞争。它应用于动态更改访问权限。该模型在同一个集成数据库中分离每个竞争者数据，以确保用户不能恶意修改其他竞争对手（其他商业机构）的相关数据信息。当多个用户或代理商之间存在利益冲突时，该模型也被用来防止他们之间互相使用数据。

Brewer-Nash 模型通过建立一系列规则在各个被访问客体之间构建一道牢不可破的屏障（Chinese Wall），从而确保主体（访问者）只能发送访问规定给规定的客体，而无法越过该屏障访问其他客体。图 5-7 所示为 Brewer-Nash 模型。该图描述了审计公司对两个存在竞争的银行各自进行审计的过程。其中审计公司对 Gloucester 银行进行审计的审计员只能接触该银行的数据而不能接触另外一个 Norwich 银行的数据。尽管该审计公司对这两个银行都要进行审计，但应在审计公司中进行内部控制来防止对那些可能会产生利益冲突的各个区域互相访问。

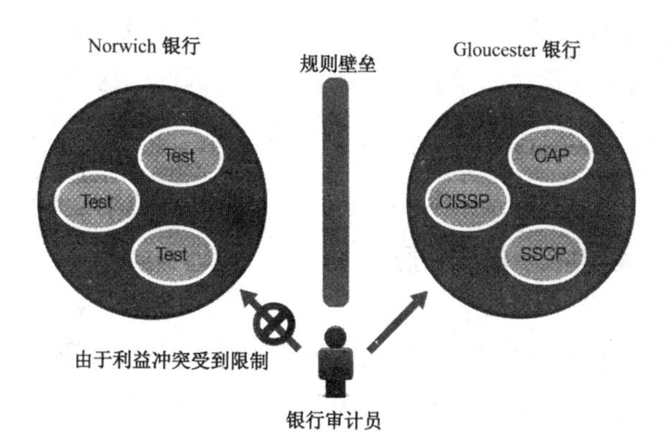

图 5-7　Brewer 和 Nash 模型

Brewer-Nash 模型确保防止产生违背公众利益的行为，也防止人们从非法访问数据中获利。例如，如果用户获准访问某个公司数据，则该公司竞争对手的数据自动对该用户屏蔽。

5.7.7　访问控制中违规后果

无法控制访问权限会给对手带来机会。对手可能是一支军事力量、对竞争情报感兴趣的企业，甚至是我们邻居。违反访问控制规则可能造成下列危害：

- 私人信息泄露；
- 数据中断；
- 商业机密泄露；
- 对设备、人员或系统造成危险；
- 破坏设备；
- 系统和商业流程崩溃；
- 拒绝服务（DoS）。

并非所有后果都相同。有些事故的后果相对其他事故而言更容易被发现。例如，商业机密泄露（包括商业情报）所带来的损失通常在一段时间内看不出来；而数据中断事故一旦出现，其带来的后果则会令数据库和它所备份的数据不可用。因此，数据中断很容易导致系统和业务流程失效。

某些类型攻击生命周期很短暂，但有些类型攻击的生命周期很长。以 DoS 攻击为例，有些类型的 DoS 很快会被发现，并在其引起严重危害之前被阻止；而另外一些类型的 DoS 攻击的生命周期则要长得多，它们可能会对商业贸易和客户产生显著影响，从而导致客户转移他们的商业贸易。因此，这些类型的 DoS 攻击对组织机构而言具有更加严重的危害性。

5.8 访问控制面临的威胁

访问控制面临诸多方面的挑战。本章罗列的威胁条目并不完整，新的威胁随时都在演变进化。例如，在 P2P 网络中用户彼此之间可以共享各自的文件夹，这里就存在风险，有可能造成敏感信息泄露。

诸多手段都可对访问控制进行破坏，主要包括以下手段：

- **获得性物理访问**——如果入侵者已经对某个设备实现了物理访问，则逻辑访问控制基本毫无用处。设备中的数据将全部被复制和盗走。通过物理访问，攻击者会安装按键记录器等软件或硬件，甚至对设备进行破坏。例如，他们可以进行 DoS 攻击。可移动载体（例如，可刻录的 CD 盘、DVD 盘、U 盘或硬盘驱动器）也会产生物理访问风险。这些设备信息很容易被盗取。智能手机和移动终端（例如，数码相机、视频或音频记录器等）同样也存在类似风险。

- **偷窥和窃听**——有时候，涉密人员可能会犯下最低级的失误导致涉密信息被外人看到。涉密人员桌面或屏幕上含有数据的纸质或电子文档不经意间可能对攻击者公开。执行正确的保密政策和保密程序可以防止此类泄密事件发生。
- **绕过安全措施**——任何访问数据的途径都可能存在安全漏洞。开发者可能认为访问途径只有一种，例如，通过网站。但是攻击者很容易绕过这些途径设置的安全措施。信息安全团队必须将各种访问路径考虑周全，例如，攻击者是否可能通过对硬盘的映射或记下维护人员的键盘敲击记录绕过访问控制。
- **利用相关硬件或软件**——攻击者经常试图在他们操控的系统中安装各种不宜被察觉的程序，这些程序甚至可以是特洛伊木马。这使网络管理员或工作站管理员有时无法察觉出系统中存在攻击。
- **重复使用或被丢弃的存储媒介**——攻击者可以从重复使用或被丢弃的媒介中恢复被擦除或被覆盖的信息，所以文档粉碎或物理破坏存储媒介比起简单的抛弃而言更加安全，代价也更低。
- **电子窃听**——攻击者可以在网络电缆上进行搭线窃听，而某些类型的网线能够较好地抵抗电子窃听。例如，光缆的抗窃听能力要优于铜质电缆。但是，无论是哪种类型的网线均无法提供绝对安全的防窃听保护。同时，移动设备和无线访问节点的大量增加和使用大大提高了被窃听的风险。用户如果将他们的移动设备接入不安全的访问节点则很容易成为攻击者的目标。
- **通信截获**——另一种类型的窃听是数据通信的物理截获，也称为嗅探。通过嗅探，攻击者可以获取通信中的数据流。“中间人攻击”中嗅探经常被使用。此时，攻击者将其自身安插于两个通信者（受害者）之间，并在两者之间进行信息转发。而在明面上，攻击者则可以做到让受害者以为他们之间进行的是私人之间的直接对话。而实际上，攻击者完全掌控了整个会话过程。
- **网络访问**——网络中通常含有一些未受保护的连接。许多组织机构在网络建设时往往会预留比它们所需更多的接口（例如，墙上的连接器），当组织机构将来的业务量增加时就允许接入更多的用户。然而，这些未使用的节点通常也直接连接在网络上。入侵者可以接入这些未使用的接口来获得网络访问。同时，随着组织结构增加无线访问节点会导致网络访问风险大幅提升。网络访问越来越方便为合法用户提供便利的同时也为攻击者提供了方便之门。组织机构必须要认真监控和限制所有的网络访问节点。

- **开发应用程序**——许多程序和应用模块都有一个共同的缺点是可能存在缓冲区溢出。当攻击者在输入字段中输入了比预先设定更多的字符时，这种情况就会发生。这样就允许恶意代码可以贯穿于应用程序中。此外，还有其他手段可用来探索开发应用程序的弱点，而且攻击者总是不断地在寻找可以约束、控制应用程序的新方法。

5.9 违反访问控制造成的影响

现在我们已经了解了攻击者突破访问控制的一些手段和方法。但是如果攻击者成功突破访问控制后会发生什么呢？ 访问控制被破坏后会造成什么影响呢？通常访问控制遭到违反后会对机构组织造成如下的危害后果：

- 失去客户信任；
- 丢失商业机会；
- 组织机构被迫要遵守新的法律法规；
- 负面的宣传；
- 更多的监管；
- 经济惩罚。

例如，在 2000 年夏天，Egghead Software 自愿报道出一起数据泄露事件。该公司承认其无法确保客户信用卡信息的安全。行业内的杂志都称赞该公司积极主动，勇于担当责任，但是 Egghead Software 还是宣布破产并于该事件一年之后被 Amazon 公司收购。因为客户已经不再信任该公司发行的信用卡。同时，也讨厌购买 Egghead Software 公司的产品。产业界注意到了这一结果，并引以为戒，所以其他企业不再报道类似事件。最后，政府逐步颁布了一系列新的法律。这些法律迫使各公司揭露自身访问漏洞和缺陷。

2003 年，加州通过一部强制揭露法案，极大影响了那些在加州有业务或与加州居民有关的各公司。该法案保护加州居民的个人身份信息不得被披露和公开。个人身份信息通常指的是可被坏人利用来窃取身份的相关信息。注意，该法案并未保护其他类型的入侵盗窃行为。例如，盗窃知识产权等行为。但是这一新的法案并未阻止违反访问控制的行为。数据泄露仍时常发生并经常登上新闻头条。其中，2012 年中那些最具新闻价值的数据泄露事件发生在纽约州的 Electric and Gas、Global Payment 和 Emory Healthcare 等公司。可见违反访问控制行为影响了许多大公司。

提示：

通过 http://www.csoonline.com/article/221322/co-disclosure-series-data-breach-notification-laws-state-by-state 可以查询美国各个州制定的有关信息披露的相关类似法案。

5.10　集中访问控制与分布式访问控制

所谓集中访问控制是由于单一控制实体（例如，个人、部门或设备）来决定系统和网络访问权限的访问控制方式。这种“集中”方式是指本地集中管理，而并不是指所有网络资源都在本地。网络资源持有者有权决定哪些人可以访问并做哪些事情。管理中心则对网络资源持有者的指令进行支持，并通过认证、授权和注册服务（称为 AAA 服务）强制实现集中认证。

使用 AAA 服务的好处在于：

- 用户账户保存在一个单独的主机中，可以减少管理耗时；
- 不同的访问设备采用相似的格式，有效降低设计错误；
- 所有访问请求均在一个系统内进行处理，有利于合规性审计；
- 由于用户界面的一致性，有效降低了帮助台请求的频度。

提示：

集中访问控制在管理上更加简便，但其缺陷在于，一旦系统崩溃，则没人能进入计算机系统。

1. 三种 AAA 服务类型

在下面的章节，将学习 3 种主流的 AAA 服务器类型。目前，最流行的是 RADIUS、TACACS+以及 DIAMETER。

（1）RADIUS

RADIUS 是目前最流行的 AAA 服务类型。它实际上是使用 2 套配置文件的认证服务器：

- 一个是客户端配置文件，包含客户端地址和交易认证的共享秘密信息；
- 一个是用户配置文件，包含用户身份和认证数据以及连接和授权信息。
- RADIUS 认证过程包含以下步骤：
- 网络访问服务器（NAS）解密用户的 UDP 访问请求；
- NAS 认证来源；
- NAS 根据用户文件验证请求；
- NAS 给出回应，包括允许访问或拒绝访问或要求提供更多信息。

（2）TACACS+

TACACS+是一项工程任务组（IETF）标准，它采用单个配置文件进行：

- 控制服务器操作；
- 定义用户和属性/值对；
- 控制认证和授权流程。

可选择项部分包含操作设定、共享密钥和账户文件名等。TACACS+认证过程包含以下步骤：

- 客户端基于 TCP 协议发送一个带有明文标头的服务请求，该请求中包含用户 ID、密码和共享密钥内容，正文部分则被加密；
- 回复中包含访问允许或访问拒绝，或要求提供包含连接配置的属性/值对。

（3）DIAMETER

DIAMETER 基于 RADIUS。然而，RADIUS 仅工作于高数据流或移动工作站的情况下，而 DIAMETER 没有这些限制。它也可以工作于固定或静态工作站。DIAMETER 由以下部分组成：

- **基本协议**——基本协议定义信息格式、传输、错误报告和所有扩展应用的安全性；
- **扩展**——扩展执行特定类型的认证、授权或账务交易。

DIAMETER 采用用户数据报协议（UDP）。计算机采用 UDP 发送信息（即数据报）给 IP 协议网络中的其他主机。采用 UDP 协议不需要特殊的传输通道或数据路径，存在数据报出现到达顺序错误的风险，所以 UDP 服务在某种程度上不可靠。同时，数据报也存在被复制甚至丢失的可能。UDP 仅仅简单地依赖应用程序来处理数据报，这样可以降低 UDP 的时间和资源占用率，令 UDP 运行更快。这也是 UDP 常被用于流媒体和在线游戏的原因。

DIAMETER 在 P2P 模式而并非客户端/服务器模式下应用 UDP。在 P2P 模式中，用户的硬件设备之间可以直接互相访问，无需集中管理。图 5-8 显示 P2P 模式下计算机之间的连接方式。

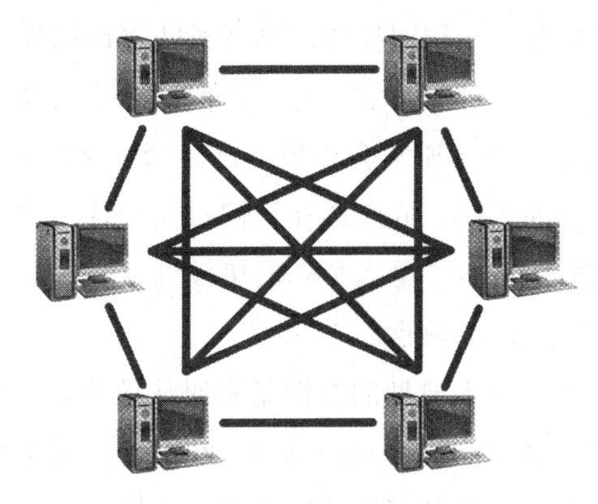

图 5-8　P2P 模式

在客户端/服务器模式中，这个架构是集中式的。对某个客户端而言，要访问某些信息需要连接到服务器进行请求。图 5-9 显示在客户端/服务器模式中计算机的连接方式。

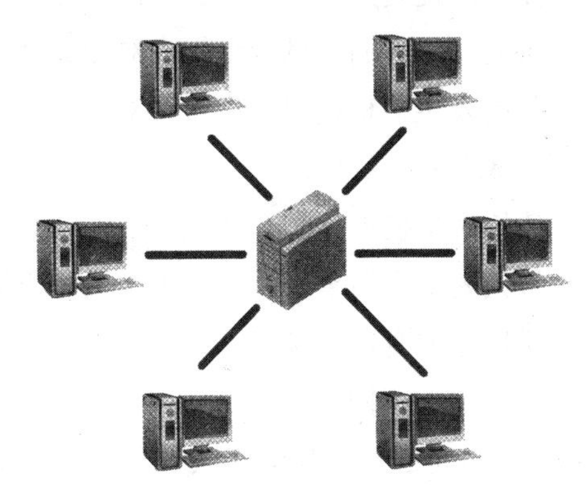

图 5-9　客户端/服务器模式

客户端/服务器模式允许服务器发起请求并在本地处理传输错误，这样可减少提取数据包和网络数据传输的时间，提高工作效率。用户发送的认证请求中包括请求命令、会话 ID 和用户 ID 以及密码。该认证请求会被发送到 NAS。由 NAS 批复用户的认证资格证书。如果认证通过，NAS 会返回一个应答数据报，其中包括针对服务请求的属性/值对。会话 ID 是访问连接的唯一身份信息，这样能够解决 RADIUS 在高密度访问中复制身份信息的问题。

2. 分布式访问控制

另一种访问控制方式是分别在本地机器上处理访问控制决定和进行访问控制管理。这种方式称为分布式访问控制。这就意味着访问控制由人为控制，例如由最靠近系统用户的部门经理等事实。这样访问请求不会被进行集中处理。

一方面，分布式访问控制通常会导致混乱。为什么呢？ 因为这样会导致控制标准不一致和权力上的重叠。同时，在访问控制设计上也可能出现真空地带。另一方面，分布式的方式减少了单点故障的可能性，克服了集中控制主体无法对某些特殊条件做出有效相应的缺点。

在分布式访问控制中一个典型的实例是密码认证协议（PAP），该协议是用明文用户名和密码以及挑战—握手认证协议（CHAP）实现访问控制，该协议通过哈希函数计算密码的哈希值并和挑战数比对，这样可以有效防止攻击者的窃听攻击。

3. 隐私

安全系统实现的关键之一就是对数据隐私的保护。随着对身份窃取逐步重视以及对隐私数据保护关注度的提高，数据隐私保护的一系列法案和标准被提出。个人数据隐私仅仅是其中的一个方面，机构组织也对隐私泄露带来的风险越来越关注。由于担心如下事件的发生，机构组织经常会对其员工进行电子监控：

- 在令人烦恼的诉讼案中界定责任；
- 员工盗窃行为导致的大量损失；
- 员工网购或在线做无关工作的事情而导致生产效率下降。

在工作环境中，电子监控自身会带来隐私安全问题。依赖国家或司法机关的权力界定，员工监控的法律存在不同的广度。

目前，对于员工而言，主流的想法是应尊重其合理的隐私。它包含两层含义：

- 他们确实客观存在隐私要求；
- 这些客观的隐私要求合理。

以上元素缺一不可，否则无法建立保护权益。某个员工期望某些隐私得到保护（例如，保护电子邮件隐私，他的老板不得违法去窥探其中的隐私）。但是，如果公司已经通知员工利用公司内部网络发送电子邮件会被监控，则员工也不能再要求所谓的“隐私保护”。换而言之，一旦公司对其网络区域声明主权要求，则它的员工在该网络域中就没有隐私保护的权利。

公司必须向其员工明确相关政策，令员工明白可以做哪些事情、哪些行为会被监控。然而，在诸多事例中，员工在使用企业系统时均没有期望更多的隐私保护权利。组织可接受使用政策（AUP）是一个重要文件，该文件对诸多事项权利设定了合适的期望值，其中包括隐私。

我们也可以进行相关提示。例如，可以使用登录提示。登录提示是一个消息组，可以用来向系统或设备用户提供合法权利的通知。它经常被用在系统和设备上，用来提示如下信息：

- 员工同意被监控；
- 员工意识到不当使用账户时可能存在相应的惩罚；
- 员工同意其存储的文件和记录被检索。

登录提示的使用可以合法地降低员工在使用公司系统时关于隐私保护方面的期望值。

4．工作监控

美国管理协会（AMA）在 2001 年发布一个名为“工作中的监控和监视”的报告。报告中指出在美国超过 3/4（77.7%）的主要大公司会记录和观察员工在工作中的通信和行为，包括电话、电子邮件、网络连接和计算机文件等。

工作监控包括但不局限于以下方面：

- 查阅信件或电子邮件；
- 采用自动软件检查电子邮件；
- 检查电话注册地或通话记录；
- 检查网站浏览记录；
- 从贷款机构获取信息；
- 从销售终端搜集信息；
- 通过闭路监控记录员工行为。

公司老板通过监控员工来检查员工的工作数量和质量。公司老板对员工的行为负有责任，所以必须确保员工的行为恰当。

为了让员工能够理解监控行为，公司老板通常会制定明确的行为规范和政策。而员工必须明确，如果其没有遵守这样的政策将会被处罚。

5．云计算

目前，企业发展的一个最主流的趋势是将各企业之间提供的服务共享到计算环境当中。云计算就是这种将应用计算服务运用于整个网络环境的具体实践。这些计算服务可以位于商业机构网络中，也可由其他网络的服务器提供。根据不同的用户环境，目前开发了许多云模型。云服务通常具有下列类型：

- 私有云——所有提供服务的硬件和软件，包括网络基础架构，均由某个公司组织单独运行。这些组成部分既可以由该商业机构进行管理，也可以由第三方供应商进行管理。网络实际架构既可位于公司网络内部，也可以在外部。
- 社区云——这种云的基础架构可以为多家商业机构提供服务。个公司之间共享云环境并根据其自身的需要进行使用。该基础架构既可以由其中某个公司进行管理，也可以由第三方进行管理。
- 公共云——这种云的基础架构可供互相之间无业务关联的商业机构或个人共同使用。公共云面向公众开放并由第三方服务提供商进行管 理。
- 混合云——这种云的基础架构通常包含多种云，包括私有、社区和公共云。混合云用于扩展许多环境的限制。它通常通过在各个架构和分段中分发任务来实现负载平衡和服务能力快速恢复。

在最通常的情况下，一个云服务提供商（CSP）支持许多基于机架式服务器的数据中心。每个服务器运行多个虚拟机，并能同时为许多客户终端提供服务。CSPs 可以为整个网络上的客户提供许多不同的服务。通常云服务包括：

- 基础设施即服务（IaaS）——IaaS 可以为用户提供实体或虚拟机访问。用户自身必须选择和安装操作系统。同时他们可以全方位地管理机器，就像在本地使用计算机一样。
- 平台即服务（PaaS）——PaaS 则为用户提供可以运行任何主流操作系统的实际机或虚拟机访问服务。与 IaaS 不同，在 PaaS 中，CSP 管理操作系统和基础硬件。用户通过连接云中的虚拟服务器来代替连接本地服务器。一旦连接建立，用户处理云中的事务就如同在其他计算机上处理事务。用户像在本地数据中心那样安装和运行所需要的软件。

- 软件即服务（SaaS）——在 SaaS 模式中，用户从云客户端访问软件。而云客户端最基本的类型就是 Web 浏览器。此时，用户不需要安装和管理任何软件。他们都必须连接到一个正确的服务器上并像在本地网络上那样运行使用软件。SaaS 中一些流行的例子包括 Google Apps、Microsoft Office 365 和 SalesForce。
- 云服务有很多优势，这种优势主要来源于对成本的节约。典型的优势包括：
- 不再需要维持数据中心——CSP 会维持多个数据中心并处理所有数据流和服务细节，以令服务可以延伸至因特网的每个角落。
- 不再需要维持一个灾难恢复节点——由于 CSP 会在多个节点上提供服务和数据，所以云中会有多重数据备份并长期有效。
- 外包履行责任和连带责任——所有客户端都必须能访问互联网。CSP 有责任确保履行合同中规定的每项工作。
- 按照需求提供服务——云用户可以根据需要提高或减低他们购买的计算能力和存储空间。这样可以为商业机构节省大量花费在维持无用的硬件上的资金。这也意味着商业机构在不必要购买和安装新服务器的前提下对更高的需求做出响应。

当然，云计算也有其自身的缺点。例如，商业机构之外的移动服务会造成全部环境可控上的困难。云的缺点主要包括如下几方面：

- 在保护私人数据方面存在巨大的困难——云中存储的数据更加容易访问——对于授权用户和攻击者而言一样容易访问云中的数据。云环境通常可信性较低。数据所有者必须采取额外的防护措施来确保访问控制能足够保护它们的数据。
- 在私人数据泄露方面存在巨大风险——云计算的一个优势是 CSP 可以确保数据长期有效可用。实现这样目的的一个途径是将这些数据备份到不同节点。私人数据每备份一次就会增加一次数据泄露给非法用户的风险。
- 在连续网络访问方面提出更高的要求——访问云服务依赖于网络的连接。这 就意味着用户如果不具备快速或可信赖的网络，进行云服务访问就存在困难。不具备可信赖网络的用户和移动用户最关心的就是此类网络连接的问题。
- 对供应商以外的第三方的信任提出更高的要求——将私人数据交给 CSP 是建立在对服务提供商具有一定信任度的基础上。可是持有敏感数据的可信第三方也有可能违反某些法律、法规或设备供应商的要求。在将数据 上传到云之前，必须根据外部需求仔细检查核对所有限制和约束条件。虽然最安全的策略是将云看成一种非可信的环境，但最终还是必须对 CSP 具备最基本的信任。

目前，组织机构面临的最大难题是在云中如何保证私人数据的安全性，其中最主要的难点在于数据从可信赖的公司内部网络传输到非可信的云环境中如何确保数据安全。由于用户可以自由连接云服务，那么由谁对身份验证、认证和授权负责呢？云安全联盟（CSA）作为一个非营利组织，他们的一个任务就是促进安全使用云计算的最佳实践。CSA 已经发布了一个关于云安全的指导“云计算关键领域安全指南 V2.1”，该报告关于云计算的挑战描述如下：

“目前，IT 行业中，企业应用云计算面临的最大挑战是身份管理和访问控制。现在某个公司在缺乏好的身份和访问管理战略的情况下开展了诸多云计算服务，但从长远来看，要实现按需服务的战略性应用，还必须将公司的身份服务延伸到云里。”

云环境下的访问控制管理不是一件容易的事情。研究人员目前正在研究新的途径来减轻商业机构的负担。现在，最好的方式就是延伸扩展本章节中已经学习到的相关概念到云计算中。某些访问控制方式可以被应用到云环境中。最重要的原则是坚持纵深防御战略，绝不能仅仅依靠单个访问控制方式来保护资源。

本章小结

在本章中，我们了解到访问控制可以实现对网络资源访问的许可或拒绝。商业机构通常会采用访问控制来管理员工完成权限内的事情。所谓访问控制是指明确用户在访问权限内能做什么、能访问哪些资源、可以执行哪些操作等。访问控制系统应用了多种技术，包括密码、硬件令牌、生物特征以及证书等。既可以对物理实体（例如，建筑或房间）进行访问授权，也可以对信息系统进行访问授权。

我们了解到访问控制的四个组成部分，即授权、身份识别、身份认证和审计，这四个部分构成了一个完整的访问控制过程。同时，它们可以被分成两个阶段，即策略制定阶段和策略执行阶段。通过学习，我们了解到如何确定访问者的访问权限、如何基于上一阶段的身份认证权限对访问进行授权或拒绝。同时，我们也了解到访问控制的常规模型、访问控制方法以及违反访问控制策略带来的危害和影响。

Chapter 6 第6章 安全运营和管理

安全专业人员必须理解安全操作和管理如何为可靠的安全程序实现提供支撑。安全专业人士的角色与教练相似，与团队成员合作，在确定参与者、资产的优势与劣势的情况下保护组织的资源，努力赢得这场“攻防较量”是他们的目的。他们的“对手”是那些未经授权的用户，这些用户试图窃取数据和使用这些数据来对付我们。

作为一名教练，应该有一个对手无法掌握的策略手册，还需要确保策略遵守行业的规章制度。为了迎接挑战，必须教育和训练参与者，教给他们所需的技能，能将他们整合进行协同工作，并在较量中获胜。

如果我们成功了，组织将会像冠军队一样顺利地运行，每个人都了解自己的任务并且知道如何协同完成任务。如果失败了，我们团队将出现困惑，每个成员均各自为战，并对结果毫不关心。正如所料，接下来组织机构的信息将落入竞争对手中。商业秘密将不再保密，组织机构将花费大量的金钱来修补这些漏洞，团队成员有可能会被“打入冷宫”或直接被开除。

在本课中，将学习建立强大的安全管理团队所需的技能。

6.1 安全管理

组织中的安全管理团队指的是负责计划、设计、实施和监控组织机构安全计划的一组人员。在安全管理团队组建之前，组织机构必须先明确它拥有的信息资产对其登记造册。之后，将具体的责任分工明确到个人或某个具体的岗位。一旦获得组织机构资产清单并责任到人后，即可组建安全管理团队。随后团队将确定每个资产的敏感性，以便它可以计划如何保护它们。

6.1.1　控制访问

组织机构的安全管理团队的主要任务就是对系统和资源进行访问控制。访问控制包含以下四个方面：

- **识别**——用户声称他们是谁；
- **认证**——证实用户的声称真假；
- **授权**——允许合法用户或程序进入系统；
- **审计**——追踪和记录合法用户、非法用户访问系统时的行为。

安全管理团队从上述四个方面着手确定最佳的安全控制方案，从而保护组织机构的资源。

6.1.2　文档、程序和准则

安全管理团队负责计划、设计、实施和监控组织机构的安全计划。对于安全管理团队而言，需要几种类型的文档，确保其做出最佳的资产安全保护决策。

最常见的文档包括以下内容：

- **敏感资产清单**——资产清单中罗列哪些资产需要采取措施进行保护。这个目录清单可能包含计算机、网络组件、数据库、文档及其他具有被攻击价值的资产。
- **组织机构安全程序**——如何完成好工作的？
- **安全负责人权力**——安全负责人有权处理哪些资产？如何处理？
- **组织机构的工作策略、工作流程和工作准则**——哪些信息需要进行通信交换？如何通信？何时通信？

安全管理小组会将所有需要的文档像拼图一样放在一起，以确保遵守规定的政策。组织机构必须遵守两级规则：

- **遵守法律法规**——组织机构必须遵守法律和政府规定。
- **遵守组织规定**——组织机构必须遵守其行业内自身的政策、审查标准、文化和标准。

安全管理团队的文档、程序以及准则往往集中在法规的遵守及监督上，他们必须确保组织机构遵守各项法律、法规。

6.1.3 灾难评估和恢复

安全管理团队的责任中包含了处理影响我们计算机和网络的事件。这些事件包括意外事件、灾难和其他中断事件。安全管理小组会组成一个意外事件响应小组来处理这些安全事件。该小组由专职负责意外事件响应和调查安全漏洞的人员组成。另外一支由安全管理团队管制的小组称为应急事件处置小组。该小组主要负责在自然灾害、设备失效以及其他潜在紧急情况下对敏感数据的保护。

虽然意外事件响应小组、应急事件处置小组和系统管理员会尽最大努力完成工作，但是所有系统都有可能发生故障或受到攻击，安全管理团队需确保组织机构对任何不利事件发生时均能做出快速和有效的反应。

6.1.4 安全外包

许多组织机构通过外部公司来实施安全监控和分析。这意味着我们需要监控外包公司的工作。同时，在处理意外事件时，我们不得不和外包公司合作。这种方式既有优点，也有缺点。

- **优点**：一个安全管理公司由于长期关注于安全领域往往拥有高水平的专家团队，简单而言，它拥有普通公司没有的安全专家和安全经验。
- **缺点**：首先，外包公司对我们组织机构了解不够，　　有关组织机构行业内的知识。其次，通过安全外包，我们自己的安全能力或安全人才无法发展，长此以往就需要不断为安全问题买单。

关于外包的思考

安全管理小组必须与外包公司密切合作，从而确保双方都能同意特定的安全要求。任何组织机构最不愿意看到的事就是在灾难发生后发现没有针对特定灾难的响应计划。与此相关的协议是服务等级协议（SLA）。它是公司和外包公司之间签署的一份正式合同，该合同详细规定了外包服务公司所应提供的具体服务内容。

在 SLA 中，可包含以下具体服务事例：

- 如何以及何时沟通潜在的安全违规行为（问题）；
- 如何报告日志和事件；
- 机密数据的处理方式是什么；
- 安全系统正常运行时间要求是什么（例如，可以要求所有核心安全系统有

99.99%的可靠率）。

SLA 需要同时表达出合同双方的想法，满足双方的要求。安全管理团队中的每个成员必须全面分析所在部门的风险。任何未知的风险均有可能造成组织机构数据丢失等，从而造成一系列经济损失。这就好比维护一辆汽车，定期更换机油的花费比更换发动机的吹头垫片少得多，维护引擎总比维修引擎来的便宜。

6.2　遵守规则

公司的安全策略为如何实现安全行为和开展安全的活动定下了基调，并强调必须遵守相关规则、规范。可以从交通法规的角度看安全政策。交通法规能够一定程度上维持道路秩序和安全。如果这些交通法规没有被强制执行，则道路环境将变得很危险。对于信息安全政策而言，也并无不同，如果它不能被强制执行，也将收不到好的效果。这时就需要我们引入规则遵从性原则。当相关政策被要求强制执行时，各组织机构必须遵守它。确保规则被遵守借助于以下三个手段：

- 安全事件日志；
- 合规联络；
- 补救措施。

6.2.1　安全事件日志

安全事件日志是操作系统或应用软件自动产生的数据记录。安全事件日志记录了哪个用户在何时访问哪些系统或资源。安全事件日志与图书馆图书登记跟踪系统类似，当一本书延迟归还或丢失时，图书馆通过查找该书记录可以判定谁最后接触了该书。当公司发生违反信息安全事件时，安全事件日志有助于判定系统在何时发生了什么事情，能帮助我们明确罪魁祸首、修复问题。

6.2.2　合规联络

随着组织机构和相关安全政策变得庞大而复杂，时刻遵守安全政策变得更加困难。合规联络能够确保所有人员都能注意并遵守公司的相关规范政策。公司内部不同部门可能有不同的安全理念和需求。各部门之间的合规联络可以确保每个部门理解、执行和监控公司安全政策。合规联络也能帮助各部门理解在它们的日常工作中如何遵守信息安全规则。

6.2.3 补救措施

消除漏洞可以降低计算机和网络遭受攻击的风险。在某些情况下，最佳的方案是阻止入侵并拒绝其访问；而在其他情况下，消除漏洞则是一个不错的选择。补救措施包括修复损坏或有缺陷的东西。对于计算机系统而言，补救措施往往指的是修复安全漏洞。

当然，不同问题紧迫性不同。面对风险不同的问题，首先应当修复高风险问题。在可能的情况下，最佳的选择是将所有漏洞全部消除。如果，无法有效地清除漏洞，接下来最佳的步骤是让攻击者无法利用这个漏洞。让攻击者无法利用漏洞的方法是采用访问控制。这些方式均为了确保攻击者无法成功实施攻击。在实际工作中，应当不断设计相关安全策略以保护资产免受攻击。遵守对于确保系统安全规则极其重要。

6.3 职业道德

安全专业人员最重要的工作之一就是要带头遵守职业道德规范。如果这种带头作用不被信任，则其他人也不会遵守相关规则。每个受人尊敬的职业都有自己的职业道德规范和行为准则。遵守这些规范和准则有助于专业的从业者获得尊重。在这方面，安全专业与其他专业并无不同。安全专业人士有明确的道德规范来控制他们的行为，这一点非常重要。（ISC）^{2} 提供了一套固定的职业道德指导方针。然而，除非我们承认并实践它们，否则职业道德指导方针无效。下面是一些实践职业道德的提示：

- **以身作则**——在日常行为中严格遵守职业道德。用户听从我们安全专业人员指导，如果我们对待职业道德严肃认真，则用户对职业道德也会是严肃认真。
- **鼓励采用职业道德指导和标准**——安全专业人员必须了解他们的职业道德底线在哪里并以身作则去遵守。这往往意味着需要好的标准指导组织机构树立职业道德，从而帮助员工树立道德心和责任感。
- **通过安全意识培训影响用户**——确保用户意识到并理解道德责任。

6.3.1　道德的常见谬误

仅仅简单列出道德规范条目是不够的。对于安全专业人员而言，每天践行职业道德才重要。坚持道德规范的第一步就是要了解计算机用户最常见导致不道德行为的错误想法，这些想法常见的有：

- 某些用户认为计算机本身就应该防止被别人滥用，如果他们能实现非授权访问，则错在组织机构，而非他们自身。
- 某些用户认为在某些法律体系中，作为言论自由或表达自由的一种形式，他们有权探索安全漏洞。
- 某些用户认为他们的行为仅会造成极小的危害，而且这种危害不会影响任何人。
- 某些用户认为，如果他容易闯入系统，那么他必然有权利开展任何行动。
- 某些用户认为如果黑客的行为没有危害，那么这种黑客就不是坏人；他们认为如果他们通过黑客技术侵入系统并没有以金钱或其他营利为目的，就不算犯罪。
- 某些用户信息必须是自由、免费的，他们认为进入他人的系统浏览获得信息没有问题。

6.3.2　道德规范

一份道德规范有助于确保职业标准。在信息安全方面有许多已出版的道德守则，其中最重要的是（ISC）^{2} 道德规范。我们也会学习到来自因特网架构委员会（IAB）发表的声明，该声明解释了 IAB 所认可的职业道德行为。

1.（ISC）^{2} 道德规范

在进行 CISSCP 资格认证考试之前，考试管理机构会要求签署一份遵守以下规范的声明。我们不仅仅去阅读规范，还应理解它，并要在以后的工作中贯彻它："社会的安全和福利以及共同的利益、本人和每个人彼此的义务，要求我们坚持最高道德标准的行为。严格遵守此规范是获得认证的一个条件。"

（ISC）^{2} 道德规范条款具有优先权顺序，并非所有条款都能一起使用。甚至在特定情况下，它们之间可能互相矛盾。所以，当我们在工作遇到道德挑战时，要记得它们的优先顺序。

"保护社会、共同利益、必要的公众信任和隐私以及基础架构。"

“诚实、公正、负责、合法地行事。”

“为个人提供周到的、称职的服务。”

“发展和保护职业。”

2. 因特网特架构委员会（IAB）政策声明

IAB 提出了一个不道德和不可接受的行为目录清单。在 1989 年，IAB 出版了一个关于互联网职业道德政策声明，该文献的名字是 RFC1087。尽管它是互联网使用方面最早的声明之一，但放在今天仍然适用。RFC1087 阐述了以下行为是不道德和不可接受的：

“寻找方法以非授权方式访问互联网资源”

“有意中断互联网的使用”

“各种浪费资源（人力、计算机、网络）的行为”

“破坏以计算机为基础的信息完整性”

“损害用户隐私”

“进行互联网范围内实验时产生疏忽”

该文献的核心观点是：访问互联网是特权而非权利。

3. 专业要求

在很多专业中，规则、规范都强制要求专业人员必须遵守职业道德。这些规则可以源于各种认证机构。如果我们违反规则，就有失去执照或认证的风险。

在其他情况下，法律、法规也对的行为道德提出了要求。例如，经济合作与发展组织（OECD）是一个有 30 多个成员国组成的组织机构。它的目标是经济的合作与发展。在 20 世纪 80 年代，它制定了保护个人隐私的 8 项基本原则。这些原则已经构成了许多隐私权立法的基础。这些原则叙述如下：

- 机构只搜集需要的信息；
- 机构不能随意公开信息；
- 机构应及时更新信息；
- 机构使用该信息的目的应当与搜集该信息时的目的一致；
- 当信息不再需要时，机构应恰当地销毁该信息。

6.3.3 人员安全原则

所有确保系统安全的技术方案都可以进行设计实现，但人的因素则是最大的挑战。可能会感到惊讶，员工进行一点点安全教育后可以获得很大效果。如果我们的员工知道安全风险会对自己和组织造成伤害，他们将更愿意帮助我们执行严格的安全策略。

了解一个用户应该做什么、不应该做什么十分重要。最好的方法是建立明确的工作描述、工作角色和岗位职责。当我们知道人们应该做什么的时候，更容易识别他们不应该进行的活动。而当工作角色或岗位职责模糊不清时，员工的角色或责任是模糊的，那就难以标记坏的行为。这意味着他们更有可能从坏的事件中逃脱。

最大限度地减少对信息和资产的访问是一个重要的安全控制措施。前面已经了解了有关人员安全的概念，这些概念非常重要。对于任何安全概念是否认真对待，将直接影响到每个人。在我们组织机构中，人才是最重要的资产，确保让他们知道如何能够为组织机构安全贡献力量非常重要。

1. 限制访问

在决定如何对用户进行访问授权时，其核心概念之一就是限制访问，其中心思想是仅对用户完成其工作所必需的访问进行授权，即最小授权原则。该原则必须持续执行，否则，我们面临非授权用户非法访问的风险将大大增加。例如，脆弱的访问控制有可能允许售货员查看员工的工资。

需知原则是与最小特权原则相关的另一个概念，它阐述了人们仅仅能够访问与他们工作需要相关的信息，不考虑涉密的级别。尽管某个用户可能拥有最高级涉密安全级别，但并不意味着他能访问所有最高级别的秘密信息，他仍旧只能访问与其工作需要相关的信息。

2. 职责分离

职责分离将任务分解为不同用户必须执行的子项。这意味着在没有其他用户的帮助或批准情况下，单个用户无法执行关键任务。换句话说，如果某个用户想侵害系统，也必须得到其他用户帮助。这样，即使有阴谋，也很难组织和隐藏。例如，职责分离有助于防止员工创建新的供应商并将支票签给该供应商，这可以有效防止以下行为：员工在工作系统中为 acme 咨询开立银行账户，在系统中再建立一个名为 acme 咨询的新供应商，然后为 acme 咨询公司开一张 1000 美元的支票。

3. 工作轮换

减少人为因素带给组织机构安全风险的另一个途径是采用工作轮换机制。使员工在不同的系统或职责之间轮换，从而减小风险。这可以防止某几个雇员合谋实施诈骗。这也让管理者可以跟踪被授权用户的访问时间和访问行为。如果其他安全措施失效，在造成更大危害之前，工作轮换机制也能提供一次发现安全漏洞的机会。由于众多员工学习多个特定工作的技能，工作轮换还提供了训练有素的备份。

4. 强制休假

与工作轮换非常相似，强制休假也为检查欺诈行为提供机会。当用户处于休假状态，应暂停他们对系统的访问，从而防止他们在家工作。因为在那里他们可能试图掩盖自己的行踪。根据美国银行规定，某些银行雇员必须要有连续两周的休假。直到最近，法律仍禁止管理人员让这些休假的雇员接触与工作有关的事项。但该规则已经放宽，允许休假员工对系统进行只读访问，以便至少能够让他们进行电子邮件通信。然而，他们在度假时仍然不能参加与工作相关的活动。

5. 安全训练

在建立稳定的安全防护方面，人的因素非常重要。我们能采用的最佳安全控制措施之一是进行安全培训和意识培养。安全培训有助于获得所有员工的支持，他们将成为安全的倡导者，并遵守与他们的工作相关的政策。他们将小心谨慎地处理安全漏洞。我们在应按规定的时间为员工进行反复培训。这种重复的培训将更新他们的知识面并不断提醒他们安全的重要性。受过良好训练的人员能区别对待安全的环境和充满攻击、错误的环境。每个员工都应该注意组织机构的安全威胁，尤其来自人为因素的安全威胁。这些威胁包括流氓软件、选择弱密码和网络钓鱼攻击。上述这类技术之所以会造成威胁，通常由于许多组织机构并未对员工进行重要性认知培训造成。弱密码会对个人和商业信息的安全造成威胁，通常会要求用户采用强密码。

6. 安全意识

一个安全意识计划应该提出安全策略的要求和预期。这些安全策略需要实践并为安全控制提供权限，它是最好的防御形式之一。如果员工意识到它是强制性策略，则更有可能遵守安全控制措施。另外，除了解释安全政策中每个部分的必要性，安全意识计划还应该解释违反策略应受的处罚。安全意识培养计划不同于正式的培训计划。由于绝大多数用户对什么是安全和安全的必要性并不了解，此时，可以采用有意识培养计划——包括张贴宣传画、通过电子邮件的方式与员工进行沟通等方式进行，其他方式如下：

- 向用户讲授安全目标；
- 告知用户安全方面的发展趋势和威胁；
- 督促用户遵守安全政策。

公司的员工通常都想尽力为公司做事。然而，当安全措施使他们的生产率下降时，他们通常会选择绕过安全措施更快地完成工作。例如，假设一名叫 Bob 的雇员，在家过周末时接到来自另一个雇员 Sue 的办公室电话。Sue 说她为了完成某个项目需要用 Bob 的密码来打开某个文件或系统。无论我们平时如何经常提醒与他人分享密码的风险，但在此情形下，绝大多人都会将密码说出来。所以主要工作就在于加强遵守安全策略的重要性意识的培养。此外，让员工既保持生产效率，又保持很高的安全水平也是我们的工作。因此我们可以记下不遵守安全策略的员工信息，并设计应对方案在员工培训环节实施。例如，可以这么问：当××事情发生时，我们如何处理？搜集到的信息可以帮助我们确认意识培养计划中存在的漏洞和缺点，并能根据搜集的信息改进计划。

7. 社会工程

在计算机系统中最流行的攻击类型之一是社会工程。社会工程学是通过欺骗人或利用人的弱点来绕过安全控制措施的方法。因为绝大多数人都愿意去帮助他人，所以攻击者说服有系统访问权的人做他或她不应该做的事情并不难。这就是信息系统安全最关键领域之一。由于我们对越来越多的员工开放授权访问系统和数据，安全漏洞的风险也在上升。技术措施无法阻止合法授权用户通过电话方式向非授权用户传递敏感数据信息。规避社会工程学的最佳方法就是确保通过培训令大家认识它，并知道如何处理这种攻击。在我们的安全培训内容中应包括社会工程学攻击中使用的最普遍的方式：

- **恐吓**——利用威胁或骚扰来恐吓他人获取信息。
- **冒充**——打着经理或上级的旗号来说服另一个具有更高权限的人去访问信息。
- **请求帮助**——利用别人的同情心或对某个苦难的理解。这种情感上诉求的目的是绕过常规的程序或获得特殊的关照。如果再配合某些激励手段（例如，红利回报），这种社会工程就会十分奏效。例如，在骗局中骗子承诺如果我们能帮他将钱转给某个不幸的人，他将付给我们报酬。这种类型的感情诉求每年都愚弄了许多人。

- **钓鱼**——属于社会工程学中的技术活。在钓鱼攻击中，骗子会建立一个包含有某个知名组织机构产品信息的电子邮件或网页。骗子的目的就是让我们相信这是来自知名公司的邮件或网页，并在其中填写敏感个人信息。骗子就可以利用这些敏感个人信息获得访问金融信息权限或窃取我们的身份。钓鱼攻击也会采用问讯调查模式，诱使我们回答问题以获得敏感信息。

6.4 IT 安全政策基础结构

每个公司都运行在复杂的综合关系中，这种综合关系由各种法律机制、需求、竞争者和合作伙伴组合而成。另外，员工士气、劳动关系、生产率、成本和现金流也影响组织机构运行。在这种环境中，管理层必须发布全局安全声明和指导。从安全团队的角度出发，一个安全计划应通过各种政策及其支持要素（例如，标准、程序、底线和指导方针）来满足其指导性要求。图 6-1 显示了安全政策环境的各个要素。

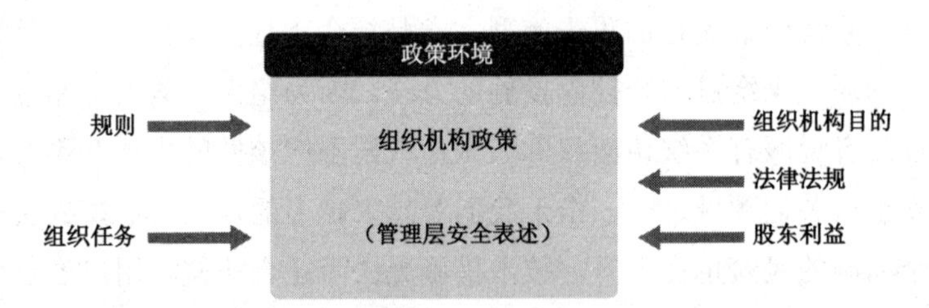

图 6-1　安全政策环境的各个要素

每一个要素都有特殊的安全专业需求，这些需求将及　服从监视、安全意识、培训、访问控制、隐私、事件响应、日志分析等。

安全政策决定了组织机构的基调和文化。安全专业人员经常需要应用政策。因此，必须详细理解组织机构的安全政策。该政策重要性和发展方向的高层次表述。组织机构安全政策通过各种标准、基准、程序和指导方针来具体执行。

安全专业人员为这些要素提供支持。这些支持包括向员工通报政策、培训和执法监督等。在任何的更新或更改中安全专业人员都有一个角色。图 6-2 显示了一个典型的安全政策层级。

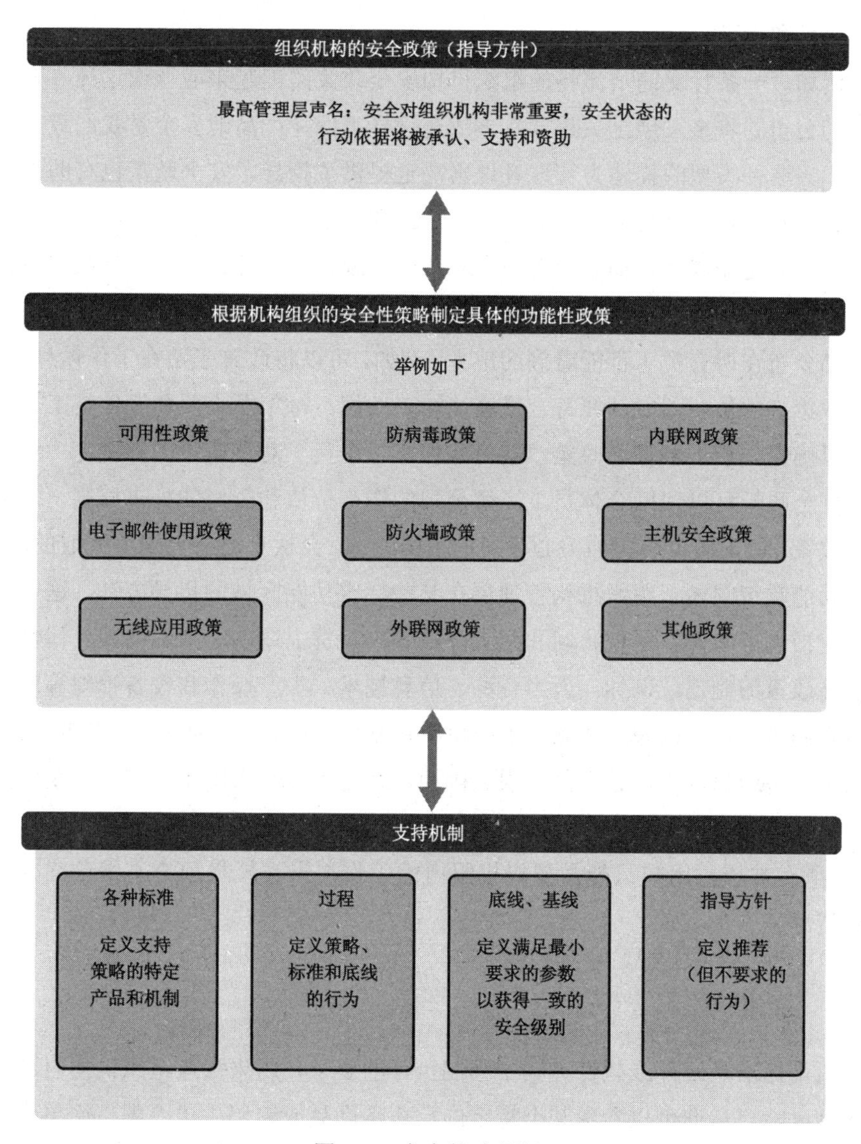

图 6-2　安全策略层级

6.4.1　政策

正式成文的安全政策体现了管理层的目标和意图。这些政策详细解释了公司的安全需求和满足这些需求所需承担的义务。一个安全政策应行文简单明了，阅读起来应该像是一份对关键事情的简短总结。如果政策行文过于复杂，管理层将难以接受和批准。

例如，一条行文简洁流畅的组织机构安全政策阅读起来应该像这样“安全对于我们公司的将来发展至关重要”，或是这样“保障产品的安全是我们最重要的任务”。这种类型的描述为管理者做出决定提供了指导。安全政策也有助于组织机构评估其如何更好地遵守相关法律、法规和标准。

政策制定完成后，如果没有被大家传阅，或是没有什么实用性，或未被强制执行，或没有进行升级修订，那么这个政策也没有多少价值。我们必须将相关政策张贴公布在所有员工都能看到的地方。例如，可以将政策张贴在工作休息室里。这些政策必须最新，尤其要符合最新法律、法规。每年至少要和全体员工开一次会，以确保他们了解最新政策，同时要保留每个员工对该政策的评价。

安全政策可以帮助全体员工了解公司的资产价值和公司的处事原则。有了清晰的政策，员工们也会更加关心公司的生产状况，会认真对待公司所采取的政策。

功能政策阐述了组织机构管理层在某些特定功能区域的指导方针，这些特定区域包括电子邮件、远程访问和网上冲浪等。负责上述功能的部门则具体负责这些功能政策的制定。例如，人力资源、信息技术、生产操作和设备管理等部门各自负责制定其功能政策。功能政策应使用强制性的语言，例如，“要”或“必须”等字眼，不应出现“应该”的字眼。因为，在绝大多数人眼中“应该”仅仅是建议，而非强制。例如，一个好的访问控制功能政策读起来应该是这样：

“所有被授权用户只能做授权权限内的工作，未被授权用户不得访问公司系统或资源。”

6.4.2 标准

所谓标准是硬件或软件方案中强制执行的要求，用来规避组织机构内部存在的各种风险。标准可以参考某个特定的反病毒产品或密码生成令牌。简单而言，当此处存在某个标准时，意味着组织机构已经选择了某个具体方案，并且该方案明确针对某种情况。

按照标准行事会带来诸多好处。通常，标准能够为组织机构节约资金，因为它可以使公司与供应商按标准协商进行批量购买。例如，某个供应商向单个用户销售软件许可证的价格可能是 29.95 美元，相同的供应商批量销售软件许可证的价格可能是每个 24.95 美元。如果根据标准，某个公司需要大量的软件许可证，那么批量购买就可以节约几千美元。另外，由于是批量购买，许多供应商还提供免费培训。这也为组织机构节约了时间和员工在使用产品上的培训难题。

没有必要针对每个不同的场景都开发自己的标准。我们可以采用政府、行业或其他协会制定的标准。标准也在公司内部建立了一个共同的基础，这需要各个部门之间的协调，并确保每个部门都有自己需要遵守的蓝图。

标准的主要缺点在于其脆弱性。如果所选的产品有瑕疵，那么在该产品安装后，则整个组织都面临风险。如果某供应商不支持该产品或者该产品的维护和许可证费用过于高，则与该产品对应的标准就毫无用处。当评估产品的标准时，需检查替代品，从而确保所做的选择在出现问题时都有替代方案。

6.4.3　流程

所谓流程是用以完成某个安全需求、过程或目标的一套系统的行为。它们是实施政策最强有力的可行工具之一。它们为我们提供了实施方法的具体的文件资料，这样就确保某些关键知识方法不会仅仅存在某几个人的头脑里。流程包括很多的内容，例如，密码、突发事件响应和建立备份等。图 6-3 显示了一个简单的流程。

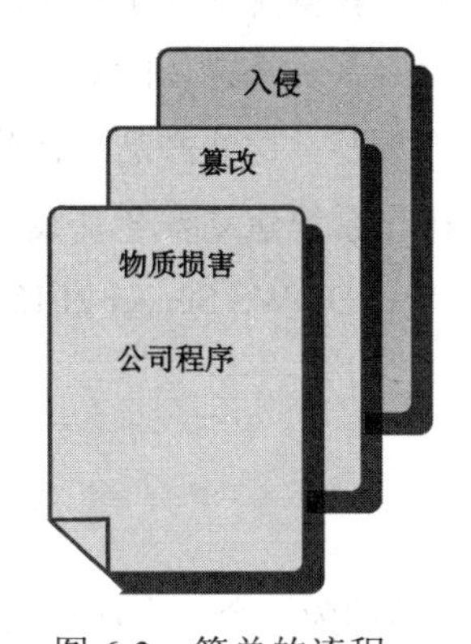

图 6-3　简单的流程

流程确保我们执行政策中的意图。它们规定了我们在完成任务时应该遵循的一系列步骤，以下是正确的流程：

- 减少危急时刻的错误；
- 确保不会漏掉重要步骤；
- 为流程中的每个位置提供检查的保证；

• 属于强制性要求，类似政策和标准。

6.4.4 基线

在许多情况下，基线有助于明确特定计算机或设备类型的基础配置。例如，某个文件罗列出标准工作站的组成和配置设定，这样就很容易确保所有新建的工作站是相同的。安全人员通常会制定基础配置要求，这就是底线，用来保证最低限度的安全要求。基线是确保不同应用系统程序和不同产品之间最低安全水平的基准。当在配置新的计算机或设备时，基线有助于其比照现有的系统，来衡量是否满足安全底线。图 6-4 显示了一个基线配置。

图 6-4　基线配置

基线揭示了如何应用安全设备来确保在整个公司范围内建立统一的安全水平。不同系统或平台拥有多种处理安全问题的方式，基线告诉系统管理者如何为每个平台建立安全，这样有助于获得统一安全水平。

基线是不同安全产品提供诸多安全选项时的调节器。在越来越多的混合产品进入安全市场情况下显得更为重要。这些产品往往是集成形成多个功能的设备。机构经常要为每个使用中的操作系统建立安全基线标准。对于诸如 WIN7、WIN8、WINDOWS Server 2008 R2、WINDOWS Server 2012、Mac OSX、Linux 等操作系统可以设置不同的基线。

6.4.5 指南

组织机构通常会使用指南帮助为一个安全计划提供架构。这些指南会概括性地推荐购买和使用哪些被接受的产品和系统。指南仅仅做到向我们推荐。它们通常以白皮书、最佳实践方案或其他由组织机构安全程序确定的形式出现。

在指南中，语言的使用必须认真选择。因为有时几句不恰当的话就能把一个指南转化为公司的标准。我们来看看下面这个例子，这是一份由公司的 CEO 口述的一份重要声明：

“本公司将按照 ISO 27001 标准推荐……”

该声明将 ISO 27001 变成公司强制性的标准。所以在做出这份鲁莽的声明之前，要先好好想想该声明的真正意图。

6.5　数据分类标准

强制访问控制（MAC）涉及指定每个对象的特定分类。分类信息通常依赖于特定数据类型分类规则，其中分类的例子包括个人信息保护、金融信息保护和健康信息保护等。

分类是数据持有（保管）人或数据分配人员的责任。数据持有（保管）人可以看成是数据所有者。与之类似，所谓系统所有者指的是管理基础架构的人或团体。系统所有者通常进行配置变化的控制和管理。系统所有者并不进行数据分类。

了解授权和分类之间的差异非常重要。对于用户通常通过身份进行授权访问，而对于数据所有人，则按照数据进行分类。系统通过决定主体是否通过正当授权访问对应分类的客体来执行访问控制。操作系统根据最小特权或需知原则来执行访问控制。

在进行信息分类时，组织机构要考虑三个准则：

- **价值**——可以通过不同的评价方法确定信息的价值：对组织机构的价值、对竞争者的价值、替换或损失的价值以及组织机构信誉的价值。
- **敏感性**——敏感性是对信息整体性受到破坏的影响或信息被暴露的影响的衡量。组织机构可以有许多途径来衡量敏感性，包括债务或罚金、声誉、信赖度或市场占有率损失等。
- **危险程度**——危险程度用于衡量信息对于公司业务的重要性。如果信息丢失，公司将会发生什么事情？

6.5.1　信息分类目的

信息分类目的如下：

- 明确信息的保护要求，这是基于如果信息暴露或数据、系统被中断后公司业务面临的风险来确定；
- 根据组织机构的政策确定数据价值；
- 确保敏感和/或关键信息获得适当的保护/控制；

- 通过只对敏感信息进行保护来降低成本；
- 在全组织机构范围内标准化分类标签；
- 告知员工和其他被授权的个人信息保护要求；
- 遵守有关隐私的法律、法规。

组织机构可以从信息分类中获得诸多好处：

- 信息根据其分类的敏感性和关键性获得与之配套的保护；
- 组织机构仅仅将最先进的控制手段用在最需要的地方，从中获得成本上的控制。例如，昂贵的珠宝店、廉价珠宝店和服装饰品店之间安保措施存在差异。同样地，所有组织机构中的信息都有高、中、低价值之分，每一种价值分类都配以不同的安全水平。
- 适当的标记也能让员工认识到需要保护机密数据。

6.5.2 分类实例

美国政府采用的一系列分类层级包括不涉密、秘密、机密和绝密四类。私营部门采用的分类类型包括公开、仅内部使用和公司机密。政府的分类类型为大家所熟知并已经标准化；而私营公司的信息分类知道的人比较少，且未被标准化。因此，对于私营部门而言，就会带来诸多问题。例如，当某个员工更换工作时，其新的雇主可能将“内部使用”的定位高于“公司机密”，而该员工的旧雇主可能将“内部使用”的定位低于“公司机密”，这就会令该员工发生混淆。尤其是这类事件发生在相同的公司时，更会引起混乱。所以安全专业人员工作的一部分就是要明确这类不一致的分类并对其修改提出建议。

6.5.3 分类流程

为有效地数据分类，分类流程是关键。在执行分类流程之前，首先要明确分类的范围和具体过程。分类范围决定了我们应该对哪些数据进行分类，而分类过程决定我们如何处理被分类的数据。所有资源都必须正确地标注和打上标签。由于坚持执行强有力的分类流程，则可以随时应对任何即将到来的审计。

为了计划好分类范围，需要对组织机构的全部数据进行商业影响分析。该步骤决定了数据的价值和对组织机构运行关键程度的影响。可以参考下列因素决定数据价值：

- 数据为公司独家所有（商业秘密）；
- 数据用途；
- 创建或重建数据的成本；
- 债务；
- 可兑换性/流通性（金融信息）；
- 对运营的影响（如果数据失效）；
- 信息受到的威胁；
- 风险。

基于商业影响分析的结果，就可以明确必要的分类类型数量。另外，还应该在全公司范围内对每个分类层级的名称进行标准化，并将这些标准化信息发送给负责数据分类的信息所有者，这些人必须了解相关的法律法规、消费者预期和企业所关注的事物。这样做的目的是建立一个统一处理分类信息的过程。

通过统一培训有助于信息分类人员采用一致的方式处理数据。数据所有者还负责定期审查数据是否处于正确的分类。当立法者采用新的政府法规时，这种审查显得尤其重要。最后，数据所有者还要负责公开那些无须特别处理的数据信息。政府机构通常会宣布年后某些信息将自动公开。

包含敏感信息的所有媒介必须根据组织机构的分类策略和程序进行标记。这会让员工知道采用什么措施来使用这些数据。对于包含数据的磁盘和光盘都应打上电子标签和手写标签。对于硬拷贝模式的文献需在封面和内部的页面上都打上标签。

6.5.4　担保

内部和外部的审计员通常将审查公司的信息分类状态当成其常规审计流程的一部分。同时，也评估公司对分类政策和流程的遵守情况。这样就可确保公司的每个部门都能遵照程序执行。这种审查也能揭示将信息密级定得过高的情况。

信息安全人员应经常巡视工作站和其他用户可能遗留涉密材料的地方。当类似违规事件发生时，信息安全人员应向监管员和管理者提交一份合理的报告。理论上，当员工在任何情况下处理信息发生失误时，都应该对其行为进行评估。这样有助于员工理解该过程的重要性。组织机构应考虑执行一个桌面/屏幕清理策略，要求用户绝对不能在无人值守的办公桌或工作站的电脑屏幕上留下敏感的信息。

6.6 配置管理

在网络计算机环境下机器设备的任何部分都不可能长期保持不变。组织机构在自动化系统的整个生命周期内通常会对其硬件、软件、文档、测试程序等进行升级调整。对所有配置进行修改需要在可控流程中进行，不可控的配置修改可能会导致系统冲突甚至引发新的安全脆弱性。对所有计算机和设备配置的变化进行管理的过程称为配置管理。

从信息安全专业角度看，配置管理主要从安全性方面来进行评估。这种行为是否会影响系统、应用程序和文档的保密性、完整性和可用性？这种工作具有双重功效：

- 确保充分审查了所有系统的更改；
- 确保配置的改变不会引起意想不到的安全后果。

我们必须监控所有的配置修改，并确保这种变化对环境而言是可接受的且按授权运行。

硬件清单和配置图

绝大多数的组织机构都缺乏一张硬件清单，而这张清单会告诉公司有什么、谁在负责管理或持有它、哪个部门或系统在使用它。缺少该清单则会使安全程序中存在一系列的间隙。例如，火灾、地震或盗窃事件中，由于缺失该文档，会降低恢复速度并延长业务损失。而且如果该清单缺失，也会令正确的配置管理变得极其困难。如果我们无法找到、更新和测试每个受影响的设备，那么推出一个新的补丁、发布服务包将非常复杂。

1. 硬件配置图

需要拥有一张硬件配置图或其最新的分布图，这将有助于确保能根据基线配置所有系统。同时，它也能确保你正确地审查系统上或网络上已经完成的工作，从而让你在没有遗漏安全隐患的情况下做出正确的配置变化。一张硬件配置图应当包含以下内容：

- 一张网络竣工图表，有助于我们计划配置变化的顺序并了解由于变化而可能产生的连锁反应。
- 所有软件配置备份，这样我们就能检测某个硬件配置变化和按计划升级对其他设备的影响。这些配置应包含路由、网关和防火墙配置等。

2. 补丁和服务包管理

应当经常检测任何产品的升级更新和服务。如果多种硬件和软件分别来自不同的服务提供商，这个过程可以打包在一起完成。然而，此时必须规避各种已知的脆弱性。组织机构必须有一个补丁管理流程以确保在对所有计算机和设备进行补丁升级时，不会造成系统中断。在升级之前首先应测试每个补丁以确保其不会损害其他系统或功能。

6.7 变更管理过程

有时会将变更管控和配置管控一起进行研究讨论。它确如同一条线的两端，当从一个活动跨到另外一个活动时，有时会存在混淆情况。在两者之间画一条清晰的界限存在困难，因为每个组织机构其复杂程度不同，界限划分的位置也不一样：

- **变更管控**：配置的变更管理。未被监管的变更有可能会影响安全操作或安全控制，这会带来风险。不正确的配置变更有可能引起系统和设备失效。变更管控应确保产品系统任何变更都被测试、记录和批准过，其变更自身必须遵循一个变更控制流程以确保我们实施正确变更并将其报告给管理层。
- **配置管控**：系统设备的基线设置管理。该基线设置满足安全需求，要求在该基线被批准的情况下执行基线设置。

图6-5显示了变更管控与配置管控之间的互补性平衡。

图6-5 变更管控与配置管控之间的互补性平衡

6.7.1 变更控制管理

变更控制管理将结合所有受变更影响的部门共同规划一种合理的方式对变更进行管控，其目标是令所有参与人员的利益最大化，并使失败的风险最小化。

为了确保更好的效果，变更管理应包含多个学科，涉及组织机构的各个方面。但是，组织机构被其限制太多也会失去应有的灵活性。变更管理应允许组织机构采用新的技术、新的改进和新的调整。

变更管理需要一份由信息主管官员和商业信息安全管理人员签署批准的书面政策文件。该政策必须明确所有的角色、责任和与变更管理有关的流程。应当记住以下重要的事情：

- 应当与变更管理流程和标准建立有效的联系，因为它们明确了在政策的允许范围内组织机构能采用的技术。
- 变更管理既有被动应对的也有积极主动应对的。在被动变更管理中，管理人员会应对业务环境的变化，其变化的源头是在外部。相关的例子包括法律、法规、消费者预期和供应链的改变。而在主动变更管理中，管理人员会主动改变以及获得想要的结果。在这种情况下，其改变的源头在内部，例如，对新技术的应用。
- 组织机构可以使用多种方法来组织变更管理。采用原有的基础政策文件审查变更带来的潜在安全影响会对某个业务带来风险。因为它可能会绕过新的安全，从而引起系统中断或失效。因此，需要对员工进行额外的重新培训以学习如何使用新的系统。由于风险存在，在变更控制过程中需要安全人员参与。
- 正规的变更控制过程应保护 IT 系统的完整性，并确保所有系统变更均经过正确的测试、规划和关联。变更控制小组成员也要组织会议和讨论，对组织机构的生产环境进行评估、规划、审查和准备。

6.7.2 变更控制小组

变更控制小组应由高级管理人员或业务流程负责人领导。变更控制小组负责监督系统和网络计划的变更。由该小组批准变更计划并制定变更工作的执行计划。在这种情况下，如果没有经过正确的审查，没有充分的资金和完善的书面方案，我们将无法对系统、应用程序或网络进行变更。

在 IT 行业中，变更控制小组（有时也叫作变更控制委员会）将提供监督，从而保护计算机资源和包含在应用程序和数据库中的数据。作为变更流程中的一部分，变更控制小组的核心成员将和 IT 公司的同事共同审查即将执行的计划，从而确保对所有变更进行正确的评估。同时，也必须确保必要的安全控制措施被应用和评估，并面向组织机构所有部门公布审查结果。

简而言之，变更控制小组的主要目标是确保所有变更都：

- 经正确测试；
- 被授权；
- 有计划；
- 互联；
- 被记录在案。

当采用固化的变更控制措施时，要识别一个近期可能导致生产问题的变更非常容易。这样就简化了问题解决过程，并使我们的环境更加安全。

6.7.3　变更控制流程

变更控制流程确保变更均能按照正确的步骤进行，这样有助于我们避开诸如“范围蔓延”等问题。所谓范围蔓延是指系统中混入不受控的变更。变更控制流程还有助于解决由于规避缺乏监督、测试或未授权变更而导致的问题。图 6-6 显示了变更控制流程。

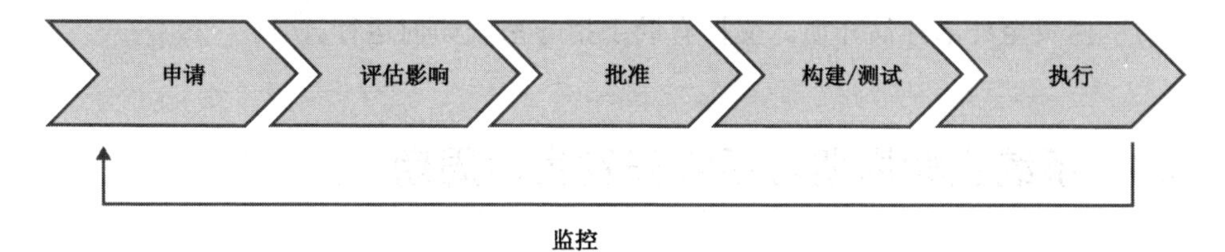

图 6-6　变更管控流程

- **申请**——在申请阶段，应采用书面形式描述所有计划中的变更，并将其提交给变更控制委员会进行审查。绝对不能在未经批准的情况下进行变更。
- **评估影响**——评估影响阶段将评估变更预算、变更对资源的影响以及变更对系统或项目安全性的影响。
- **批准**——批准（某些情况下未批准）阶段表示变更管控委员会正式审查并

批准（拒绝）变更请求。

- **构建/测试**——构建/测试阶段将根据批准的变更文件进行变更的开发或构建。必须对变更进行测试以确保不会给其他系统或系统中的其他部件带来意想不到的问题。测试包括回归测试和调整后产品安全性的深度审查。
- **执行**——一旦变更测试批准通过，就可以进入计划安装过程。这里就存在职责充分分离的情况以及确保没人能在缺乏正确审查和监督的情况下实行变更。最后一关是通知管理层已成功完成变更。
- **监控**——在该阶段，必须监控所有系统以确保系统、程序、网络和其他资源正常工作。应按照组织机构的问题解决流程来解决任何用户的问题或请求。

6.7.4 变更管控问题

固定的变更管控流程中包含需要识别的问题以及在有需要的时候提供恢复手段。一个成功的变更管控程序应包含以下元素，从而确保管控质量：

- **同行审查**——可以确保在将变更进入产品之前由其他同行或专家对其进行双重审查。而且，在它们进入测试环节之前，同行专家通常能够发现问题。
- **退出计划**——可以确保一旦变更不能正常工作，有对应计划将系统恢复到已知良好状态。因为尽管有最周密的变更流程，也可能存在变更无法达到预期效果的偶然性。那么我们就必须知道如何退出这种具有破坏性的变更。
- **记录存档**——必须记录当前状态并反馈真实的系统设计，还应该将其备份拷贝至外部存储介质。文档有助于指导系统如何运行。

6.8 系统生命周期与系统开发生命周期

软件是需要关注的重要部分。攻击者知道软件的开发过程非常复杂存在弱点。安全的软件很难编写，需要在编写过程的每个阶段都要注意安全问题，并通过一个结构化的过程来确保软件实现其预设的功能。编写、管控系统和软件的过程目前有很多流行的方法。理解软件开发过程对于开发一套没有弱点的软件非常重要，需要熟悉两套最流行的方法，系统生命周期（SLC）与系统开发生命周期（SDLC）。这两种周期非常相似，区别在于 SLC 包括使用和最后的处置，而 SDLC 终止于形成产品。

某些组织机构通过软件开发者进行产品维护和新产品开发。因此，可以归类为 SDLC 的一部分；而其他组织机构，有专门的维护团队来处理软件产品的维护与开发，属于 SLC 的一部分。越来越多的组织机构采用 SDLC 这一术语来描述应用软件和系统的整个变更与维护过程。

6.8.1　系统生命周期

本节涵盖了 SLC 中常规步骤。在每个步骤中涉及越来越多的安全专业问题，从一开始就需要在系统构建中考虑适当的安全性。SLC 一开始就需要构建安全性的主要理由是减少或避开某些成本：

- 由于发布更少补丁和升级包，使得商业软件产品的消费者看到了更低的花销。另外，由于可被攻击者发现和利用的弱点非常少，也能够有效地降低被攻击的损失。
- 由于售后支持人员变少，商业软件供应商也减少了花销，同时也降低了担保费用和产品维护费用。

SLC 通常包含以下步骤：

- **立项和规划**——一个成功的项目首先要求拥有一切所需的可用资源。所需要的资源包含需要考虑和集成到项目中的要素。安全专业人员需要从最开始就为项目中安全性构建提供建议，其中包括项目预算、系统设计、维护和项目时间表，首先应该处理的是威胁、脆弱性、风险和管控。
- **功能需求和定义**——该阶段为假设分析阶段。通常采用准确的术语来描述需求：该程序必须能处理哪些数据或实现哪些功能。当数据不符合规范时，需要考虑程序应该或需要做什么。当软件的输入不正确时会发生什么？程序的字符是否太多？是否漏了某些领域？用户会看到传输延时吗？是否欠缺考虑哪些可能引起大量安全问题因素？
- **系统设计规范**——在该阶段，项目被分解为多个功能函数和模块，需要考虑能支持它们运行的硬件类型。这里的安全问题包括硬件和网络物理安全。安全还必须考虑到所有可能的操作系统平台，例如，仅将项目限制在 Windows 或 Linux 是不够的，每个平台的特点各有不同版本，且运行环境可以包含外部设备、芯片组和驱动器之间无限种组合。
- **构建（开发）和记录**——编码标准应包含函数调用标准库，其中也应包含诸如信息隐藏、哈希和访问控制的行业标准解决方案。开发过程中注意代码安全，仅限开发人员基于其自身工作范围进行授权访问，而且只能涉及访问与之工作内容相关部分的代码。代码不可打印或以机器可读方式留在存储介质中，例如，光盘或U盘设备。

- **接收测试**——在功能设计阶段就要制定测试计划。该计划必须包含新程序安全性、兼容性和隐私性方面的测试。开发人员不能作为负责测试的人员。另外，如果开发人员延误数据提交时间，测试的时间也不能减少。
- **执行（转化为产品）**——在开发的项目转化为产品期间，为帮助用户和售后服务人员，开发人员进行产品培训内容撰写。同时，要向上述两类人员仔细解释产品的安全特征。在某些组织机构中，开发人员也会帮助维护团队进行代码转换管理。
- **运行和维护**——当系统中存在问题时，应当首先让维护、运行和服务人员知道。需要追溯的问题来自哪里，并向管理部门报告。该流程能为变更管理过程提供参考和依据。上述人员需要进行专门的训练使其理解变更需求、软件故障和安全缺陷之间的区别。另外，还应知道如何处理上述事件。
- **最终处置**——随着时间推移，设备各种组成部分达到其使用寿命。此时，需要升级系统备份或用更大的磁盘来替换较小的磁盘。因此，应确保有合理的流程来清除媒体中的数据并以经济的方式处理它们。今天，一个小的使用过的磁盘本身的价值通常比利用诸如 DBAN 等工具对其进行安全清扫的花费要低，因此简单处理即可。

6.8.2 测试和开发系统

安全专业人员通常要帮助测试新系统或升级现有系统。这些测试应非常全面，包括对预期和意想不到的各种行为测试，并能正确处理错误；还要进行系统最大存储测试，包括吞吐量、内存分配和网络带宽以及所需时间的测试。如果在测试中使用产品或敏感数据，请采取措施确保其安全性。

1. 系统采购

新的漏洞进入系统环境的常见方式是意外变更导致的负面影响。对于系统环境的任何变更都必须仔细评估以确保其不会产生新的漏洞，包括采用新的硬件、软件来进行变更。参与采购新的设备也是安全专业人员的重要任务。如果处理不好，可能会降低整体的安全性。在任何一个需要采购新设备的时候，都要仔细评估哪种产品能满足需求。为确保新设备不会给系统环境带来新的漏洞，必须做到下列事情：

- 评估各种有效的解决方案；
- 从维护、技术支持和训练方面评估供应商；
- 采用通用标准简化评估过程；
- 监督供应商合同履行和 SLAs；
- 正确安装设备并在安装调试后启用它；
- 按照组织机构采购流程确保采购过程的公平；
- 监测系统和设备，并能够在设备即将达到使用寿命时知晓，以便于能预先制定替换计划。

2. 通用标准

由于采购新设备可能带来安全漏洞，令采购流程规范化是很有意义的。对于建立一个正规流程，则需要在许多不同的标准体系内对系统和设备进行评估。美国政府建立了一系列计算机安全标准，广为人知的有彩虹系列标准（由于该标准文件的每个封面都有固定的颜色）。其中“红皮书”描述了可信网络基础架构（TNI）的各组成部分。“橘皮书”讲述了在分级系统中如何维护访问控制和保密性。上述两本文献均采用了一系列评价准则，并且供应商也有他们自己的产品等级评定。橘皮书全称为可信计算机系统评估准则（TCSEC）。

其他政府也建立它们自己的系列标准。其中一些则源于 TCSEC 并做适当调整。最终，以上这些内容合并演变为 ITSEC。美国、英国、加拿大、德国、法国和荷兰政府以 ITSEC 为起始点，接着发展出新的标准称为通用标准（CC 标准）。

CC 标准有一套级别编号从 1（最低级）到 7（最高级），难度逐渐增大的评估保证级别（EALs）。评估实验室遍布世界各地。行业内领先的供应商（例如，防火墙提供商）共同建立一个标准的思想的和完美的解决方案。任何供应商皆可比对该标准对其产品进行评估。经过标准测试后，EAL 评级真实反映出供应商宣称的产品性能与共同标准的吻合程度。产品的文档、开发和运行都必须符合所有的评估结果。

（小贴示：CC 标准正式名称为 ISO15408）

3. 设备处理

在设备生命周期的终点将面临被报废处理。当需要处理报废设备时，应确保采用安全的方式，以防止发生数据泄露。处理报废设备的有效方法很多，具体包括：

- **消磁**——采用强磁场磁化媒质，通常可以令媒质中的所有电子元件失效。
- **物理销毁**——采用物理破坏的方式摧毁储存有数据的媒质以保证清除所有涉密的材料。
- **从库存中移除**——为了管控硬件资产，将报废设备从设备库中清除十分必要。
- **数据保护**——必须仔细确保报废设备中的数据已经被备份存储，并可以利用新的设备进行访问和读取。

4. 认证与认可

在设备采购和设备处置之间，需要确保计算环境中的组成设备能充分满足需求。所谓认证就是对某个系统在全生命周期内满足特定安全需求情况进行的审查的过程。认可则是由授权官员出具正规的接受文件，接受系统运行期间面临的风险。该过程包含以下内容：

- **授权官员（AO）**——高级管理人员，其必须审查认证报告并批准该系统可投入运行。AO 证实承认和接受系统对机构或个人的业务、资产所带来的风险。
- **认证机构**——负责对系统进行安全测试和评估（ST+E）的个人或团队。认证机构也负责向 AO 提交系统运行风险报告。
- **系统使用者**——日常负责系统操作并确保系统在 AO 设置的各种条件下连续运行的人员。

认证

认证是系统的技术评估，为组织的系统提供正确运行保证。系统应满足初始设计要求以确保安全管控措施能有效工作。一个认证机构或认证团队负责具体认证工作。认证机构必须具有通过执行验证过程，采取必要测试的技术，从而证明系统符合规定要求。一个通过认证的系统意味着：

- 系统符合技术要求；
- 系统符合功能要求；
- 系统保证可以正确运行。

在认证过程中涉及的人员首先必须了解技术和功能需求，也必须知道他们推荐采购或批准转化为产品的系统性能，这些性能包括软件性能和硬件性能。我们可以从数量上和质量上来评估性能，例如，一分钟内可以认证 100 个用户或确保 99.99%的正常运行时间。也可以从非 IT 角度衡量，例如，系统占用的系统资源或能耗。认证机构必须对系统进行所有需求考核。在许多测试任务中，无论是运行还是系统管理，最终的任务都会落到安全专业人员身上。

最后，认证机构必须将测试结果详细列表，以证实新系统符合或超过了规范要求。如果测试结果良好，将向管理层推荐批准该系统应用。但这并不意味着该系统适合组织机构或该系统最好。认证仅仅意味着产品符合其技术和功能规范，并允许投入运行。

认可

认可发生在系统认证之后。所谓认可是指管理层正式接受该系统的过程。需要指定审核认证报告的认证机构或审批机关，并依据操作环境确定是否接受相应的系统操作。可以从两个层面描述该过程：

- 认可是管理层对风险的正式接受；
- 认可是管理层对系统运行的许可。

触发重新认证

认证和认可过程确保某个系统不但符合目前的各种安全需求，而且还可以通过系统生命周期内的运行和维护阶段，不断满足今后的各种安全需求。认可阶段列出了持续运行和管理系统所需的活动，以使其保持可接受的风险水平。根据下列原因必须继续评估风险以满足要求：

- 由于新产品、新程序或公司并购、资产剥离等导致业务需求变更；
- 曾经认可过的产品（方案）不再符合业务需求；
- 供应商经常升级或更新产品，这些更新需要重新认证或认可。

6.9　软件开发与安全

本章前期已经介绍了开发安全软件的重要性。软件开发过程中需要特别关注其安全性。对于用户、消费者和攻击者而言，通过各种应用软件访问数据是最常用的途径。这就意味着在设计、开发软件时必须强制服从安全政策，并确保遵守各种规定，包括数据和系统流程的保密性和完整性方面的规定。无论公司采用何种开发模式，我们都应确保应用软件能正确地运行以下任务：

- 检查验证使用该应用程序用户的身份；
- 检查用户授权；
- 具有编辑检查、范围检查、有效性检查和其他类似控件；
- 具有当系统失效的情况下恢复数据完整性的程序。

内部开发的软件含有源代码、目标代码和运行可执行文件。我们应根据相关政策、标准和程序对上述事物进行管理和保护。

例如：

- 应保护源代码不被未授权用户访问；
- 应通过版本控制系统跟踪源代码变化，使之可以无误差地回滚到以前版本；
- 程序员应不具备直接升级产品系统的能力（过程应该是程序员编程—测试—产品）。

软件开发方法

目前，许多软件的开发方法都是基于瀑布开发模型。瀑布开发模型是一个开发软件的顺序流程，其包含我们先前学习的 SDLC 和 SLC。在瀑布开发模型中，开发进度向下流动，类似于一条瀑布。瀑布开发模型的本质是当前面的阶段工作没完成时，下阶段的工作不会开始。整个流程如下：

- 制定需求规范；
- 设计；
- 构建；
- 集成；
- 测试和调试；
- 安装；
- 维护。

基本的瀑布模型源于制造业和建筑业。它拥有这样的特点：在高度结构化的物理环境中，如果后期有修改将会非常的昂贵。当 Winston W. Royce 在 20 世纪 70 年代提出该模型时，尚未存在正规成形的软件开发模型。这种面向硬件的模型被应用于软件的开发，图 6-7 显示一个典型的瀑布开发模型。

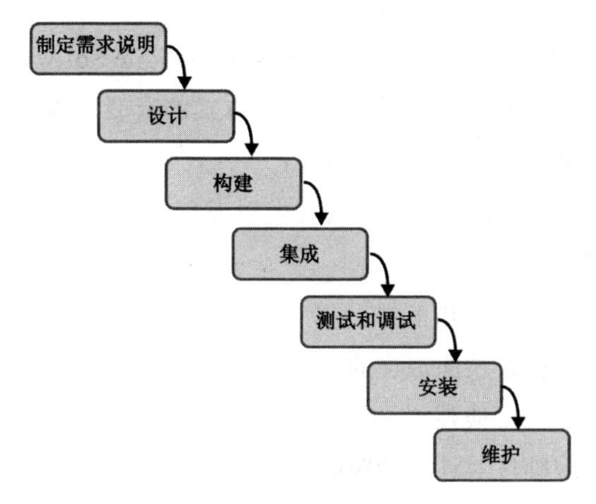

图 6-7　瀑布开发模型

由于觉察到该模型的缺点，就出现了瀑布开发模型的改进版本。绝大多数软件开发至少在某些阶段都是和瀑布开发模型类似的。该模型的重要性在于它确保了进入下一阶段之前的工作都完成。由于需要花时间修改计划和设计软件，在大的开发环境中实现存在困难。但请记住，软件开发中不要一开始就写程序！

敏捷软件开发

传统的软件开发管理在很大程度上仍然基于瀑布模式某些变形版本。在 20 世纪 90 年代，某些组织机构开始意识到软件行业正朝着不同的方向改变。对于开发复杂软件的需求越来越高，这也催生出更有效的管理软件开发的新方式。许多组织机构不再以长期交付计划来管理大型项目，而是寻求更快速的方法。他们期望能够在更小的部分开发他们的软件。这种朝着更小的开发周期转变的方式逐渐演变成大家所熟知的敏捷开发模式。

所谓敏捷开发可以描述为基于小项目迭代或短期冲刺的一种软件开发方法，而不是那种长期的项目计划。采用敏捷开发流程的组织机构可以更加频繁地生产更小的可交付成果，并根据已经完成的部分评估大型项目。而短期冲刺开发的持续时间一般在一到四周之内，这意味着每个月都会有某些成果交付。这种专注于频繁的交付成果的方式，使得人们能够尽快地看到和使用某个大型软件产品的部分功能和成果，并随着时间的推移，该大型软件产品也逐渐开始成熟。

敏捷爱好者首次会议在 2001 年召开。许多致力于研究这种软件开发模式的组织机构派出代表出席在犹他州 Snowbird 举办的旨在思想交流的会议。与会者共同发表了敏捷运动的基础文件——“Manifesto for Agile Software Development”，这是一份简明的文件，反映了其作者对简单方式的喜爱。以下是“Manifesto for Agile Software Development”总体的描述：

“我们正在通过开发和帮助其他人开发以发现一种更好的开发软件的方法。通过该工作我们可以获得以下认识：

- 个体和交互胜过过程和工具；
- 可工作的软件胜过全面综合的文档；
- 客户合作胜过合同谈判；
- 对变化的响应胜过对计划的跟随。

通过上述对比，我们说，虽然右边的条目也有价值，但更看重左边的条目。”

图 6-8 显示敏捷开发模式的基本思想。与瀑布开发模式不同，敏捷模式就是进行迭代。每一次的循环就是一个单一的冲刺，并且许多的循环冲刺构建出一个完整的软件项目。每一次循环都及时地终止于某个特定的节点，并产生一些可发布的成果。一个可发布的成果就是一些具体实用的事务，例如，经过开发团队验证过的可用于工作的软件等。专注于工作软件，有助于把团队的重心放在成果上。

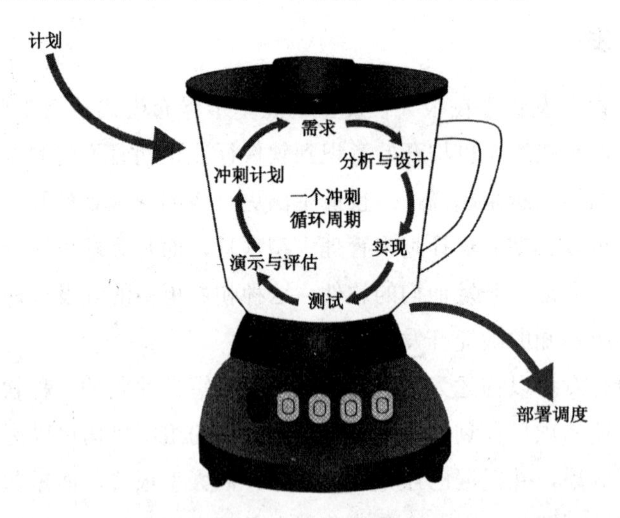

图 6-8 敏捷开发模式

敏捷开发模式是一项正在发展的用于管理软件开发项目的技术，它在鼓励持续沟通和重视短周期开发的组织中应用良好。当开始开发软件时，从每个循环周期开始，在思想上就将重视软件安全性。敏捷开发方式鼓励开发者认真计划软件安全性并在每个冲刺循环结束后都要测试安全性。在开发的过程中，软件安全性必须作为其整体的一部分综合考虑。可以这么说，无论组织机构采用何种开发方式，注意安全性比任何开发方式都重要。

本章小结

本章中，我们学到了安全专业人员必须理解安全操作与管理是任何可靠安全计划的基础以及在安全管理工作中如何实现计划（包括设计、实施以及监控组织的安全计划等）；也了解到执行安全计划时必须符合安全流程，遵守相关职业道德非常重要；掌握了遵守安全流程的方法和手段以及如何将现有各项方针、政策、标准应用到工作计划中构建相应的安全框架；了解到数据分类标准如何影响决策过程；掌握了如何对系统变更进行配置管理以及配置控制、变化控制如何影响变化管理过程。除此之外，我们还学习和掌握了系统生命周期和系统开发生命周期通常包含的 8 个阶段，了解降低各个阶段成本的方式方法。同时，理解了为什么在软件开发过程中需要考虑安全问题，并认识到用户的安全意识对于安全流程的成功实现至关重要。

Chapter 7 第7章 审计、测试和监控

当我们审计一个计算机系统时，其实质是看看它如何运行。简单来说，就是看系统是否按计划工作。审计通常会查看当前的系统配置，并将其作为某一时间点的参照验证其是否遵守相关标准。

审计可以采用人工手段或采用自动化的计算机软件手段。人工手段测试包含以下内容：

- 员工访谈；
- 执行脆弱性扫描；
- 审核应用程序和操作系统访问控制；
- 分析对系统的物理访问。

进行自动测试时，系统会生成一个关于重要文件和设置发生变化的报告，这些文件和设置可能与系统的操作系统或应用软件有关联。系统包括个人计算机、服务器、中央处理机、网络路由器和网关中的系统。而应用程序包括接入互联网软件、数据库以及其他用户之间共享的资源。

当然，在审计系统之前，我们需要创建用于建立系统规则和要求的政策和流程。换句话说，在确定系统是否正常工作之前，我们首先应确定系统是如何工作的，应评估系统的所有组件并确定每个组件如何工作。这样我们就能建立一个预期的底线。一旦完成上述工作，就能开展系统审计。通过系统运行的表现和我们的预期底线之间的对比，可以判断系统是否按照计划进行工作。

7.1 安全审计与分析

安全审计的目的是确保系统以及安全控制措施按照预期运行。当你在审核系统时，应检查以下内容：

- **安全政策是否适用于业务开展**

信息安全的目的是能够支持相关的组织机构开展业务并保护其免受风险侵害。组织机构相关政策与支持文件中定义了风险。其中，支持文件包含组织机构的流程、标准和底线。当面临审计时，我们需要先问自己一个问题：“我们理解并遵循相关的政策吗？”审计本身并不会建立新的政策，但审计师可能会根据经验或新的法规知识提出相关建议。

- **有相关的控制措施来支持我们的政策吗**

安全控制措施与组织机构的战略和任务相适应吗？控制措施支持我们的政策与文化吗？如果我们无法判断某个措施对应某项政策，都应删除它。简而言之，如果某个控制措施只能笼统地解释为“为了安全”，而没有具体的说明，都应去除它。安全并非利润中心，绝不能以其自己为理由而存在（不能为了安全而安全）。它应该是个支持部分，其目的是保护组织机构的资产和利益。

- **安全控制措施是否得到有效的执行和升级**

随着组织机构的演化和威胁的不断发展，确保安全控制措施仍可应对当今的风险非常重要。

对于以上这些问题如果我们能回答“是”，那说明状况良好；如果不能回答“是”，也不用着急，我们将在本章节将学到这些知识。

7.1.1 消除风险的安全控制措施

安全控制措施为那些可能给组织机构带来风险的行为设置了界限。我们必须经常审查安全性以确保控制措施是最新的和有效的。安全审查包含下列行为：

- **监控**——审核和衡量所有安全控制措施以获取系统的各种行为和变化情况。
- **审计**——审核各种日志和整个系统环境，以提供关于安全策略和控制措施工作情况优劣性的独立分析。
- **改进**——包括审计结果中关于安全程序和控制措施改进的建议。该步骤用于向管理层推荐其可接受的变更。
- **保护**——确保控制措施工作并达到预期的安全性水平。

既然有诸多安全控制措施保护我们的计算机和网络，就应确保每个措施都是必需且有效的。每个控制措施都应确保组织机构能应对特定的威胁。一个不针对任何威胁的安全控制措施则会带来不必要的开销且对安全起不到任何作用。因此，应仔细研究建立各种安全措施，令其均能应对各种特定的威胁。当然，采用多个手段应对同一种威胁是很好的，它们之间可以互相备份——但起码要做到保证一个手段能应对一种威胁。

回顾一下，所谓风险是某个威胁发生的可能性。我们可以通过综合分析资产成本威胁带来的风险可能性来计算预期损失。明确各种风险能帮助我们衡量安全控制措施的有效性。当威胁发生时，如果采用的安全措施成本比威胁带来的损失还大，那可能就浪费了组织机构的资源。规避浪费组织机构资源的最佳途径之一是确保其能够遵循某种安全审查循环。图 7-1 显示安全审查循环中的步骤。

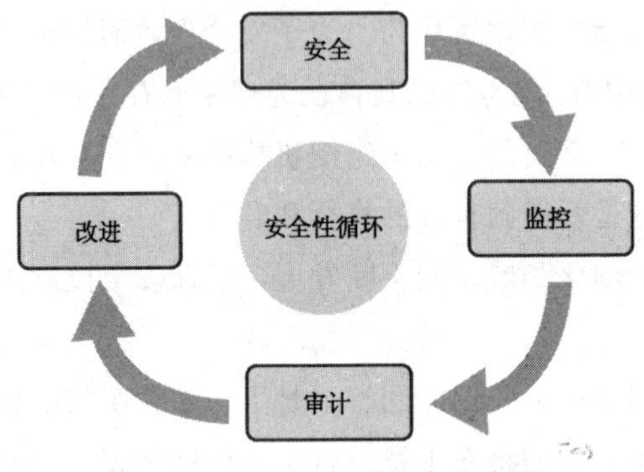

图 7-1 安全审查循环中的步骤

7.1.2 定义可接受的行为

在适当的位置建立各种安全控制措施的第一个步骤是明确哪些行为可接受：

- 组织机构的安全政策应首先定义可接受和不可接受的各种行为；
- 组织机构可以基于标准机构开发或认可的事物建立其自己的标准；
- 政策文件许可的通信和其他行为是可接受的；
- 安全政策特别禁止的通信和其他行为是不可接受的。

其他通信或其他行为也可能是不可接受的。尽管政策中并未特别禁止这些行为，但是任何可能暴露涉密信息且引起对系统完整性危害或令系统失效的行为也是不可接受的。

安全许可级别

组织机构合理的安全许可级别依赖于组织机构的需求和策略。组织机构所要求的安全许可级别与它的安全架构相匹配。如果没做到这一点，我们可能会损失大量的数据，并且声誉也可能受损。但如果安全控制措施比必需的更加严格，我们可能会发现用户一些很简单的系统操作也会被禁止。常见的安全许可级别如下：

- **无限制**——每个事情都被允许，这种安全许可适合绝大多数的家庭用户。
- **宽容许可**——除了被特别禁止的，其他事情均可。这种安全许可适合绝大多数公共网站，一些学校或图书馆以及培训中心。
- **慎重许可**——只有清单内的事情允许，其他事情被禁止。这种安全许可级别适合绝大多数商业机构。
- **极其慎重许可**——非常少的事情被允许，其他的事情被禁止或需要仔细监控。这种安全许可级别适合各种安全机构。

7.1.3　安全审计的范围

安全审计范围可能会很大，完全覆盖所有部门或各种业务功能；也可能很小，仅针对某个特定的系统或安全控制措施进行审计。审计为管理层对于在合适的位置是否部署最好的安全控制措施或它们是否正常工作提供独立评估，这将有助于管理层了解和应对面临的风险。

例如，一个高等级安全政策审计就是对安全性政策进行审核，从而确保其实时性、有效性、可通信和强制执行。这种类型的审计也有助于确保政策能反映出组织机构文化。这些审计也可以测试用户或消费者是否接受这些安全控制措施，或他们是否企图绕过那些他们认为不切实际的控制措施。另外，这种类型的审计也能测试基础架构能否良好地保护应用数据，这样就确保应用仅被授权用户访问并对非授权用户隐藏（加密）数据。

我们必须审计组织机构里所有的防火墙、路由器、网关、无线接入热点和其他网络设备以确保它们具有预期的功能，并且其配置遵循安全策略。审计能测试它们自身的技术，实现功能检测所有网络上的计算机和设备是否按照已有的安全策略运行，并确保组织机构的诸多规定和配置能及时升级、记录并服从于变更控制流程。

7.1.4　审计的目的

审计给了我们审查自身风险管理流程的机会，并证实这些流程能正确识别和降低组织机构风险。

审计主要审查安全控制措施的如下情况：

- **是否合适**——安全控制措施的等级是否能够应对所描述的风险？
- **是否正确安装**——安全控制措施是否位于正确的地方并正常工作？
- **是否达到目标**——安全控制措施应对描述的风险是否有效？

审计人员的审计报告中应对组织机构中需要进行完善或改变的工作流程、基础架构和其他安全控制措施提出建议。由于存在各种潜在的责任、过失和强制性规定，审计是必要的。审计能暴露问题并提供遵章办事的保证。许多司法管辖区均要求依法审计。

法律、法规要求那些雇员达到一定数量的组织机构或某个特殊行业应具有内部和外部的双重审计。必须审计的行业包括金融服务行业以及任何处理个人医疗记录的组织机构。要求内部和外部审计的联邦法律或供应商标准包括 SOX，HIPAA 以及 PCI DSS。PIPEDA 是一部加拿大法律，用于保护组织机构如何在电子商务交易中搜集、使用和公开个人信息，同时它也包含审计要求。

审计可以及时发现某个组织机构缺少有效培训和技术娴熟的员工，当组织机构对安全性计划和资产管理缺乏足够的监管时，也能通过审计及时发现。审计也会鼓励组织机构为员工提供更好的培训。同时，当组织机构达到或超过其安全要求时，则说明审计是有效的。

许多新的管理规定明确管理层对组织机构的资产欺诈行为或管理不当行为负有个人责任。在过去，通常只是由组织机构负主要责任，而如今，个人也要负责。尽力遵守所有必需的要求，是对组织机构及其个人最大利益的保护。

7.1.5 客户信任

消费者通常只和他们信赖的组织机构有业务来往。如果消费者知道组织机构持续对系统进行安全审计，他们可能更愿意提供个人敏感信息。

许多业务服务提供商提供审计标准以获得客户信任。美国注册会计师协会审计标准委员会发布了 1993 年发布的 SAS70 标准。这是审计里的第一个标准，为许多服务机构提供审计指导。SAS70 专门针对保险和医疗索赔处理人员、电信服务提供商、管理服务提供商和信用卡交易处理机构而制定。SAS70 审计有两种类型：类型 1 和类型 2。类型 1 的审计包括审计师对服务机构整体的评估及其安全控制措施的执行情况的评估。类型 2 的审计包括类型 1 中的所有信息，还有审计师对安全控制措施是否被有效执行和操作进行评估。然而，在 SAS70 自身范围内，仍无法满足现在的服务提供机构中所出现的许多新问题。例如，SAS70 就无法满足协同定位或云计算服务的要求。SAS70 于 2011 年 6 月被官方废止。

在 2011 年 SSAE16 取代 SASS70。SSAE16 扩展了 SAS70 的范围并且成为针对服务提供机构的主流审计和报告标准。SSAE16 为审计师在验证控件和进程时提供指导。它也要求报告应包含设计描述和审计控件的效果。这些报告提供了描述组织机构安全控制措施的详细细节。例如，在数据中心寻找租赁空间的某组织机构会要求数据中心提供一份 SSAE16 或 SAS70 的审计结果，这样就可以对数据中心的安全控制措施进行独立的评估。

越来越多的服务提供机构依赖于 SAS70 的结果，或现在的 SSAE16 的结果。美国注册会计师协会（AICPA）已经认识到服务提供机构新增加的复杂性，于是为服务提供机构建立了 3 种不同水准的审计报告。服务组织控制（SOC）框架定义了 3 种不同水准的审计报告的范围和内容。表 7-1 罗列了 SOC 报告的类型和特点。

表 7-1　SOC 报告的类型和特点

报告类型	内容	受众
SOC1	内部财务报告	用户和审计师。通常遵照 SOX 或 GLBA 法案用于各个组织机构。
SOC2	安全性（机密性、完整性、可用性）与隐私控制	管理层、法规制定人员股东。通常用于服务提供商、数据中心和云计算提供商。
SOC3	安全性（机密性、完整性、可用性）与隐私控制	公众。通常根据 SOC2 所对应的服务提供商的消费者要求，用于证实这些组织机构是遵守法律且在处理消费者私人数据方面是令人满意的。

SOC1、SOC2 和 SOC3 报告对于组织机构的审计师来说是很重要的工具。SOC1 主要聚焦于服务提供机构的内部财务报告（ICFR），该类型的报告通常用于准备面向用户的机构财务通告并采用合理的安全控制措施以确保其机密性、完整性和可用性。SOC2 和 SOC3 报告均用来面对主要的与安全相关的控制措施。在这些报告中与安全相关的控制措施是影响技术服务提供商是否成功运营的至关重要的因素。SOC2 和 SOC3 报告主要区别在于它们的受众。SOC2 报告主要受众为内部和其他授权的股东，而 SOC3 报告面向公众消费者。

7.2 制定审计计划

在策划审计活动时，审计师必须首先定义具体目标并决定审核某个具体的系统或商业流程。审计师也应当定义检查哪些安全领域。

审计师必须明确相关参与人员，既要从审计师自身团队中选择，也要从被审计的组织机构中抽取。在审计过程中这些人将共同搜集和汇集信息。审计师必须确保每个人具有娴熟的业务能力，使其在有需要时都能顶用。

某些审计师会查看以前的审计评论以便于熟悉以前的情况；而还有一些审计师则不看以前的审计结果以避免受到以前审计工作的影响而带有偏见。

定义计划范围

在工作开始之前，我们首先要明确审核的边界范围。明确哪些领域需要审核，哪些不需要，同时我们还必须确保本次未被审核的领域在下次审计中会涉及，因此也必须对那些此次不审计的领域负起责任。所有系统和网络必须有明确的主管人员。

在这一点上，我们需要决定如何通知用户审计正在进行。在许多情况下，如果用户知道我们正在审计他们，他们可能会遵守先前忽略的规则。如果由于用户知道审计已经开始从而改变其系统使用行为，则审计毫无意义。另一方面，如果尝试在不通知用户的情况下开展审计，则会由于被限制访问关键信息而导致这项工作更加困难。我们必须在逐个问题具体分析的基础上寻找折中的办法。图 7-2 显示审计范围如何涵盖 IT 基础架构中的七个域。

审计师在开展任何审计工作之前应花时间制定正确的计划。计划的内容不仅仅是罗列文件和对文档进行检查。实际上，审计师经常需要为审计工作做大量的潜在工作。从审计师的全盘计划和执行阶段中，我们能看到以下内容：

- **调查站点**——在开展审计活动之前，审计师会想了解整体环境和系统之间的内部通信。
- **审核文档**——审计师想审核系统文档和配置，这包含在审计计划中，是实际审计的一部分。
- **审核风险分析输出**——审计师想了解系统的风险临界等级，这是风险分析研究的产物。这有助于在写报告阶段给出适合的系统问题解决顺序。

- **审核主机日志**——审计师可以要求检查系统日志，从而查看程序、许可证书或配置的变化情况。
- **审核突发事件日志**——审计师可以要求检查安全事件日志来了解问题变化的趋势。
- **审核渗透测试结果**——当组织机构进行渗透测试时，测试人员会写一个关于所发现弱点的清单报告。审计师需要审查该报告并确定审计能应对所有的条目。
-

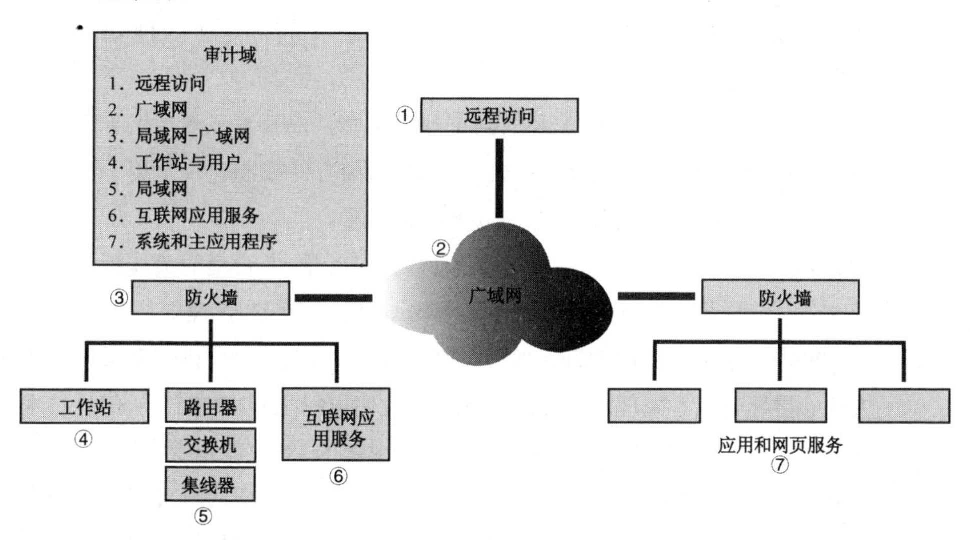

图 7-2　审计范围涵盖 IT 基础架构中的七个域

7.3　审计基准

所谓基准是一种标准，我们可以通过与基准进行对比判断系统配置是否安全。在审计中，它是一项重要技术，该技术通过对比基准与当前计算机或设备的设置，明确其中的差异。

在本节中，我们将学习到审计或审核系统、业务流程或安全控件的诸多常规方法。这些标准案例都是最好的实践经验总结。在审计业务或业务流程中，它们经常被用来作为指导。组织机构的管理层也可以应用这些标准案例。如果组织机构服从政府制定的法律法规，那么这些例子尤其实用，而且，基准还可以指导审计的主要过程。否则，则由经过高级管理层批准的审计人员决定审计如何具体执行。

- **ISO 20007**——ISO 20007 是一份最佳的指导性文档，它为信息安全管理提供了良好的指导。那些必须遵守审计要求的组织机构，必须审核它们是否满足该标准的所有条款。

- **NIST SP800**——NIST SP800-37 是由美国政府特别为政府所有的计算机系统制定的标准。它包含最佳指导性部分和审计部分。
- **ITIL**——ITIL 是信息技术基础架构图书馆。它是关于管理信息技术（IT）的基础设施、开发和操作的一系列概念和策略。ITIL 以一系列丛书的形式出版，每一本书都涵盖一块 IT 管理主题。ITIL 给出了大量重要 IT 实践的详细描述，包括综合性的检查清单、任务和流程，可满足任何 IT 组织机构的需求。

其他组织机构。例如，ISACA 和内部审计师协会，也开发了常规用于审计的指导方针。这些组织机构可能会在内部制定一个指导方针或制定一个用于其他地方的审计计划。这些类型的指导方针有以下两个例子：

- **COBIT**——信息及相关技术控制目标（COBIT）是 IT 管理的最佳指导性方针。它由信息系统审计和控制联合会（ISACA）以及 IT 管理委员会（ITGI）于 1996 年制定。COBIT 为管理者、审计人员和 IT 用户提供一套可接受的方法、指导建议、处理流程和最佳实践。我们可以采用 COBIT 从信息技术的应用中获得最佳收益，并开发组织机构内部的 IT 管理和安全控制。
- **COSO**——内部审计师协会（IIA）创建的位于美国反虚假财务报告委员会下属的发起人委员会。这个由志愿者运行的机构为组织机构管理的执行管理层和管理实体在组织管理、商业道德、内部控制、企业风险管理、欺诈和财政报告等关键环节给出指导方针。COSO 建立了一套常规的内部控制模式。许多公司和其他的机构组织用它来评估自己的控制系统。

除非法律、法规禁止，组织机构可以自由选择任何一种最合适的方法。它们可以采用这里提及的诸多标准文件中的任何一个，或者采用来自其他组织机构或团体的指导方针。它们甚至可以开发自己的标准文件。选择最符合要求的指导性方针，以确保在首次审计开始之前能够有一个可遵循的审计标准。

7.4 审计数据搜集方法

在分析数据之前，你需要确认和搜集数据。搜集数据的方法很多，包括：

- **问卷调查**——可以对管理者和用户展开问卷调查。
- **访谈**——这对于深入了解所有部门的运行很有帮助。访谈通常可以证实那些有价值的信息资源和建议。
- **观察**——这可以用来了解书面流程要求的输入和工作中的实际输入之间的差异。
- **罗列清单**——这些准备好的清单文件可以确保信息搜集的流程涵盖所需的各领域。
- **文件审核**——通过这些文件方案能够评估通用性、遵守性和完整性。
- **配置审核**——其包括评估安全控制流程改变和控制手段、控制规则和布局图的合理性。
- **策略审核**——包括评估策略的相关性、通用性和完整性。
- **安全性测试**——包括脆弱性测试和渗透测试。需要搜集技术信息来确定是否在安全性组成部件、网络和应用程序内存在脆弱性。

7.4.1　安全审计的领域

审计过程的一部分就是确保在所有关键区域具有对应的安全策略。审计师会记录任何没有对应安全策略的关键区域。此后，还会检查是否所有人员都遵守相关的政策、流程和标准。

我们需要一个密码标准（最少字符数量和复杂度要求）以及密码设置流程（如何设置、如何改变和重置密码）来支持我们的访问控制策略。许多组织机构就采用它们自己的密码策略作为系统的访问控制策略，这是一个极其危险的错误。我们应该开发一个单独的访问控制策略，能够表达类似下面的意思：

“授权用户仅能在其授权范围内开展工作，非授权用户应禁止做任何事情。”

由于密码经常成为受攻击的目标，密码的使用率在下降。相反地，许多组织机构开始采用令牌、智能卡或生物特征认证。当我们的 IT 环境改变时，要确保我们的策略也要对应改变。当我们系统中有一半采用智能卡认证方式时，我们就别再采用继续加强密码的访问控制策略。一个完整的审计可以确保我们的安全性策略是实时更新的并能反映出当前的环境，我们应该确认和删除修改任何过时的策略。

表 7-2 显示安全审计中应包含的关键性区域。

表 7-2 安全审计中应包含的关键性区域

区域	审计目标
反病毒软件	日常更新、普遍使用
系统访问策略	保持最新的技术
入侵检测和事件监控系统	日志审查
系统强化策略	端口、服务
加密控制	密钥 、用途（敏感信息的网络加密）
应急计划	业务持续计划（BCP）、灾难恢复计划（DRP）、连续运行计划（COOP）
硬件和软件维护	维护合同、服务、未来需求报告
物理安全性	门锁、监控能力
访问控制	最小特权原则、需知原则
配置管理中的安全控制流程改变	记录的文档、不存在非授权改变
媒介保护	媒介的使用时间，媒介的标签、存放和传输

7.4.2 控制措施检查和识别管理

确保安全控制措施是有效、可信赖并具有预期的功能十分重要。没有监控和审核，我们无法确认信息安全方案是否有效或人员是否尽职尽责。例如，在审计一套身份认证管理系统时，应该注意以下几个关键环节：

- **批准流程**——访问请求由谁授权批准？
- **身份认证机制**——针对特定的安全性需求，采用哪个机制？
- **密码策略和执行**——组织机构是否有一套有效的密码策略？是否强制统一执行？
- **监控**——组织机构是否有高效的监控系统检测非授权访问？
- **远程访问系统**——是否所有的系统都确保实现强有力的身份认证？

提示：

审计流程应当合法。审计涉及的各个部分应通力合作使组织机构更加安全。

我们不能将审计看成“我们需要对抗他们”。审计人员和被审计的组织机构应面向共同的目标进行工作，建立一个更加安全的环境。

7.4.3 审计活动结束后的事情

在审计完成后，审计师仍有很多工作要做。通常审计师的任务包括问讯、数据分析、生成审计报告和向管理层通报发现的问题。

1. 离职谈话

对关键人员进行离职面谈，提醒他们在审计报告中面提到的主要问题和建议。这能让管理层迅速发现并处理严重问题。除了这些早期提醒，在最终报告出来之前，审计师不能提供其他细节的东西。另外，审计师也有可能会对组织机构的安全性措施产生错误的判断。

提示：

审计师通常在审计期间会与管理层交谈来验证他们发现的问题。审计师也会犯错，这种交谈给管理层一个在审计师发布最终报告之前消除误解和说明情况的机会。

2. 数据分析

审计师通常会分析那些他们从组织机构的站点搜集来的数据。这可以让审计师审核他们所知道的每一件事情并采用标准的报告格式来发布调查报告。非现场分析也能令审计师从现场经常遇到的压力中解脱出来。每个组织机构都想收到一份正面的审计报告，对审计师而言，组织机构的这种期望有时会转化为一种敏感的压力。在被审计的组织机构之外的地方进行数据分析能有助于确保不出现分析上的偏见。

3. 审计报告生成

绝大多数的审计报告至少都包含 3 部分内容：

- **审计结果**——通常列出组织机构遵守标准基准的等级。通过将审计发现的问题与对应的策略或最佳指导性标准比较，可以得出组织机构在哪些地方必须进行改进的结论。
- **建议**——审计师会建议如何修复他们发现的风险。他们也会告知组织机构员工在遵守策略或流程上做得如何。在绝大多数报告中，这些建议首先针对的都是最重要的问题。审计建议应包含以下内容：

  - **改正的时间期限**——改正的建议不应是无期限的，每个建议应有一个改进期限。
  - **风险等级**——审计应清晰地表明组织机构中存在的每一个问题所面临的风险等级。
  - **管理层回应**——审计师应该给被审计的组织机构的管理层一个机会，使其能对审计报告的初稿做出回应。接着，审计师应将管理层的回应写在最终的报告中。这些回应通常是阐明问题和解释为什么没有使用安全控制措施或为什么初稿中的建议没有必要性。这些回应还应包含修复安全控制措施缺陷的具体行动计划。
- **跟进**——在必要时，审计师还应制定一份跟进的审计计划以确保组织机构已经按相关建议执行。

4. 审计结论汇报

当审计师完成审计报告后，他们将向组织机构通报审计结论。根据我们组织机构的结构和规模，决定审计结论在正规会议上公布还是向个人进行通报。

无论我们以何种形式收到审计结论报告，被审计的组织机构必须认真研读报告并进行必要。这些结论有可能会导致许多合法需求或预算范围内的系统变更。

7.5 安全监控

一个安全方案的首要目标就是检测不正常的行为。毕竟，行为无法检测就无法对其做出反应。因此，安全需要监控。安全监控是一种技术，例如，入侵检测系统（IDS）；或是一种管理手段，例如，用于观察员工或消费者行为的闭路电视。

当我们检测到不正常或不可接受的行为时，接下来就要制止它。制止公开或秘密的入侵行为，既是一门艺术，也是一门科学。公开的入侵行为是明显且故意的，而秘密入侵行为是隐蔽和秘密的。

许多攻击者企图规避已经设置的检测控制措施。实际上，正是由于安全监控的存在能够发现许多攻击者。另一方面，监控设备也有可能会被过度设置。安全监控必须显而易见，以阻止安全破坏；但又必须充分隐蔽，以免难以忍受。

安全监控中的工具和技术包含以下内容：

- **基线**——为了识别不正常的行为和事情，首先必须明确正常的事情有哪些。曾有报告指出：一个系统的磁盘空间已用 80%。这句警告其实等于什么也没说，除非我们能知道昨天甚至上周磁盘空间被使用了多少。更确切地说，每周常规使用 1%的磁盘空间的系统所触发警告的阈值肯定有别于上个月使用了 40%磁盘空间而现在使用量突然翻倍的系统阈值。基线就是安全监控的基本要素。
- **警报**——警报用于提醒人们一个可能发生的安全事件，这类似于开门告警或火警。要注意，组织中的人员可能很快会忽视重复的虚警。例如，如果邻居的汽车警报反复响起，我们也不会每次都到窗前查看。这意味着有可能对真实的安全事件无动于衷。
- **闭路电视**——适当地使用闭路电视用于监控和记录摄像头所看见的事情。我们必须确保使用监控摄像头的安全官员受过培训，能观察到明确的行为或事件。我们的员工必须也按照当地法律进行培训，例如，许多司法管辖区禁止通过种族或种族特点来定性。
- **识别非常规行为的系统**——这些典型系统包括 IDS 系统和蜜罐系统。换而言之，识别非常规行为的系统就是设置陷阱来获取网络上非正常行为的信息。

7.5.1　计算机系统的安全监控

有许多类型的物理监控措施，也有多种手段来监控计算机和网络系统行为。我们必须选择合适的措施，以便于监控计算环境各个方面，并检测恶意行为。有许多工具能帮助我们实时或监控事后发现系统行为。

实时监控提供了关于正在发生的事件的相关信息，我们能从实时监控手段中获得信息以明确事件的性质并保护组织机构的运行。网络入侵检测系统就是一个典型的实时监控手段，它监控和获取整个网络的数据流。该类型监控手段还包含：

- **主机 IDS**——主机入侵检测系统（HIDS）是一种优秀的工具，当行为正在发生时，它会在计算机上提醒该行为正在发生。IDS 规则以近实时的方式帮助识别可疑行为。
- **系统完整性监控**——许多系统诸如 Tripwire 能令我们观察计算机系统的非授权改变并以近实时的方式向计算机的管理人员报告。

非实时方式则保留了行为的历史记录。当实现检测和应对事件不那么重要时，可以采用这种非实时的监控方式。

- **应用程序日志**——所有应用程序在访问和调整敏感信息时都会产生日志并记录是谁在什么时候使用或修改了数据。这就提供了遵守隐私法规的证据，并为记录中的问题和错误调查以及业务追踪调查提供帮助。
- **系统日志**——该类型日志提供了是谁访问了系统，并做了什么事情的记录。

以下是日志记录的部分行为清单：

- **基于主机的行为活动**——包括对系统变化、访问要求、运行、开关机的变更情况。
- **网络和网络设备**——包括访问、数据流类型和模式、恶意软件以及运行的情况。

7.5.2 监控问题

写日志需要成本，因为任何时刻我们都要让日志系统或程序处于运行状态，并不停存储有关信息。由于产生的信息太多，许多组织机构会关闭日志系统。毕竟，没有几个员工会去查看日志。那么，搜集这些信息的出发点是什么呢？没有自动分析日志信息的手段，可日志又不断地占用磁盘空间，这样毫无价值。另一个挑战是日志信息低劣的质量和攻击手段的复杂性。这样会浪费员工大量的时间来分析日志且看不到任何价值。

除此之外，还存在其他令某些组织机构放弃积极监控的原因，包括：

- **空间分布**——如果攻击者的位置在一个广阔的区域内变化，则通过日志系统很难寻找他们。更糟糕的是，攻击者能够使用大量的由不同人员管理且分布于广大区域内的计算机实现攻击。
- **交换网络**——通过交换和虚拟局域网获取网络上的分段数据流更加困难。这要花费更多的工作来根据数据段日志文件还原当时的情况。
- **数据加密**——加密数据令写日志更加困难，这是因为监控者看不明白拥有的数据，从而无法确定其是否可疑。数据未加密部分可以被日志系统记录，但数据其他部分却未可见。我们可以对数据进行不同等级加密：
  - **链路层加密（无线 WEP 和 WPA）**——采用该类型加密方式，可以实现链路层所有数据的加密。

- **网络层加密（IPSec 和某些其他隧道协议）**——采用该类型加密方式，可以对网络层上的所有数据加密。
- **应用程序层加密（SSL 和 SSH 以及其他）**——该加密类型用于加密传输层。

7.5.3　异常日志

监控的一个重要方面是明确日志条目上的真实攻击事件和仅仅由于噪声或微小事件引起的异常之间的区别。在处理这种情况时，所有类型的监控器会犯两个基本的错误：

- **虚警**——众所周知的第一类错误。假阳性是对那些看似恶意行为却并非正式安全性事件的警报。这些虚警浪费管理人员精力，令人心烦。太多的虚警会令管理者忽视真正的攻击。为了应对该情况，我们可以决定不记录罕见的或人为错误的“攻击”事件，这可以通过建立忽略事件阈值来完成，除非该事件经常发生或符合某些预先定义的攻击标准。例如，一次失败的登录并不会引起重视，除非在短时期内发生多次。通常对于登录失败的阈值水平是 5 次。这意味着当任何时候用户连续登录失败 5 次，系统将触发报警。阈值有助于降低假阳性错误数量。
- **漏报**——这是另外一　监控错误。意味着监控措施监控可疑行为失败，即假阴性，是众所周知的第二类错误。它是指在检测到一个严重事件时系统没有报警。可能由于该事件无声息地到来，也可能由于报警系统误判引起。在某些监控措施中，假阴性的产生是由于控件的非正确配置引起。原本该控件应该对环境更加敏感且会报告更多可疑行为。

7.5.4　日志管理

对安全人员来说，日志管理是一项关键的工作。日志文件有助于提供正常和非正常系统行为的证据，它们也能提供关于监控措施能否胜任工作的有价值的信息。安全和系统管理人员必须考虑很多事情来确保组织机构获得正确的信息并保障信息的安全。

首先，我们应该将日志存储在中心位置进行保护和保证它们便于全面分析。我们需要较大的存储空间并监控日志文件存储空间的变化。如果监控文件满了，我们将面临三个糟糕的选择：

- 停止写日志；
- 覆盖旧的文件；
- 停止监控。

攻击者有时候会有目的地填满我们的日志存储空间从而导致上述情况发生。日志文件的存储设备必须足够大来防止这些事情发生。另外，我们的日志设置绝不能人为地强制降低日志文件大小的限制。

在某些情况下，法律会规定我们必须保留这些数据多长时间。例如，信用卡支付行业安全标准（PCIDSS）就要求日志至少保存一年。这是最好的一部书面的保留依据。如果有必要，在法庭上可以解释我们是根据正常的业务标准来删除日志的，这要好过被怀疑企图销毁证据。

为了连接系统和日志之间的活动，网络上的计算机和设备必须设置同步时钟。网络时间协议（NTP）可以为所有支持它的计算机和网络设备提供时间同步。绝大多数现代化的路由器和服务器也支持该协议。国际间政府运行的 NTP 服务器提供一个可信的第三方来提供时间同步。

为了防止覆盖和篡改，某些系统会将日志写入光盘或其他一次性媒质中。我们需要保护日志免被篡改或读取访问，使攻击者很难清除攻击所留下的痕迹。容易被访问的日志文件则很容易被攻击者清除与攻击有关的信息。日志文件通常也包含用户或事件的秘密信息，这些可能也是我们需要的。我们必须确保所有日志文件免遭非授权的访问、删除或修改。

7.6 日志信息类型

组织机构可能需要庞大数量的日志来记录其系统、网络和应用程序上的各种行为活动。图 7-3 所示为日志信息类型。我们应当记录下所有可疑行为、错误、非授权访问企图和访问敏感信息行为。作为结果，我们不但要跟踪各种事件还要保证用户为他们的行为负责。

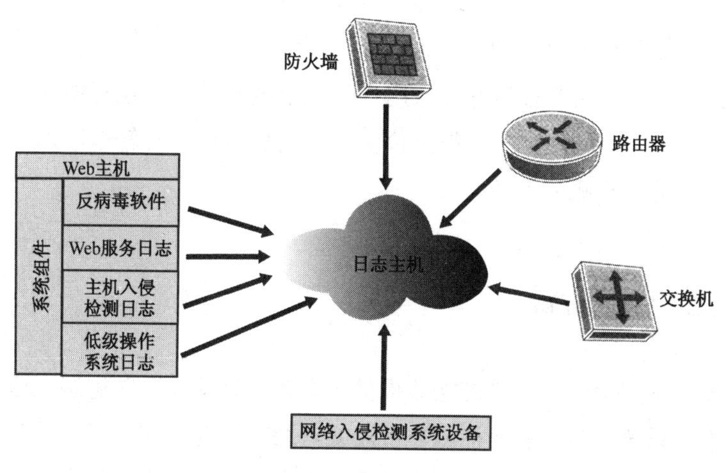

图 7-3　日志信息类型

保存日志文件

法规、政策或日志大小可以指导我们需要保存多少日志信息。如果司法程序中需要日志文件，则必须将它保存到事件结束。如果司法程序还没有开始，除了那些基于法律、法规要求的日志信息以外，组织机构可以自己决定日志保存的数量。一旦司法程序开始，提供日志里的数据是组织机构必须承担的一项花费。组织机构可以通过限制日志里搜集的数据量来降低诉讼费用，这些保存的数据量只包含那些诉讼所必需的。

安全信息和事件管理系统（SIEM）能帮助组织机构管理日志文件爆炸性增长的状况。它提供了一个公共平台来获取和分析日志条目。组织机构从诸如防火墙、IDS/IPS、Web 服务器和数据服务器等多个源头搜集日志数据。另外，对于这些数据源，许多组织机构可能也有多种格式或多个版本。但是无论这些日志数据采用哪种形式或来自哪个源设备，SIEM 的搜集和分析设备拿到的日志数据后均将其标准化为一种通用的格式。为了便于访问，该系统在数据库中存储标准的日志消息。我们可以根据 SIEM 供应商提供的报告或说明书进入数据库并访问和分析日志文件信息。

如果操作系统、应用软件和网络设备供应商变更了产品，那么新的日志文件格式可能和先前的产品不同。如果组织机构采用 SIEM 系统来处理日志文件，那种格式的变化则无关紧要。我们可以将来自新产品的文件无损融合进相同的数据库并生成一份涵盖前后时期的新报告。

SEIM 系统监控用户行为并确保用户仅能根据相关策略进行操作。这意味着 SEIM 系统在确保遵循规则方面很有价值。它们也可以结合管理层识别策略确保系统中仅有当前用户账号有效。

7.7　安全控制验证

有一类特殊类型的监控措施能够提供一个非常好的安全防御层。这类控制措施监控网络和系统行为，从而检测非常规或可疑的行为。该类型中某些控制措施甚至能对检测到的可疑行为做出响应并阻止正在进行的攻击。行为监控措施包括入侵检测系统（IDSs）、入侵防御系统（IPSs）和防火墙。

7.7.1　入侵检测系统（IDS）

分层防御需要综合的措施来抵御入侵。最普遍的分层防御机制之一是在防火墙后设置 IDS，来提供可靠的安全防护。网络入侵检测系统（NIDS）监控穿过防火墙的数据流并检测其中是否含有恶意行为。基于主机的入侵检测系统（HIDS）——本章随后会提到——它安装在某个特定的计算机或设备上监控数据流并检测其中是否含有恶意行为。由于 HIDS 检测范围更小、粒度更细，我们可以调节它用于检测某些特定的行为。与 NIDS 不同，HIDS 也检测内部产生的数据流。图 7-4 显示了一个 NIDS 和 IDS 的网络部署实例。

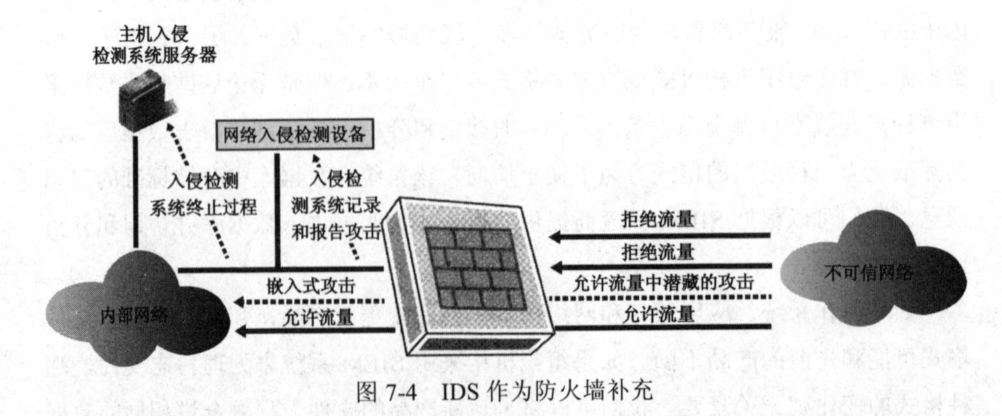

图 7-4　IDS 作为防火墙补充

图 7-5 所示为基于 NIDS 的网络部署，NIDS 可以连接到交换机或集线器。接着 IDS 将获取交换机中的所有数据流并进行分析以检测非授权的行为。根据 IDS 中的引擎类型，可以有许多方法进行分析。

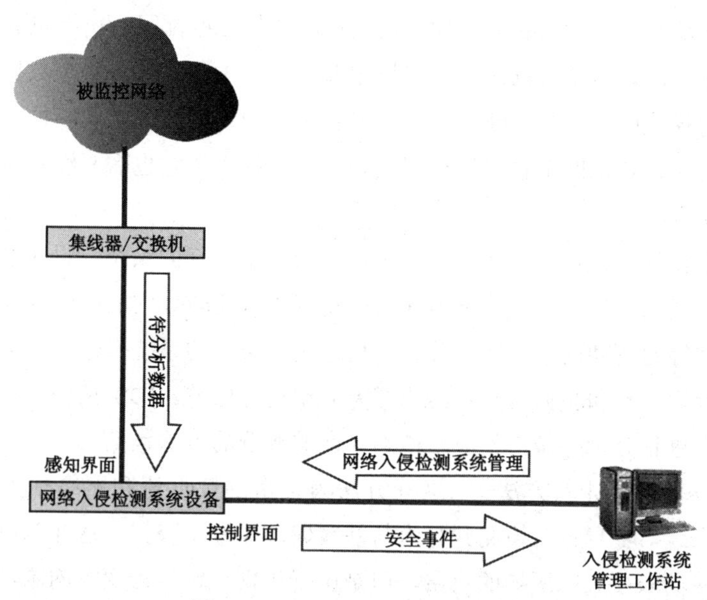

图 7-5　基础 NIDS 的网络部署

通过将 IDS 连接到管理控制台，可以由管理人员对 IDS 进行监控和管理。在理想状态下，从互联网上应该无法发现 IDS 的存在。这意味着攻击者无法确定 IDS 位于互联网的哪个位置。IDS 上的管理端口从互联网无法访问，这就防止攻击者对 IDS 的配置进行更改。

7.7.2　分析方法

当触发警报时，监控和检测设备必须对检测到的行为活动进行验证和分析来了解到底发生什么事情。这些设备可以采用多种方法来分析数据流和行为活动。某些方法通过比较网络数据包或地址规则，而有此方法则关心行为活动的频率和类型。这两种方法被称为基于模式（特征）和异常（统计）的 IDS：

- **基于模式（特征）的 IDS**，采用基于大家已知的规则进行检测，根据模式匹配和状态匹配，将当前数据流和已知的网络攻击行为模式进行比较。模式匹配系统扫描数据包以了解是否存在特殊的字节顺序并将其作为特征，和已知的攻击特征匹配比较。通常，这些模式与特定的服务和端口（源和目的地）相关联。为了避开该类型的安全控制和企图逃避检测，许多攻击者会变换他们的攻击行为。我们必须经常升级特征库以确保能检测已知的最新的攻击行为。状态匹配相比简单的数据包匹配又有所改进。它是在数据流中跨过多个数据包来寻找特定顺序，而不是只针对单个数据包。虽然比起模式匹配更加复杂和细化，但状态匹配仍可能产生假阳性。与模式匹配类似，状态匹配也只能检测已知的攻击行为，它也需要经常更新特征数据库。

- **基于异常（统计）的 IDS**，有时也称为基于轮廓的系统。它通过将当前的行为活动和储存的正常行为活动的轮廓进行比较。它的准确性与我们定义正常行为活动的准确性有关。一旦定义了正常的系统操作，IDS 会将当前的行为活动和我们认为正常的行为活动进行比较。IDS 认为非正常的事件都会进行分析并做出反应。检测异常的普遍的方法包括：
  - **基于统计的方法**——这些方法为正常的数据流和网络行为建立了基线。一旦设备检测到行为与基线偏离即发出警报，这样就可以检测到尚未被大家所知的攻击，但是由于识别正常行为变得困难，这将导致假阳性经常发生。
  - **基于数据流的方法**——当识别出任何偏离于预期的数据流的行为时就触发报警。它们也能检测出未知攻击和泛洪攻击。
  - **协议模式**——这是另一种不依赖特征来识别攻击的方法，其原理是通过寻找与相关协议的偏差识别攻击。协议的诸多标准是由国际互联网工程任务组（IETF）出版的一系列以编号排定的文件（RFCs）。关于 RFCs 的更多信息可浏览 http://www.ietf.org/rfc.html。该类型的检测工作依据科学定义的协议，但是如果协议定义不完善，也会导致假阳性。

提示：

管理员配置 NIDS 无需监控端口的 IP 地址。所以外部人员想发送数据报到 NIDS 或直接避开 NIDS 变得极端困难。管理员通过其他子网络的另一个接口进入该 NIDS 设备。

提示：

假阳性是模式匹配的一个难题，因为这些系统报告的攻击接近匹配状态，特别是当系统缺乏细粒度控制时容易出现假阳性。

7.7.3　HIDS

HIDS 技术通过监控主机内的各个敏感进程为整个系统提供保护。HIDS 系统通常有以下特点：

- 它们被设计为在计算机上运行的常规软件程序或服务；
- 它们会拦截和检验那些模式和行为异常的系统调用或特定进程（例如，数据库和网页服务器）；
- HIDS 守护进程会采取预先定义的动作（例如，停止或报告违规行为）。

相比 NIDS，HIDS 也有一个与之不同的观察视角。HIDS 可以检测源自网络内部的非正常数据流，它也能识别针对某个机器或用户的异常行为。例如，某用户的高容量邮件服务器在一天（或一个小时）内产生了比该用户平时多 10 倍的邮件数量。此时，HIDS 将观察并触发告警，但是 NIDS 却不会报告这类事件。对 NIDS 来说，仅仅就反映流量增加了。

7.7.4　网络层防御：网络访问控制

最佳防御是在合适位置上部署综合的安全控制层。相比单个控制手段而言，这就提高了我们保护系统免遭更多攻击的可能性。图 7-6 显示了内部保护网络中，工作在综合防御层的网络设备如何阻止攻击，即路由检测、数据流过滤以及防火墙检测与非法数据流阻止。

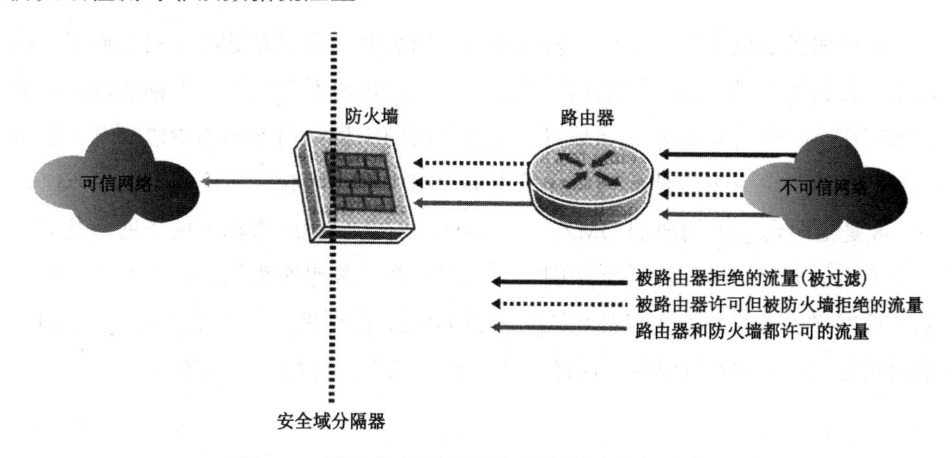

图 7-6　综合防御层的网络设备阻止内部攻击

7.7.5 控制检查：入侵检测

在综合性防御战略中，NIDS 是一个重要的组成部分。图 7-7 显示了 NIDS 如何既能够检测外部攻击又能够检测内部错误。网络外部 NIDS 会提供防火墙面临的攻击类型及其应对思路。内部 NIDS 检测由防火墙确定的攻击类型。我们也能安装这种设备作为 IPS 使用。如此一来，该设备不仅能检测潜在的攻击，而且还能通过改变规则以滤除数据流从而阻止攻击。这些设备也可以作为 HIDS。HIDS 能发现主机自身各种进程的行为企图，而 NIDS 则是保护系统免受恶意网络数据流的侵害。

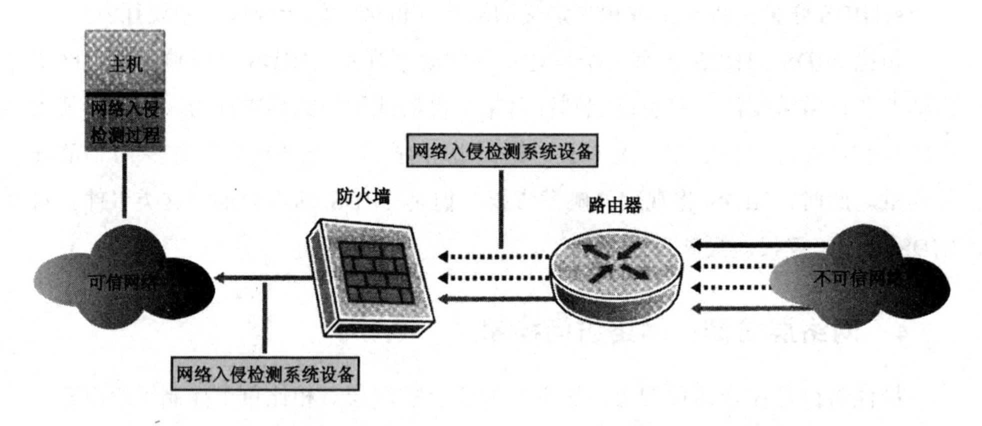

图 7-7　使用 NIDS 设备监控外部攻击

7.7.6 主机隔离

某些服务器或主机必须面向网络开放。网页服务器就是这类主机的例子。我们希望任何用户都能访问你的网页服务器——但我们不希望每个人都能进入你的内部网络。一个简单的方法就是将连接互联网的主机从内部网络中隔离开。主机隔离就是将一台或多台计算机从你的内部网络中隔开并建立一个隔离区（DMZ）。图 7-8 是由两台主机构成的 DMZ。一个 DMZ 是物理上或逻辑上的子网，其面向一个庞大的非可信网络（通常是因特网）提供和开放组织机构的外部服务。来自非可信网络的外部数据流仅被允许进入该 DMZ，在这里就可以得到服务。访问内部网络要通过 DMZ 的程序。这样能够防止外部用户直接进入内部网络。

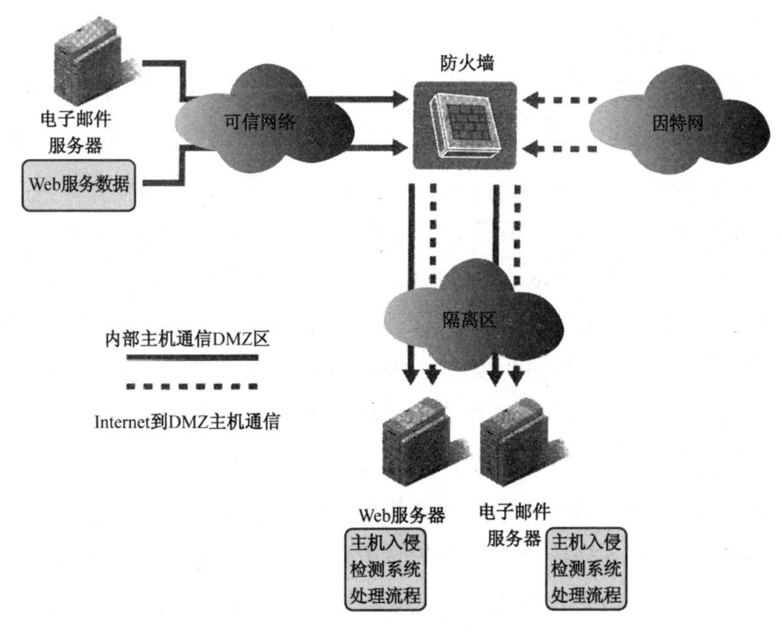

图 7-8　主机隔离与 DMZ

7.7.7　系统增强

没有计算机是绝对安全的。实际上，我们安装操作系统和应用程序时都存在安全隐患。因此，安全管理人员采用何种配置流程显得十分重要，该流程称为安全增强，它通过改变硬件或软件配置让计算机和设备尽可能安全。计算机或设备的安全增强配置通常通过关闭或禁用某些非必需的功能来对其运行进行保护。安全增强也需要我们应用最新的软件补丁程序。我们应该防止所有的计算机和设备被非授权访问。在所有系统运行之前都应进行安全增强。系统在成为产品前，安全增强失败将会造成产品缺陷。

- **设置基准配置**

计算机或设备进行安全增强后，我们必须记录安全增强配置。这样才能将安全增强配置和已知的安全配置进行比较，也能在将来有事进行配置还原时，与原始配置进行比较。在不同的系统之间建立一条基准可以很容易地确保安全一致性。当标准设置定义后，调控每个系统之间差异变得更加容易。例如，如果知道某计算机的基本配置符合我们的标准，我们就能决定能否在该计算机上运行某些服务或应用程序。

• **禁用不必要的服务**

增强计算机安全最容易和最有效的步骤之一就是切断非必要的服务和进程。攻击者知道绝大多数的计算机会运行比它们实际需求更多的服务和进程。例如，许多服务器会运行网页服务，尽管它们不是主站点。攻击者会搜索这些非必要的服务并试图探索其脆弱性。我们应该禁用不必要的服务，或卸载这些不必要的服务。当这些服务不存在时，攻击者就无法利用它们实现攻击。我们应该关闭不必要的防火墙端口并限制特定服务，例如移动代码、远程登录和 FTP；还应配置防火墙禁止任何未经许可的访问。这也可以防止攻击者秘密增加新的和预期之外的服务。

我们还应该增强所有路由器和其他网络设备的安全性。防止非法操作访问和篡改路由器设置。通常网络传输设备既没有设置密码也没有设置默认密码。因此，在设备接入网络之前，我们应当修改默认密码，同时应该像管理其他密码一样管理该设备密码。这些密码应该是复杂的且需要经常变化。网络设备的任何修改和管理员用户 ID 的修改日志都必须被记录存档；也应定期检查所有配置日志，这通常采用 SIEM 进行。

仅仅增强服务器和互联网设备安全还不够，还需增强工作站安全。工作站需要一个标准配置和访问控制。组织机构应该拥有一个工作站的系统安全增强镜像。我们能通过安装一个操作系统的全新拷贝建立标准镜像并对其进行安全增强。移除非必要的服务并增加各种安全手段，例如，安装反病毒软件和个人防火墙等。该镜像也应包含组织机构标准软件，如 Word、电子表格和浏览器插件。当需要验证该工作站镜像符合组织机构标准时，对于新装的台式机和便携机，我们可以将镜像作为初始验证点。该过程既确保遵循安全性又减少维护时间。

服务器物理保护，除了记得锁门之外，还应确保所有计算机和设备都有最新的应用补丁。可以使用安装在全组织机构计算机和设备上的第三方补丁管理软件，通过软件产品提供商来跟踪补丁升级问题。某些软件产品甚至具有“电话上门”的补丁管理。

在大多数情况下，保护互联网上各种服务器的最佳方案是确保不要使用那些服务器用于其他目的。例如，位于隔离区的 Web 服务器不应用于提供其他服务。

7.7.8 审查反病毒程序

系统审计应包含对组织机构使用的反病毒以及反恶意软件的程序进行审查。

该审查着重确保所有该类软件产品都能实时升级；在所有网络设备和计算机上周期性地进行反病毒扫描；制定定期全系统的全盘扫描计划，包括扫描所有应用程序、服务器、工作站和网关。

7.8　监控和测试安全系统

确保封闭环境的安全很困难。作为一个安全专业人员，我们的主要目标是要保护组织机构的敏感信息免受攻击，当我们将内部网络连接互联网后，安全工作的难度是大大增加。连接互联网，相当于为攻击者铺开了迎接的“红地毯”。此时，主要工作就是为各个系统部署各种访问控制策略。切记，系统无法保持绝对安全。虽然信息安全面临诸多风险，但最普遍的风险是以下两条：

- 非法访问或释放恶意代码、特洛伊木马和恶意软件的外来攻击者。
- 组织内部泄露敏感信息给能够对组织机构造成危害的非授权人员。

7.8.1　监控

如何防止敏感信息从组织机构泄露出去呢？　这里并没有亡羊补牢的方法，只有监控才是关键。当然，我们不可能监视系统上的每个 IP 数据包，即使我们培训人员去做这种麻烦且无聊的工作，也不能保证有足够的人手去监控数据包。相反，我们必须采用 IDS 去监控数据流。IDS 实施的前提是识别异常流量以便进行进一步调查。在 IDS 之后的步骤是通过 IPS 快速阻止恶意数据流。IDS 会对潜在的非法行为报警，而 IPS 会阻止它。当然，使用 IDS 和 IPS 之前，我们必须先建立一套正常数据流量的判定基准。

7.8.2　测试

除了监控我们的系统，还必须对系统进行测试。安全测试的主要目的是识别系统中未被纠正的脆弱性。一个系统可能在某个时段是安全的，但用于新的服务或新的应用时就可能存在脆弱性。因此，测试的目的就是要发现新的脆弱性使我们能应对它们。图 7-9 显示了安全测试的主要目的。

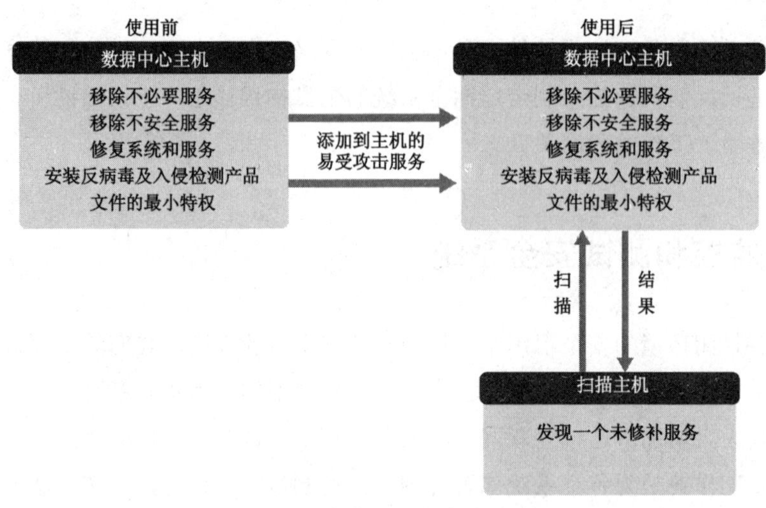

图 7-9　安全测试的主要目的

测试的频率需要根据系统的波动性（变更频率）和系统的敏感性或关键性等因素来决定。测试通常要根据规则和策略来进行。最普遍的触发测试计划的节点如下：

- 处于安全性认证阶段；
- 主系统变更（新技术升级、应用程序变更）；
- 出现新的威胁；
- 系统审计期间；
- 系统的周期特性；
- 关键系统的年度测试。

如果上述条目里的测试触发条件都不满足，我们应该至少一年进行一次系统测试。某些组织机构则是根据风险分析，采取更短或更长的测试间隔。

7.8.3　测试路线图

测试并没有一个现成的完美方案，并非每个安全人员都会按照相同的路径进行测试。图 7-10 显示了一个安全测试的路线图。

在该图中，安全测试由最普遍的一些步骤组成并给出系统完整的安全性结论。这些最普遍的步骤包括：

- **勘查**——勘查包含审查系统的一些子系统，以便尽可能地了解组织机构、系统组成和网络组成情况。通常用于工作的公共资源（例如，WHIOS 和 Dig 等），这些对网络管理人员是不可见的。如果它们被测试人员之外的攻击者利用，这将是一个严重问题。

- **网络映射**——在该阶段，会使用工具确定组织机构系统和网络布局及运行服务。
- **脆弱性测试**——脆弱性测试包含发现系统中的所有弱点并判定可能的攻击点位置。
- **渗透测试**——在该阶段，我们会试着钻研系统中的某个弱点并证实攻击者能成功渗透它。
- **采取措施**——采取措施以减少或清除在渗透测试或脆弱性测试中发现的各种脆弱性。

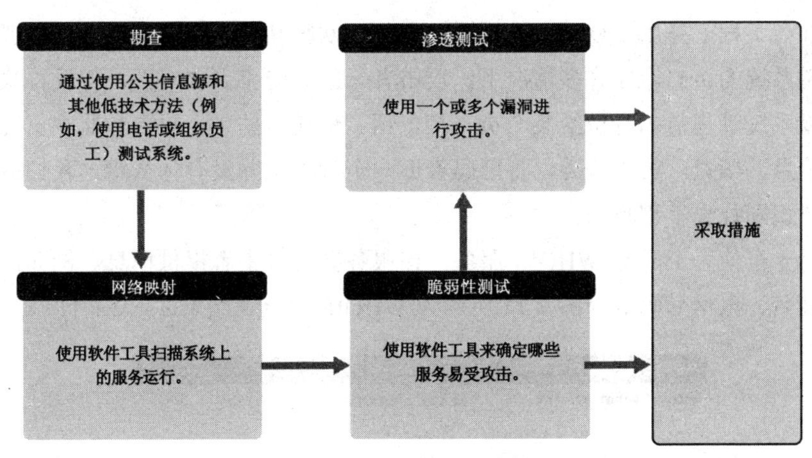

图 7-10　安全测试途径

提示：

脆弱性测试是尝试发现系统的弱点。渗透测试则是聚焦攻击某个发现的弱点。攻击者也会采取渗透测试人员相同的步骤进行攻击。两者之间的区别在于攻击者在渗透系统时并未获得我们的同意。

7.8.4　建立测试目标

在开始测试流程之前，一个重要的事情是建立测试目标。安全性测试与如何采用良好控制措施应对脆弱性之间的关系最为紧密。首先，要识别脆弱性并根据它们在系统中的关键程度进行排序。接下来，记录一个时间节点（快照）的测试结果并与其他时间周期进行比较。我们当然希望无论系统处于任何时间或任何工作负荷时安全控制措施都能正常工作。随后，准备审核，这样就能使 IT 员工应用脆弱性分析方法调整和测试自己的工作流程，以应对“真实的”审计。最后，发现系统缺陷。这使得隐蔽的测试人员能够确定系统存在的缺陷以及实现入侵检测的可能性。

7.8.5 侦查方法

侦查是是许多测试开始的第一步，也是最基础的步骤。在侦查阶段，我们通过各种技术，例如，社会工程或研究组织机构网站来搜集信息。攻击者会使用各种侦查手段来搜集组织机构的相关信息。我们应当了解这些攻击者会做什么并限制他们搜集信息的能力。

社会工程就是用于欺骗人的话语。它包含欺骗某些人来分享秘密信息或获得对敏感系统的访问。在许多情况下，攻击者无须和受害者面对面。相反，攻击者可以以系统管理员的身份给某个员工打电话。最通常的是，攻击者欺骗员工共享敏感信息。毕竟，员工认为，将密码告诉一个管理员并没有什么错。我们应该培训用户识别社会工程攻击。

另一个侦查工具是 WHOIS 服务。该服务会为攻击者提供信息。例如，管理员的姓名、电话号码等。图 7-11 所示为 WHOIS 的查询结果。

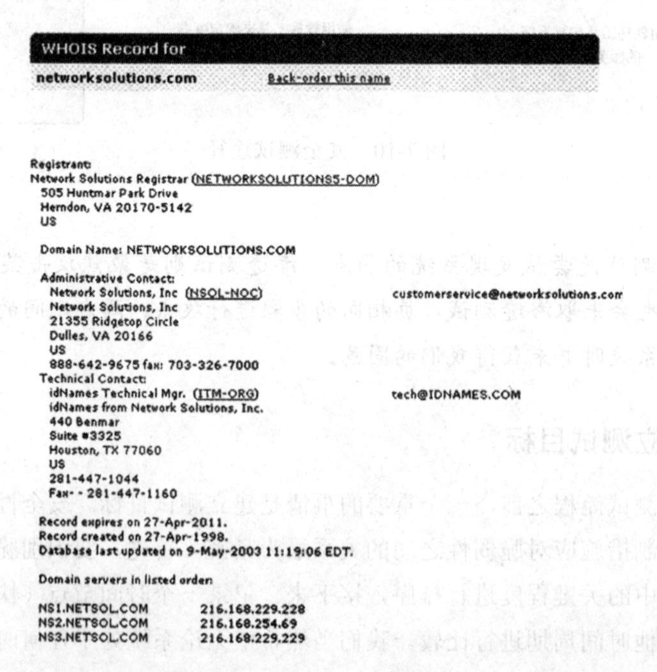

图 7-11 WHOIS 的查询结果

区域转移是 DNS 服务器对其区域的内容进行问询的唯一方式。该区域是服务器管理的域。管理员用它来同步域中相同组织机构的 DNS 服务器。如果允许不加任何限制地进行区域转移，攻击者就可以利用该信息来尝试找出位于网络内部和外部的各个服务器的名字和类型。防止这种信息泄露的最佳手段是锁定我们的 DNS 服务器。

提示：

组织机构应非常小心地避免它们的注册域名失效。一旦如此，其他人也可以将这些域名重新注册并为己所用。那样的行为会对组织机构的声誉造成巨大损失。此类社会工程学行为比一般的社会学工程类型更加复杂。

7.8.6　网络映射的方法

网络映射是侦查的一种延伸类型。网络映射可以发现某个网络的相关细节，包括主机、主机地址以及其他应用服务。这就让攻击者可以识别系统的具体类型、应用程序、服务和具体配置等。图 7-12 显示网络映射可以提供的信息。

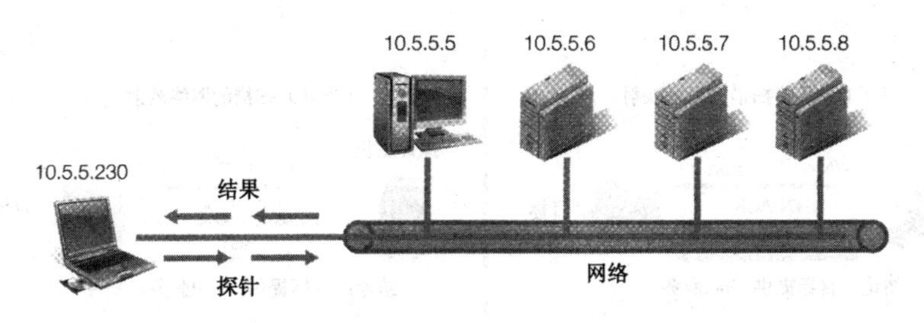

Host Name	IP	Services	OS
user-5	10.5.5.5	http, netbios, ftp	Windows Server 2003
server-6	10.5.5.6	http, netbios	Windows Server 2008
server-7	10.5.5.7	telnet, smtp	Linux
server-8	10.5.5.8	dns, finger, telnet	Solaris

图 7-12　网络映射

攻击者可以使用 ICMP（Ping）数据包来揭示某个网络的配置图。这样为攻击者提供发起攻击的有利条件。如图 7-13 所示，像路由器那样能够阻止 ping 数据包，就能防止攻击者了解网络的相关信息。当然，这也阻止了管理员利用这个有用的 Ping 工具进行网络故障排除。

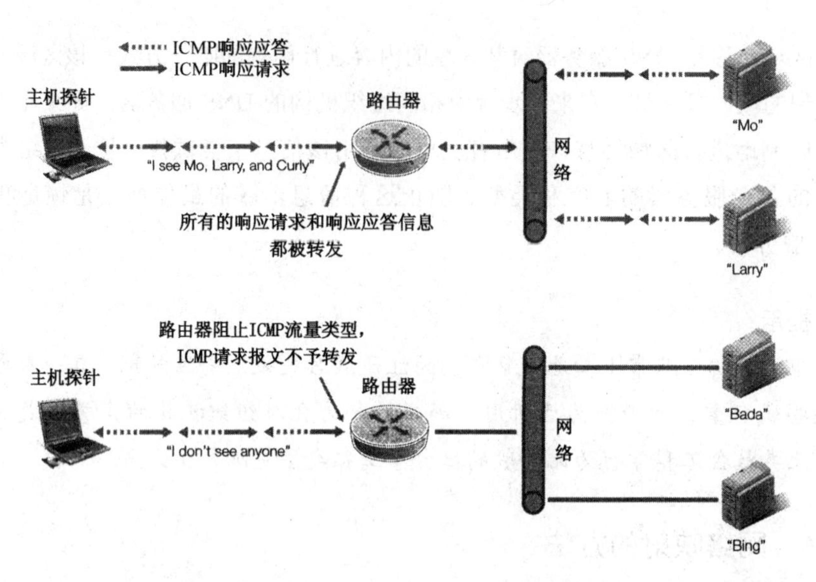

图 7-13 基于 ICMP（ping）的网络映射

图 7-14 显示攻击者如何利用 TCP/SYN 扫描来发现目标主机上的有价值的服务。攻击者发送数据包到普通端口，通过反馈就能确定主机是否接受这些服务。

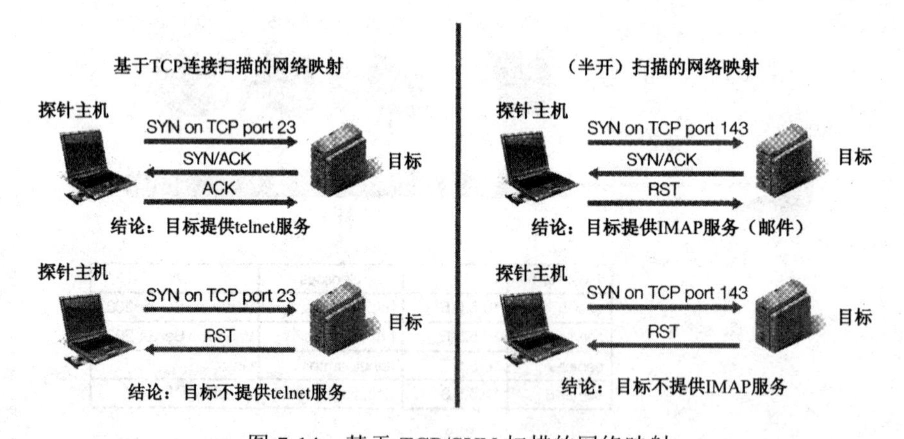

图 7-14 基于 TCP/SYN 扫描的网络映射

攻击者需要知道某个潜在的受害者上运行的是哪种操作系统，并根据目标的操作系统类型来确定不同的攻击方法。通过操作系统指纹，攻击者可采用端口映射来了解某个计算机上运行的是哪种操作系统及其版本。这样也能帮助攻击者发现计算机上可能存在的弱点。图 7-15 显示操作系统指纹如何为攻击者提供弱点信息。

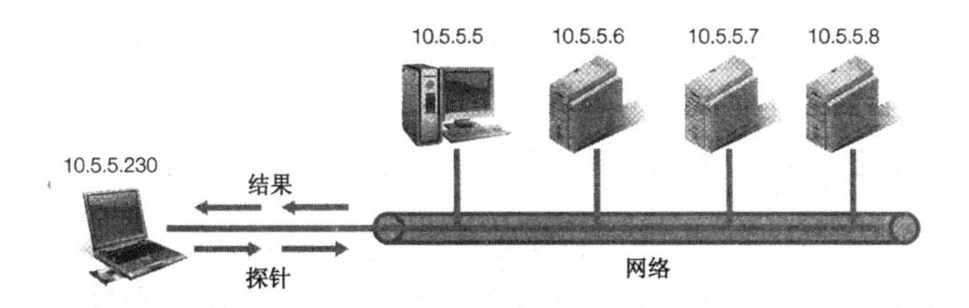

端口映射

- **根据TCP/IP通信的建立方式判断10.5.5.5 可能使用了Windows server2003系统。**
- **10.5.5.6可能使用了Windows server 2008 系统，因为当发送一个FIN时它没有响应RST并且根据HTTP信息确定其运行了IIS 5。**
- **10.5.5.7 可能使用了Linux系统，因为它回传了RST响应FIN，这种方式类似于Linux系统TCP/IP通信方式。**

图 7-15　操作系统指纹

7.8.7　隐蔽测试与公开测试

我们可以进行安全测试，测试中可能涉及内部和外部工作人员公开或秘密信息，可依据规章制度或内部人员的技能水平确定使用的测试人员和测试方法。图 7-16 显示出了不同类型的测试器。

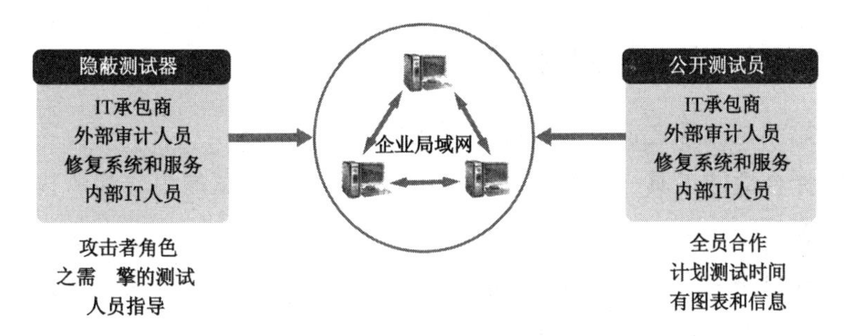

图 7-16　不同类型的测试器

无论由谁做测试，我们都必须考虑测试行为的潜在影响：

- **注意潜在危害**——某些测试可能会摧毁系统，而有的测试可能没有什么影响。在我们开始测试时，确保将各种潜在受影响的部门都考虑到。在进行可能导致服务中断或服务困难的测试时，应事先征得所在部门的同意。如果测试（甚至是安全的测试）导致系统崩溃时，要提前做好恢复计划。
- **注意每天测试时间的选择和每周测试日期的选择**——为了不影响太多用户，一般会选择系统的负载比较小的时间进行测试，但该方案并不现实。另一个替代的方案是在上班高峰时进行较安全的测试内容，而员工下班后进行更加危险的测试。

7.8.8 测试方法

黑盒测试。黑盒测试是一种不直接针对某个程序的架构或设计进行测试的方法。这就意味着测试者没有源代码，也意味着源代码的具体内容与测试内容无关。从另一个角度说，黑盒测试主要看重的是软件的外在行为。例如，它可以基于需求、协议规范、APIs，甚至是各种未遂的攻击。

相比而言，白盒测试则是基于应用程序的设计内容和源代码。实际上，白盒测试通常就是根据源代码的特点设计测试。例如，这些测试可以瞄准源代码中的某些特定结构来进行测试或尝试得到明确的代码安全等级。

灰盒测试。它是介于黑盒测试和白盒测试之间的测试模式，应用有限的程序信息。原则上，这意味着测试人员会了解源代码的一部分，而对其他部分并不知情。在实践中，测试人员可以访问比规范或要求更加详细的设计文档。例如，测试可以基于架构图或基于说明的程序行为模型。

7.8.9 安全性测试技巧和技术

在开始测试流程之前，应考虑以下几点：

- **选择合适的工具**——哪种测试工具最好取决于测试的内容和所执行的测试计划。
- **工具出错**——我们应该持怀疑态度来审核初步的测试结果。查找是否存在假阳性或假阴性。由于检测方法经常不一致，会导致工具的测试结果的变化。
- **保护好系统**——在错误的时间或采用错误的方法可能会对系统造成危害。注意保护好系统。
- **测试应尽可能真实**——测试应在不影响系统运行的情况下，尽量在工作网络和系统上进行。

当测试开始时，考虑到以下几点，就可以使测试尽可能真实：

- 首先应当进行不会导致系统崩溃或对系统造成重大影响的一系列测试。接着根据这些测试的检测结果修复所发现的漏洞。这样一来，当进行可能导致系统正常运行中断的测试时，可以使这种中断造成最小的影响。

- 在最核心的系统上，在进行业务持续计划的测试时可以同时进行这些测试。例如，在成功进行全部的中断测试后，进行替代站点或临时站点测试。
- 明确在进行渗透测试时是否将社会工程学也作为测试内容的一部分。测试人员和管理层要明确测试是否仅局限在技术层面还是测试人员可以尝试利用人们的行为获得访问。社会工程学测试执行起来很困难，但是如果做得好，则能够揭示其他类型的脆弱性。

本章小结

在本章中，我们学习到安全审计的有关知识，明白了审计是如何被用来帮助我们建立安全系统。了解到为什么需要审计和如何制定审计计划，包括审计范围以及审计是如何促进安全系统发展。我们还了解了审计基准，明白了它们是帮我们建立审计计划的基础。同时，我们还懂得了数据搜集的有关途径，包括如何搜集所需要的信息来进行一场高质量的审计。我们还学习了事后审计行为如何完成这些流程。本章还介绍了日志管理，使我们了解应获取的日志信息类型和相关有效工具。最后，我们了解了监控和系统安全性测试的有关知识。

Chapter 8 第8章 风险、响应与恢复

企业必须不断应对变化；股东们施加新的压力；政府颁布新的法律、设定新的标准；企业必须维持连接着供应商与消费者的供应链；组织制定策略以实现商业目标、保持竞争力。改变这些策略可能需要人员调动、变更 IT 组织结构以及逻辑重构。这些变化都可能增加风险。组织结构还反映着它的企业文化。同样地，企业文化影响着组织如何实现对信息系统、人员、进程、数据和技术等要素的保护。

组织对风险如何响应反映着它赋予资产的价值。如果这个风险不是很严重，组织就不太可能在降低该风险上花费太多时间精力。组织愿意为保护敏感数据花费的资金影响着存在的风险。也许组织明白风险的重要性，但是几乎没有组织愿意在降低风险上付出足够的心血。如果组织奉行只关注短期利益的一次性企业文化，那么它在遇到逆境时就会止步不前，只会采取一些必要的步骤以满足最低标准。然而，如果组织想要获取长期的成功，它就必须在成本效益计划上有所投资以降低风险。对于一个特定的组织来说，两种方案都可能适用。唯一的错误就是在风险上的投入与公司文化不匹配。例如，一个奉行一次性企业文化的公司不会在可持续发展的计划上进行投资，反之亦然。

8.1 风险管理与信息安全

风险管理是信息安全的核心要素。组织的每个行动无论其成功与否都包含着某种程度的风险。在商界中，风险管理决定着企业的成败。但这并不意味着能够消灭风险。组织会在可接受的风险水平与降低风险的成本间寻求平衡。不同的组织对于风险有不同的承受能力。例如，医院会尽最大可能来限制风险。另外，金融机构能够接受更高的风险，因为高风险可能带来高回报。

安全专家需要与其他人合作以识别风险，并合理运用风险管理方法。请记住

风险管理的两个重要原则：

- 在资产保护上的花销不要超过资产价值本身；
- 若没有相对应的风险，则任何应对措施都只是自找麻烦，因为我们永远都无法对花销做出合理的解释。

在信息安全的风险、响应与恢复环节中，安全专家扮演着十分重要的角色。这些环节可能会导致公司业务中断。安全专家还可以帮助制定与（或）维持计划以确保其公司在灾难来临时能够继续运作。这类计划就是业务连续性计划（BCP）。读者将在本章中学到这个重要概念。

灾难总会发生，因此我们必须假设它们会发生在组织中。作为安全专家，做好防灾计划是其工作的一部分。安全专家必须帮助制定并维持一个灾难恢复计划（DRP）。

安全专家的目标是确保系统在灾难发生后快速恢复，能够对用户可用，并且恢复所有丢失或遭到破坏的数据。此外，安全专家还要确保正确地管理恢复过程。

8.1.1　风险的定义

风险是指对系统脆弱性造成特定威胁并对组织造成破坏的可能性。威胁造成的破坏程度决定了风险的等级。为了完全理解风险，读者需要理解几个重要术语。NIST SP 800-30 出版的《信息技术系统风险管理指南》中定义了有关风险的重要术语。

理解这些术语是理解如何建立有效 IT 基础设施风险管理项目的基础。一个安全专家必须熟悉以下三个重要概念：

- **脆弱性**：脆弱性是系统安全过程、设计、完善或是内部控制中的缺陷或弱点。攻击者可以有意或无意地利用脆弱性制造安全缺口或是违背系统安全策略。
- **威胁**：威胁是指攻击者或者事件利用特定脆弱性的潜在可能。利用脆弱性的攻击者或事件被称为威胁源。威胁源可以是利用脆弱性的意图或方法，也可以是有可能意外地激发脆弱性的情景或方法。常见的威胁源包括自然的、人为的和环境的威胁源。一些安全专家也将威胁源称为威胁代理。
- **影响**：影响是指威胁利用脆弱性可能造成破坏的总量。例如，假设一个病毒感染了某个系统，那么这个病毒就可能影响到系统中的所有数据。

一些风险出现的可能性比另一些风险更高。可能性是指潜在威胁利用脆弱性的可能程度。例如，病毒或者其他恶意软件感染连接互联网的计算机时，没有安装杀毒软件的计算机被感染的可能性更高。

威胁被识别出以后，组织可能会发生一些事件或事故。事件是指对商业活动有可衡量影响的事情。一些事件几乎对商业没有影响，而另一些事件则可能升级为事故。事故是指对运行有负面影响的事件。事故是验证应对措施是否有效的事件。例如，员工仓库失窃就是事故。

本章接下来还将介绍有关控制、应对措施和安保的更多知识。虽然它们之间有些细微差别，但是很多人会交替使用这些术语。它们都能够通过减小脆弱性或者威胁影响程度以降低风险。控制包括安保和应对措施。简单来说，控制是指控制或者限制行为所采取的举措。安保强调控制中有可能导致脆弱性被利用的差距或者弱点。应对措施反击或者定位某个特定威胁。例如，灭火器就是一个应对措施。

8.1.2 风险要素

风险要素包括资产、脆弱性和威胁。这三者是风险的组成部分，而不是风险的计算公式。资产价值可增可减。安全专家应当提前发现脆弱性并加以补救。新威胁会与已有的威胁融合。当这些因素随着时间改变时，风险也会随之改变。我们应该周期性地对风险进行再评估以识别新风险。

不要以为所有的威胁都来自外部。2011 年，CSO 杂志、CERT 项目、Deloitte 公司以及美国特工处发布了一个《网络安全观察调查报告》。该报告指出：与前些年相比，来自内部的攻击有所减少。另外，FBI 和 Verizon Terremark 在其发布的《2012 数据破坏事故报告》中指出：内部攻击占据所有攻击总量的 10%。但是，它们所造成的影响远比这一比例大得多。2013 年，因为怀疑某个外国承包者窃取了其知识产权，NASA 关闭了其国际数据库并且收紧了其远程策略。

新的威胁不断产生。美国计算机应急响应队（US-CERT）定期通过电子邮件发布新威胁有关信息。读者可以在 http://www.us-cert.gov/ncas 网站订阅《网络安全技术警报》《网络安全公告栏》《网络安全警报》。一旦订阅成功，就可以在电子邮箱中收到定期警报。

8.1.3　风险管理目的

风险管理的目的是将风险降低到可接受水平。风险识别是必须做到的一步：

- 在它们导致事故之前；
- 在启动计划并开始风险处理措施（控制与应对）之时；
- 贯穿整个商品、系统或计划的生命周期。

风险几乎不可能降低到零。在识别出组织面临的风险后，我们需要对风险进行评估，然后降低那些可能造成主要影响的风险。必须判定降低风险的措施的成本。在许多案例中，降低小的风险需要非常高的成本。安全专家的部分工作是确定可接受的风险水平，实施控制将风险降低到该水平。必须在一些风险管理中集中精力来识别新风险，这样我们就能够在事件发生前实施管理。这个过程中可能包括不断地再评估，以确保采取合适的应对措施。

8.1.4　风险等式

风险管理包含风险评估、降低风险和风险评价与确认。注意，风险管理是一个持续性的过程。它包括周期性的风险再评价，以及贯穿风险管理过程中的风险评估。图 8-1 中显示了风险等式及风险管理的三个阶段。

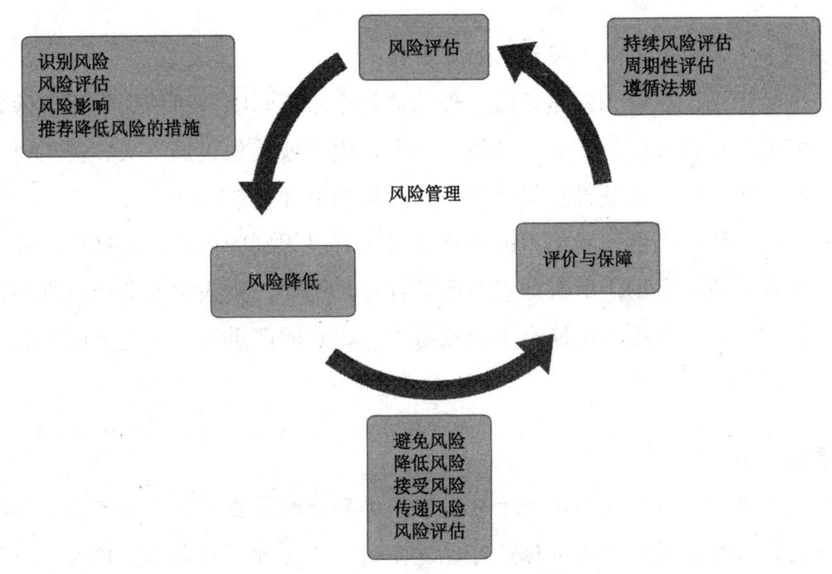

图 8-1　风险等式及风险管理的三个阶段

8.2 风险管理过程

图 8-2 显示了风险管理的流程。图表左侧的栏目是风险评估与监控的大纲，右侧的栏目是风险评估步骤的细节。

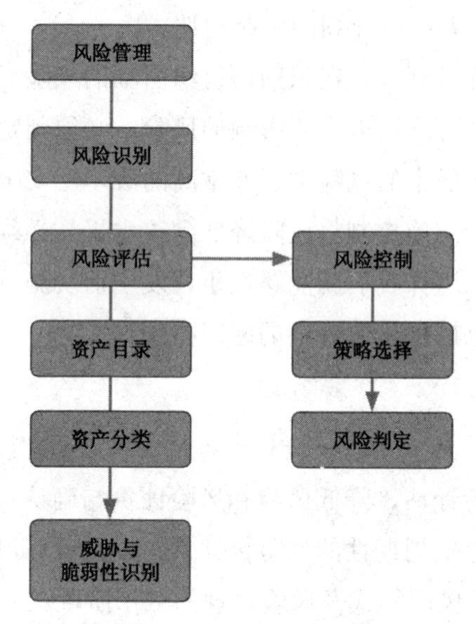

图 8-2 风险管理的流程

如图 8-2 所示，风险管理包括如下步骤：

- 风险识别：风险识别是风险管理的第一个步骤。哪些事情会发生危险？答案可能包括火灾、洪水、地震、闪电、电力或其他设施缺失、罢工以及交通不便。我们必须设想每一个威胁的场景来评估威胁。
- 风险评估：当然，我们不能正确度量所有已识别的风险。同样地，并不是所有威胁都适用于所有地点的所有行业。例如，蒙大拿或莫斯科都不需要担心飓风。在所有可能产生的威胁中，影响的严重程度决定于威胁的地点与场景。

提示：

避免“电影情节”式的风险十分重要。编剧会编写在现实中不可能出现的场景并使它们看起来是可能或者像是可能发生的。在这种虚假威胁上投入资金就是浪费。

风险评估阶段包括以下三个环节：

环节 1：对不同类型的风险控制进行评估，以降低识别到的风险。

环节 2：选择控制策略——要综合考虑可信度、可扩展性、成本、使用难易度与安全性。这一步会消除一些可选项，并使其他可选项更为突出。

环节 3：控制选择的理由——比较风险与风险控制成本。花费 100 美元去保护一个价值 10 美元的资产是不合适的。

- 资产清单：建立资产清单，以便在风险评估时进行损失评估。
- 资产分类：根据资产对于业务的价值进行分类。
- 识别威胁与脆弱性：识别每一个资产的威胁与脆弱性，将它们与预选的控制进行对比，判别这些控制策略是否（仍然）合适。

提示：

当事件出现时，幸免和失败的企业在风险分析、对策以及减轻、处理灾难的计划（包含以下章节的内容）中存在着不同。

8.3　风险分析

好的风险分析是以管理者能够理解的术语给他们解释公司的风险环境，在风险分析中能够指出哪些风险会导致公司无法正常运作。有时候，一些 IT 专家在保护 IT 结构时会变得情绪化，他们忘记了他们存在的目的就是保持公司的正常运作。在风险评估期间，他们会持续专注于“这对于公司有什么意义”或是“这个公司的价值是什么”等问题，而不是“这对于系统和基础设施意味着什么”。

风险分析证明并判别降低风险所做的努力：

- 风险的降低识别对于商务过程和数据系统的威胁；
- 风险分析判别某种应对措施对降低风险的产生效果。

虽然有许多种方法可以降低风险，但是开展风险评估与分析的一个重要原因就是为寻找最佳方案提供必要的数据。这就取决于成本、对生产率的影响以及用户的可接受程度。

新生威胁

我们同样需要对新生威胁进行风险评估。它们可以来源于许多不同的领域，也可能来自内部或外部威胁源。新生威胁包括以下实例：

- 新技术；
- 组织或环境的企业文化更迭；
- 使用未经认证的技术（例如：无线技术、流氓调制解调器、未经授权的软件），PDA、智能手机、平板面临的威胁包括：合作数据失窃、对无线传输和流量控制能力差，以及在多台设备上存有多个副本或多个版本的数据；
- 法律法规的变化；
- 商业实践的变化（例如：业务外包、全球化）。

我们应当周期性地进行风险分析，找出新生威胁和脆弱性。主动的安全专家会时刻关注新的威胁，而这些新威胁可能会带来新的审核需求。

8.4 两种方法：定量分析和定性分析

风险评估有两种方法：

- **定性风险分析**：此类风险分析会描述风险场景，之后计算出事件对于商业运作的影响。为此需要向各部门的负责人咨询，当灾难袭击他们部门时会发生什么。这样商业组织和技术专家就能够深入理解事件对于其他部门或操作的连锁影响。从这些专家手中搜集信息的过程叫作技术预测法（Delphi 法）。
- **定量风险分析**：此类风险分析使用金融术语描述风险，并以经济价值来考量风险的所有元素。这个方法有个缺点，许多风险的价值是难以量化衡量的，包括声誉以及应对措施的可用性等。这些风险很难得出具体的数字，尤其是计算未来事件的影响所产生的开销。

定量分析用经济价值衡量风险；而定性分析通过描述风险的场景来定义风险。表 8-1 中将定量分析和定性分析进行了比较。两种方法本身都不完美，可靠的风险评估常常需要结合这两种方法。

表 8-1 定量分析与定性分析的对比

定量分析	基于数字的（硬）数据	金融数据客观
定性分析	基于场景的（软）数据	面向情景主观

在大部分情况下，这两种方法都可以结合起来使用。定性分析使我们更好地理解灾难的整体影响及其对整个组织造成的连锁影响。它也会增进部门间的交流，以便通过合作减少灾难破坏。然而，这种分析缺少了可靠的金融数据，这些数据必须通过定量分析获得。我们需要用这些成本信息来判断应对措施的成本。因此，通常我们需要综合考虑这两种方法。

8.4.1　计算定量风险

为了计算定量风险，必须计算资产的价值以及将遭受损失的频率。这是事件损失的期望值。定量计算风险的过程如下：

1. 计算资产价值（AV）：资产是指对于一个组织有价值的所有事物。资产可以是有形的（建筑）或无形的（声誉）。风险评估的第一步就是判定组织中的所有资产及其价值，即组织能够完成其任务的能力的重要性。资产价值需要考虑到设备或系统的替代价值，还应当考虑包括生产率损失、声誉损失或是客户信任损失等因素。

2. 计算影响系数（EF）：这代表着事故发生时资产损失所占的比例。例如，并非所有车祸都是损失了全部资产。保险公司都会有负责计算每宗车祸的损失比例的保险精算师。他们知道每个型号车辆的修理费用，并且预估出每宗车祸的曝光系数。他们对于单宗理赔的预计不会完全准确（除非巧合），但是当这种事件的数量达到数百或数千时就会变得很准确。

3. 计算独立损失期望（SLE）：计算独立损失期望需要用到上述两个因素。如果保险精算师计算得到最新款 SUV 的 EF 是 20%，那么每次电话铃声响起时，他只需要查找该车型的资产价值并乘以 EF，就能得到较为准确的赔偿预算。这样保险精算师就能精准地计算出保险理赔的金额，并且降低保险公司多赔钱的风险。

4. 判定每年损失发生的频率：损失发生的年平均水平（ARO）。多个事件的 ARO 大于一个事件的 ARO。例如，布法罗或柏林每年都会遭遇多次暴风雪。而其他事件的 ARO 要低得多。例如，这些地区几乎 20 年才会发生一次仓库火灾。通常估算事件发生频率是一件比较困难的事。内部或外部的因素都可能影响评估结果。历史数据不能总是预计出未来的事件。相比其他时间段，由内部威胁产生的事故更可能发生在职员不稳定或是合同协商期间。

5. 判定年损失期望（ALE）：ALE 是 SLE（灾难发生造成的损失）与 ARO 的乘积，即 ALE=SLE×ARO。ALE 帮助组织确定事件的整体影响。对于不常发生的事件，ALE 会比 SLE 小得多。例如，假设一个事件每十年发生一次，那么 ARO 就是 0.10 或者 10%。如果 SLE 是 1000 美元，那么 ALE 就只有 100 美元（1000 美元×0.10）。另一方面，如果 ARO 是 20，也就是说每年发生 20 次，那么 ALE 就是 20000 美元（1000 美元×20）。表 8-2 显示了定量风险的计算步骤。

表 8-2　定量风险的计算步骤

计算	公式
独立损失期望（SLE）	AV×EF=SLE
发生年率（ARO）	ARO=事件发生次数/年
年损失期望（ALE）	SLE×ARO=ALE

计算定量风险的目的是找出应对措施中需要投入的最大金额。应对措施的成本应当小于 ALE。

试想一下，假设某个组织中有 100 个用户使用笔记本计算机。每台计算机的价值是 2000 美元，其中包含计算机、软件及数据等成本。在过去的两年里，该组织平均每年损失 6 台计算机。通过这些信息可以计算得到 SLE、ARO 和 ALE 分别为：

- SLE 为 2000 美元；
- ARO 为 6；
- ALE 为 12000 美元。

有人建议为这些计算机购买硬件锁。用户可以使用这些锁给无人看管的计算机上锁，就像骑自行车的人给车架上锁一样。假设锁的批发价为每个 10 美元。另外，假设购买并使用这些锁能将每年 6 台计算机的损失降到每年 1 台。这笔投资是否合理呢？

- 应对措施的费用为 1000 美元（10 美元×100 台计算机）；
- 新的 ARO 为 1；
- 新的 ALE 为 2000 美元。

明显地，这笔投资是非常高效的。相比每年损失 12000 美元，花费 1000 美元就能让每年的损失降到 2000 美元。总的外流资金是 3000 美元。相比采取该项控制措施前损失的 12000 美元，这样要好得多。另一方面，如果应对措施的费用是 24000 美元，那就是相当不明智的。花费 24000 美元来保护可能流失的 12000 美元，那么我们就白白损失了另外的 12000 美元。

8.4.2　风险定性分析

可以从两个方面判断风险：

- **可能性**：一些事情——例如，员工签到处的证件读取器故障——几乎不会发生。而另外一些事情，比如职工打电话请病假，几乎肯定会发生。
- **影响**：一些事情——例如，工作站无法开机——造成的影响微乎其微。而另外一些事情，比如生产系统故障，则会造成重大影响。

图 8-3 所示为定性风险分析，在评估事件时，我们需要考虑事件的规模，然后根据该图对事件定位。

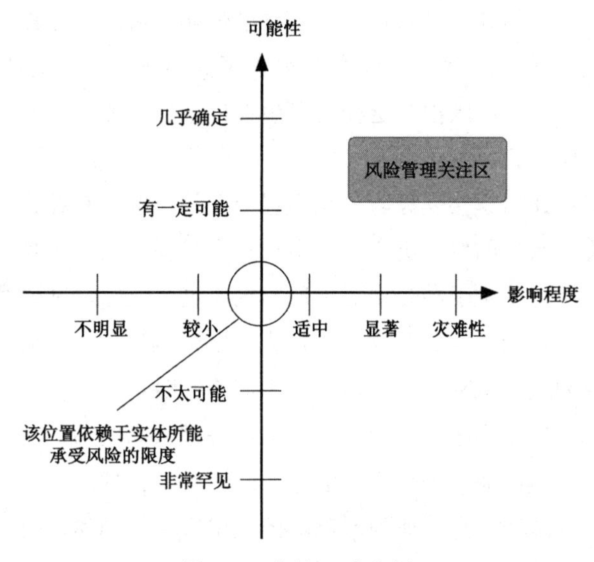

图 8-3　定性风险分析

应注意落在“风险管理关注区”这一象限中的风险在该象限中的风险具有较高的可能性和较大的影响。我们应该首先对这些风险进行评估。如果先对这些风险采取应对措施，那么就可以减小它们出现的可能性或者减轻它们的影响。虽然我们不应该只对右上象限的风险实施风险管理，但是应该把降低风险的主要精力都放在这些风险上。风险的减轻、转移、接受或者避免（下节将会讲到）能够降低右上象限的风险。需要提醒的是，目标不是消灭风险，而是将风险降低到可接受的水平。

8.5 制定风险处理策略

在制定风险处理策略时，我们需要对最常见的响应有所了解，包括降低、转移、接受及避免风险：

- **减轻（降低）风险**：这种方法是指通过多种控制措施来减轻或降低已识别的风险。这些控制措施可能是管理上的，技术上的或是物理上的。例如，安装杀毒软件可以降低计算机被病毒感染的风险。
- **风险分配（转移）**：这种方法能让组织将风险转移到另一个实体上。保险是一种降低风险的常见方法。组织支付保险费，就可以将它的风险“转嫁”给保险公司。另外，可以将组织与过度依赖隔离，以此转移风险。例如，一家酒店聘用某个独立的停车公司管理其停车场。所有损失均由停车公司，而不是由酒店承担。这样，发生在停车场中的事故就不太可能让酒店陷入法律纠纷。
- **风险接受**：让组织接受风险。组织已经了解风险存在并且认为承受风险的费用比降低风险的费用更高。其中包括自我保险及免赔款。组织对于风险的可接受水平决定于高管层对于风险的态度。例如，某位医生购买了医疗事故保险，接受了与免赔款对等损失的残余风险。但是他可能觉得不值得购买更高额度的保险，毕竟他几乎不需要索赔。
- **风险避免**：决定不接受风险。如果风险等级太高的话，公司可以中断或决定不再进行该商业线的运作。通过风险避免，管理者将会发现那些潜在损失超过了继续风险行为所赚取利润的投资行为。例如，一个公司不会在政治混乱的国家开设分公司。

提示：

通常风险不能被完全消除。组织必须选择一个能够接受的风险水平，这就是可接受的范围。

可接受风险/残余风险范围

对于风险的可接受范围反映了我们对活动与应对措施的定义。其上界是风险的影响造成的损失大到组织无法接受，其下界是处理残余风险的应对费用逐渐攀升。风险管理的目的就是将风险保持在可接受的范围内，如图 8-4 所示。

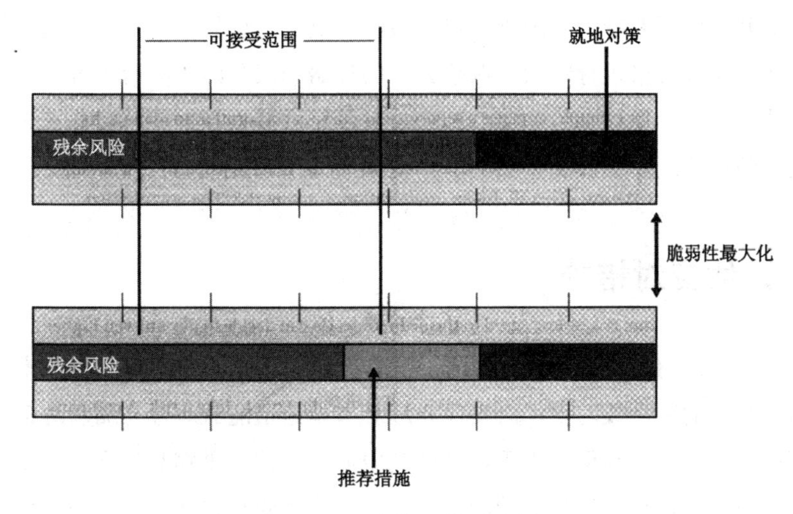

图 8-4　风险的可接受范围

人们可能会选择不完全消除风险，因为完全消除风险是不可能的或者代价太高。当风险没有降为 0 时，余留的风险就是残余风险，如图 8-5 所示。

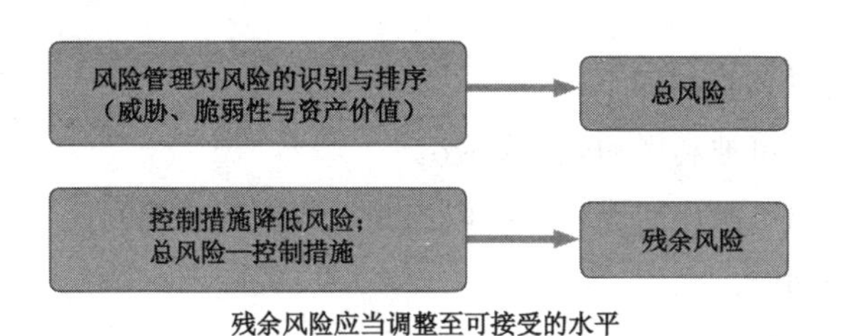

图 8-5　总风险与残余风险

风险-采取控制措施后降低的风险=残余风险

组织应当准备好接受残余风险造成的损失。如果这个损失太大，就必须完全消除该风险或者采取其他应对措施。

图最上方代表着一个组织针对特定脆弱性的总风险。程度适中的应对措施是不足以将最高可接受等级的风险降低到可接受范围内的。图下方显示了合适的应对措施，它可以将最高可接受等级的风险降低到可接受范围内。

我们已经知道：威胁、脆弱性以及资产价值组成了风险。总风险是所有商业资产的合成风险。残余风险是指采取应对措施和控制措施后余留下来的风险。采取应对措施和控制措施并不能消灭风险。例如汽车保险。购买的最新款汽车从离开销售场开始就不断贬值，因为它已经被使用过了。如果该车发生车祸，保险一定不会按照购买价格进行赔偿。保险公司的理赔和汽车的实际购买价格之间的差值就是残余风险。保险中的免赔款部分，以及在安装了警报、自动喷水灭火系统并开展消防训练之后仍发生火灾的概率也属于残余风险。

8.6 评估应对措施

正如本章之前讨论的那样，控制、安保及应对措施不是可以互换的术语。控制是指对行为的限制或约束，而安保和应对措施是指能够对行为加以约束或管理的控制。例如，安全地保存贵重物品就是限制，监管贵重物品的守卫就是安保，而保险就是针对贵重物品失盗的应对措施。这些措施负责处理或是强调特定事故的损失。

可能采取的应对措施有成千上万种。每一种应对措施必须有明确定义的目标。它必须解决风险并减少脆弱性。没有暴露点（风险）的应对措施（或控制）就是自找麻烦。

应对措施的具体目的如下：

- 修补已知的可被利用的软件缺陷；
- 制定并加强可操作的流程与存取控制（数据与系统）；
- 提供加密功能；
- 加强物理安全；
- 解除不可信赖的网络连接。

每个人都应当意识到他或她的安全责任。对于一些人来说，安全是全天候的工作。其他人则是承担一些罕见的责任，例如出行前锁好门窗。可能需要承担的具体安全责任包括如下：

- 删除冗余的/访客的账户；
- 训练系统管理员（具体的训练）；
- 训练每个人（大致的训练）；
- 安装病毒扫描软件；

- 安装 IDS/IPS 以及网络扫描工具。

8.6.1　应对措施价格估算

在评估应对措施时必须考虑以下因素：

- **产品成本**：产品的价格包含它的基础价格，附加特征价格以及服务等级认证与年度维护的相关费用。
- **运作成本**：设施、结构、设计与训练更改的相关费用，例如，安装新设备时加固地板的费用。
- **兼容成本**：应对措施必须适用于整个结构。例如，一个只用 Windows 系统的组织需要认真考虑，采取基于 Linux 系统的应对措施所产生的训练及互动操作成本。
- **环境成本**：举例说明，如果一个应对措施消耗大量的电量，我们就需要考虑电力系统是否足够供电，以及能否散发掉它产生的多余热量。
- **测试成本**：测试需要消耗时间与财力，但是这种成本是必需的。然而，需要注意的是，测试也可能造成破坏，必须考虑所有的这些开销。
- **生产率影响**：许多控制措施都会影响生产率。它们可能会产生更多的求助电话，更长的响应时间，等等。

请记住：应对措施的成本高于单项技术的购买费用。

8.6.2　应对措施评估

采取恰当的控制措施或应对措施来满足主观需求是十分重要的。如果一个应对措施无法满足它的设计意图来提供帮助，那么它就是没有价值的。

对应对措施进行评估时，首先要问："设计这个应对措施是为了解决什么问题？"然后要问："这个应对措施能够解决问题吗？"此外，需要考虑以下要点：

- **应对措施可能给组织带来新的风险**：例如，实施应对措施可能会产生安全的假象。或者应对措施本身变成了重要系统的新的故障点。确保对应对措施进行持续性的监控。检查它的完整度与设计，实施常规维护。
- **必须对于应对措施项目进行证明和鉴定**：所有的系统、控制措施及应用首先都应该完成更改控制的流程。同样也要运用到已经存在的产品系统上。在进行安装或更改前，必须审核所有的控制措施或应对措施。否则，管理员可能会对系统进行错误的配置或造成其他故障。

- **必须遵循最佳实践并开展尽职调查**：好的风险管理项目会告诉审计员，该公司处理安全风险的方法谨慎而勤奋。必须开展尽职调查，对应对措施开展经常性评估以判断其效果是否符合预期。

8.7 控制及其在安全生命周期中的地位

安全控制是指组织用以避免、应对或减小损失和不可用性最小化的安保或应对措施。美国审计总署对于安全控制的定义如下：

“控制环境为组织设定基调，影响着人们的控制意识。它是内部控制所有组成部分的基础，决定着它们的秩序和结构。控制环境的因素包括：完整性、道德价值、实体拥有者的管辖权；管理哲学与操作方式；以及管理层分配权限和人员组织与成长的方式。”

一些控制管理着安全的活跃阶段，即人们的行为。这就是管理控制。管理控制发展并确保政策与流程的兼容度。它们规定了员工可能做的事情、员工应该做的事情或是员工不应该做的事情。由计算机系统执行或管理的控制措施则被称为技术控制。

活跃阶段控制既可以是管理控制也可以是技术控制。它们与安全项目的生命周期保持一致：

- **检测控制**：此类控制会识别出已经存在于系统中的威胁。入侵检测系统（IDS）就是检测控制的一个例子。IDS 可以检测系统受到的攻击，比如试图获取信息的端口扫描。之后，IDS 就会记录行为。
- **防御控制**：此类控制会阻止威胁与脆弱性相接触。防御控制的一个例子就是入侵防护系统（IPS）。IPS 是可以通过设置主动封锁攻击的 IDS。除了简单地记录行为，它还能更改设置来阻止恶意行为。
- **纠正控制**：此类控制会减轻威胁的影响。当系统被恶意软件感染后，重装系统就是在进行纠正控制。此外，取证与事故响应也属于纠正控制。

8.8　防灾计划

灾难降临时，组织的响应方式将会决定它的存亡。缺乏计划性会大大增加风险。如果不事先制定好计划，组织可能无法恰当地响应灾难，也无法回到正常工作状态。防灾计划是业务连续性管理（BCM）的一部分，它包括以下两个部分：

- **业务连续性计划（BCP）**：这个计划能够保证关键业务进程在灾难中能够持续进行。
- **灾难恢复计划（DRP）**：这个计划帮助必要的基础设施恢复到正常的业务操作。

BCM 中不仅包含 BCP 和 DRP，还包括灾难管理、事故响应管理和风险管理。

灾难是指突发性、没有计划、灾难性的事件。它会使得组织无法提供重要的商业功能，并造成破坏或者损失。

灾难包括以下例子：

- 极端天气：例如，2005 年的卡特琳飓风。
- 犯罪活动：其中包括电子商务网站的信用卡号码失窃。
- 内乱/恐怖活动：2001 年 9 月 11 日发生在世贸中心的爆炸事件。
- 军事行动：2003 年 8 月发生在美国东南部的大规模电力管制。
- 应用故障：2012 年软件故障导致骑士资本集团损失 4.4 亿美元。这场灾难严重地打击了这个公司，使其近乎破产。

BCM 的目的是减轻灾难事件的影响。然而，当灾难事件真正发生时，首要考虑的是人身安全。遏制破坏应该放在第二位。

8.8.1　术语

安全专家必须深入理解以下术语：

- **业务影响分析（BIA）**：此类安全分析用于判断何种事件将对何种系统造成影响。不应该将 BIA 的注意力仅仅局限在信息系统部门和基础设施上。供应链灾难（仓库失火、车祸等待） 会使公司遭受重创，并且从技术上根本无能为力。一些场景会影响部分部门，一些则会影响其他部门，而少数严重的场景会影响到整个业务。在本章后一部分我们将学到 BIA 的有关知识。
- **重要业务功能（CBF）**：一旦 BIA 识别出事件将会影响到的业务系统，我们就必须按重要程度将这些系统排序。这个排序决定了在关键功能缺失后，公司的业务是否可以继续存活——以及可以存活多久。

- **最大耐受停工期（MTD）**：最大耐受停工期是缺少特定关键系统的业务能够存活的最大时间。灾难是指任何能够使得 CBF 不可用的时间超过 MTD 的事件。每个防灾计划和减灾办法都要在 MTD 以内恢复 CBF。具有最短 MTD 的系统和功能通常是最重要的。下一节将对这个话题进行更加详细的介绍。
- **恢复时间目标（RTO）**：RTO 是恢复 CBF 的时间机制。RTO 必须小于或等于 MTD。
- **恢复点目标（RPO）**：灾难事件会造成数据丢失。必须计算出每个业务功能可容忍的数据丢失量。恢复过程必须满足这里定义的最小量。如果业务能够承受一天的数据损失，那么夜间恢复就是可以接受的解决方法。然而，如果业务系统需要避免任何数据的丢失，那么就需要另外一个服务器或者存储器了。
- **紧急操作中心（EOC）**：紧急操作中心（EOC）是修复团队在灾难中共同工作的地方。许多商家的 EOC 不止一个。例如，一个可能就在附近，以供发生火灾时备用；另外一个可能在一定的距离之外，以供地震或地区性停电时使用。

下面将描述 MTD 和 RTO 是如何共同工作的。假设一个数据中心面临停电。而将业务转移到备用站点需花费 6 个小时（RTO）。在没有数据中心的情况下，业务能够继续运行 9 个小时。这是一个事件，但并不是灾难。如果用户希望电力能在 3 小时（MTD－RTO）之内恢复，那个就不会宣告这个事件为灾难。但是，如果超过 3 个小时仍然没有恢复供电，那么就必须将该事件定为灾难。

在这个例子中，3 个小时的时间限制是重要的里程碑。想象一下，组织没能在 3 小时之内将操作迁移到备用站点，而是用了 4 个小时。又因为它转移到备用站点花了 6 个小时，所以组织承受的时间损失就是 10 个小时。这超过了 MTD 的 9 个小时。这一个小时看起来不怎么多，但这却是基于已确立的 MTD。这就像是数据中心为其他组织提供服务，其服务等级协议要求时间不能超过 9 小时，超时就会罚款。而这一个小时会给组织造成数万美元的损失。

8.8.2　预估最大耐受停工期

可以通过业务需求判定 MTD。这与几个集成功能的 RTO 相关联。以一个电子商务公司的网站为例，Web 服务依赖于网络服务、ISP 可用性以及电力系统。其中每个因素都有与各自事件相关的 RTO，同时还与 MTD 相关联。

假设某网站的 MTD 为 4 个小时，那么发生故障的网络服务、ISP 可用性和电力系统的 RTO 必须小于 4 小时。虽然部分修复过程会同时进行，但是一些过程需要按顺序进行。在这个例子中，只有恢复供电才能恢复网络服务。然而当电力系统恢复后，我们就能够同时修复网络服务和 ISP 可用性。

RPO 定义了可以容忍的数据丢失量。RPO 可能来自业务影响分析，有时也可能来自政府命令——例如，制药研究数据存储的相关法规。图 8-6 显示了 MTD、RTO 和 RPO 的估算过程。

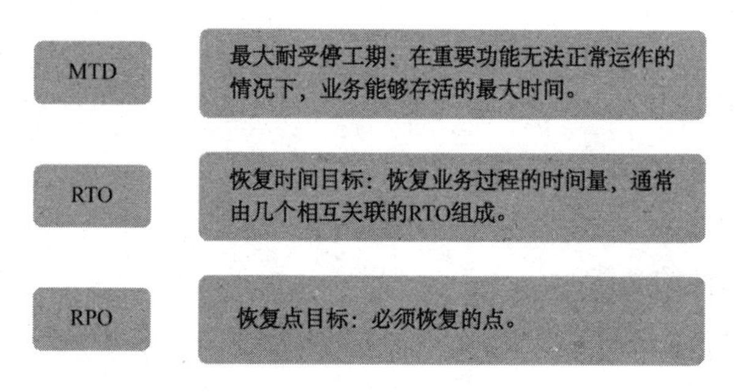

图 8-6　MTD、RTO 和 RPO 的估算过程

8.8.3　业务影响分析

BIA 确定特定事故对于商业运作造成影响的时间期限，驱动修复策略和 CBF 的选择。

安全专家的工作是弄清楚两个问题：

- 什么会影响业务？
- 它会怎样影响业务？

成功的 BIA 会详细规划环境、重要的业务功能及其依存关系的处理。我们需要考虑到所有的影响，包括严重的和不是很明显的。不同的事故需要不同的修复策略。会计部门的火灾可能需要外包及临时办公区。地下室遭受洪灾可能需要启动服务局计划。地震或飓风可能导致组织永久迁移至新设施中。

8.8.4 影响的速度

随着时间的流逝，一些事件会变得越来越严重。关键处理设施的缓慢退化可能产生灾难。在计算机室中不断添置新的设备可能会加重电力供应的负担，最终导致停电或者火灾。

有些事故在特定时间段中可能会变得更加严重。供应燃油的公司在冬天更加繁忙。在冬天，即便是最短的停电期也可能危及它的服务协议。在夏天，相同的公司能够轻易承担更为严重的事故（更长的 MTD），因为此时它的负载最低。

8.8.5 重要的依存关系

BIA 必须确定组织需要什么来支撑公司的重要操作：

- 信息处理；
- 人事安排；
- 交流沟通；
- 设备；
- 设施；
- 其他组织性的功能；
- 供应商。

8.8.6 对停工影响的评估

BIA 需要判别出重要的数据和系统。请注意，系统的重要性与数据的重要性并不总是相同的。有时系统可能比它包含的数据更加重要，反之亦然。真正重要的是那些业务所依赖的系统和数据。在 BIA 中需要考虑以下分类中的事项：

- **人员**：事故和影响发生时，如何通知他们？如何评估、调动或关心员工（例如，支付薪水）？
- **系统**：计算和通信基础设施的哪些部分是必须立即备份的？需要多长时间？一分钟，一小时，或者一天？
- **数据**：商业运作中最重要的数据是什么？怎样恢复被丢失的重要数据？
- **资产**：哪些事项对业务最为重要？诸如工具、供给以及特殊形式的事物等事项必须是可恢复或是易于替换的。

对停工影响的评估是 BIA 中的例行步骤。为了实现目标，我们必须确定在这四个类别中什么是必须完成的以及完成的顺序如何。BCM 的主旨就是弄清楚以上问题。

8.8.7　计划审核

必须对系统与应用的 BCP、资产清单及配置列表进行升级和常规维护。一些公司以年为周期完成这些工作，而另一些公司则选择不同的周期。除了计划内的审核，公司中的任何变化都需要审核。实施不断更新的计划、测试及计划回顾不仅大有裨益，还能很好地帮助新员工的培训。通过参与实践处理，新的员工会熟悉我们的工作流程和相关环境。

8.8.8　计划测试

如果没有彻底的测试，就不能接受任何 BCP 或者 DRP。测试能够帮助我们确认计划是否奏效，或者能否满足 CBF、MTD、RPO、RTO 等目标。测试的每个阶段都要考虑连续性的安全需求及技术需求，这些都是测试与处理实际灾难时所需要的。

1. 清单测试

清单测试是对经理与业务连续性管理团队制定的计划的简单回顾。用以确认联系电话是否仍然有效，计划是否符合公司的优先级与结构。此类检查是桌面检查 。在检查联系列表的同时，他们要审查部门中的变动是否影响计划。他们还会观察预料中的部门变动是否会导致计划更新。

2. 结构化贯穿测试

结构化贯穿测试是一种桌面检查。在此测试中，每个部门的代表团队需要做以下工作：

- 向其他团队阐述他们在计划中所负责的部分；
- 审核计划目标的完整性与正确性；
- 考虑所有因素，对计划进行全面审查；
- 查找重叠部分和缺漏部分；
- 审核组织结构与报告/通信结构；
- 对测试、维护方案、训练要求进行评估；
- 进行多种情景演练，评估计划有效性；

- 以结构化的方式将整个计划完整执行一遍。

在最后一个步骤中，团队成员需要针对特定事故进行演习。结构化贯穿测试的目标是找出每个部门计划中的缺陷，如缺漏或者重叠。缺漏是指应当由某个部门完成的重要任务却被另外一个部门处理。重叠是指两个部门都认为自己对某个资源有主要使用权。例如，两个部门都认为自己拥有三分之二的后备台式机。

3. 模拟测试

模拟测试不是纸上谈兵。相比排练测试，它需要更多的计划。所有相关员工都要参与到测试的操作/流程中。测试将会验证以下项目：

- 员工的反应与响应时间；
- 低下的效率或者没有事先识别的脆弱性。

安全专家应当现场指导模拟测试，并且必须按照计划中的应对措施指导。模拟测试涉及许多尚未参与制定计划的员工。通常模拟测试会安排在非工作日（比如周末）进行。

模拟测试的目的在于找出不足之处。应当尽可能多地往下进行测试。假设一份重要文件被丢失，由于该文件是从主站生产或获得的，因此必须从主站继续测试流程。为了适合评估并更新计划，必须记录评估过程中出现的所有现场修正。只有当所有步骤均已完成或无法继续测试时，模拟测试才能结束。

4. 平行测试

许多组织会在备用站点进行平行测试。平行测试和全中断测试（下节中的内容）几乎完全相同，唯一的不同是流程在初始站点处不会停止。以下是有关平行测试的要点：

- 平行测试是操作性的测试，因此不包括公司猎头、公关、采购等部门的代表。
- 因为平行测试意味着启用备用站点，所以它会消耗大笔资金。这个测试必须经过高管的允许。
- 将测试的效果与原始站点的处理效果进行比较。
- 缺漏分析中暴露出的任何缺点和表现不佳的地方都需要关注。

通常审计员会参与到测试的每个步骤中，监控测试是否成功，并确保平行运行的数据没有与原始操作数据混淆。

警告：

这类测试具有高风险！实施全中断测试可能制造一场灾难。除非已经成功实施了所有其他类型的测试，才能进行全中断测试。在测试之前必须征得高管层的同意！

5. 全中断测试

此类测试最常用的方法就是在备用站点进行。此类测试极具破坏性，因此很少实施。在测试期间必须关掉所有的原始系统。只能具备能够继续进行商务运作的备用站点才能开展此类测试。

8.9　备份数据和应用

只有公司进行了数据和应用备份，在事故发生时才有可能修复。计划包括备份存储介质、地址及存取。磁带备份是传统的备份方法，而且现在仍然十分常见。然而从磁带恢复数据十分缓慢，而且许多系统的 RTO 比磁带修复的时间要短。此类站点通常会使用基于磁盘的解决方法，例如，SAN、NAS，甚至是离线的基于网络的存储，如远程日志。在远程日志中，系统将在线事务日志写到某个离线存储位置，日志更新数据库拷贝。一旦主工作站点宕机，离线拷贝保存的就是最新状态。

备份 VS 冗余

冗余，或称为容错可选项，是指在主资源出现故障时提供备用资源的一种选择。换句话说，系统可能发生故障，但是冗余可以容忍故障并且继续业务运行。但是，必须知道：冗余不能替代备份。

例如，RAID 1 镜像同时在两个磁盘，而不是只在一个磁盘上写入数据。如果其中一个磁盘发生故障，系统仍然可以继续运行，因为第二个磁盘上的数据仍然可用。然而，假设一个受 RAID 保护的服务器因为灾难性故障损毁了所有驱动器，数据将会丢失。如果没有建立备份措施，那么数据就会永远丢失。

类似地，可以建立集群服务器，在主服务器发生故障时从服务器能够接管其工作。尽管服务可以通过集群容忍故障，但我们仍然需要备份。

备份提供了所需资源的额外拷贝，如数据、文件和设备。如果原始站点发生故障，可以启用备用站点，也可以修复备用磁带（可能会在备用站点中）以恢复正常业务。

备份的种类

备份和修复都很慢。有三种方法备份业务进程：

- **全备份**：顾名思义，此类备份将所有的数据都拷贝到备份介质中。常用的存储介质是磁带，有时也可能是 CD、DVD 或磁盘。
- **差额备份**：使用此类备份，需要首先进行全备份，时间通常是网络负载最轻的周日早上。从周一至周六，用户每天只需要备份自周日全备份以来每天发生的变化。每过一天，每个晚上所需的备份时间会比前一天有所增加。
- **增量备份**：此类备份同样需要首先在网络负载较小时进行全备份。之后在每天晚上备份当天的变化。在一个星期当中，采用每晚（增量）备份所需的时间大致相同。

创建增量备份比创建差额备份快。但这是需要付出代价的。如果我们需要利用备份镜像文件来修复数据，采取差额备份方案只需要还原全备份和最近的一次差额备份。如果采取增量备份方案，则必须还原全备份与每天的增量备份。

数据以外的内容也需要备份，包括路由器及中继器设置，用户存取权限及设置（例如，活动目录）和服务器/工作站的操作系统及其设置。为了更便于管理，多数大公司会针对工作站设置可按需重装的标准基础配置。只要及时更新这些配置（打补丁和及时修复），这就是一个极具吸引力的解决方案。

8.10 处理事故步骤

需要提醒的是，事故是对操作具有负面影响的事件。当事故发生时，组织必须及时响应。事故处理流程如下：

- 通知；
- 响应；
- 恢复与跟进；
- 归档。

读者将在后面几节中学习相关知识。

8.10.1　通知

事故响应流程的第一步是判断事故是否真实地发生了。并非所有的事件都是事故。必须弄清楚该事故是严重事故还是常见、良性的事故。这就是对事故分类——划分事件的优先级。最初的事故通知可能来自告警、用户的抱怨、安全供应商的警告或者日志分析。确保已经为不同类型的通知制定了相应的处理流程。

有时我们会成为第一个觉察到某事件的人，必须知道如何应对该事件。我们的目标是控制事故并改善当前状况（如果可能的话）。注意，前往别让情况继续恶化！我们必须调查该事件是否为误报。注意，即使遇到多次误报也不要产生麻痹大意的思想。一系列看似独立发生的事件可能无法证明一个响应方法正确与否。然而，当这些事件集中爆发时，它们就显得很重要。

法庭与证据

事故有时可能会成为民事案件甚至是刑事案件的根据。因此，应当仔细处理所有的调查结果，确保证据没有被损坏或不被采信。即便事故没有在法庭中终结，法庭裁决的威胁仍然足以使得公司入不敷出。例如，相比于控告某个人，公司更愿意选择强迫他辞职。法律因国而异，但是以下适用于所有地区：一旦证据发生改变而不被采信，这种影响将无可挽回。

在所有使用通用法的国家（基本指以英语为母语的国家）及许多使用民法的国家（基本包括欧洲大陆和南美），证据必须证明其真实性，必须有一个完整的、说明证据搜集和归档全过程的保管链。档案列出了自证据被发现以后所有接触过证据的人员名单。它显示了如何处理证据，处理证据的方法，以及如何保护证据不被调换。

我们必须知道事件何时以何种方式升级以及事件发生时通知谁。当我们设计响应场景和训练事故响应小组成员时，这个尤为奏效。

8.10.2　响应

正确识别出事故之后，我们下一阶段的工作就是限制破坏范围，其中一个重要的方面就是遏制事故。许多事故会迅速发展和扩张，极有可能影响到其他系统、部门，甚至是商业伙伴。事故响应计划必须列出需要实施的步骤以阻止事故继续恶化，避免造成不必要的服务中断。例如，当某个系统被病毒感染时，最简单的威胁限制方法就是从网络中去除该系统。

预先制定计划非常有必要。在事故发生过程中正确地猜出最佳行动方案的概率微乎其微。记住，那些有着充裕时间和后见之明的人会在事后评估我们对事故的响应。预先批准的响应计划能够更好、更有效地响应事故，并且降低我们被责备的可能性。

确定事故的源头和种类十分重要，这样我们就能够采取恰当的修复措施。症状的消除并不意味着问题得到真正解决。响应者必须清楚地了解破坏的程度，并且在破坏太严重的情况下建议启动灾难修复计划。阻止未来的事故也是事故管理的重要组成部分。在事故中搜集到的记录和文档应当妥善保存，以利于日后的分析。

8.10.3 恢复与跟进

在事故得到有效控制，事故源被消灭或封锁之后，就可以开始着手恢复。在系统恢复到可以正常使用的程度之前，必须处理可能被利用的脆弱性，这样同样的事故就不会在短时间内再次发生。我们可能需要使用未被感染的应用和数据备份来重装系统，也可能需要从系统中清除恶意内容以免再次感染。

从事故中吸取教训，管理人员就能制定出新的流程与控制措施，可以在未来更加高效地阻止或应对事故。

8.10.4 归档

不要忽视事故响应过程中对每个步骤的记录。这些记录对于解决未来事故很有价值。任何时候都不忘记录下哪些方法很奏效或哪些方法不管用，只要这样就能不断改进事故响应计划。随着事故响应记录的不断积累，我们也创造了一种有价值的资源。安全专家可以利用这个资源来改进事故响应计划、常规安全策略与处理方法。例如，数据中心有关未授权访问的多起事故的记录表明了对加强控制的需求。善于利用从事故响应记录中搜集到的信息，可以帮助组织变得更加安全。

8.11 灾难恢复

灾难恢复计划（DRP）有以下三个工作：

- 建立应急操作中心，使其作为实施 BCP/DRP 的备用地点；

- 指定 EOC 经理；
- 决定经理应当何时将事故声明为灾难。

提示：

记住：灾难是指导致重要业务功能（BCF）停止运行时间比最大可容忍停运时间（MTD）更长的事件。

提示：

DRP 可能会降低保险率，DRP 的准备过程可能帮助到风险管理。

DRP 能够帮助我们及时做出重要的决定。这样，我们就能临危不乱地管理、反思之前的决定。如果不事先做好计划，管理人员就不得不在巨大的压力下做出赌博式的猜测决定。

DRP 是一个长期的、需要大量时间与资金的计划。大公司的 DRP 可能需要上千万美元。对于企业高管层而言，支持甚至坚持高效且经充分测试的 DRP 是至关重要的。

整个过程始于业务分析。它首先确定重要的功能和它们的最大可容忍停运时间，然后再确定需要 DRP 的不同场景中的处理策略。安全专家很可能会参与到防灾计划与灾难恢复计划中。

8.12　灾难恢复的基本步骤

灾难恢复有三个基本步骤（按照重要性排序）：

- 确保个人的人身安全；
- 控制破坏范围；
- 评估破坏效果，根据 DCP 和 BCP 开始修复工作。

8.12.1　启动灾难恢复计划

安全专家在灾难重建业务操作中的角色十分重要，其工作包括重建业务所需的网络和系统。恢复过程包括两个主要阶段：

第一阶段是恢复业务操作。在许多案例中，恢复工作可能是在备用站点中进行的。安全专家可能需要迅速地利用可用的备份数据、备份设备以及任何可能从供应商那里获得的设备来组建新的网络。

第二阶段是将操作恢复到灾难前的原有水平。为了恢复正常操作，安全专家必须重建主站点。切换回工作站点和关闭备用站点属于 BCP/DRP 中“回到主站点”的部分工作。

抢救物资，重整团队。他们将在人员和数据回到主站点之前发挥作用。安全专家们通常会参与到修复团队中，重建网络基础设施中的受损部分。它们将会达到（或超过）之前的安全水平。如果需要新的设备，那么就利用这个机会来改善安全状态。

8.12.2 弱化或更改后的环境中的操作

在灾难中，许多功能都难以实现，例如，控制措施、援助和进程处理。必须迅速行动来确保系统的安全操作，其中包括备份和故障解除。记住以下几点：

- 我们可能需要挂起正常的进程，比如职责分离、支出限度。为此，我们需要通过额外的控制或审计来弥补他们的工作。DRP 应当将附加权限或支出权限赋予特定的人员或任务。
- 如果多个系统同时停机，那么用户可能需要更多的技术支持或指导去使用或者访问备用系统。作为修复需求的一部分，BIA 应当判定出最小修复资源。
- 在灾难发生和灾后修复期间，将不同硬件平台上的服务组合到普通服务器上可能是个不错的选择。这可能有助于加快修复进展。但是我们必须认真管理这个进程，确保迁移与修复过程通畅无阻。
- 当业务运行在后备站点上时，必须不断为数据和系统制作备份。这可以帮助备份站点避免新的灾难。

8.12.3 修复受损的系统

必须计划重建受损的系统。安全专家需要知道哪里可以获得配置表、资产清单以及应用与数据的备份。除此之外，还必须知道存取控制列表，以确保系统只允许合法用户使用。记住以下几点：

- 一旦重建工作开始，管理员必须确保用最新的补丁来更新操作系统和应用。

备份或安装盘里的通常是旧版的。

- 在系统重建之后，必须将数据恢复到 RPO。其中包括恢复登记与记录。必须确保操作系统和应用都是最新版本的而且是安全的。
- 许多组织在修复计划中都忽视了存取控制的许可。必须激活存取控制的策略、目录和远程存取系统，来允许合法用户登录新系统。当制定这个计划的时候，确认所有供应商的软件都能够在备用处理器上运行。有些供应只许他们的产品在特定的 CPU 上操作。

8.12.4　灾难恢复事项

以下是灾难恢复事项的简要列表，这些事项都是在 DRP 维护与执行过程中容易被忽视的：

- **发电机**：要确保所有的燃料都是新的，连接线都是合适的，这样才能保证在灾难中仍然有充足的电力供应。发电机必须接受常规维护，而且应当周期性地运行，确保它们时刻待命并且能够按计划承担系统载荷。
- **受损站点的安全**：必须保证初始（受损）站点不会受到二次破坏或抢劫。
- **重返**：必须检测受损站点。委派值得信赖的人确认站点是否安全到人们能够重新返回。
- **设备与备份的运输**：在往返备用站点期间，计划必须提供安全的人员、设备及备份资源的运输。
- **通信与网络**：灾难发生时，通常难以进行常规通话。我们可能需要一个备用的通信方式，这对于关键团队的成员来说尤其重要。

8.12.5　恢复可选项

业务连续性（BC）协调员需要考察每个可选项支撑关键业务功能的能力，与 RTO 比较其运行准备情况并考虑相关成本。他或她会检查工作地点、安全需求、IT 以及电信设施的相关规范。

当业务（或业务的一部分）必须因为修复而迁移时，通常有以下三种选择：

- 业务操作的专用站点，例如，辅助处理中心；
- 商业租用的设施，例如，热站点或移动设施；
- 与内部或外部设施的协议。

外部的商业供应商可以为多个组织提供服务。这就意味着当灾难发生时，它可能会影响到同一供应商的多个客户。如果这种情况发生，那么我们具有怎样的优先级？掌握测试时间、声明、费用、最小/最大恢复时间等因素的相关可选项（以及价格）。确保工作地点、安全需求、IT 和电信设施的规范符合业务功能。确保员工有合适的住宿条件，包括休息设施、洗浴设施及接待设施。

不论业务做何选择，IT 部门的职能就是确保备用站点能够获得必要的设备，其中包括重要文件、档案及其他修复目录里所要求的物品。其他物品还包括额外的插线板、U 盘及其他 IT 人士的日常用品。

8.12.6 临时或替代的处理策略

不论从哪里开始继续操作，我们都需要一个地方来支撑 IT 基础设施。根据恢复操作的成本与时间，有几个不同的可选项。以下是最为常用的几个地方：

- 备用处理中心或者镜像站点是时刻待命的，并且长期处于组织的管控范围内。这是一个最为昂贵的选项，因为它需要个完全冗余或者复制的操作以及同步的数据。组织会进行连续操作。它的附加成本更多的是由业务需要（例如，聘请额外的员工）决定的，而不是由修复计划决定的。但是，其成本分配确实十分复杂。
- 热备站点是可以迅速接管业务操作的选项。在那里保管着所有的设备和数据，尽管数据还需要刷新或者更新。热备站点有两种类型：一种是为公司所有且专用的；另一种则是商用的热备站点。热备站点的优势在于：它能够迅速提供备用的计算设备，以便快速修复。内部热备站点可能比其他选项所需的代价更高，但是在地区性灾难发生时，没有方法能与之相媲美。
- 温备站点有部分常见的 IT、通信、电力及 HVAC 设备，但是还需要购买并配备一些 IT 设备，诸如服务器和通信设备等。温备站点需要重新恢复和导入数据。许多组织都拥有自己的温备站点，而且经常用它们来进行站外数据存储。
- 冷备站点是一个只有 HVAC 和电力的空的数据中心。这是最便宜的一个选项。它需要大量的时间来恢复和运行，因为我们必须购买、配备、设置所有的设备和电信设施。有些组织首先从热备站点中开始修复，如果中断持续的时间很长的话，也可以从温备站点或冷备站点中修复。表 8-3 对常用的几种修复站点可选项进行了对比。

表 8-3　常用的几种修复站点可选项的对比

特征	热备站点	温备站点	冷备站点	多个站点
成本	高	适中	低	没有直接成本
是否有计算机	是	是	否	是
是否有连接	是	是	否	是
是否有数据	是	否	否	是
是否有人员	是	否	否	是
平均恢复时间	数小时	数小时至数天	数天至数周	数秒至数分钟

1. 处理协议

解决修复难题的方法之一是找到拥有相似 IT 设置与备份技术的组织。它可以是另一个公司，应急处理分队或者服务处。然后和在公司遇到灾难时能够提供帮助的其他组织签订协议。在起草协议时，需要认真审核 IT、安全和法律部门的部分。

2. 互惠互助

公司可能与拥有相似技术的公司签订互惠协议，也可称为互助协议或共同体协议。在共同体协议中，多个公司都同意互相支援。我们必须谨慎地考虑这个方法。比如，在帮助其他组织的同时，每个组织是否能够继续它的原有业务操作？设备和设施能否同时支持两个组织？必须进行测试来确定是否所有系统都能处理额外的负载以及是否兼容。还必须考虑数据的敏感性及其相关规定。伙伴公司的管理员或者用户可能会对其进行存取。如果技术的更新或废止会导致系统不兼容，双方必须警告彼此。

3. 互惠中心

互惠中心通常涉及进行同类工作但不是直接竞争对手的业务。这些可能包括跨镇的医院或者一个平装书出版商和精装书出版商。相似性和通用性是有优势的。它们可能会使用相同的编码、行业标准和行业需要的特殊形式。例如，医院使用的术语“DRG 码”。它指的是通用数据库中与诊断结果、流程或者病症一致的数字。

4. 应急处理分队

如果组织的初始供应方法失败，那么它可能需要与应急处理分队或者应急支援分队签订合同。我们需要考虑维护的费用以及激活的时间。还需要检查分队（尤其是通信分队）是否使用相同的线缆或路由路径。为了谨慎起见，最好亲自询问他们。

5. 服务处

服务处是拥有额外的服务能力的服务供应者。例如，处理来电的话务中心。组织可以签订合同以便紧急状况下征用。这和互惠协议分配一样，需要高度谨慎。供应商可能会增加业务或者消耗额外的能力，或者变更硬件或设置。

6. 使用云

近年来，云计算越来越受欢迎。据估计，会有更多的组织将它们的部分 IT 环境上传到云端。因为云计算建立在虚拟化的基础之上，所以从各地复制整个服务器的状态都很方便。这个技术使得维护灾难修复站点的成本更容易被接受。几乎每个组织都会维持一个基于云的灾难恢复站点，其成本只是维持物理站点所需成本的一小部分。

我们在本章中学到的所有可选项在云中同样可用。基于云的灾难恢复站点也存在冷备站点、温备站点和热备站点等不同类型。而且将关键数据备份到云存储设备中所需的成本更低。当然，如果主站点发生故障，就必须考虑修复站点所允许的时间。云计算为修复方案提供了更多可选项，而且建造与维护备用环境的成本更低。无论何时考虑对 IT 环境进行变更，我们都可以评估一下云对安全的影响。无论将数据存储在哪里，我们都必须确保能够满足或者超过安全需求。

本章小结

在本章中，我们学到了以下信息安全的核心原则：

- 识别组织承受的风险；
- 通过实施控制，尽可能地阻止破坏；
- 准备好应对无法阻止的事故的计划和流程；
- 可以从人员、进程、技术和数据等方面表述这些原则和控制措施。

在本章中，我们学到了风险管理的原因和处理方法。

我们明白了业务连续性计划（BCP）是如何帮助组织，确保灾难不会导致组织业务中断的。我们知道了风险分析的相关知识，其中包括风险定量分析与风险定性分析的区别。我们学到了最常用的风险响应方法，以及它们如何帮助我们制定降低风险的策略。我们还学到了应对措施和评估它们的方法。

我们了解了三种行为控制措施以及它们在安全生命周期中如何保持一致，知道了响应判定组织的灾难处理能力的方式，掌握了三种备份方法以及可以用来进行灾难恢复的备份模型。另外，我们还学会了事故响应必须采取的步骤以及事故响应在风险、响应与恢复进程中的重要性。最后，我们学到了灾难恢复的三个主要步骤以及安全专家在整个灾难恢复计划中扮演的角色。

Chapter 9 第9章 密码学

根据修订的韦伯斯特完整版词典，密码学是“用秘密字符书写的行为或艺术”。计算机在线免费词典将密码学定义为“加密数据使之仅能被特定的个体所解密”。加密和解密数据构成一个密码系统，它通常包括一种密码算法，初始数据（明文），加密后的消息（密文），一个或多个密钥［密钥是一串仅由发送方和（或）接收方所掌握的数字或字符］。

密码系统的安全性完全寓于密钥的保密程度，而不是密码算法的保密性。一个强的密码系统应该具有足够多的可选密钥，以抵制密钥蛮力攻击。它所产生的密文还必须能够通过所有标准统计测试的随机性检验。它应该能抵抗现有的所有破解方法。破解密码的过程称为密码分析。

从本质上来看，密码学主要用于对其他人隐瞒信息。密码学被应用在商业、政府部门及个人交往等领域。密码学不是确保信息安全的唯一途径，但是保护IT安全的一套工具。

密码学能够完成四种安全目标：

- 机密性；
- 完整性；
- 认证性；
- 不可否认性。

IT安全专家创造性地使用这些密码工具去满足商业活动中的安全需求。

9.1 什么是密码学

密码学处理两种类型的信息：

- 未加密信息——可读懂的信息。未加密信息被称为明文。

• 加密后的信息——不可辨识的信息。加密后的信息被称为密文。

加密过程将明文转换为密文。解密过程则将密文恢复为明文。

加密使用已知的数学变换来实现，该变换被称为算法。算法是一种可重复的过程，相同的输入能产生同样的输出。密码就是一种用于加密或解密信息的算法。这种可重复性对于确保加密后的信息能够被解密是十分重要的。图 9-1 所示密码系统的工作模式。

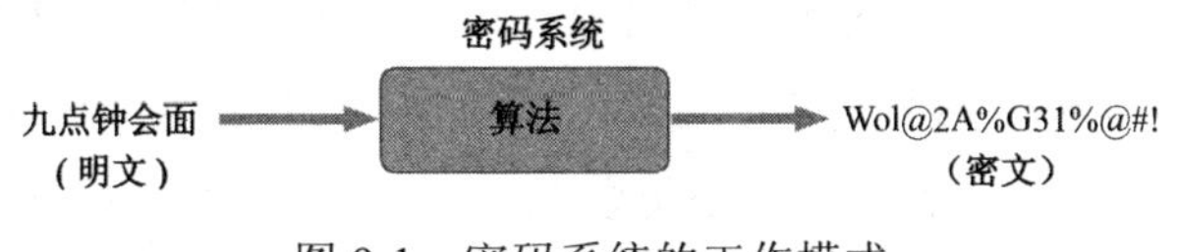

图 9-1　密码系统的工作模式

用于加密信息的算法与解密信息的算法可能相同也可能不同。例如，加密算法为在每个明文信息上加上 X，解密算法则是从密文信息中去掉 X。另外，一些加密算法没有对应的解密算法，这类算法被称为单向函数，单向函数的输出被称为哈希值。

对任意明文进行加密时都需要一个密钥。加密算法使用密钥去改变其输出，这样通信双方可以保护他们之间的秘密信息不被其他掌握同样算法的人所获取。通过改变密钥，即使明文保持不变，加密算法的输出也会发生改变。

加密算法可以分为两类：

• 加密密钥与解密密钥相同的算法称为私钥（对称）密码算法；
• 加密密钥与解密密钥不同的算法称为公开密钥（非对称）密码算法。

在非对称密码算法中两个不同的密钥分别被称为公开密钥和私有密钥，它们共同作为一个密钥对。

密码学基本准则

绝对完善的密码是不存在的。给予足够的时间和资源，攻击者能够破解任意一种密码。密码设计的目标是使得在没有密钥的前提下解密消息所耗费的资源超过消息本身的价值。也就是说，使用一种密码算法（破解需要花费 1000 美元）去保护价值 100 美元的信息是切实可行的。这提供了一种选择密码技术和算法的基本理念。

密码算法中所有可能的密钥构成了密钥空间。攻击者尝试密钥空间中的每一个密钥对密文进行解密的攻击称为蛮力攻击。如果密钥空间足够大，就可以抵制蛮力攻击。在密码算法本身没有数学上的缺陷时，足够大的密钥空间通常能够提供更高的安全性。

目前使用的密码算法有公开算法（开源）和保密算法。算法本身的缺陷和漏洞会降低密码算法的强度，因此专家建议对社会公开的密码算法应该经过更加严格的分析。尽管证明一个算法绝对安全是困难的，但说明它不安全却只需要一个例外。如果某个算法经过大众的分析之后没有遭到质疑则该算法是比较安全的。

历史上最受关注的对称密码算法是数据加密标准（DES），1977 年被颁布为美国国家信息处理标准（FIPS）46。现代计算机能够穷尽搜索 DES 的密钥空间（约 2^{56} 个），但还未发现其存在数学上的弱点。

9.1.1 密码学简史

人类利用密码保护信息的机密性已经有至少 4000 年的历史。在人类学会书写之后，他们就试图寻求保护自己信息的方法。最早的确保信息安全的方式是将它隐藏起来。这种方法被称为隐写术。例如，传说中公元前 5 世纪爱奥尼亚古城的统治者将秘密信息刺在奴隶的头皮上，使得想得到秘密的敌人无法找到信息。但是，这种方法显然不是很快捷，因为需要等奴隶的头发长长后才能让他去传递秘密。另外，重复利用似乎也是一个问题。

密码分析（密码破译）在历史上也发挥了十分重要的作用。伊丽莎白一世将她的表妹——苏格兰的玛丽王后以叛国罪处死，原因是 Francis Walsingham 破译了玛丽用于与她的同谋者联络的密码。由此可见，密码分析改变了英国历史的进程。

数字计算机使得设计复杂的密码算法成为可能。计算机能够在几秒钟就完成手工计算需要耗费数小时甚至数天的运算。因此，现代密码学很快进入了数字化时代。1950 年的军火控制行动将密码算法及装备归为 13B 军需品。这使得它们称为受国家管控和限制出口的战略物资。

1976 年，斯坦福大学的 Whitman Diffie 和 Martin Hellman 发表了名为“密码学新方向”的革命性论文。他们引入了非对称密钥密码的概念。对称密码体制确保安全通信的前提是通信双方必须交换密钥。非对称密码体制中则包含两个不同的密钥，一个密钥用于加密，另一个则用于解密。通信双方不需要在进行保密通信前交换密钥。在非对称密码体制中，攻击者可以截获所有信息，但无法对其解密。

加密技术能够实现四项基本目标，即机密性、完整性、认证性及不可否认性。通过对消息进行加密，只要攻击者无法得到密钥，并且难以找到解密的捷径，发送者就能确保消息的机密性。完整性通常是附带的，只要解密结果是乱码，则说明加密信息在传输过程中被篡改了。但是，如果伪造者掌握了加密设备，则伪造信息就被认为是合法的。认证技术主要用于证实发送者的身份，双方需要掌握同样的密码本，并且在认证之前需要交换密码本的要素。而交换秘密信息的过程逐渐暴露了这些要素，因此双方需要对密码本进行定期更新。最后，不可否认性是用于证明某方确实发送了某条消息，这是对称密码体制无法实现的。因为共享密钥的双方都可被当作消息的发送方。在非对称密码体制产生之前无法证明究竟谁是消息的发送方。

9.1.2　密码学在信息安全中的作用

密码学能够满足以下的信息安全需求：

- 机密性；
- 完整性；
- 认证性；
- 不可否认性。

1. 机密性

机密性确保只有授权用户才能获得秘密信息。我们可以通过锁住保险箱，部署武装警卫，在偏僻的地方与其他人耳语等方式来确保机密性。但实际上这些小策略都不足以确保信息的机密性。只有密码学能够保证不掌握密码算法及密钥的用户无法获知信息的内容，授权用户才能获取消息内容，同样，有效的密码分析也能做到这一点。机密性的作用是显而易见的，暴露加密后的通信内容既不会影响通信双方的利益，也不会给攻击者带来帮助。

2. 完整性

完整性保证了任何人（包括消息的发送方）都无法在传输信息的过程中对消息进行篡改。假如消息无法正常解密，则说明其在传输过程中可能被篡改了。另外，密码学可以通过哈希函数和校验和来实现完整性。校验和是一种对消息的单向计算，其结果通常比原始消息短很多。利用校验和很难恢复出原始消息。例如，电话号码 1-800-555-1212 的简单校验和是各位数字之和，我们无法由校验和恢复出原始的电话号码。但是，我们可以判断出电话号码是否与校验和相匹配。假如我们更改了其中的一个数字，例如，我们把电话号码由 1-800-555-1212 改为 1-900-555- 1212，则校验和不再与相应的电话号码匹配。这时我们就可以质疑数据的完整性。当然，这种方法在实际应用中是不安全的，我们可以很容易地改变电话号码但却使它对应的校验和没有发生变化。实际当中要实现完整性的验证需要使用更强的数学工具——哈希函数，哈希函数是一种单向函数。后面我们将会详细介绍哈希函数。

3. 认证性

认证性确保实体身份的真实性。实体可以是发送方、发送方的计算机，某些设备或某些信息。人类最原始的相互认证方式基于自身的一些特征，如面容、声音、肤色等。传统的军事认证方式是使用口令。假如我们知道特定的口令，警卫就会让我们通过岗哨，否则，就禁止通行。在数字领域，密码学提供了认证实体身份的方式。最直接的方式是使用用户名及口令。但这并不是安全的认证方式。其他人如果得到了这些固定的信息也能够被接收者认为是合法用户。

对称密码体制就存在这种问题，假如攻击者在发送方和接收方协商密码算法及密钥的时候获取了相关信息，他就能冒充通信双方中的任一方。通信双方如果要使用对称密码体制实现认证，必须事先安全地分配双方的共享密钥。例如，他们可以利用非对称密码体制来分发对称密码体制的密钥。当然，也可以采取其他较为简单的方式，如人工分发密钥，这对于大量用户的密钥分发来说是昂贵且耗时的，但对于作战环境中实体的认证来说却是值得的。

非对称密码算法能够提供更为简单的认证方式，同时也能提供机密性，因此非对称密码体制是电子商务的基石。

4. 不可否认性

不可否认性能够确保实体无法否认之前的论述或行为。例如，一位投资者发了一封“以 50 元的价格购买 1000 股 XYZ 股票”的电子邮件给股票经纪人，在交易进行后不久，XYZ 股价跌至 20 元。投资者否认了自己刚才的购买指令并声称自己是想卖出而非买进。那么采取什么方式能够防止这种抵赖行为呢？

利用非对称密码体制可以从数学上证明（通过公证人的仲裁）某个实体确实在特定的时刻发送了特定的消息。非对称密码体制最基本的原则是其拥有一对密钥，分别用于加密和解密。合法的发送方掌握其中一个密钥。公证人进行仲裁的过程如下：

“加密除了确保信息的秘密性之外还可以提供其他功能。它可以证实发送方的身份。加密后的消息如果能够使用某一用户的公钥进行解密，说明该消息是由掌握对应私钥的用户发出的。该消息还包含一个由可信第三方的时间戳产生设备生成的基于时间的哈希值，任何一方都不能篡改它。因此，我们更加确信解密后的消息是真实的并且来源于该已知的用户。这就是不可否认性。”

9.2　密码学满足的商务安全需求

密码学能够处理和解决商务领域内的多种安全问题。人们加密数据的原因包括以下几个方面：

- **数据敏感性**——商业机构会对内部数据按照一定的标准和规则进行分类。例如，某些公司将内部数据分为机密、内部和公开三个等级，有的公司则将内部数据分为 1 级、2 级和 3 级。根据数据的敏感程度不同，在传输或存储过程可能需要对数据进行加密。
- **规章制度的要求**——与管理、风险等关联的特定的规章制度包括美国联邦法律，如 FISMA、HIPAA、GLBA 和 FERPA 等，也要求在通信或存储过程中对隐私数据或机密信息进行加密处理。
- **终端用户的培训**——将保密需求纳入公司的安全意识培训计划是十分必要的。所有用户必须在接触敏感性数据，规章制度及设备维护的过程中熟悉一些相关政策、标准、手续及指导方针。

下面介绍信息安全的原则及密码的作用。

9.2.1　内部安全

很多安全目标在商务活动中是很有价值的，主要包括：

- **机密性**——机密性确保只有授权用户才能读懂信息。非法用户则无法得到信息。例如，很多公司里员工的工资信息是保密的。
- **隐私性**——隐私性经常会与机密性混淆。隐私性的不同在于某些信息的暴露会透露某个人的身份。例如，暴露这样一条信息：某天，居住在某地的某人在某医院因为胳膊和脸部受伤接受了治疗，就可能透露了这个人的身份。隐私性确保了攻击者无法将得到的信息与某人的身份联系起来。

- **完整性**——完整性确保数据没有被其他人篡改或删除。例如，在完成支付打印凭据之前的支付数据需要保证其完整性。
- **认证性**——认证性意味着同意某人完成一件特定的任务或者获得某些数据。例如，变更工资计划需要得到管理层的认证。
- **访问控制**——访问控制是指将信息的访问权限赋予特定的用户。例如，将公司的工资发放计划存放在保密的文件夹里，只有人力资源部门的人员拥有密钥。

9.2.2 商业交易之间的安全性

很多安全目标在商业交易之间是很有意义的。除了之前提到的几点，还包括以下方面：

- **消息认证**——消息认证能够证实消息发送者的身份。例如，一名经纪人能从“为 ABC 账户购买 1000 份 XYZ 股票”中获知该消息来自 ABC。
- **数字签名**——数字签名将消息与特定的实体绑定起来。注意：数字签名不是数字化的签名——对手写签名复制的电子图像。
- **回执和确认**——电子邮件通常都会使用回执和确认。回执证明某一用户收到了某一消息。确认代表用户已经提供了某项服务。
- **不可否认性**——不可否认性意味着发送信息的用户无法抵赖。例如，如果发出购买指令的用户在 XYZ 股票降了 50%之后想抵赖，不可否认性就可以认定最初的消息是合法的。

9.2.3 对每个人都有利的安全特性

在商务关系范畴之外，一些安全目标对于普通信息系统也是很有意义的。除了上面提到的特性，还包括以下几点：

- **匿名性**——匿名性能够隐藏用户的身份。例如，在某个国家被压制的持不同政见者常常需要在网上论坛中匿名发布消息。
- **时间戳**——时间戳提供了消息发送者产生或发送消息的准确时间。例如，在规定日期的最后一分钟上缴税收的人通常希望证明他们是在限期内缴纳的。

- **撤销**——撤销能终止对某数据的访问权。例如，丢失信用卡的人会让银行停止该卡的使用。
- **所有权**——所有权表明了拥有信息的人要求合法权益。例如，大多数文件附有版权声明说明其作者。

9.3 密码学在信息系统安全中的应用

许多厂商提供安全产品和服务。事实上，目前有成千上万种安全产品及服务，主要分为以下几类：

- 反恶意间谍软件；
- 应用/审计；
- 取证；
- ID 管理；
- 知识产权；
- 托管安全服务提供商；
- 管理保障；
- 补丁管理；
- 事件管理、安全信息管理及事件响应；
- 传输安全（数字证书、安全文件传输）；
- 无线网络安全。

密码学被应用在上述多种安全产品中。

认证工具包括令牌、智能卡、生物特征、密码恢复工具。一些工具依赖于感应卡和指纹识别工具。其他的密码技术，例如，PKI 用户认证，能够帮助用户利用互联网传递用户口令。PKI 是一系列硬件、软件、人员、策略和机制，它包含建立、管理、分发、使用、存储和废除数字证书等过程。

访问控制和认证包含防火墙、时间戳、单点登录认证管理以及便携式电脑安全。这些加密工具拥有虚拟专网，其包含防火墙，但不是必需的。它们也能够通过互联网安全连接，并提供工具加密硬件驱动的内容。

评估与审计工具通常涉及脆弱性评估扫描、渗透测试、取证、日志分析等。评估扫描和渗透测试还包含使用密码技术去猜测口令的口令破解。

安全管理产品涉及企业安全管理、配置与补丁管理、安全策略开发等工具。其中完整性校验工具使用了密码方法确定软件没有被更改。

无线安全工具通过加密的方法保护数据安全、实现访问控制。电子邮件安全涉及使用加密方法实现数据安全传输和存储。内容过滤工具包含反病毒、移动代码扫描、WEB 过滤以及垃圾邮件阻断等相关产品。这些产品并没有明确使用加密技术，但需要加密签名数据库。

加密工具主要涉及线性加密、数据库安全、VPN、PKI 及密码加速器。这些都使用了广泛的密码学知识完成任务。密码加速器主要从主处理器上卸载加密例程到具有快速加密能力的芯片上。

9.3.1 密码分析及公私钥对

数据加密使得除了掌握正确软件及密钥的授权用户之外其他用户都无法获取数据内容。如果数据具有较高的价值，攻击者将会尝试破译密码。

攻击者可以通过以下两种方式破译密码：

- 分析密文以得到明文或者密钥。
- 分析明、密文对以得到密钥。

假如无论多长的密文都不能提供足够信息以恢复明文，那么这种密码是无条件安全的。如果拥有足够的时间和资源，就能够攻破几乎所有密码。但实际上，一种密码只要能够在计算上不可破译就达到了其设计目的。例如，一家公司每周更换新的密钥，假如攻击者需要花费 13 天的时间去破解密钥，那得到的密钥将毫无意义。因为当攻击者获得一个密钥的时候，该密钥已经被新密钥替换了。因此，如果攻击者不能以经济的方式（取决于被保护数据的价值）破解一种密码，那么这种密码算法就是强壮和计算上安全的。

密码攻击的基本类型可以分为四种：

- **唯密文攻击（COA）**——在唯密文攻击中，攻击者只能够得到一些截获的密文。例如，在某些日报中出现的密码，读者可以通过理解文章的内容来推断可能出现的词句或格式。图 9-2 所示为唯密文攻击（COA）。

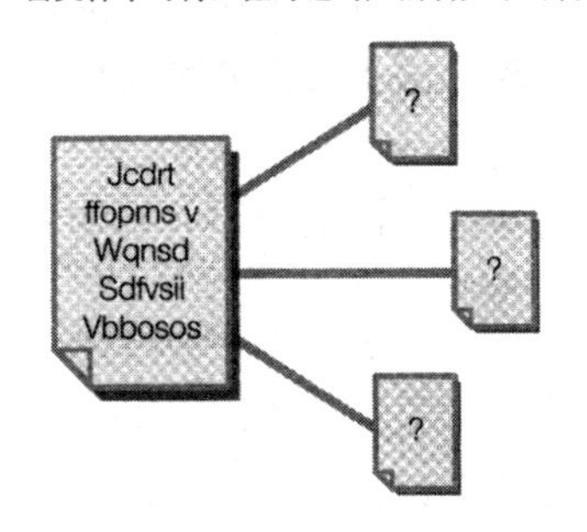

图 9-2　唯密文攻击

- **已知明文攻击（KPA）**——在已知明文攻击中，攻击者掌握一些明文密文对。例如，所有的安全登录网站都会以 LOGON 开头，而且传输的后续信息可能是 PASSWORD。安全的密码算法应该能够抵制已知明文攻击。图 9-3 所示为已知明文攻击。

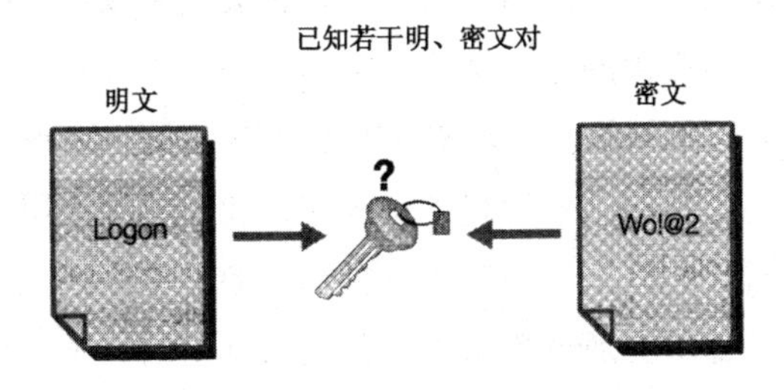

图 9-3　已知明文攻击

- **选择明文攻击**——在选择明文攻击中，攻击者可以选择任意明文并获得加密后的密文。这是一种对攻击者最有利的情况。例如，老版本的 Microsoft Office 软件应用中提供的加密软件，可以通过加密字母"A""B"，等等，来破解该密码。
- **选择密文攻击**——选择密文攻击是一种特殊的情况。主要与非对称密码体制和哈希函数相关。在选择密文攻击中，攻击者可以选择对密码破译有利的密文（与待破译的密文使用同一种密码算法及密钥），并能解密得到明文。攻击的目的是得到密钥或恢复出其他密文对应的明文。举一个简单的例子，狗主人训练看门狗只遵从使用 Navajo 语的命令，小偷不懂 Navajo 语，但是可以发出一些其他声音，看门狗对其中一些声音没有反应，但会遵从某些命令。在发出足够多的各类声音之后，小偷可能得到狗的一个回应。通过观察狗在听到各种声音后的反应，小偷有可能发出命令让狗躺着不动。选择密文攻击在攻击加密邮件的时候有特殊的用途。

9.3.2 抗攻击的对称与非对称密码

密码分析能实现以下目的：

- 对目标密文进行解密获得明文。
- 找出用于加密目标密文的密钥。
- 找到特定密码的算法。
- 解决构造密码体制的相应数学难题。

密码学家在密码分析中使用了多种工具。例如，线性分析、差分分析、蛮力攻击、穷尽搜索及信息论方法。在大部分情况下，分析者需要由密文得到其对应的明文。目前使用的很多密码算法都是开源的，这意味着对分析者来说加解密算法都是已知的。闭源或私有密码的安全性同样也会遭到攻击，因为掌握加解密算法对分析者而言并不是必需的。

例如，在“二战”期间美军并没有掌握日军使用的机密设备，破译者通过分析密文特性来寻找规律，一旦他们找到了规律，他们就能使用不同密钥去解密通信内容，在确定了密钥之后，就能解密该密钥有效期内的任意通信消息。

在某些情况下，分析者通过攻击密码体制所基于的数学难题来破解密码。在20 世纪 70 年代后期，一些公司生产了使用基于背包问题的简化问题——子集求和问题构造的非对称密码的安全产品。但在 1982 年该数学难题被 Len Adelman 破解，一夜之间，一系列基于该难题的安全产品都被废弃了。

目前，大部分非对称密码体制的安全性基于大合数因子分解难题。例如，我们利用纸笔即可计算出 757×769=582133。但是给定 582133，要对它进行因子分解却是困难的。常用的方法是尝试 2、3、5、7、11、13，直到找到其素因子。需要 134 次猜测。尽管使用计算机有助于分解，但是当两个素因子都是 100 位的数字时，分解仍是十分困难的。

9.4 密码学原理、概念及术语

信息安全目标有很多，在《应用密码学手册》中列出了最全面的安全目标。

表 9-1 列出了这些安全目标。

表 9-1　信息安全目标

目标	采取的措施
隐私与保密	未授权实体无法获取秘密信息
完整性	确保未授权实体无法改变信息
实体认证与鉴别	支撑实体的鉴别（包含人、计算机终端、信用卡等）
信息认证	支撑信息来源以及信息拥有者的认证
签名	将信息与实体绑定
授权	表达对某个实体操作的正式认可
合法性	对使用和操作信息及资源提供适时的认证
访问控制	限制只有授权实体可以访问资源
证书	确保信息被可信实体访问
时间标签	记录用户创建信息和访问信息的时间
见证	验证创建对象的动作或由创建者以外的实体验证对象的存在
接受	接受者承认接收到信息
证实	提供者承认提供了服务
拥有权	证实实体具有传递、使用资源的合法权利
匿名	在一些进程中隐藏了实体身份
不可否认性	阻止实体否认之前的行为
撤销	回收证书或授权

如果我们试图解决商务安全问题，就需要了解这些目标，进而确定是否能使用密码学去解决问题。

9.4.1　密码函数和密码算法

对密码算法的基本理解将有助于了解密码学是如何满足商务安全需求的。

信息安全应用

这里回顾一下信息安全产品和服务的分类：

- 认证（无 PKI）
- 访问控制/授权
- 评估与审计

- 安全管理产品
- 周边/网络安全/可用性
- 内容过滤
- 加密
- 管理/教育
- 外包服务/咨询

表 9-2 给出了安全产品与安全目标之间的联系。

表 9-2　安全产品与安全目标之间的联系

目标	认证	访问控制	评估与审核	安全管理产品	网络安全	内容过滤	加密	管理	咨询
机密性		×			×		×	×	×
完整性				×	×		×	×	×
实体认证或身份认证	×	×			×		×	×	×
消息认证	×				×		×		
签名	×				×		×	×	
授权	×	×			×				
有效性		×	×	×				×	
访问控制	×	×		×	×	×	×	×	
证书			×	×			×		×
时间戳		×			×		×		
证明			×				×		×
回执					×			×	
确认					×			×	
所有权			×				×	×	×
匿名性					×		×	×	
不可否认性					×		×	×	×
撤销	×				×		×		

我们可以利用密码学实现很多安全目标。具体来讲，密码学能够实现以下安全目标：

- **机密性**——密码学加密信息使得只有掌握正确算法及密钥的人能够解密。
- **完整性**——密码学能够通过使用校验和或哈希值确保信息的完整性。用户能够通过比对校验和或哈希值来确定消息是否被篡改。
- **实体认证或身份认证**——某人能够对消息正确加解密说明他拥有正确的密钥。

假如在商务关系中要求该密钥保密，则拥有密钥就是一种有效的身份认证。

- **消息认证**——与实体认证类似，使用私钥加密的信息能够证明发送者身份。显然，这也是任何商务往来中必不可少的部分。
- **签名**——密码学提供产生数字签名的方法。数字签名可以证明给定发送方发送了特定的消息。
- **访问控制**——这包括对特定的资源或数据进行加密使得只有授权者才能对其解密或访问资源。
- **证书**——可信方可以通过对消息或数据增加密码校验和及数字签名来证实其真实性。
- **时间戳**——使用非对称密码体制，可信设备能够产生防伪造的时间戳。它将带有时间戳的信息哈希值与安全可靠的时钟进行绑定。
- **证明**——第三方通过在数据中附加密码校验和来证明其在特定时间以一种给定的格式存在。
- **所有权**——数据所有者在数据后附加哈希值，并提交给第三方进行证实。这能够证明数据的合法所有者。
- **匿名性**——利用密码学可以隐藏实体的身份，通过传递密文形式的消息，监听者无法获知发送者的身份信息。
- **不可否认性**——对数据进行数字签名，可以向接收方确认发送方的身份。

9.4.2　编码类型

密码编码有两种基本类型：

- **置换密码**——对字符或明文比特进行打乱重排。
- **代替密码**——将明文比特、字符或分组替换为其他比特、字符或分组。

1. 置换密码

一种简单的置换密码是将明文字母按行写入矩阵，继而按列读出作为密文。例如，将消息“ATTACK AT DAWN”写入一个四列的矩阵，如图 9-4 所示。然后按列读取密文：

ACDTKATAWATN。密钥即为{1,2,3,4}，控制按列读取的顺序。若使用不同的密钥，如{2,4,3,1}，得到的密文将是 TKAATNTAWACD。

1	2	3	4
A	T	T	A
C	K	A	T
D	A	W	N

图 9-4 一种置换密码

在上述置换密码的例子中，密文中体现了明文字母出现的频率。例如，在英文文献中出现最多的字母 E、T、A、O、N 都在密文中以较高的频率出现，这对于密码分析者来说是一个很好的线索。

置换密码没有改变原始明文中的元素。它只是对明文进行了重排，并且可以恢复。一些简单的置换密码是将字节内的比特数据打乱顺序，以使得密文数据不可辨识。

2. 代替密码

最简单的代替密码之一是恺撒密码。它将英文字母表中的字母用之后的若干位上的字母代替。恺撒使用的密码是将明文字母用之后的第三个字母代替。下面的例子说明了恺撒密码加密过程：

ATTACK AT DAWN→DWWDFN DW GDZQ

注意到恺撒密码可能的密钥有 25 个，并且这不是一种置换密码，因为密文字母并不是对明文字母的简单重排。

一种在儿童中间很流行的代替密码是 CCAN 译码环。译码环由两个写有字母（A 到 Z）的圈组成。中间的圈不能移动，但能够旋转外部的圈。通过转动外圈建立字母的一对一的映射。加密时，我们在内圈中查找所需的字符并读出外圈上的字符。解密时，为逆过程。（这个就是恺撒密码！）

使用密钥词语的字母表代替，这种代替密码使用了一个密钥词语，去掉重复字母，然后将字母表中的剩余字母按照顺序进行排列，构成密文字母表。例如，使用密钥词语 CRYPTOGRAPHY，构成的明密文对应关系如下：

ABCDEFGHIJKLMNOPQRSTUVWXYZ

↓

CRYPTOGAHBDEFIJKLMNQSUVWXZ

由此，对应明文词语 ALPHABET 的密文是 CEKACRTQ。

所有代替密码都使用了这些基本的原则，如果想让算法的抗攻击能力更强，我们可以连续使用多种加密方法。例如，Vigenre 密码使用 26 个密文字母表，像加法密码一样，它们是依此把明文字母表循环左移 0,1,2,…,25 位的结果。选用一个词组或短语做密钥，以密钥字母控制使用哪一个密文字母表。如果以 0 到 25 代表 A 到 Z 这 26 个字母我们可以将明文字母对应的数字与密钥字母对应的数字进行模 26 相加,即得到密文字母对应的数字。例如,加密消息 ATTACK AT DAWN TOMORROW，密钥词语是 PARTY，加密过程如下：

明文：ATTACKATDAWNTOMORROW

密钥（重复使用）：PARTYPARTYPARTYPARTYPA

密文：PTKTAZAKWYLNKHHDRIHU。

由于使用了多个密文代替表，使密码强度得以增强，密文输出也更为随机。密钥长度增长也能够提高代替密码的安全性。

与恺撒密码不同，可以将明文字母映射到任意其他字母，例如 A 可以映射到任意的其他 26 个字母，B 可以映射到剩余的 25 个字母之一，C 可以映射到剩余的 24 个字母之一，……，显然这种算法中可能的密钥有 26！个。即使如此，这种代替算法仍然很容易被破解。这说明复杂性并不等于安全性。

如果做到以下三点，代替密码就是绝对安全的：第一，密钥是真正的随机序列；第二，密钥至少和明文一样长；第三，密钥只使用一次。这种密码被称为“一次一密”密码。最早使用“一次一密”思想的密码是 Vernam 密码。Vernam 密码中明文和密钥均为二进制数序列，加密过程是将明文与密钥进行逐比特异或，即模 2 相加。它具有如下运算规则：

$$0 \oplus 0 = 0$$
$$0 \oplus 1 = 1$$
$$1 \oplus 0 = 1$$
$$1 \oplus 1 = 0$$

3. 乘积密码与指数密码

乘积密码是多个密码算法的联合。其中每个算法都是置换或代替密码。数据加密标准 DES 就是一种具有 16 轮代替和置换组合而成的乘积密码，其有效密钥长度为 56bits。DES 最早在 1977 年被颁布为联邦信息处理标准（FIPS），至今仍在使用。DES 的设计者认为该算法是足够安全的，因为在当时的计算机运算水平下需要花费 90 年时间去解密一则消息。许多民间的自由论者、阴谋家及密码学专家都认为设计者在算法中设置了对国家安全局开放的“后门”。但是，经过25年多的时间，没有人发现DES算法的缺陷。密码学的进展——包括差分密码分析（从大量密文中寻找线索）——实际上证明DES算法的安全性超出了预期。但是，计算运算速度的提高使得对56比特密钥空间的搜索变得越来越容易，直到1998年，人们通过一台超级计算机花费了3天时间破解了DES的密钥。在本章后面我们将详细介绍DES算法。

非对称密码算法是基于一些难解的数学问题而构建的。这些算法使用了数学上的域理论。简单一点说，域就是一个数的集合，其中的每个非零元素都有乘法逆元。例如，所有的实数构成一个域，因为所有的非零实数x都有乘法逆元1/x。域不一定都是无限的。我们可以在到达一个特定的数值之后循环计数，而不是一直数到无穷。例如，在美国，人们使用12小时计时法，10:00过后1小时11:00，12:00过后是1:00，而不是13:00。在数学上，一个整数集合中整数的个数如果是素数，该集合就可以构成一个有限域。

指数密码需要进行有限域上的指数运算。RSA加密算法基于大合数因子分解难题构造。计算两个数的乘积很简单，但是对一个大的合数进行分解却十分困难。本章后续将具体介绍RSA算法。

9.4.3 密码函数和密码算法

本节将介绍对称与非对称密码体制的区别及各自的优缺点。

1. 对称密码算法

对称密码算法在加密和解密过程中使用相同的密钥。因此，要求通信双方在通信之前首先要交换密钥。这正是此类密码算法的局限性。在向另一方发送信息之前，必须通过安全渠道交换密钥。这个“鸡与蛋”的问题使得对称密码体制不适用于大规模分布式的用户，但却被军事、政府部门及财团所广泛使用。

为了解释清楚这个问题，我们假设希望安全通信的双方分别为Alice和Bob。Alice和Bob在ABC公司就职。他们希望交换为一个新客户——MNO Plastics提出的定价信息。Bob是客户方代表，他无法接入ABC公司的内部网络。

Eva是与ABC公司具有竞争关系的海外公司的员工。她的工作是搜集尽可能多的有关ABC的提案和标书。她通过监听、中断及伪造等手段去完成她的任务。假设Eva能够监听所有来自或者发送给Bob的消息。Bob接收或者发送的消息都经过 Eva 掌握的一个节点。

问题是：如果 Alice 和 Bob 事先没有预约密钥，他们怎么建立安全的通信渠道?假设 Alice 和 Bob 约好使用公开的 DES 算法对信息进行加密。Alice 首先发送一条消息给 Bob：使用 BIGBUCKS 作为密钥。Bob 收到后，利用该密钥对信息加密后发送给 Alice。Eva 在监听了双方的通信内容后，得到密钥。并对 Bob 发送和接收的信息进行解密，进而将消息转发给她的公司。

Alice 和 Bob 可以对密钥进行更新，但是每次都会被 Eva 及时获取。可见使用对称密码体制无法解决这一问题。即使通信双方使用密钥加密密钥对会话密钥进行加密传送，也必须首先预约密钥加密密钥。密钥加密密钥是专门用于对其他密钥进行加密的密钥。

解决这一困难问题的方法是通信双发需要一条 Eva 无法监听的通信渠道。例如，在这个例子中，Alice 通过蜂窝电话告知 Bob 她将使用的密钥，Eva 能够监听他们之间的网络通信，但是不能得到蜂窝电话通信内容。Alice 和 Bob 可以预约一个 56 比特的密钥并开始交换信息。Eva 就被排除在圈外了。

对于 ABC 公司来说也需要做一个选择，它可以将同样的密钥分发给所有的雇员，以使遍布全球的雇员之间能够方便安全地通信。可是，一旦有雇员因不满而退出公司并加入与 ABC 具有竞争关系的公司，并把密钥带走，ABC 公司雇员之间的通信就会面临威胁。这样，ABC 公司就需要更新密钥，并将密钥分发给世界各地的雇员，显然，这项工作将耗费大量的时间和金钱。

另外一种方式是，ABC 为每个雇员分配不同的密钥。由于在对称密码体制下，通信双方需要使用同样的密钥。因此，若公司有 10 个雇员，就需要分配 45 个密钥对。若公司有 100 个雇员，就需要分配 4950 个密钥对。假如公司规模扩大到 10000 个人，就需要 4995000 个密钥对！也即，对于 n 个人参与的通信系统，需要$(n(n-1))/2$ 个密钥对。另外，每有一个雇员假如或离开公司，都需要增加或者删除每个雇员对应的密钥对。显然，对称密码体制不能很好地应对这种情况。

直到 1976 年，Whitfield Diffie 和 Martin Hellman 发表了论文“密码学的新方向”，上述问题才被解决。在这篇论文中，他们提出了一种解决对称密码体制密钥分配难题的新途径。

2. 非对称密钥密码体制

在论文引言中，Diffie 和 Hellman 指出，密钥分配的开销和延时问题是商务通信发展到大规模远程处理网络的主要障碍。他们提出了公开密钥密码体制（即非对称密钥密码体制）。公开密钥密码体制使得通信方能够通过公开渠道及公开的技术进行通信，既不需要等待装有密钥的信封，也不需要在某人希望与新的通信方进行通信时分发和处理数以万计的密钥。公钥密码体制的思想在密码学发展历史中具有深远的影响。

非对称密钥密码具有四个关键特性：

- **两个互逆的算法**——一个用于加密，另一个用于解密。
- **加解密算法容易计算**——要求算法在利用计算机软件运行时不是很复杂，以方便地应用于安全数字通信。
- **由加密密钥推导出解密密钥是计算上不可行的**——在非对称密钥密码体制中，加密密钥（公开密钥）可以对用户公开，且由公开密钥在计算上推出解密密钥（私有密钥）是不可行的。

给定随机的输入，用户可以产生互逆的公私钥对——任意机构都可以产生公私钥对，对私钥保密，将公钥公布在目录表中以供其他用户查询。由于私钥是保密的并且不在通信信道内传输，因此攻击者无法得到其值。

下面是公开密钥密码体制的工作方式。假设 Bob 想给 Alice 发送消息，Alice 已经拥有自己的公私钥，其中私钥保密，而公钥发布在她的网站上。Bob 利用 Alice 的公开密钥加密消息“HiAlice！”，并将加密后的消息发送给 Alice，由于 Bob 使用了 Alice 的公钥进行加密，因此，只有 Alice 才能利用自己的私钥进行解密，得到消息“HiAlice！”。她还可以利用 Bob 的公钥对回复信息加密后发送给 Bob。

一个与非对称密码体制相类似的例子是银行晚间的存款箱。一位商人把自己的收入带到银行，使用自己的钥匙打开存款箱的投币口，装入信封的钱滑入保险箱。他转过身，发现一个抢劫犯在后面用枪指着他。商人可以将自己的钥匙交给他并且逃走。抢劫犯想取出钱，但在使用商人的钥匙打开投币口后却拿不到信封。第二天，银行保安使用自己的钥匙打开保险箱，取出钱并存入商人的账户。在这个例子中，每一方都有不同的密钥，且密钥之间是相互关联的。这种思想与非对称密码体制是相似的。

9.4.4 密钥、密钥空间和密钥管理

本节我们将介绍密钥的不同功能，密钥空间大小的重要性，以及密钥管理的

各种需求。

1. 密钥及密钥空间

密钥是密码体制的一个输入值，它参与了密码变换的过程。一个安全的密码系统在每次使用不同密钥对相同消息进行加密时，产生的加密结果是不相同的。可以这样理解，一个密码算法执行某项任务，而密钥则给出了如何完成任务的方向。

日常生活中的门锁与密钥有相似之处，但又有所不同。大部分门锁有 5 个制栓，每个制栓有 10 个可能位置。由此，有 10^5 种钥匙的制作方法，这就保证了其他人用随机的钥匙无法打开我们的门锁。所有密钥构成的集合称为密钥空间，通常情况下（不是所有情况），密钥空间越大，算法也越安全。下面看一个例子。

一个公文包装有由两组三数字组成的密码锁，那么它的密钥空间是多大？数字的组合可能由 000-000 到 999-999，即密钥空间中有 1000000 种可能密钥。这是否意味着，一个小偷需要尝试 1000000 次才可能打开公文包呢？事实上，小偷有可能很幸运地在第一次尝试时就打开了公文包，当然，也有可能在试遍了所有密钥之后才打开公文包，平均起来，小偷将会在尝试了一半密钥的时候打开公文包。这是否代表小偷需要平均尝试 500000 种组合呢？假设每次尝试需要花费 2 秒钟，小偷日夜不停地尝试，需要 11 天时间才能打开公文包。但是，实际上一个公文包对抗蛮力攻击的时间最长是 17 分钟！这是什么原因呢？

这与公文包密码锁的设计有关。因为密码锁有两个不同的锁，每个锁有 1000 种组合，因此破解每个锁需要平均 500 次尝试。在找到左边锁的密码后，攻击者接着找右边锁的密码。因此，他最多需要 2000 次尝试，平均仅需要 1000 次尝试。若每次尝试需花费 2 秒钟，尝试过程平均需要 16 分 40 秒。

上述例子说明密钥空间的增长并不一定能增强密码体制的安全性。假设制造商出售一种装有 6 组 3 数字密码锁的公文包，我们会选择购买吗？制造公司可能会声称它们的产品的密钥组合可能数比 DES 算法还要多，但是通过上面的分析，只需要不超过 1 小时的时间就能解开这种安全的密码锁。

2. 密钥管理

密码体制中最关键也最复杂的部分之一就是密钥管理。即使某个密码算法的数学基础难以被敌手攻破，如果其密钥管理存在缺陷，也会给攻击者提供可乘之机。前面已经介绍过，对称密码体制的密钥管理可能十分复杂，由此在某些情况下会导致本身安全的密码系统遭受致命的威胁。

“二战”历史给出了一个例子——有关糟糕的密钥管理如何摧毁一个密码系统。在 1940 年到 1948 年之间，苏联使用“一次一密”密码加密消息并通过商用电报传递。从理论上讲，“一次一密”密码是不可破译的。密钥接近随机，密钥至少与明文一样长，密钥不重用。在密文中找到规律是几乎不可能的。但是，前面介绍过，在战时的世界范围内分发和管理这么长的密钥是十分困难的事情，直接导致某些区域的密钥被使用完后无法及时补充。

尽管各方没有重用自己的密钥，但是使用其他单位密钥会带来什么问题呢？

假设使用异或运算进行加密，利用密钥流 X 对消息 A 进行加密的过程为：

$$A \oplus X=E(A)$$

注意到异或运算的特性：任意相同比特异或结果为 0，任意比特与 0 进行异或运算结果是其本身。因此，使用密钥流对 E(A)进行解密只需要进行如下运算：

$$E(A) \oplus X=A \oplus X \oplus X=A$$

重复使用来自其他站点的密钥流也存在安全隐患：美国曾经试图截获来自所有联络点的加密通信，然后将所有消息关联起来。例如，在 1943 年由纽约发往莫斯科的消息使用了 1944 年从悉尼大使馆发往开罗的“一次一密”密钥。通过对比两条使用同一密钥加密的消息，我们会发现有趣的现象：

$$\begin{aligned}&A \oplus X=E(A)\\&B \oplus X=E(B)\\&E(A) \oplus E(B)=A \oplus X \oplus B \oplus X\\&=A \oplus B\end{aligned}$$

进而可以利用消息 A 对 B 进行加密。前面介绍过置换密码，明文的统计规律被带入到密文中。使用一条消息加密另外一条同样会将明文的规律带入到密文当中。事实上，破解此类密码是十分容易的。注意到我们只需要得到明文而非密钥。一旦消息被解密，我们就能通过明密文对恢复出密钥。

3. 密钥分配

密钥分配技术通常采取以下几种方式：

- **纸介质**——纸介质密钥分配不需要相关技术。但是却要求使用者保存好密钥。否则会导致密码系统遭受攻击。
- **数字媒介**——数字分配指利用 CD 或者电子邮件的形式进行密钥分配。由于在传输过程中需要对密钥进行保护，因此需要一些安全传输技术。对于物理的媒介，保险箱和挂号邮件可以确保一定程度的安全传输。对于在线分发密钥的情形，需要一个更高级别的密钥，即密钥加密密钥对传递的密钥进行保护，并对密钥进行安全存储。当然，这就需要通信双方通过一些安全渠道对密钥加密密钥进行分配。密钥加密密钥仅用于加密其他密钥，而不能用于加密数据。对密钥的过度使用会导致其被破译。

- **硬件**——可以使用硬件设备如 PCMCIA 卡、Smart 卡等分配密钥。优势在于我们可以直接将密钥从硬件设备导入加密设备，其他任何人无法在此过程中获得密钥。

在密钥传输过程中对密钥进行保护的另一种方式是对密钥进行分割。将密钥平均分割为两部分并不合理，假设攻击者得到其中一半密钥，则利用蛮力攻击对另一半进行破解就变得十分容易。因此，一种对密钥 K 进行分割的策略是产生另外一个随机密钥 J 作为密钥加密密钥，将 K 和 J 结合起来以产生一个加密后的密钥，然后将加密后的密钥通过一个渠道进行传输，而将密钥加密密钥通过另外一个渠道传输。假如攻击者获取了其中之一，也不会威胁到密钥 K 的安全。即

渠道 1：J
渠道 2：$K \oplus J$
恢复密钥：$J \oplus K \oplus J=K$。

在这种方案中需要对每个传输的密钥产生一个密钥加密密钥。

4. 密钥分配中心（KDC）

实际应用中，不是每个机构都要各自设置专门的机制去管理它们的密钥，它们可以协商设置一个可信的第三方密钥分配中心（KDC）。拥有了 KDC，每个实体只需要与 KDC 之间共享一个密钥对。例如，假如 Alice 想与 Bob 之间进行安全通信，她就发送一条加密信息给 KDC。KDC 选择一个随机的会话密钥，分别用与 Alice 和 Bob 共享的密钥对其进行加密后一起发送给 Alice。Alice 使用自己与 KDC 共享的密钥解密得到会话密钥并使用它加密发送给 Bob 的消息，继而将加密后的消息连同 KDC 使用与 Bob 共享的密钥加密的会话密钥一起发送给 Bob。Bob 收到消息后，首先用自己与 KDC 共享的密钥对会话密钥进行解密，进而使用会话密钥对 Alice 发送的消息进行解密。

5. 数字签名与哈希函数

数字签名和哈希函数能够满足很多商务需求。

（1）哈希函数

为了确保消息在传输过程中没有被篡改，我们可以在消息后附加一个用于验证的校验和。例如，我们可以在消息后附加所有的数字之和用于确保消息在传输过程中没有被篡改。接收者计算收到消息的各个数字之和，如果与校验和不同，说明消息在传输过程中被篡改了。

信用卡有一个用于验证卡号的哈希值。计算该哈希值的算法是基于ANSIX4.13 的 LUHN 公式。通过以下四步来计算一个信用卡账号是否有效：

步骤一：由右侧第二个数字开始，并做 2 倍处理。

步骤二：如果任何加倍的结果大于 10，则将两位数字的个位和十位相加。添加所有的两倍数字。

步骤三：将得到的数字加到一起。

步骤四：将数字的和取模 10。例如，卡号为 50234567890123X 信用卡的哈希值为 6。

哈希值类似于校验和，用被篡改后的消息无法生成相同的哈希值。哈希值通常有固定的长度，可以看作消息的指纹。消息发送方产生消息的哈希值并将其附加在消息之后，接收方可以利用哈希值验证消息是否被篡改。软件开发商通常会提供软件的哈希值，使用户验证收到软件的完整性。实际应用中，哈希值应该足够长以使产生与给定消息具有相同哈希值的另外一条消息是困难的。

（2）数字签名

数字签名并不是数字化的签名（手写签名的电子图像），而是将特定的消息与某个实体的身份绑定起来。数字签名不是用于保密，而是确保消息的完整性和验证消息的来源。数字签名需要利用非对称密码体制来设计。图 9-5 显示了数字签名的过程：

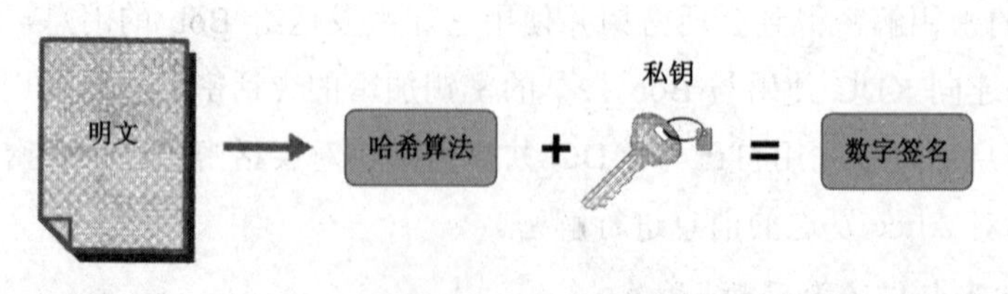

图 9-5 数字签名

数字签名可以通过非对称密码体制来构造。通常是对消息的哈希值进行签名。数字签名可以确保消息来源的真实性和内容的完整性。任何能够得到签名者公开密钥的用户都可以验证签名。但是，只用掌握签名私钥的用户能够产生签名。图 9-6 给出了数字签名的过程。

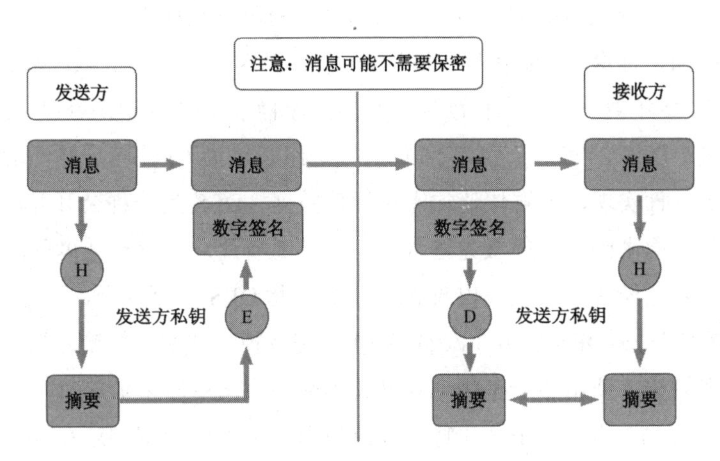

图 9-6　数字签名的过程

RSA 和 DSA 是目前最常用的两类数字签名算法。2000 年 9 月 RSA 签名算法的专利期满，目前可供用户免费使用。DSA 对消息的安全哈希算法（SHA）值进行签名。尽管很多商业部门使用 RSA 签名算法，但数字签名标准（DSS），DSA 和 SHA 是作为美国国家标准，更多地出现在政府部门的产品中。

9.5　密码学应用、工具及资源

作为一名信息安全专家，需要了解如何将商务安全需求与密码学技术联系起来，并能选择恰当的工具集。本节将介绍如何识别使用对称密码的工具集并将它们与常见的商业应用相匹配。我们将介绍哈希函数的工作方式、如何利用密码算法构造哈希函数，以及如何利用哈希函数确保消息的完整性。我们还会介绍数字签名与数字化签名之间的区别，如何构造数字签名以使其满足不可否认性。最后，还会介绍如何设计一个满足商业安全需求的密钥管理模型。

9.5.1　对称密钥密码标准

对称密钥密码是最常用的一类加密算法。加密和解密消息的密钥相同。由于产生和更新对称密钥十分简便，它们通常在通信双方交换完信息之后就被废弃，也即只使用一次性的会话密钥。与非对称密码体制不同，对称密码算法加密速度很快，适用于加密大量数据。目前常用的对称密码算法如下：

- **数据加密标准（DES）**——最早由 IBM 公司提出的 Lucifer 算法。该算法于 1977 年被美国国家标准局颁布为国家标准。FIPS PUB46-3 升级了算法定义。DES 的密钥长度为 56 比特，分组长度为 64 比特。算法的硬件实现优于软件实现，能够快速加密大批量数据。DES 是一种公开算法，曾经代表了对称密码算法的最先进水平，但是随着计算机处理速度的迅猛发展，攻击者已经能够在几天内攻破 DES，因此 DES 不再安全。
- **3-DES**——3-DES 是由 3 次 DES 加/解密变换（加密，解密，加密）组成的加密算法，使用多个密钥。3-DES 的密钥空间由原来 DES 算法的 56 比特增加到 112 比特或 168 比特，取决使用 2 个不同的密钥还是 3 个不同的密钥。DES 算法本身的安全性和其急剧增加的密钥空间保证了 3-DES 是计算上安全的。
- **国际数据加密算法（IDEA）**——与 DES 相同，IDEA 分组密码算法的分组长度是 64 比特，密钥长度是 128 比特，并且软、硬件运算速度比 DES 要快。Ascom-Tech 持有 IDEA 的专利权，但目前这种算法对于非商业用途是免费的。
- **CAST**——CAST 是一个类似于 DES 的代替—置换算法。与 DES 不同，其设计者公布了 CAST 的设计标准。该算法是分组长度为 64 比特的分组密码，密钥长度可以在 40～256 比特之间选择。作者申请了专利，但是提供给用户免费使用。
- **Blowfish**——Blowfish 是分组长度为 64 比特的分组密码算法，密钥长度在 32～448 比特之间选择。这种算法的运算速度比 DES 及 IDEA 都要快。Blowfish 是一个很强的密码算法，被选择使用在超过 150 种安全产品中。其作者，Bruce Schneier 公开了该算法，并参选了高级数据加密标准的征集。
- **高级数据加密标准（AES）**——Rijndael 算法，是一个分组密码算法，设计者为 Vincent Rijmen 和 Joan Daemen，被颁布为联邦高级数据加密标准。AES 算法的分组长度为 128 比特，密钥长度为 128/192/256 比特可选。Rijndael 算法本身的分组长度也可以选择。该算法在保证安全强度的同时具有很高的运算速度。

- **RC2**——RC2 是由 Ronald Rivest 设计的密钥长度可变的分组密码算法，分组长度为 64 比特。该算法在加密过程中使用了 salt value 以提高其抗攻击能力。RSA 安全公司拥有该算法的所有权。
- **RC4**——RC4 算法由 RSA 安全公司生产，是一种密钥长度可变、逐字节运算的序列密码算法。网络浏览器通常使用 RC4 提供 SSL 连接。

9.5.2 无线安全

伴随着廉价的高带宽技术的发展，无线局域网已经实现了无须将电缆接入家庭或办公场所终端的上网模式。然而，这种模式降低了网络安全性。

许多无线用户以即插即用的模式使用这项技术。这种模式不需要参照手册进行安装。尽管产品具有一定安全性，但错误的参数配置将影响其工作。大多数提供安全应用的供应商需要客户打开它。许多顾客认为非常麻烦，采用了即插即用的模式，从而造成了重大的安全问题。

802.11 无线安全

802.11 或 Wi-Fi，无线网络标准 1999 年提出。在 802.11b Wi-Fi 提供了 11Mbps 的无线通信速率，而在 802.11*n* 提供了 150Mbps 的传输速率。新标准进一步提高了传输速率。802.11ac 标准支撑的最大传输速率为 866.7Mbps、802.11ad 标准支撑 7000Mbps 的速率。802.11 可以支撑可变带宽为 2.4GHz～5GHz。这样范围通信带宽支撑 100 米的无线通信（802.11*n* 支撑超过 200 米的通信距离）。然而，黑客使用高增益天线（包含一个用普林格容器制造的天线）增加接收信号的可能性。世界范围内正在进行一场非正式的竞争，看谁能创建最可靠的 802.11 无线连接。最后的数据显示，瑞典空间研究中心（SSC）释放的平流层气球的飞行高度为 29.7 千米，其通信的覆盖距离达到了 310 千米以上。

802.11 无线协议允许通过无线等效保密协议（WEP）或保护无线电脑网络安全系统（WPA）对信息进行加密。用户需要拥有共享的密钥才能进行安全无线连接。由于绝大多数无线访问热点（WAPs）缺少无线加密操作，所以绝大多数无线网络根本无法加密，任何攻击者都能监控和访问这些公开的网络。在 2000 年，Peter Shipley 手持无线探测器绕着圣弗朗西斯科湾地区走了一圈，他发现 85%的无线网络都是未加密的。而那些加密的网络，超过半数只使用了缺省密码。虽然每个 WAP 均有其自己的服务集标示（SSID）对访问的客户端做出了限制，但黑客仍可以采用诸如 NetStumbler 等工具来揭示所有 SSID 内的名字。Windows 操作系统在连接无线网络时，也是与最先出现的信号相连接。所以，无线加密就变成了确保无线网络安全性的最低要求。

WEP 是最先出现并广泛使用的无线加密协议。但它存在严重的局限性。协议设计存在诸多缺陷，包括在 RC4 加密中的某些密钥隐藏问题。如果黑客使用诸如 AirSnort 或 WEPcrack 等工具，在搜集到 5000000～10000000 的加密数据包后，就能够猜出加密密钥。为了克服这些弱点，目前诸多标准和硬件只推荐 WPA。为了对网络数据流提供最好的保护，通常要采用 WPA 而不用 WEP。而采用 MAC 地址过滤器则可以屏蔽掉它不认识的 PCs。在无线局域网和其他网络之间设置防火墙可以使攻击者无法渗透进来。

9.5.3 非对称密码方案

前面介绍过，在通信之前需要为合法用户分配密钥。传统的密钥分配方式是离线分配，通过一个可信渠道事先分配密钥。采取的方式可以是挂号邮件，邮差甚至电话分发（确保没有人窃听）。但是这些方案耗时且代价较高。

密钥分配通常由专门机构负责。例如，美国海军使用一个特殊的分发系统来确保密码系统的安全。该密钥分发系统具有严格的审计和控制流程以确保密码资源的合理使用，被称为通信安全资源系统（CMS）。CMS 负责美国海军密钥的产生、存储、控制、安装、更新及销毁，花费巨大，但是与它保护的信息价值相比是相匹配的。

非对称密钥密码体制不需要快递，隐蔽渠道或者高昂的存储、传输费用，因为它不需要通信双方事先共享密钥。

如果在一个密码系统内某个用户不再被信任，就需要进行密钥撤销。在对称密码体制中，由于所有用户共享密钥，一个密钥的安全将影响所有密钥的安全。例如公司内所有员工共享一个大门钥匙，假如一名员工的合同期满，而他又拒绝交出钥匙，公司就需要更换门锁并为每个员工配发新的钥匙。这种情况如果经常发生的话，将会带来很大的开销。

在非对称密码体制中，公钥目录中存储了所有用户的公开密钥。如果某个用户不再被信任，管理员只需要撤销该用户的公开钥。其他用户就无法利用该用户的公开密钥与其通信。但是被撤销公钥的用户仍然可以利用其他用户的公钥加密消息。由于其公钥被撤销，如果该用户利用自己的私钥对消息进行签名，可能会被其他用户拒绝，因为无法找到验证签名的公钥。

Ad hoc 通信是因特网电子商务的基础。使用对称密码体制需要通信方事先共享密钥，但是利用非对称密码体制，Ad hoc 通信会变得十分简便。最常见的互联网密码技术是 SSL，或者 HTTPS 加密。SSL 握手协议开启了服务器和客户端之间的首次安全通信。

SSL 握手协议包括两个阶段：服务器认证和可选择的客户端认证。在第一个阶段，服务器回应客户端的询问，将其公钥证书发送给客户端。客户端生成主密钥，利用服务器的公钥加密主密钥并将其发送给服务器。服务器恢复主密钥，并利用主密钥加密一条消息发送给客户端，由此向客户端认证自己的身份。接下来，服务器和客户端而可利用主密钥加密传输的密钥进行加密或认证数据。在第二阶段（可选择），服务器向客户端发起挑战，客户端接收到挑战后利用自己的私钥签名，并将签名和自己的公钥证书一起发送给服务器，此阶段主要用于对客户端的　　认证。

数字签名用于证实某人的身份或消息的来源。签名中需要用到证书权威机构（CA），CA 负责确保用户公钥证书的有效性。不可否认性验证文件中的数字签名，证实消息的发送方的身份。在某些情况下，还可以在消息后附上时间戳以证明消息的时间性。

9.5.4　哈希函数和完整性

哈希函数主要用于防伪造，它计算消息的校验和并将其与一个密码函数结合起来以防止消息被篡改。哈希函数值通常具有固定的长度，取决于使用的算法。

校验和是一种单向函数，验证方可以利用校验和函数方便地计算出数据的校验和，并进行比对。例如，给定一串十进制数，717761114107756 1114100121，一种简单的校验和计算方法是计算所有数字之和，然后取结果的最右边两位。在这个例子中，数字之和为 901，去掉 9，最后的校验和是 01。假设我们想通过一个有干扰的通信渠道发送这串数字给某人，就可以将校验和附在数字串之后，接收方根据收到的数字串重新计算校验和，并与收到的校验和进行比较，如果不一致，就可以要求发送方重新传送。

由于校验和函数非常简单，攻击者可以对数字串进行适当的修改而使其与校验和相匹配，同时也可以为篡改后的数据附加正确的校验和。由此可见，校验和只能提供信任而不能提供安全性。

哈希函数的设计要求无法伪造一条与合法消息具有相同哈希值的虚假消息。哈希函数值通常具有固定长度，比校验和要长。消息发送方产生消息的哈希值并将其附加在消息之后，接收方可以利用哈希值验证消息是否被篡改。软件开发商通常会提供软件的哈希值，使用户验证收到软件的完整性。在实际应用中，哈希值应该足够长以使产生与给定消息具有相同哈希值的另外一条消息是困难的。

Ronald Rivest 教授，即 RSA 算法中的“R”，设计了 MD5 消息摘要算法。该算法的输入为任意长的消息，输出为 128 比特的消息摘要。找到与给定消息具有相同摘要的不同消息是计算上不可行的。可以将 MD5 值附在信息（如源代码）之后，用户可以通过比较信息与其摘要值是否匹配来确定信息是否被篡改。

但是，MD5 消息摘要并不是签名后的哈希值，因为没有使用消息发布者独有的信息。如果攻击者希望更改一个程序，他可以很容易计算出修改后的程序的 MD5 值，并发布在网站上。MD5 哈希值并不能证实消息的真实性，它只能说明文件在计算了相应的哈希值后没有被修改过。

安全哈希算法 SHA-1 的输入是任意长的消息，输出是 160 比特哈希值。与 MD5 相同，它生成了特定文件的指纹，在计算上找不到具有相同“指纹”的文件。

如何利用哈希值生成签名？首先由 MD5 算法或者 SHA-1 算法计算文件的哈希值，然后利用非对称密码中的私钥加密哈希值，结果就是文件的签名，该签名可以证实文件签名者的身份。图 9-7 给出了哈希值与数字签名的关系。

在对消息、软件或者其他数字化信息进行数字签名之后，任何人都可以进行验证。前提是，验证方能够在公钥目录表中查找到签名者的完整公钥，一旦公钥目录表被攻击者侵入，签名及验证过程就无法进行了。

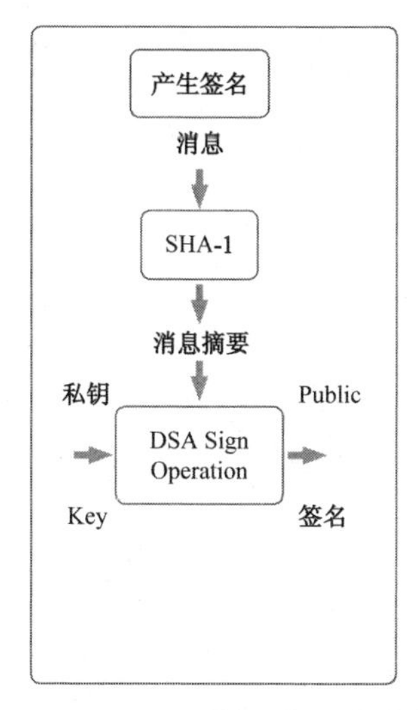

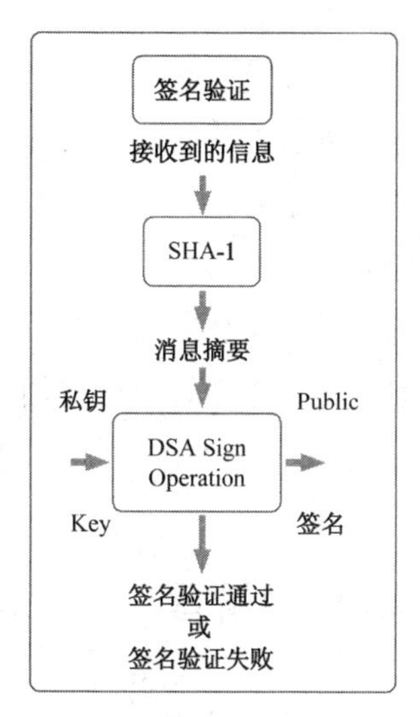

图 9-7　哈希值与数字签名的关系

9.5.5　数字签名和不可否认性

下面将举例说明数字签名与数字化签名的区别，并解释数字签名如何提供不可否认性。

前面我们已经介绍过数字签名和数字化签名。尽管两者的区别很明显，但还是经常被混淆。数字化签名是对手写签名以数字化格式（如 JPG、GIF、BMP 等）保存的图像。数字化签名通常被印在印刷页上，并使之看起来像是手写的签名。

数字签名则完全不同，它将消息的摘要与消息绑定起来，起到消息指纹的作用。通常使用消息发送方的私有密钥（对称密码体制或者非对称密码体制）进行签名，数字签名能够证实消息来源的身份，并能确保消息的完整性。

在非对称密码体制中，任何能够找到签名者公钥的用户都可以验证签名，但只有签名私钥的拥有者能够对消息进行签名。对于对称密码体制来说，发送方和接收方则拥有相同的私钥。

考虑一下，哪个安全特性是只有利用非对称密码数字签名才能够实现的？那就是不可否认性。如果双方共享密钥，我们无法证明消息是发自于哪一方。因此，证明不可否认性的条件如下：

- 有效的非对称密码算法；
- 强的哈希函数；

- 利用私钥对哈希值签名的方案；
- 可信第三方的计时设备（如果需要的话）；
- 数字签名的验证算法；
- 安全的密钥管理和分发系统；
- 可确保完整性的公钥证书库；
- 能够为抵赖方产生公开钥的密钥托管；
- 纠纷处理程序。

9.6 证书和密钥管理

前面已经介绍过密钥管理，它主要包括密钥的生成、分发、存储、验证、更新及恢复。

下面介绍一个传统密钥管理的例子。Enigma 是 20 世纪最著名的加密设备之一，其发明者是 Arthur Scherbius。Enigma 是德国在“二战”之前及期间的主要加密工具。这种加密设备的可能密钥变化量比宇宙中已知的原子数量还要多。实际应用中仅使用了密钥空间的子集合。事实上，一个三转轮的 Enigma 能够提供 158962555217826360000 种可能的密钥。

德军的 Enigma 每个月更换一次密码本，密码本说明了每天使用哪个密钥。如果每次加密都使用相同的密钥，密码分析者就会得到很多使用同一密钥加密的密文，并利用这一规律进行破译。战时的 Enigma 具有 5 个转子，但一般只使用 3 个。使用者可以为 3 个转轮分别设置初始状态，60 种不同的转轮选择及 26×26×26 种可能的初态，使用者每天用于加密消息的密钥量可达 1054560 种。Enigma 好像是不可破解的？德国人是这样认为的。但事实并非如此。波兰的密码学家 Marian Rejewski 破解了 Enigma，在很多文献中都有详细记载，恕不赘述。这个故事说明尽管某些密码体制的密钥管理看起来是安全的，密钥空间是接近无穷的，但是其算法本身的弱点也会被攻击者利用。

现代密钥管理技术

当今，计算机被用来处理所有商务应用中的密码变换。在密码分析领域，最常见的情况不是攻击者通过攻破密码算法的数学基础而破译密码，而是利用一些人为的失误去分析密码算法，其中，薄弱的密钥管理就是导致密码算法被破译的主要环节。

我们不过多地解释每种密钥管理技术的复杂性，只需要关注对于不同的商务应用来说哪种密钥管理技术是最为恰当的。例如，PKI 就是一种需要有效密钥管理的技术。PKI 的开发商多年来一直承诺增加用户，但是密钥管理的实际运行阻碍了 PKI 规模的扩大。下面简要介绍几种现代密钥管理技术。

1. AES

美国政府目前没有颁布专门为非机密应用生成密钥的标准。但是，工作组正在制定有关保护 AES 密钥的细则。该细则可以安全的加密一个带有完整性信息的加密密钥，也为在非机密环境中的密钥管理提供了一种可借鉴的机制。

2. IPSec

IPSec 保护互联网协议（IP）数据包免遭暴露和篡改。该协议提供机密性和/或完整性保护。每个数据标头均包含一个安全参数（SPI），该参数表征一个特定的加密密钥。另外，数据标头还可以包含到两个安全性标头。其中，身份认证标头（AH）提供完整性检查。封装安全载荷（ESP）加密数据包来达到其私密性。主机采用 IPSec 建立起相互之间的安全联系。和 SPI 主机一样，这里也包含了加密方式的应用和密钥的使用。ISAKMP 则提供密钥管理服务，接下来将会学习到相关的内容。

3. ISAKMP

ISAKMP 功能如下：

- 控制密钥资源在其生存期内不被非授权方获取、修改或替换；
- 分配密钥资源以提供加密设备之间的互通性；
- 确保密钥资源在其生存期各个阶段的完整性，包括密钥的生成、分配、存储、使用及销毁。
- 在密钥管理过程中出现失误或密钥资源的完整性受到质疑时恢复密钥。

在决定使用哪种密钥管理产品或技术之前，应该做好充分调研。每种方法都有其优劣。应当确切了解备选方案的前期投入以及使用过程中的维护费用。

本章小结

本章介绍了密码学的基本原理及其商业应用。我们学习了密码学基本概念及各种商业事务的安全需求、如何将密码技术应用于这些安全需求、如何区分基于密码学设计的各类安全产品，还介绍了对称密钥密码体制与非对称密钥密码体制的优缺点。

Chapter 10 第10章 网络与通信

对于今天的大多数商业团体和组织机构来说，网络和通信是业务基础设施的关键组成部分。如果通信网络常常不可用或者容易产生错误，很多机构将无法正常运作。网络安全的目标是满足组织对网络可用性、完整性和可信性的基本需求。我们需要保护网络传输数据不被篡改（无论是偶然的或是故意的），也不能被未经授权的对象读取，并且数据的源地址和目标地址可以被有效鉴别（不可否认性）。业务和安全需求包括以下几方面：

- 访问控制
- 稳定性和可靠性
- 完整性
- 可用性
- 可信性或不可否认性

本章主要探讨保护网络通信安全的关键技术，介绍关于网络的基础知识，并讨论网络的安全问题。

作为一名安全专家，首先需要理解关于网络和通信的基本知识：

- 开放系统互连参考模型（Open Systems Interconnection Reference Model，OSI）
- 网络拓扑
- 传输控制协议/因特网互联协议（TCP/IP）
- 无线网络
- 网络安全

10.1　开放系统互连参考模型

OSI 参考模型为如何构建和使用网络及其资源设计了一个框架。该模型是一种基础层次交换的理论模型，其精妙之处在于可以在模型任意层进行技术设计，而不需要关心其他层如何工作，只需确保每一层知晓如何与它的上一层进行通信。OSI 参考模型如图 10-1 所示，包括：

- **应用层**——负责与终端用户交互。应用层包括计算机上所有与网络进行交互的应用程序。例如，邮件客户端软件。因为它必须基于网络进行数据收发。而简单的单人纸牌游戏软件则不属于该范畴，因为它并不依赖于网络运行。
- **表示层**——负责数据的编码。表示层包括文件格式和字符的表达方式。从安全的观点看，加密过程通常在表示层进行。
- **会话层**——负责维护网络上计算机之间的通信会话。会话层主要的工作是建立、维持以及释放发生在网络上的两个进程之间的通信。
- **传输层**——负责将数据分割为数据包，并选择适当的方式通过网络传输。数据流控制和差错检验通常在传输层上进行。
- **网络层**——负责网络的逻辑实现。网络层有一个重要概念——逻辑地址，本章稍后会进行介绍。在 TCP/IP 网络中，逻辑地址指的就是 IP 地址。
- **数据链路层**——负责在同一个局域网上计算机设备之间的信息传输。数据链路层使用物理地址（MAC 地址）。制造商会为每个硬件设备分配全球唯一的 MAC 地址。
- **物理层**——负责网络上的物理链路控制。物理层将计算机产生的 0、1 格式的二进制数据转换成适当的形式在物理传输介质上进行传输。例如，在铜质线缆中，需要将数据转换成电子脉冲格式，而在光缆中，需要将数据转换成光脉冲格式。

OSI 参考模型可使开发人员在各层上进行独立开发。如果要设计一个基于应用层的邮件客户端软件，只需要关心如何将数据发送给表示层，其他网络层次的技术细节我们不需要理解，自有其他软件为我们处理。类似地，如果我们要制造物理层上的线缆，我们并不需要关心网络层上有哪种协议的数据需要通过该线缆进行传输，而只需要满足数据链路的需求即可。

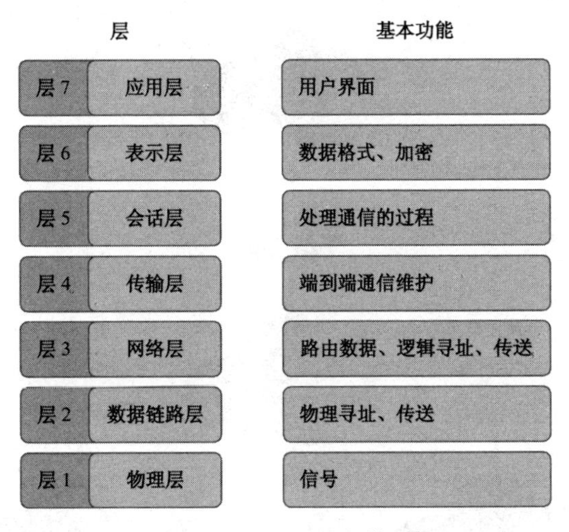

图 10-1　OSI 参考模型

10.2　网络的两种类型

作为一名安全专家，需要掌握很多关于网络的知识。网络上，有多种网络安全设备，而那些与安全无关的设备通常需要依赖这些网络安全设备运行。在本节，将学习网络的两种基本类型——广域网（Wide Area Networks，WAN）和局域网（Local area networks，LAN），并分析这两种网络的功能。同时，也将学习到连接 LAN 和 WAN 的几种方式。最后，将简要介绍三种重要的网络设备：路由器、交换机和集线器。

10.2.1　广域网

就像该类型网络名称所说的那样，广域网将分布在很大的地理范围上的系统连接在一起。因特网就是一种典型的广域网。如图 10-2 所示，因特网将很多独立的网络连接在一起，这使得位于不同地理位置的人们可以很方便地进行通信。因特网不需要其终端用户了解网络连接的实际细节，当用户发一封电子邮件时，他只需要点击发送键，而至于数据在网络上是如何传输的，用户并不需要了解，这些复杂的处理只要交给网络来操作就可以了。

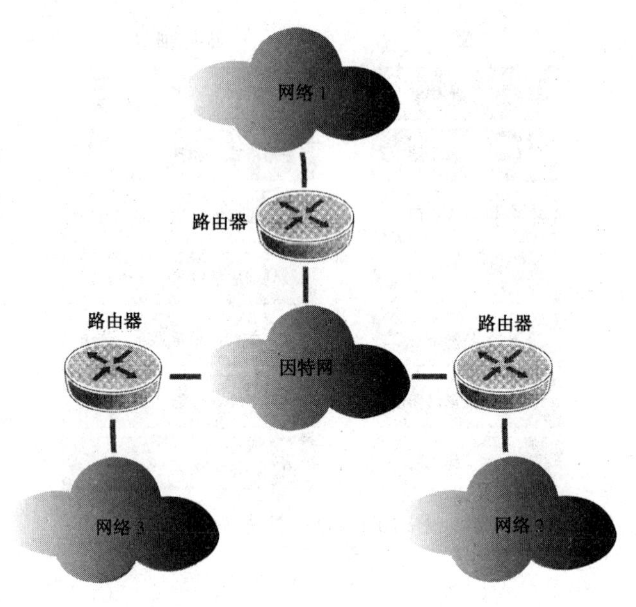

图 10-2　广域网

从安全的观点上看，需要时刻牢记因特网是一种开放式的网络。一旦数据发送到网络上，就无法保证数据的机密性。数据可能通过各种路径最终到达接收方。任何人都可能在传输的过程中截获、读取这些数据。我们可以将这些因特网上传输的数据看成明信片，上面的内容都暴露在外面，而不是像信件那样封装在信封内部。幸运的是，可以使用加密等安全技术隐藏因特网上各种数据的实际含义。就类似于在明信片上写的是密电码，别人无法看懂。关于网络加密技术我们将在本章稍后学习。

很多组织利用因特网进行跨地域连接和通信，一方面由于这很廉价，另一方面也很便利。但是在实际使用因特网这类开放式网络时，还必须保证其安全性满足我们的需求。同样，加密技术可以降低使用因特网时的数据安全风险。

一些组织选择使用自己的私有网络连接远程设备，之所以这样是因为安全上的考虑，它们所需要的一个是可保证可靠性的私有网络。虽然这对于网络的安全性和可靠性来说是一种非常好的选择，但其成本非常高。我们可以跟一家网络通信提供商合作开发自己的私有广域网。

1. 连接选项

可以使用很多方式连接互联网。很多家庭用户要么选择使用线缆调制解调器，要么选择通过电话线建立数字用户线路（Digital subscriber line，DSL）接入互联网，但还有其他的方式。例如，当用户无法使用以上两种方式时，还可以通过使用卫星或者老式拨号上网的方式接入互联网。随着因特网的广泛使用，网络服务提供商还会用更多的方式使用户接入互联网。在很多情况下，可供选择的联网方式取决于我们的生活环境。通常来说，人口越密集的区域联网方式也越多。现在，越来越多的城市提供了光纤直连的方式让我们的家庭和互联网联通。在无线技术领域取得的进步也使得通过蜂窝网络上网变得越来越普遍。

智能手机一般通过 3G 或 4G 网络接入互联网，而这些设备很多也具备接入基于 802.11 标准 Wi-Fi 网络的能力。3G 和 4G 蜂窝网络可以提供稳定的因特网和语言通信服务。当手机接入因特网后，整个上网过程看起来非常连续。然而，这些设备实际上都会从一个蜂窝小区进入另外一个蜂窝小区。这种蜂窝小区间的切换对用户来说是透明的，使得用户感觉整个连接好像连续不间断。然而，大部分蜂窝网络通常都会限制用户的手机流量，超出约定的流量将会支付额外的费用。因此，移动用户一般更愿意选择通过 Wi-Fi 网络接入互联网，这种方式不但网速快，而且费用也很低。现在，在很多咖啡馆、酒店以及很多其他场所都会提供免费的 Wi-Fi 接入服务。这种接入网络的便利性使得移动计算成为普通用户的一个现实选项。

目前，3G 和 4G 网络的可用性不断提高，很多个人用户都选择通过蜂窝网络接入互联网。很多移动通信服务提供商都为用户提供网络接入设备，便于用户的笔记本电脑和手机接入互联网。这些网络接入设备首先通过蜂窝网络接入因特网，然后将其转换为 Wi-Fi 网络。这意味着，只要在该移动通信服务提供商信号覆盖的范围内，用户就可以随时随地将其笔记本电脑、智能手机以及其他的设备接入因特网。虽然使用 3G 或 4G 网络访问因特网的网速可能没有免费的 Wi-Fi 快，但却更具有优势，因为这更加安全。我们不必再担心咖啡馆中是否有攻击者与我们共享使用同一个网络。很多公共 Wi-Fi 网络安全性难以得到保证。我们可能永远都不清楚是不是还有人在这个公共的网络上对我们实施监听。所以，牺牲一点上网速度，来换取更加安全的环境，非常值得。

对于商务用户来说，也可以有很多方式来使用因特网，对于普通用户同样如此。例如，很多电信网络公司为商务用户提供比普通用户更高的网络带宽以满足其业务需要。商务用户也可使用 DSL 的方式接入互联网。相比家庭用户而言，电信网络公司往往会向商务用户收取更高的费用。这是因为电话公司所提供商务级的 DSL 服务具有更高的网速和可保证的可靠性。对于中小规模的企业而言，线缆和 DSL 方式足以满足其网络需求；而对于更大的企业来说，往往需要更加复杂多样的服务。因此，T1/T3 线路、帧中继、综合数据业务网（IDSN），或者其他的一些技术，都是他们接入互联网的可选方式。

回到 OSI 参考模型，要记住重要的一点是：无论我们选择哪种连接方式，都不会对我们使用网络产生影响。不同之处只有网络信号的进入方式（电话线、线缆、专用线路）以及网速和服务的可靠性。

2. 路由器

路由器是一种连接两个或多个网络，并在其上进行有选择性的数据包交换设备。如图 10-2 所示，路由器可以将局域网连入广域网中。路由器在网络结构中放置的位置将会影响网络配置方式。可以将路由器放置在两个基本位置中，如图 10-3 所示。

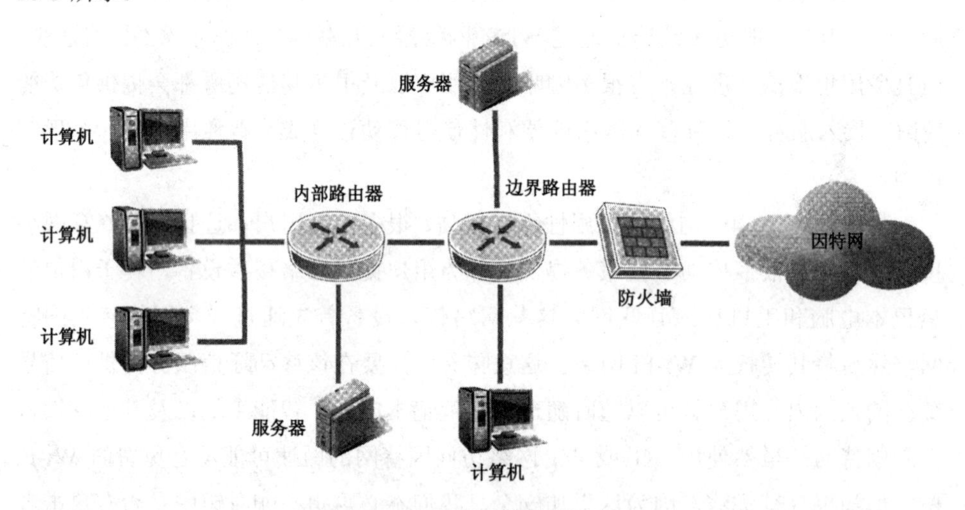

图 10-3 路由器的放置位置

- **边界路由器**——边界路由器将会受到外部的直接攻击。当配置路由器时，必须考虑这个路由器是不是唯一的防御点，或者多层防御体系的一部分。显然，多层防御具备更好的安全性。单独的路由器可以保护内部网络，但所有的攻击都会指向它。
- **内部路由器**——内部路由器同样也可以增强内部网络的安全性。内部路由器可以实现子网之间的网络隔离。它可以将数据只限制在子网内部传输而不发送到外部去。例如，在一个组织的网络中，某一实验室的子网和其他网络之间有一个内部路由器。那么，就相当于将这个实验室的子网从整个网络单独划分出来。这样，这个内部路由器就可以将秘密数据限制只在实验室子网内部传输，也可以阻止该组织其他网络的不相关数据进入实验室子网中。

我们可以通过配置路由器，允许所有的流量通过路由器，或者针对某些内部资源进行保护。路由器可以使用网络地址转换（Network address translation，NAT）技术和包过滤技术来增强网络的安全性。NAT 技术使用一个替代的公共 IP 地址来隐藏系统实际的 IP 地址。虽然，NAT 技术的初衷是为了解决 IP 地址不足的问题，但其可以隐藏实际 IP 地址的功能有助于提升网络的安全性。攻击者想要分析获得使用了 NAT 技术的防火墙后面的网络结构，面临很大困难。

包过滤是路由器或者防火墙的基本功能。包过滤行为发生在路由器或者防火墙每次接收数据的时刻。他们通过将这些数据包与内部的规则列表进行比较，来决定是否允许数据包通过，而这些内部的规则都需要网络管理员来进行配置。如果在防火墙中没有特定的指出允许哪些数据包通过的话，防火墙通常会阻止所有数据包通过。

在使用路由器时，可以借助 NAT 技术和包过滤技术对网络进行安全防护。对于一些常规的攻击手段，可以起到防护作用。但必须认识到，任何一个单一的技术都不能解决所有的问题，仍然需要使用防火墙来保护网络，以及使用本书中介绍的其他技术来保护数据安全。

10.2.2　局域网

局域网是指位于同一区域内多台计算机互联成计算机组。这些计算机一般是通过集线器或者交换机相连。如图 10-4 所示，这些交换设备一般位于某一组织的路由器之后。

在很多情况下，位于同一局域网上的系统之间不会单独进行防护。这是由于与因特网不同，同一局域网之间的系统需要在互相联通的基础上开展相互协作。因此，局域网的安全性是一个极其重要的问题。如果局域网上某一个系统感染了病毒，而其余的系统没有进行防护，那么病毒就会很快地在整个局域网中传播。

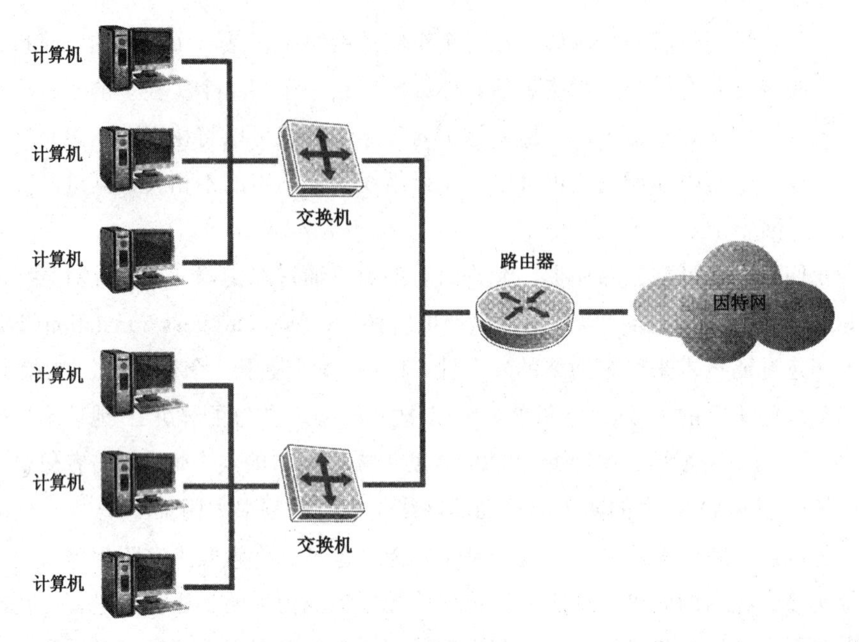

图 10-4　局域网

1. 以太网

直到十多年前，还存在很多不同类型的局域网。而现在，基本上这些局域网都转变成一种单一技术的类型，称之为以太网。在早期的以太网，所有的计算机都连接在同一条线缆上，所以相互之间需要通过竞争的方式轮流来使用网络，这显然效率很低。随着技术的发展，现在的以太网都会为每个系统专门分配一个连接，所有连接都与一个交换机相连，通过这个交换机实现对局域网的控制。

以太网标准规定了计算机在网络上的通信方式，主要涉及 OSI 参考模型中的物理层和数据链路层，说明了以太网如何利用物理地址实现计算机之间的相互通信。

2. 局域网设备：集线器和交换机

局域网中两种主要的计算机连接设备：集线器和交换机。集线器是一种简单的网络设备。集线器上具有很多插槽（端口），接入网线就可以将不同的网络系统连接起来。当集线器从某一个端口接收到数据包后，它会将其转发到其他所有端口。因此，只要与集线器连接的系统，就可以接收到其他系统发送到网络上的所有数据。所以集线器的工作原理非常简单。

集线器工作原理简单也是它的一个很大不足。因为要转发所有接收到的数据，极易造成网络拥塞。在上一部分，学习到了最初以太网上所有的计算机都是连接在同一条线缆上。使用集线器来组成以太网与之是类似。所有计算机在进行通信时都需要竞争网络信道，同样也会造成网络拥塞，并降低网速。

与集线器相比，交换机是一种更好的选择，它能够发挥与集线器同样的作用：将大量计算机系统连接到同一个网络中。但是交换机具备更加优越的特性：可以对数据进行智能筛选。交换机可以记住所有与它端口相连的计算机系统的 MAC 地址。当交换机从网络上接收到一个数据之后，它首先会检查数据的目的 MAC 地址，然后将数据转发到这个 MAC 地址对应的端口上。交换机的这种工作模式为它带来了很多性能上的优势。

现在，很多性能优越的交换机价格不会很高。因此，几乎所有的网络都会使用交换机来构建，而只有很少的小型网络仍在使用集线器。

警告：

集线器会带来一种安全风险。由于每一台计算机都可以接收到其他计算机发送到网络上的数据，窃听者就可以实时监听网络上所有的数据包。

10.3 TCP/IP 及其工作原理

设想在一个餐桌上，有一个中国人、一个法国人，还有一个英国人。他们之间的交流可能会很困难。如果需要进行对话，三个人必须使用同一种语言。在计算机上也存在类似的情况。不过幸运的是，现在几乎所有的计算机在进行通信时都使用同一种“语言”（或者说协议），这种“语言”就是传输控制协议/因特网互联协议（TCP/IP 协议）。

协议指的是规定计算机之间进行信息交换时消息格式的一组规则。网络协议规定了网络上的设备如何将消息通过网络发送给另一方。这些协议需要管理从服务器到个人计算机之间，从消息传送到结束全过程中信息的交互。在本小节，将学习 TCP/IP 协议簇的组成以及 TCP/IP 网络的基础知识。

10.3.1 TCP/IP 概述

TCP/IP 协议实际上是一个协议簇，工作在 OSI 参考模型的网络层和传输层。

在因特网上，不管是企业网络还是家庭网络，都需要使用 TCP/IP 协议。TCP/IP 协议最初由美国国防部提出，用以支持一种高可靠和可容错的网络架构。此时，它们主要关心的是协议的可靠性，而不是协议的安全性。

TCP/IP 协议簇包含很多不同的协议，其部分协议如图 10-5 所示。

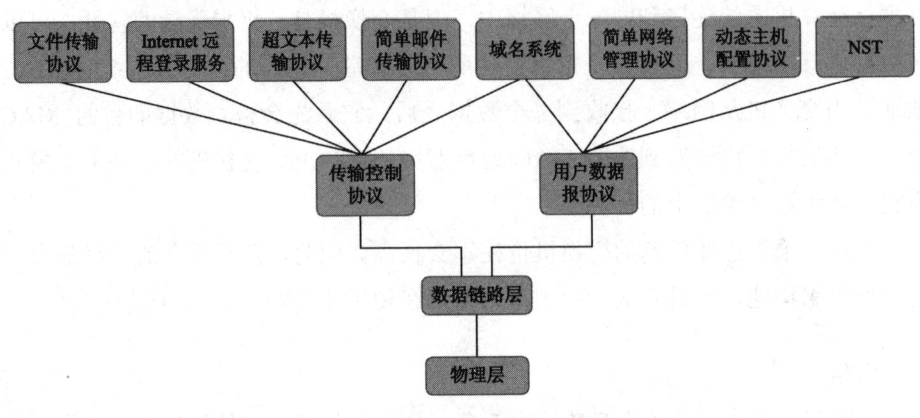

图 10-5 TCP/IP 协议簇

10.3.2 IP 地址

网络层协议的主要功能是提供一种寻址方案。在 TCP/IP 协议簇网络层协议中，包含了相关方案。IP 地址包括 4 个字节，为网络上每台设备分配唯一的标识。

IP 地址的结构如图 10-6 所示，IP 地址的四个字节分别使用点来进行分隔。这就意味着每一个部分的取值应该在 0～255 之间。IP 地址包括一个网络地址和一个主机地址。例如，在图 10-6 所示的 192.168.10.1 这个地址中，网络地址是 192.168，主机地址则是 10.1。网络地址和主机地址的分隔位置可以基于管理员对于网络的配置情况而进行改变。而通过子网掩码这一网络配置参数就可以确定网络地址和主机地址分隔的具体位置。

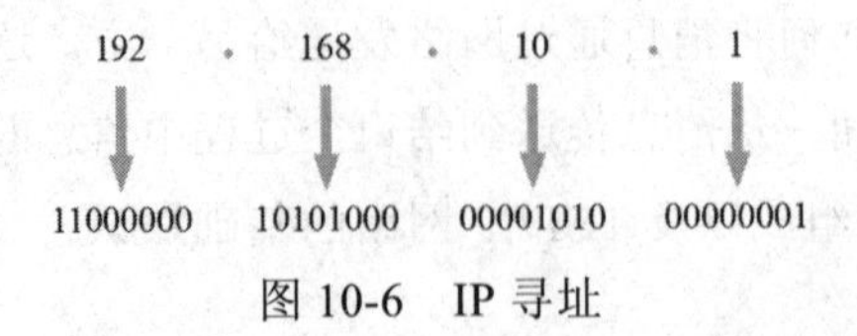

图 10-6 IP 寻址

提示：

图 10-6 显示最普遍的 IP 地址类型，也就是 IPv4。还有一种信道 IP 地址编码

标准，被称为 IPv6。IPv6 具有比 IPv4 大得多的地址空间。IPv4 由 32 位地址编码，而 IPv6 则是 128 位。IPv6 还具有很多其他的特性，但它出现最重要的理由就是解决地址空间不足的问题。

因为每一台计算机都需要一个 IP 地址，为网络中的计算机分配 IP 地址将会非常耗时。很多组织在其网络中使用动态主机配置协议（Dynamic Host Configuration Protocol，DHCP）来简化配置过程。DHCP 协议使计算机可以从网络中动态获取其配置信息，而不需要网络管理员单独为其提供。DHCP 协议可为计算机配置 IP 地址、子网掩码以及其他一些必要的通信信息，极大地减轻了网络管理员的工作负担。DHCP 协议的通信过程如图 10-7 所示。

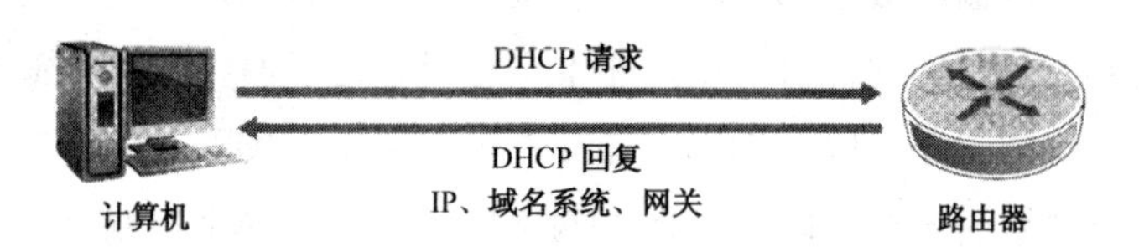

图 10-7　DHCP 协议的通信过程

10.3.3　ICMP

如果网络都已经配置完毕，那么还需要检测这个网络的状态和性能。网络控制报文协议（Internet Control Message Protocol，ICMP）就是一种针对 IP 的管理和控制协议。ICMP 可以在主机之间传递关于网络健康状态的消息，这些消息可以是关于 ICMP 协议数据可达的主机的信息，也可以是关于路由和更新状态的信息。

Ping 和 Traceroute 就是 ICMP 的两种工具。在 ping 命令中，给一个目的 IP 地址发送一个数据包被称为 ICMP 回显请求包（echo request）。这就好像在询问对方“你在那儿吗？”。对方可以通过发回一个 ICMP 回显应答包（echo reply）来回答“是的”，也可以直接忽略那条请求消息。因为攻击者有时会使用 ping 命令来确认待攻击的目标是否存在，所以很多系统管理员通常会将他们的计算机设置为忽略所有的 ping 请求。

Traceroute 命令使用 ICMP 回显请求包来完成另一个目的：确定数据包在网络中传输路径。数据包从网络中一个点发送至另一个点，可以通过网络中的不同路由器中转，而 traceroute 命令就可以用来显示某个特定数据包在传输过程中的路径，这样就可以帮我们找出一些潜在的网络问题存在的原因。

攻击者可以通过使用 ICMP 来达到对网络实施拒绝服务攻击的目的，这种攻击被称为 smurf 攻击，这种攻击手段根据早期实现它的一个程序命名。它的工作原理是通过在网络上发送大量广播形式的虚假 ICMP 回显请求包，使网络上所有的主机都会响应。如果攻击者造成的响应信息足够多，那么就有可能只需要通过一个拨号上网的连接，造成整个网络的瘫痪。幸运的是，防范 smurf 攻击也很简单,只需要通过将网络配置为忽略响应所有广播形式的 ICMP 回显请求包就可以。

10.4 网络安全风险

网络上任何传输的数据都可能成为攻击者的攻击目标，这使得网络安全成为一个非常重要的问题。到目前为止，在本章已经学习了网络如何传输数据，也学习了网络所面临的一些风险，例如，smurf 攻击和窃听攻击。在本节，我们将更加深入地学习网络的安全风险以及保护网络应用的一些安全控制方法。

10.4.1 三类风险

在网络中有三类主要的安全风险：网络探测、网络窃听、拒绝服务攻击。它们对网络的可用性、完整性和数据机密性都有不同程度的影响，损害网络自身安全性。在本小节，将学习这些最普遍的网络安全风险。（注意：攻击者为了能够控制网络系统也会挖掘网络漏洞。这一部分内容不在本章叙述。）

1. 网络探测

网络探测指的是为发动网络攻击而搜集目标网络信息的行为。假设一支军队要进攻一个国家，为了胜利，这支攻击部队就需要事先获取大量的前线信息。军队的指挥员想要获取的信息可能包括：

- 地形
- 公路、铁路、水路地点
- 敌军的防御手段和地点
- 敌军防线弱点
- 允许通过防线的流程
- 敌军武器类型

与之类似，对于一个网络攻击者来说，在发起攻击之前，也会想知道：

- 网络主机 IP 地址
- 防火墙的类型以及使用的其他安全系统
- 远程访问的程序
- 网络上主机的操作系统类型
- 网络系统的脆弱点

通常，我们是不会向攻击者泄露这些信息的。但不幸的是，攻击者可以借助很多工具来获取这些信息。之前学习过为什么要阻止来自网络外部的 ICMP 回显请求，因为这能够避免攻击者通过使用 ping 和 traceroute 工具来搜集信息。因此，应该通过有效的系统配置，确保向外界提供的信息能够尽可能少，从而降低网络探测攻击的效率。

2. 网络窃听

有很多攻击者会想要威胁网络数据的机密性。在学习关于网络窃听的内容之前，我们先看一下一种更简单的技术：电话。如果我们曾经看过关于间谍的电影，我们就会知道只要能连入电话线，那么就可以很简单地实现电话窃听。只需要在屋内的电话交换箱中搭一根电话线，连入窃听器就可以实现。

网络窃听同样也很简单。如果一个攻击者具备物理访问网络线缆的能力，他就可以在线缆中实施监听，获取线缆中所有的传输数据。有一些方法能够防范这种类型的攻击：

- 限制线缆的物理访问。
- 使用交换式的网络。攻击者只能获取与所窃听的信道相连的那一台计算机所发送和接收的数据。
- 加密敏感信息。虽然攻击者仍可获取线缆上传输的信息，但却永远无法弄清其含义。

网络窃听其实比电话窃听更容易。虽然通过接入线缆的方式可以实现，但也不是必需的。如果一个攻击者控制了网络上的一台计算机，那么也可以通过这台计算机实施窃听。虽然使用交换式网络和加密技术能够帮助降低窃听攻击实施的效率，但还是要注意保护计算计系统不要感染恶意代码。

3. 拒绝服务攻击

在很多情况下，攻击者的意图并不是获取网络的访问权限，而是想让用户无法正常地使用网络。这种攻击策略往往效率更高，因为很多事务离开网络后将无法开展。攻击者有两种主要的方式实施拒绝服务攻击（DoS）：利用流量的泛洪攻击和关闭一个单一的错误点。

流量的泛洪攻击是一类简单的方法。我们可以将网络想象成一根水管：在注满之前，只能传输一定量的数据，如果往水管中注入了超过了它承载能力的数据，网络将变拥塞和失效。接着只需要简单地向网络中发送超过网络传输能力的数据，就可以发起拒绝服务攻击。这种攻击的另外一种方式是分布式拒绝服务攻击（DDoS）。黑帽黑客利用拒绝服务攻击已经使得全世界很多系统瘫痪，由于数据来源的多样性，使得区分合法数据和攻击数据变得很困难。

DDoS 攻击出现了很多年，但攻击者认为这种攻击手段仍未过时。很多攻击者仍然使用 DDoS 攻击来干扰和破坏他们的目标。在 2012 年 9 月和 10 月，有一个称为 hactivists 的黑客组织，发起了一系列针对美国主要银行的拒绝服务攻击。在很多越来越大规模的攻击事件发生后，hactivists 引起了人们很大的关注，他们通常会将这些关注引导向一些政治事件。从 2012 年底到 2013 年，攻击事件不断发生，攻击的目标包括美国合众银行、摩根大通、美洲银行、金融服务集团、太阳信托银行等。随着持续的攻击活动，越来越多的组织受到了影响。很多客户反映访问银行网站速度变得非常慢，甚至还有很多客户根本无法访问网上银行。现在，很多攻击行为仍在影响银行网站的访问，但是与早期的攻击活动相比，他们成功的概率没那么高。银行正在从它们之前遭遇的网络攻击中吸取经验，并且加入了很多新的控制措施来保护它们的网站。

早期，网络攻击目标很多都是大型网络电商。在 2009 年，包括亚马逊、沃尔玛、Expedia 等一些大型网络电商，都曾是拒绝服务攻击的受害者。网络攻击使得这三个网站在冬季假期购物季时，关闭了大概一个小时，客户不得不转向其他电商网站，造成了这三家网站的营业损失。

技术上的进步为黑客使用拒绝服务攻击惹是生非创造了越来越多的机会，一种被称为电话拒绝服务攻击（Telephony Denial of Service, TDoS）的新型攻击手段正在变得越来越普遍。TDoS 攻击试图在一些个人或者组织发起或接听电话时，使他们通话不能成功接通。这种攻击在 2013 年初变得更加流行。很多依靠电话作为主要通信模式的组织变成了这些攻击者的目标。这种攻击的后果与拒绝服务攻击很类似，会影响甚至瘫痪整个电话通信系统的正常运行，从而造成严重的后果，例如，营业损失、潜在罚款、操纵失控以及失去客户的信任。

防范拒绝服务攻击具有一定的难度，最直接的方法是确保我们有足够的带宽来承受这些攻击的流量。目前，出现了一些新的技术来防范 DDoS 攻击。但是还未被证实有效，并且在效率上有一定的局限性。最好的防御手段是要尽早发现攻击的出现，并在他们瘫痪你的网络之前采取行动阻止流量的到来。

10.5 网络安全防御基本工具

防范各种类型的网络安全风险，首先需要借助一些基本的硬件和软件工具：防火墙、虚拟专用网络以及网络准入控制系统。

10.5.1 防火墙

防火墙通过阻止未经授权的网络流量进入或者离开特定的网络从而达到控制网络流量的目的。我们可以将防火墙放置在内网和外网之间或者内网之中，来保证只有授权用户可以访问特定的企业资产。防火墙是网络安全的关键因素，但也只是因素。防火墙不能解决所有的安全问题，但仍然是一种必需的防御手段。

防火墙在网络中发挥的作用如图 10-8 所示。它可以将私有网络从因特网中隔离，也可以隔离不同的私有网络。在本小节，我们将学习不同类型的防火墙以及它们在网络拓扑中发挥的作用。

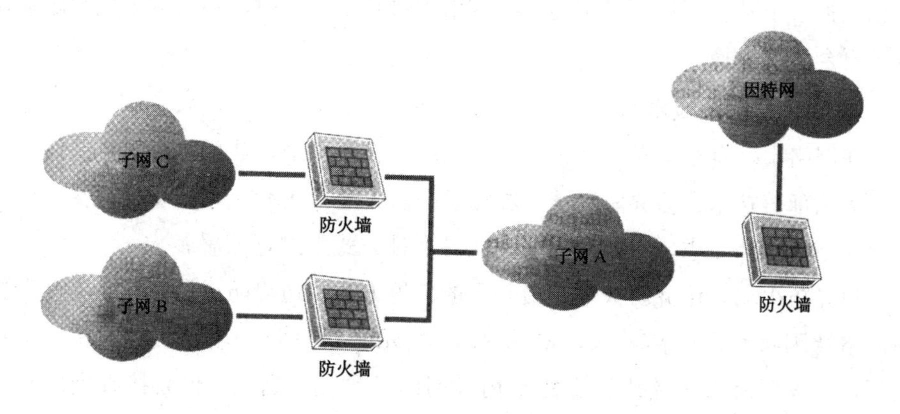

图 10-8 防火墙

1. 防火墙类型

防火墙的基本功能非常简单，它必须阻挡任何我们没有明确允许的网络数据，防火墙内部的规则规定了哪些类型的数据可以通过网络。每当防火墙接收到一组数据时，就会将它与其内部的规则进行比较，如果该数据与其内部规则相匹配，防火墙会允许数据通过；如果不匹配，防火墙将会阻挡它通过。

这种基本功能，可将防火墙分为三类：

- **包过滤**——包过滤防火墙是一种基本防火墙，它内部定义了一组数据通过防火墙的规则，通过比较这些规则来决定是否允许数据包通过，但不会对历史报文进行记录。
- **状态检测**——状态检测防火墙会记录网络状态的信息。从接收到会话的第一个数据包开始，防火墙将记录每一次通信的状态直至会话结束。这种类型的防火墙不需要每接收一组数据包就与它的内部规则进行匹配，而只需要在会话刚开始时检查即可。
- **应用代理**——应用代理防火墙比状态检测防火墙更进一步，实际上它并不允许数据直接通过防火墙到达另一端。防火墙将通信双方的连接隔离开，并在二者之间扮演一个中间人（或代理人）的角色。因为防火墙可以分析实际的应用数据信息，从而决定是否允许或拒绝其通过，可以带来更深层次的安全防护。

选择哪种防火墙取决于很多不同的因素。如果我们只想要基本的数据包过滤成功，那么只需在大型网络的边界放置一个简单的防火墙。而另一方面，如果我们想保护一个具有高安全等级的网络应用主机数据中心时，那么应用代理防火墙将是更合适的选择。

2. 防火墙部署技术

在网络上可有很多种方式来部署防火墙。在本小节，我们将学习一些最通用的防火墙部署技术：边界防火墙、屏蔽子网防火墙（DMZ）以及多层防火墙。根据组织不同安全需求，可以采用一种或者多种方式来进行部署。

边界防火墙。边界防火墙是最基本的部署方式。边界防火墙仅仅是将受保护的网络从因特网中隔离开来，如图 10-9 所示。边界防火墙通常放置在路由器之后，接收所有通过路由器发送到内部网络的数据。当然，也会接收到所有从内部网络发送到因特网中的数据。边界防火墙通常是包过滤防火墙或者状态检测防火墙。

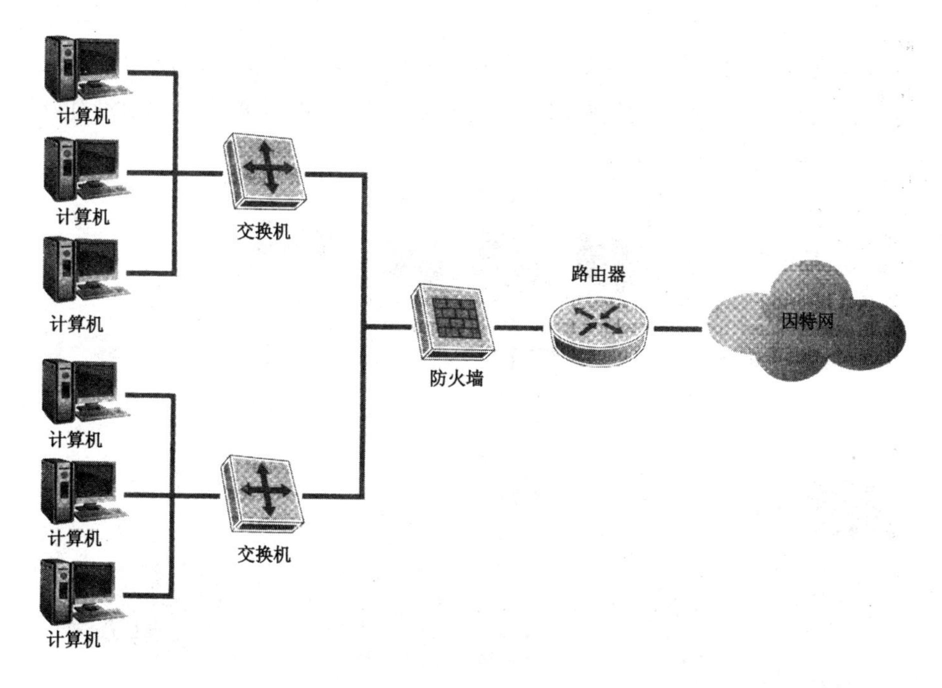

图 10-9　边界防火墙

对于大多数组织来说，没有对外提供公共服务的主机服务器，或者如果我们的网站或者邮件系统是通过外包达成，不必将你的私有网络对外网开放。在以上情况下，我们只需要让防火墙阻止大部分（或者全部）的流量进入内网就可以了，这通过边界防火墙很容易达成。

屏蔽子网防火墙。在很多情况下，完全阻止所有网络流量进入内网不可能。如果网络中有一个公共 Web 服务器或者电子邮件服务器，就需要限制允许外部向内部发起的连接。使用屏蔽子网防火墙就是解决上述问题的一个好办法，其拓扑结构如图 10-10 所示。这种防火墙拥有三块网卡，其中的两块网卡设置与边界防火墙相同，一块与内网相连，另一块与因特网相连。而第三块网卡则与一个被称为屏蔽子网或者称为非军事化区（Demilitarized Zone，DMZ）的网段相连。

DMZ 是一个半私有的网络，对外提供公共服务的服务器主机就位于 DMZ 之中。因特网中的用户可以在一些限制条件下访问这些位于 DMZ 的公共服务器。对于一个安全的网络系统而言，从因特网直接访问内网是不允许的。

通常，为外部因特网用户提供网络服务的主机可能会给系统安全带来一定的风险。由于它们更容易成为网络攻击的目标，所以也最可能被攻击者成功攻陷。

如果将这些容易遭受攻击的服务器限制在DMZ上，那么也只有DMZ上的其他系统会受到连累。如果攻击者能够渗透进入一个位于DMZ上的主机，他没有办法利用这台主机直接访问内部网络。

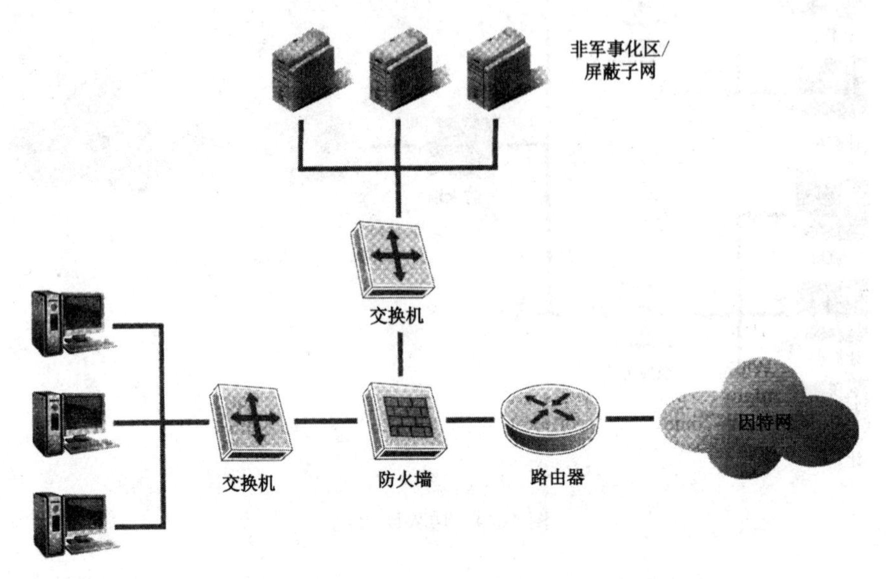

图 10-10 屏蔽子网防火墙

提示：

屏蔽子网防火墙是目前常用的防火墙拓扑结构。

多层防火墙。在一个大型或者高安全等级的环境中，通常会使用多层防火墙将网络进行分段。如图 10-8 所示，一个防火墙起到边界防火墙的作用，分别用来保护 A、B、C 三个子网不遭受来自因特网的威胁；而另外两个防火墙则是用来隔离 B、C 两个子网，保护它们不遭受来自对方以及子网 A 的威胁。

当网络系统具有不同的安全等级的时候，多层防火墙很有用。例如，在图 10-8 中，普通用户可以访问子网 A，而对于从事保密科研项目的用户，则允许访问子网 B，管理人员则允许访问子网 C。这样就可以保护从事保密科研项目的用户以及管理人员不会遭受来自普通用户群体的威胁。

10.5.2 虚拟专用网络和远程访问

随着远程办公的出现，远程访问已经成为很多企业网络的基本功能。现在，很多公司的雇员很少甚至从来不去公司的办公室工作，他们通常是在家中或者在外地办公。但是，他们还是有访问公司内部网络资源的需要，这就意味着公司需要向因特网开放更多的资源，而这可能超出了 IT 专家建议的范围。所以，就需要找到一种既可以向公司雇员开放他们所需的资源，又可以将攻击者阻挡在外的有效方法。

虚拟专用网（Virtual Private Network，VPN）是一种提升基于公共数据网安全传输水平的有效方法。在用户和企业内部网传输数据的时候，通常可以使用加密技术来保护数据的安全。在远程访问时，VPN 是一种既安全又经济的方式。在两个网络站点之间安全通信中，使用 VPN 与租用专用连接成本的差异非常显著。图 10-11 是使用 VPN 访问远程网络的典型示例。

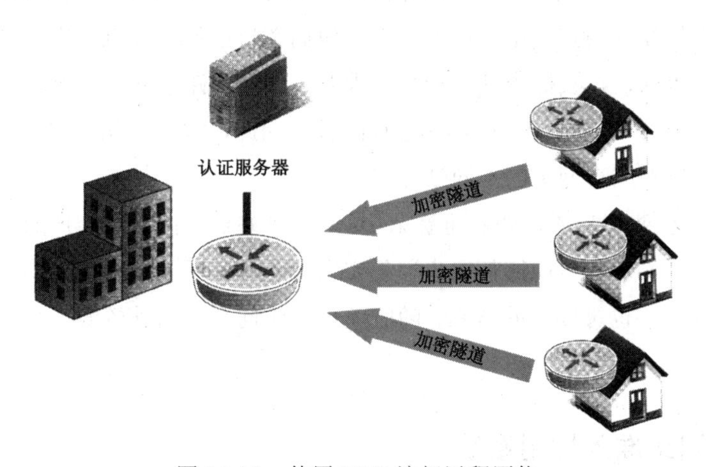

图 10-11　使用 VPN 访问远程网络

VPN 要求网关设备具有足够的处理能力支持加解密运算。可以使用 VPN 集中器来转移网关的负担，而不需要被迫在路由器或者防火墙上关闭 VPN 功能。

在部署 VPN 时，我们必须考虑终端用户计算机的安全因素。如果用户连入了企业的内部网络，而他们的计算机又被攻击者控制，那么就相当于为这些攻击者打开了访问内部网络的大门。因此，很多组织机构要求他们的雇员在使用的计算机中安装安全防护软件，或者也可以只允许本部门受控笔记本电脑发起 VPN 连接。

目前，三种主流的 VPN 技术如下：

- **点对点隧道协议（Point-to-Point Tunneling Protocol，PPTP）**——PPTP 协议曾经在 VPN 中处于主导地位，在很长的一段时间，几乎所有的 VPN 都使用 PPTP 协议来实现。在计算机中，建立一个 PPTP 的客户端非常容易，因为几乎所有的操作系统都默认支持这个协议。

- **安全套接字层（Secure Sockets Layer，SSL）**——SSL 可以加密 Web 通信数据，所以很多 VPN 使用 SSL 协议来实现通信数据的加密保护。当用户访问并登录一个 SSL 协议保护的网站的时候，他们的浏览器就会自动地下载软件连入 VPN，而无须事先对系统进行配置。因此，SSL VPN 的数量增长非常迅速。
- **IPSec（Internet Protocol Security）**——IPSec 全称为互联网协议安全，是一种为网络站点之间的安全连接专门设计的协议套件。当然，IPSec VPN 也支持终端用户使用，但一般需要他们在自己的计算机上安装第三方的软件。因此，在实际中使用的并不太多。在很多路由器和防火墙中都内置了 IPSec VPN 的功能，很容易进行配置。因此，很多组织使用 IPSec 安全连接它们在因特网上的不同站点。

VPN 为企业带来的好处显而易见，这是一种站点之间专用连接的廉价且安全的替代方案。同时，也能够使用户远程安全地连接其所属组织的内部网络。企业雇员在出差时，也可以借助 VPN 随时随地地访问企业内外资源，从而提升企业的生产力。

10.5.3 网络准入控制系统

网络准入控制（Network Access Control，NAC）系统在允许一个设备连入我们的网络之前，为我们提供更多的安全条件。NAC 主要完成两个任务：认证和状态检查。NAC 是一种正在快速发展的新技术，很多组织已经为它们网络的内部用户和外部客户部署了 NAC，并且 NAC 可以同时部署在有线和无线网络之中。

在 IEEE 802.1x 标准中描述了最常见的 NAC 技术。一般可以将这个标准简称为 802.1x 或者 1x。该标准描述了客户端应该如何与 NAC 设备进行交互以获得网络访问权限。用户计算机上的软件会提示用户如何才能登录到网络上。在鉴别完用户的凭据后，NAC 设备指示交换机（对于有线网络）或者访问点（对于无线网络）准许用户访问网络。这就是 NAC 的认证部分。

状态检查是 NAC 技术第二个可选的功能。当使用状态检测功能时，NAC 设备将会检查用户计算机的配置，以确保在其访问网络前能符合安全标准。通常，检查的内容包括：

- 杀毒软件最新版本；
- 主机防火墙是否启用；
- 操作系统是否支持；
- 操作系统补丁。

如果用户试图将一个不符合要求的系统连入网络，NAC 设备将会有两种选择：管理员可以决定阻止这类系统连入网络，直到系统满足要求；或者可以将该系统连入一个特殊的隔离网络，在获得目的网络访问权限前，可以在隔离网络中修复该系统直到满足接入要求。

10.6　无线网络

在家庭和办公环境中，无线网络成了一种流行的设备接入方式。笔记本电脑、台式计算机、智能手机以及很多其他的设备都可以接入无线网络。用户也可以在一栋建筑物内的任何位置通过无线连入网络而不需要担心找不到网络插口。

部署一个无线网络非常简单也很经济，但问题是这会对我们的网络安全带来什么影响？如果一个雇员能够很方便地通过无线连入企业的内部网络，是不是意味着别人也能很方便地连入同一个网络之中？

要建立一个安全的无线网络——至少要同有线网络一样安全——在技术上是可行的。但是这需要认真仔细地规划、执行和测试。对于无线网络安全来说，选择部署一种健壮的加密算法非常关键。在本小节，我们将会学习无线网络的相关技术以及如何才能配置和防护无线网络。

10.6.1　无线接入点

无线接入点（Wireless Access Point，WAP）是有线网络和无线网络的连接点。WAP 在无线设备和有线网络之间，利用无线信号在空中发送和接收网络数据。任何在接收范围之内的设备都可以与 WAP 通信，并通过它连入网络。

攻击者可以采取一些措施来破坏无线网络的安全性。首先，对于有线网络，我们可以很容易地控制网络物理访问点；但对于无线网络，由于无线信号可以很容易地穿透建筑物，相当于无线网络扩展了网络接入范围。如果无线网络没有设置适当的安全防护措施，攻击者就很容易通过无线方式连入我们的网络之中。其次，与有线网络相比，无线网络监听更容易实施。在网络信号接收范围之内，截获所有发送到网络中的数据非常容易。如果这些数据未经任何加密，那整个网络暴露在攻击者面前。

10.6.2 无线网络安全控制

幸运的是，我们可以通过几种手段来保护无线网络的安全。在本小节，将学习有关无线网络安全控制的几个实例。最重要的就是使用加密技术来防范无线网络中的监听。其他的技术则提供额外的保护措施，包括隐藏 SSID 信标、MAC 地址过滤以及为无线网络增强安全认证等。

1. 无线加密

加密是保护无线网络安全最重要的技术，只有通过加密才能保证别人无法获取网络中传输信息的内容。如果数据没有加密，网络中所有用户的行为都会暴露在无线信号传输范围之内。对于攻击者来说，只需要在笔记本电脑中接入一根廉价的天线，就可以在停车场中监视网络中所有用户的一举一动。

所以，必须在网络中使用健壮的加密技术。在早期，无线网络采用的加密标准称为有线等效保密协议（Wired Equivalent Privacy，WEP），为无线数据传输提供了一种基本的加密手段。WEP 采用 RC4 加密算法，这种算法在 20 世纪 80 年代后期，由 RSA 公司的 Ron Rivest 提出。在 WEP 发布后，安全分析师发现它有很多严重的缺陷。借助在网络上获取的免费软件，我们可以在几秒钟之内破解 WEP 的加密机制。实际上，与不采用任何加密手段相比，在无线网络上使用 WEP 协议可能会更加糟糕。因为它带来的只是一种虚假的安全感。人们会认为他们的网络是安全的，因为网络数据经过了加密，而并没有认识到他们正在使用相当于 Cap’n Crunch 麦片上的解码环游戏[①]来保护他们的数据。

TJX 与 WEP 事件

在 2005 年到 2007 年间，美国的 TJX 服装公司遭受到了严重的安全破坏，而罪魁祸首就是无线网络中不安全的加密机制。攻击者在一家 TJX 卖场的停车场，利用廉价的设备，盗取了约 94000000 个信用卡号码，这是有史以来最严

① 原作者是在讽刺 WEP 协议的加密强度很低。

重的网络安全事件之一。TJX 公司最后通过将其无线网络的 WEP 加密方式改为 WPA 加密，才将这个安全漏洞补上。虽然更换一些过时的设备需要追加一些投资，但是带来的回报却是无价。

幸运的是，出现了 WEP 的替代协议。Wi-Fi 网络安全接入协议（Wi-Fi Protected Access，WPA）通过利用健壮的 AES 协议来保护网络中的数据安全，并且有效解决了 WEP 协议中的很多弱点。WPA 是 802.11i 安全标准草案的一部分，该标准是作为解决 WEP 脆弱性而提出的一个过渡解决方案。WPA 协议在 2003 年正式启用，其安全增强标准 WPA2 协议也在 2004 年开始启用，这个标准的官方名称是 802.11i-2004。WPA 和 WPA2 都很容易配置，其基本模式是：要求每一台连入网络的计算机设备，在进行网络配置时事先输入一个共享的密钥。在高级模式中，我们可以通过为每个用户分配一个唯一的用户名和口令，来取代最初的那个共享密钥。如果网络中有中央认证服务器，这些口令就相当于用户的标准认证符。例如，远程拨号用户认证服务（Remote Authentication Dial in User Service，RADIUS）。RADIUS 于 1991 年提出，并迅速成为管理远程用户连接的主流协议。该协议提供了一种集中化的方式来管理授权、认证和计费服务。RADIUS 的继任协议 Diameter 协议于 1998 年提出。近年来，Diameter 协议被越来越多地使用在处理无线远程连接上，因为它比 Radius 协议具备更强的处理移动问题的能力。例如，Diameter 具备更好的漫游支持能力，并且能够使用 TCP 和 SCTP 协议。

2. SSID 信标

在默认情况下，无线网络会发送广播信息让外界感知它的存在。广播的信息中包含服务集标识信息（Service Set Identifier，SSID），相当于该无线网络的公共名字。例如，当我们在一家咖啡馆打开计算机后，我们的计算机就会提示我们当前所有可用的无线网络有哪些，它们的 SSID 就包含在了通知信息中，可以通过在无线访问点上隐藏 SSID 信标的方式，阻止别人发现该无线网络的存在。如果隐藏了 SSID 信标，当用户连入网络时，就需要自己手动输入网络名。对于长期连入该网络的用户，例如，在一个办公室环境中，这种方式没有什么问题；但对于偶尔来访的客户来说，这就显得不那么方便了。

3. MAC 地址过滤

无线接入点也能够通过采用 MAC 地址过滤的方式控制哪些计算机能够连入网络。利用这种技术，通过在无线接入点中设置 MAC 地址白名单，使得只有被认可的计算机才能被允许连入网络，而其他的计算机将会被拒绝连入。MAC 地址过滤最主要的缺点是维护非常复杂。如果我们需要维护一个拥有众多计算机的网络，更新 MAC 地址白名单列表将会变成我们的主要工作。想象一下，如果我们所在的组织拥有大约 20000 名用户，每个礼拜在网络上新增 100 台计算机可能会是常事。另外，我们还需要同时删除被它们替换的另外 100 台计算机的信息。我们能想象每个礼拜用来更新 200 条 MAC 地址信息的工作量吗？所以，最好是在确实需要时，再使用 MAC 地址过滤技术。

警告：

MAC 地址过滤是另一种脆弱的安全机制。利用一些免费的工具，攻击者可以很容易找到网络上合法的 MAC 地址，并通过更改网卡信息伪装成这个 MAC 地址，这就是一种地址欺骗攻击。

虽然，没有任何网络绝对安全，但是通过采用合适的安全控制手段可以更好地保护我们的网络。最重要的一点是：永远不要依靠单一的安全控制手段，而是要使用多种手段进行保护。我们应该假设攻击者具备高超的技巧，可以突破我们部署的一种或多种安全控制措施。为使我们的 IT 基础设施能够尽可能地安全，最好的方法也是假设存在这么一个攻击者，他能够突破各种安全措施来获取我们的数据。

本章小结

在本章，我们学习了 OSI 参考模型以及在建设和使用网络及其资源时，OSI 参考模型所起的参考作用。学习了网络层上的协议以及 TCP/IP 协议的概述。学习了关于网络安全的一些基本工具以及无线网络的工作原理及其可能为企业安全带来的威胁。最后，我们能够更好地理解为什么需要安全策略、标准和程序以及我们的 IT 基础设施安全为什么取决于其最薄弱的环节。

Chapter 11 第11章 恶意代码

恶意代码或恶意软件是任何互联网连接设备或计算机的威胁。本章将学习恶意代码的运行机理以及应对方式。简单地说，恶意代码执行计算机用户不打算执行的任何程序。在通常情况下，恶意代码的目标是破坏系统。恶意软件通过互联网传播，就如同蛇在草地上滑行一样迅速。攻击者通常会使用恶意代码窃取密码、窃取机密信息、从系统中删除信息，甚至格式化硬盘。不幸的是，单独的防病毒软件无法控制恶意代码。这是因为恶意软件不只包含病毒，并且会有意规避很多恶意代码检测工具的检测。

恶意代码针对信息安全的三个属性进行攻击：

- **机密性**——恶意软件可以透露隐私信息。在本章中，将学习间谍软件和木马这两种特殊形式的恶意软件，了解它们如何捕捉隐私信息并将其发送至未授权的目的端。
- **完整性**——恶意软件可以立刻或在一段时间之后修改数据库记录。发现数据更改的时候也可能会发觉备份也被恶意软件破坏。非常重要的是需要在怀疑存在安全违规时就验证数据的完整性。这个过程非常昂贵，而且之前可能并没有对这个花费做出预算。
- **可用性**——恶意软件可以清除或覆盖文件，或对存储介质进行大的损害。

作为安全专业人员，我们会发现说服组织中工作人员并让他们意识到安全是每个人的责任，是一个极富挑战性的事情。他们倾向于认为这是IT部门的责任，更倾向于认为可以依赖于安全措施，这些安全方面的措施包括使用防止恶意软件攻击的政策、程序和技术。

11.1 恶意软件特点、体系结构和操作

安全专家了解恶意软件。恶意软件或恶意代码，是在计算机系统上运行并且执行用户不打算执行的指令。此活动可以采取以下几种形式：

- 攻击者获得对系统的管理控制并且执行命令对系统造成损害。
- 攻击者直接将命令发送到系统，系统解释这些命令并执行它们。
- 攻击者使用会破坏系统的程序，这些程序可以来自物理介质（例如，USB 驱动器）或信息交流程序（例如，因特网），病毒、木马、蠕虫是典型的恶意代码。
- 攻击者利用合法的远程管理工具和安全探测器识别和利用网络中的安全漏洞。

我们必须学会判断可能会遇到什么样的恶意代码威胁，这种理解有助于制定合理的措施保护组织。

11.2 恶意软件主要类型

从非技术角度看，大多数计算机用户认为所谓的恶意代码就是病毒。事实上，有几种不同类型的病毒，以及许多其他形式的恶意代码。每种类型都有独特的特点和体系结构。我们必须设计和实施有效的应对措施以检测、减轻和防止恶意代码攻击。要做到这一点，必须对各种类型的恶意代码及其使用有深刻的理解。

在本节中，我们将学习如何识别恶意代码的特征，描述其运行过程。了解攻击者使用恶意代码的方式有助于我们合理地实施相应的对策。

11.2.1 病毒

计算机病毒是一个依附或者感染其他可执行程序的程序片段。它复制并感染更多程序。病毒在复制后仍具有破坏力。好的反恶意软件会警告和消除大多数带有明显或损坏性有效载荷的病毒。病毒的主要特征是，它能够自我复制并且通常涉及某种类型的用户操作。并非所有的病毒都会造成伤害，有些只是进行自我复制不断占用空间；还有一些病毒隐藏自己的有效载荷并安装后门。受攻击者可能没有注意到这种病毒的存在，也可能不会立即注意到它所造成的损害。

病毒代码活动证据

虽然我们可能无法识别每一个病毒，但是病毒仍然有许多蛛丝马迹可寻。以下任何情况的发生表明计算机可能受到了感染：

- 工作站或服务器的响应日益恶化；
- 工作站发生故障和磁盘的使用效率下降；
- 用户的应用程序突然迟缓，尤其是在启动时；
- 应用程序不明原因冻结和出现意外错误；
- 非预定的硬件复位和崩溃，包括程序中止；
- 突发的防病毒警报活动；
- 磁盘错误消息，包括磁盘扫描时发现"丢失簇"的结果增加；
- 磁盘空间或可用内存不明原因下降；
- 在宏病毒的情况下，保存的文件以 DOT 格式打开；
- 应用（或它们的图标）消失或应用程序无法执行。

有三种基本类型的病毒：系统传染病毒是以计算机的硬件和软件为目标的病毒；文件感染病毒是攻击并修改可执行程序（例如，COM、EXE、SYS 和 DLL 文件）的病毒；数据传染病毒是攻击包括嵌入宏编程功能文档文件的病毒。

恶意软件的活动可发生在攻击者和目标之间实时会话交互发生时。或者，它们可以处于休眠状态，并在预定的时间或在可预测的事件触发。他们可以发起破坏性操作或可能只是观察和搜集信息。计算机病毒的生命周期如图 11-1 所示。

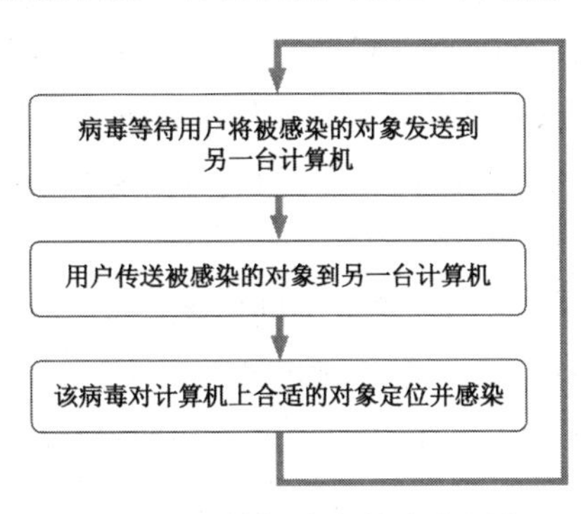

图 11-1　计算机病毒的生命周期

11.2.2 引导记录感染病毒

系统传染病毒是瞄准目标计算机的关键硬件和系统软件实施攻击的病毒。通常系统启动过程受到感染。这种类型的病毒能够在计算机载入更多保护性措施之前采取控制和执行措施。最常见的系统感染病毒包括软盘引导记录感染病毒和硬盘的主引导记录感染病毒。这些病毒主要是通过媒体进行传播。

11.2.3 主引导记录和系统感染病毒

主引导记录感染源移动或破坏原来的主引导记录，用病毒代码替换它，从而从引导程序获得控制并执行恶意代码的权限。通常情况下，主引导记录感染病毒并完成它们的任务后返回到合法的主引导记录或活动分区控制引导记录，从而掩盖它们的存在。

引导记录病毒普遍可以绕过基于 ROM 的系统服务检测并进行加载。这个级别的加载使得病毒能够拦截所有正常的应用程序和操作系统的硬件请求。这些请求包括打开或关闭文件和文件目录服务功能。这种类型的病毒也可以执行其他类型的恶意代码程序，并掩盖自己的踪迹。

这种双操作能力的病毒是多态病毒。它也可以执行感染文件代码。系统型病毒如何影响计算机，如图 11-2 所示。

11.2.4 文件（程序）感染病毒

文件感染病毒采取经典的“复制并附加”的攻击形式。由于使用广泛，Microsoft 公司的 Windows 操作系统是文件感染病毒攻击的重点，它们通常攻击扩展名为.com 或.exe 的程序文件。较新的病毒如 SYS.DLL 等能够对许多其他的 Windows 文件类型进行感染。

虽然基于 Windows 系统的计算机主机是普遍的攻击目标，但是计算机病毒在其他平台上的攻击次数也日益提高。可以看到，每个月针对安装 Linux 和 Mac 系统主机的攻击越来越多。此外，还有针对数量快速增长的移动设备的攻击。例如，对智能手机和平板计算机的攻击。这些移动设备非常有吸引力，因为很少有用户花时间保护它们。事实上，2013 年的国家网络报告显示，100 多万个智能手机成年用户中的 39%没有采取任何措施来保护他们的设备。这些不安全的设备很容易让攻击者攻击成功。

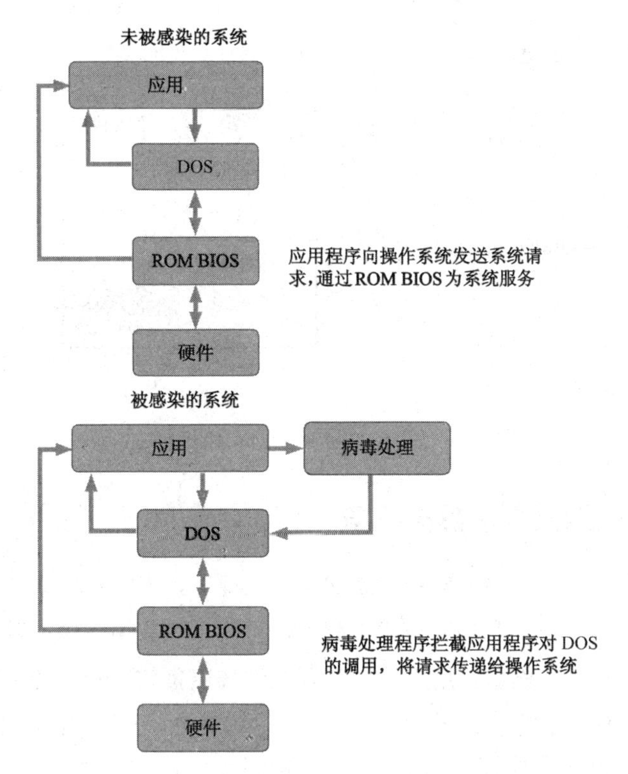

图 11-2　系统型病毒如何影响计算机

恶意软件开发者使用高级语言编写和编译许多病毒。C 和 C++语言因为其灵活性和可塑性，是计算机病毒编写者的普遍选择。开发者经常用汇编语言编写引导记录感染病毒。而文件感染病毒的编码可以相当复杂，大多数的可执行程序的结构相对简单。

这种类型的病毒附着在原始程序文件中。它们控制该文件的执行，直到能够复制和感染其他文件，并提供一个有效载荷。

伴随病毒是一类单独的不依附宿主程序的程序文件感染病毒。相反，它创建了一个与原文件名一致，但带有提前执行文件拓展名的程序。例如，Windows 在执行 executed.exe 文件之前先执行 executes.com 文件。病毒创建和真正文件相同的目录路径。当用户运行该程序时，操作系统将调用该恶意软件而不是合法程序。之后，病毒完成其工作后，执行命令来启动原始程序。文件感染病毒的工作过程如图 11-3 所示。

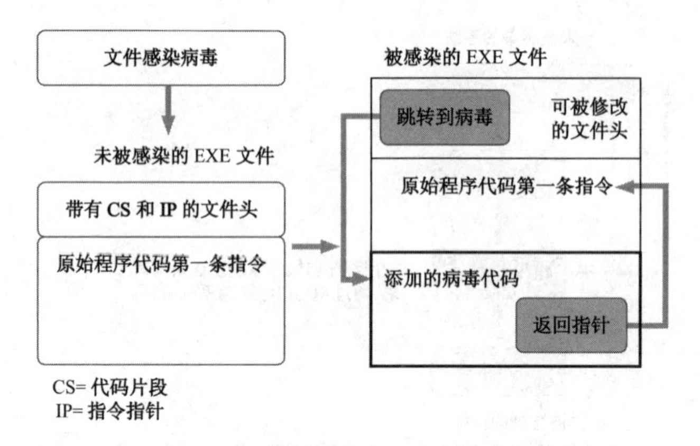

图 11-3　文件感染病毒的工作过程

11.2.5　宏（数据文件）感染病毒

当软件厂商在流行的办公应用中添加录制功能时，宏病毒就成为一个需要格外重视的问题。用户使用宏录制功能录制操作行为。该应用程序可以记录执行和操作数据文件的指令。然后，用户通过打开文件按照预定序列自动执行指令。宏的最初目的是自动执行重复的过程。用户喜欢这种功能，因为它使应用更加便捷、高效。然而，这些宏为恶意代码执行其自己的指令打开了大门。

宏病毒感染这些文档文件，并插入自己的命令。当用户与其他用户共享时，恶意软件就传播和复制被感染的文件。大多数办公应用程序的连接很容易让受感染的文件传播到其他计算机和用户。宏可以在平台之间轻松移动，它们是相当简单的构造。为此，宏病毒非常流行。

电子邮件炸弹是恶意宏攻击的形式。这种类型的攻击通常涉及包含旨在造成最大伤害的宏电子邮件附件。攻击者可以将文档附件通过匿名邮件转发服务精确地发送到目标。接收到电子邮件炸弹的人只要打开附件就会激活宏病毒。在某些情况下，只需预览电子邮件即可激活邮件炸弹。

宏病毒的工作过程如图 11-4 所示。

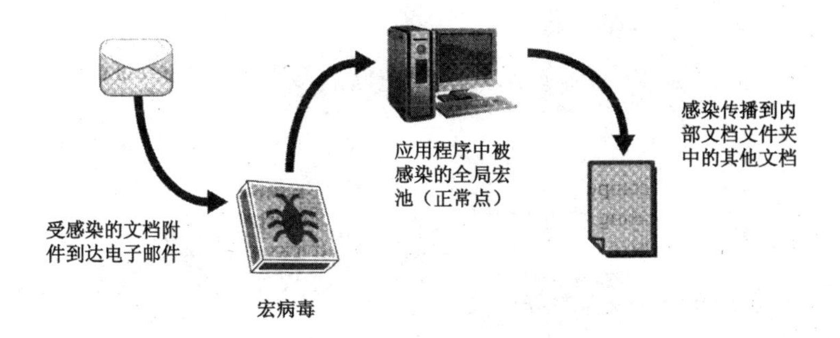

图 11-4 宏病毒的工作过程

11.2.6 其他类型病毒

病毒可以使用多种技术进行传播，并避免反病毒软件检测。大多数单机病毒通过自我复制感染每个文件、引导区或文档。该病毒使用相同的方式进行感染，不断进行复制。这种可预见的动作产生了一种签名模式。许多防病毒和反恶意软件程序通过查找该签名来检测恶意软件。下面的几种病毒，它们有不同的表现：

- **多态病毒**——这些类型的病毒包含了一种以加密格式存储病毒体而复制病毒主体的单独加密引擎。该病毒只公开了可能的检测解密程序。它在解密例程中嵌入了病毒的控制部分，该部分代码能控制目标系统并解密病毒的主体以便可以执行。真正的多态病毒使用一个额外的变异引擎来改变每个迭代解密过程。这使得这部分代码更难被识别。多态病毒的工作过程如图 11-5 所示。

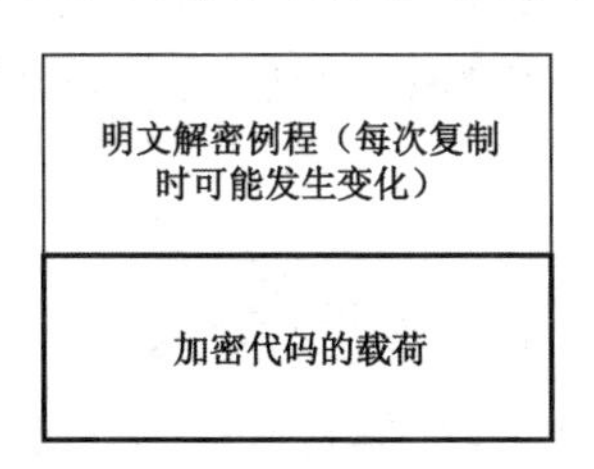

图 11-5 多态病毒的工作过程

- **隐形病毒**——隐形病毒利用多种技术隐藏自己不被用户和检测软件发现。通过安装低级别的系统服务功能，它们可以拦截系统的请求和改变服务输出来隐瞒自己的存在。隐形病毒可能大小不可见，也可能不可读，或两者兼而有之。

隐形病毒的工作过程如图 11-6 所示。

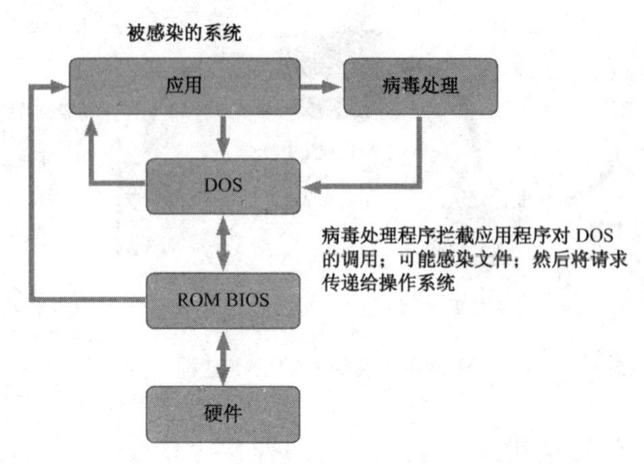

图 11-6　隐形病毒的工作过程

提示：

尺寸隐匿的病毒隐藏了受感染文件变大的事实。该病毒拦截系统对文件的信息请求，并在应答请求之前从答复中减去其大小。在读取时，病毒隐藏了其移动引导扇区代码的事实；拦截引导扇区正常的读/写请求；重新定位并将其替换为病毒代码。病毒将请求重定向到原始引导扇区代码的新隐藏位置。

- **慢病毒**——慢病毒对抗反病毒软件的能力随着受感染的文件检测变化而变化。该类病毒驻留在计算机内存中，杀毒软件无法检测到它，它等待复制或移动文件时执行。例如，当操作系统从内存中读取文件时，病毒在文件输出之前修改它，使它更难被检测到。慢病毒的工作过程，如图 11-7 所示。

图 11-7　慢病毒的工作过程

- **逆转录病毒**——这些病毒攻击安全措施。例如，防病毒签名文件或完整性数据库等。逆转录病毒搜索这些数据文件，并删除或改变它们，从而削弱了杀毒软件的运作能力。其他病毒，特别是引导型病毒（获得目标系统的启动控制权），通过修改 Windows 注册表键值和其他操作系统中的关键启动文件来禁止 AV、防火墙和入侵系统（IDS）软件的正常运行。逆转录病毒的工作过程，如图 11-8 所示。

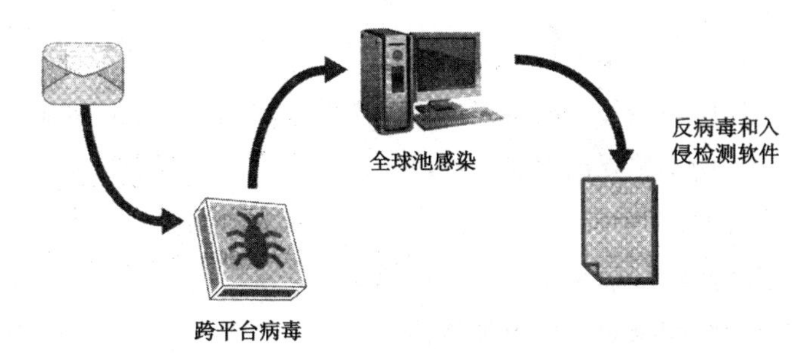

图 11-8　逆转录病毒的工作过程

- **跨平台病毒**——虽然跨平台病毒并不普遍，但仍具有较大的威胁。已经有许多针对多操作系统的病毒（例如，针对 Apple 和 Macintosh 的 HyperCard 病毒），如果这些平台也运行 Windows 仿真软件，它们也易受到 Windows 病毒控制。
- **复合型病毒**——如前所述，复合型病毒是混合病毒：主引导记录/引导区病毒和文件感染型病毒。此类病毒作为一个感染文件存在于应用程序内。被感染的应用程序一旦执行，该病毒会生成一个感染的主引导记录，当重新启动系统时，就会感染其他文件。复合型病毒的工作过程，如图 11-9 所示。

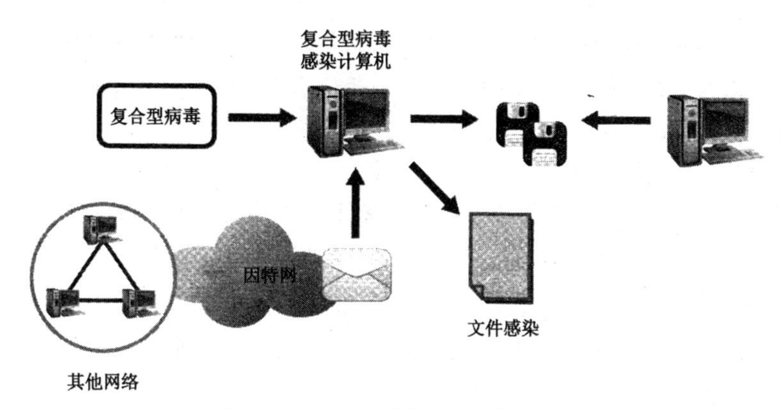

图 11-9　复合型病毒的工作过程

11.2.7　垃圾邮件

垃圾邮件是网络管理员面临的最麻烦挑战之一。垃圾邮件不仅包含病毒或其他恶意代码，还阻塞了网络和电子邮件服务器，并且浪费了用户大量时间和精力。许多携带病毒的软件使被感染的计算机成为垃圾邮件僵尸网络的一部分。这些垃圾邮件僵尸网络会发送新版本的病毒。

许多反垃圾邮件厂商估计，所有消息流量中的 70%～90%是垃圾邮件。简单地说，垃圾邮件是一切不想要的消息。然而，许多使用者仍旧会打开不想要的电子邮件或者收到不想要的即时消息，例如，工作保证，彩票奖金或商品降价信息等。这就使得很难严格区分信息是不是“不想要”的。

对于各种规模的组织来说，垃圾邮件都逐渐成为一个主要问题。垃圾邮件会占用带宽，并且会浪费雇员时间。垃圾邮件也是病毒和蠕虫的滋生地。如果是攻击性的，垃圾邮件会使组织承担经济责任。幸运的是，自动化工具可以帮助安全管理员清除这些邮件。

什么是垃圾邮件

SPAM，均为大写字母，是 Hormel Foods 的一个商标。在大小写混合的或者小写字母中，本术语指的是未经请求的商业电子邮件。现在使用的垃圾邮件这个词起源于 20 世纪 70 年代第一次出现在电视上的一个 Monty Python 喜剧。这个喜剧描绘了一个餐厅里的侍者，每一道菜都包含了 SPAM 产品。每次有人说出了“SPAM”这个单词，餐厅里的几个维京人总是重复地说着“SPAM、SPAM、SPAM、SPAM!”维京人的叫喊覆盖了主要的对话，让人很难理解其他的人物对话。结果，“垃圾邮件”这个词开始意味着噪声或者其他覆盖主要信息的交流。

尽管关于反垃圾邮件业务和技术的部署正在增加，垃圾邮件的数量和规模仍持续增加。即使没有具体的恶意代码，垃圾邮件也有如下威胁：

- 垃圾邮件浪费计算机资源（例如，带宽和 CPU 时间）；
- 垃圾邮件不得不把 IT 人员从某些重要的活动转移到网络安全工作中；
- 垃圾邮件是一个潜在的恶意代码携带者（例如，计算机病毒、敌对活动内容等）；
- 垃圾邮件已经发展成一种可以通过中间方来促进重复发送邮件服务的技术，掩盖真实源地址并且对受害系统进行拒绝服务攻击；
- 垃圾短信中退订功能可代表一种新的侦察攻击形式，从而获得合法的目标地址。

11.2.8　蠕虫

蠕虫是一段从一台主机繁殖到另一台主机，并且使用主机本身的网络服务协议的独立程序。和病毒不同，蠕虫不需要依赖主程序生存和复制。首先，蠕虫和病毒的区别在于蠕虫使用网络和通信信道传播，并且不会直接依附在一个可执行文件上。蠕虫这个词的使用起源于一个事实，即蠕虫是工作在不同计算机上的分段程序，所有的通信都通过网络进行。

蠕虫通常探测网络连接的计算机并利用一个特定的漏洞进行攻击。一般来讲，蠕虫寻找一个特定的服务器或实用软件，以响应网络查询或活动。1988 年的莫里斯蠕虫就是这种类型的蠕虫。

蠕虫攻击的证据

蠕虫有很多能说明问题的标志。以下的症状说明我们的电脑可能感染蠕虫：

- 带宽消耗不明原因的增加；
- 在正常活动期间有大量的入站和出站电子邮件；
- 电子邮件服务器存储利用率突然增加（可能触发设置为监视和管理磁盘/用户分区空间的报警阈值）；
- 无法解释的可利用磁盘空间减少；
- 不正常的平均消息规模增长或者附件容量的增加；
- 无法解释的不是用户发送的 SMTP 和 POP3 后台响应；
- 用户通过网络响应时间的突然增加或在与服务器进行交互时突然阻塞；
- 入侵检测系统和防火墙阈值报警活动突然增加。

蠕虫事件最近频发，包括红色代码蠕虫以及一些 Linux 系统蠕虫（例如，狮子蠕虫）。图 11-10 展现了蠕虫的工作过程。Blaster 可能是最成功的蠕虫之一，因为它使用的函数，DCOM，在 WINDOWS 的桌面和服务器版本上都可以使用。

蠕虫可在没有用户任何参与的条件下快速传播。蠕虫通常会攻击服务器软件。这是因为写蠕虫的人知道，服务器一直处于运行状态。这使蠕虫得以传播。

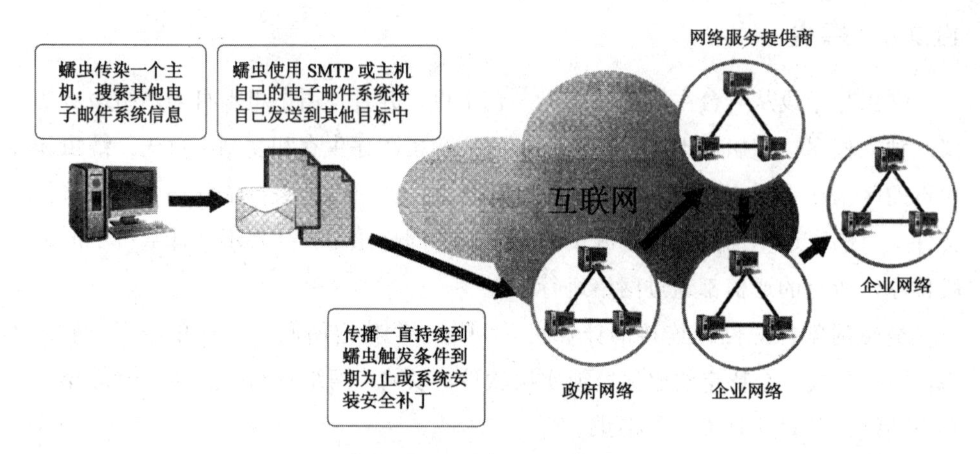

图 11-10　蠕虫的工作过程

提示：

尼姆达是另一种典型蠕虫。它能够通过多种途径传播，也可以认为它是一种电子邮件蠕虫或复合型蠕虫。

11.2.9　特洛伊木马

特洛伊木马是恶意软件中规模最大的种类。木马程序可以伪装成任意有用的程序，隐藏其恶意企图。伪装性木马鼓励用户下载并运行程序。从黑客的角度看，这种方法的优点是：木马是授权运行的程序（因为这个程序是用户授权运行）。特洛伊木马的成功源于它们依赖社会工程进行传播和操作。特洛伊木马不得不诱骗用户运行它。如果特洛伊木马是一个有用的程序，那么它就有更好的机会进行传播。事实上，最成功的木马能提供有用的服务，并且不知情的用户会运行该木马。然而，特洛伊木马每一次运行时，它都会实施一些不想要的行为，就像任何其他的恶意软件一样。

很多特洛伊木马是通过电子邮件或者网站下载的形式进行传播。在过去的几年里，木马程序开发者在电子公告板系统和文件归档站点中发布木马程序。很多版主和恶意代码查杀软件能够很快识别出木马并消除它。最近，木马程序通过大量的电子邮件、网站、社交平台和自动分发代理进行传播。木马程序可以通过多种伪装蔓延。确定它们的恶意有效载荷已变得更加困难。

一些专家认为病毒仅仅是木马程序的一种类型。这个观点有一定的正确性。

病毒是一种伴随着正规程序隐藏和传播的未知程序。事实上，可以通过用病毒感染的方法将任何一个程序转变为木马。然而，病毒这个词具体是指被感染的代码，而不是被感染的主机。木马这个词指的是故意的引导或者不能自我复制的改进的程序。

特洛伊木马活动证据

特洛伊木马有很多能说明感染木马的标志。以下任意情况都说明电脑可能被植入了木马：

- 无法识别的新程序运行；
- 突然有消息显示新软件已经或者正在被安装（登记更新）；
- 对正常应用的命令反应迟钝；
- 正常网站向未知网站发送非正常请求；
- 意外或者不定期的通过调制解调器进行连接；
- 在非正常时间或不熟悉的登录提示面板出现意外的远程登录提示（这可能是由于常规的软件升级或会话重置，但也表明木马键盘记录或密码捕获软件存在的可能）；
- 防病毒扫描软件或个人防火墙软件的突然或意外中止（无论是在启动时还是在用户尝试加载时出现这种情况）。

11.2.10　逻辑炸弹

逻辑炸弹是在检测到一定条件时执行恶意功能的程序。逻辑炸弹在合适的位置等待一个特定的环境或时间触发执行。当特定的环境或者时间出现时，逻辑炸弹就会活跃起来并执行它的任务。恶意任务会立刻造成损害或者会启动一系列可以导致长期损害的事件。

很多逻辑炸弹起源于组织内部。因为组织内部的人员通常会比外部人员了解更多关于计算机基础设施的知识。他们可以更加容易放置逻辑炸弹。事实上，内部人员通常了解更多组织内部的弱点，并且采用有效的方法引起损害。例如，一个程序员也许会在其他软件不可见范围内隐藏一个程序。如果公司解雇了他，他很有可能将这个软件激活，导致逻辑炸弹执行（例如，删除有价值的文件或者其他可能导致的损害）。

逻辑炸弹非常难以识别，因为设计者创造它们就考虑到避免被探测。事实上，设计者通常了解组织的安全控制能力，并且将逻辑炸弹安放在不会吸引注意力的地方。

11.2.11 活动内容漏洞

活动内容这个词指的是构成要素，主要是在网站上提供与用户交互的服务。它主要包括用户打开网页时会点击的任何活动对象。开发者会利用很多技术创造活动内容，包括 Active X、Java、JavaScript、VBScript、宏、浏览器插件、PDF 文件以及其他脚本语言。这个代码运行在用户浏览器的环境中并且使用用户的登录凭据。这些活跃的威胁内容被认为是移动代码，因为这些程序运行在种类繁多的计算机平台上。

很多因特网网站如今依赖动态内容创造视觉和感觉效果。为使用这些效果，用户必须下载这些移动代码，它们因此可以获得硬盘的入口。一旦它们活跃起来，就会悄悄地执行指令，例如，用感染的文件图标填满我们的桌面。这些图标将会产生恶意代码的额外副本。

活动内容有多种类型，从宏应用、JAVA 小程序到背景脚本。通过准确定义和文档化活动内容特征，Java、JavaScript、Visual Basic Script、ActiveX、macros、Adobe Acrobat 文件和浏览器插件都可以包含恶意软件，所有这些都有恶意软件可以利用的潜在弱点。

11.2.12 僵尸网络

黑客团队创造了僵尸网络（对自动控制网络）发动攻击。攻击者在僵尸牧人（操纵僵尸网络的黑客）和控制器的命令下执行各种功能的代理，感染易受破坏的机器。最典型的是，控制者通常用互联网中继聊天（IRC）渠道与僵尸网络的其他成员交流沟通。IRC 是一种能够通过网络发送会话的协议。攻击者可以用僵尸网络分发恶意软件和垃圾邮件，并且发动拒绝服务攻击来对抗组织甚至国家。攻击者已经建立了数以千计的僵尸网络，并且它们对系统会造成真正的威胁。在 2007 年，暴风雪僵尸网络是世界上第二强大的超级计算机。僵尸网络如此强大以至于它们在如今的攻击中扮演着决定性的角色。针对美国银行的反复攻击和 2012 年底与 2013 年针对基础设施的攻击就是一种僵尸网络的攻击形式。僵尸网络的风险说明了需要保护每台计算机设备。因为攻击者可以用所有类型的设备发动攻击。

11.2.13　拒绝服务攻击

拒绝服务攻击的目的是阻塞一个服务器或网段使它无法使用。一个成功的 DoS 攻击会摧毁一个服务器或网络设备、造成网络阻塞，使得授权的用户不能访问网络资源。

提示：

僵尸网络是分布式阻断服务攻击的主要来源。它们隐藏在受感染的计算机中，等待唤醒命令并按照指令进行攻击。僵尸网络极难移除，而且很难检测，因为它们在许多不同的计算机上存在。僵尸网络分布式拒绝服务攻击正在快速增长并迅速蔓延，其增长速度和攻击后果无法想象。F-Secure 公司，一家杀毒软件、个人防火墙和入侵检测系统的供应商，对在 You Tube 的视频及更新文件进行了一系列的维护。

标准的 DoS 攻击使用一台计算机发动攻击。分布式拒绝服务（DDoS）攻击使用代理主机进行攻击。这些代理主机是缺乏抵抗能力的包含木马处理程序的系统，这些木马程序则充当代理执行对目标系统或网络实施攻击。攻击者控制一个或多个主处理服务器，其每个服务器可以控制许多代理或守护进程。代理接收指令执行针对一种或多种肉机系统的基于数据包的攻击。

在 2012 年 9 月和 10 月，一群有着黑客能力，被称为骇客活动家的人，发起了一系列针对美国几大银行计算机系统的攻击。骇客活动家阵容越来越大，大规模的攻击意图是为了吸引眼球。他们一般发动攻击将人们的注意力放在一些政治性的社会问题上。他们在 2012 年攻击的目标包括摩根大通、美国银行、PNC 金融服务以及太阳信托银行。一些客户由于银行网站响应过于缓慢而感到烦躁，甚至有些人根本无法登录他们的银行网站。同样，黑客行动主义者在 2012 年 12 月发起了新一轮攻击，且进入 2013 后又对相同的银行进行了攻击。这些攻击还打乱了银行网站的在线访问，但并没有像早期攻击那样成功。银行已经从早期的攻击中吸取教训，并增加了新的控制，从而保护它们的网站。

DDoS 攻击有三个要素：攻击者、代理主机（处理程序和代理）及受害者。即使代理主机不是预期的受害者，在攻击中也面临受害者同样类型的问题。我们可以在 CERT 网站 http://cert.org 找到攻击的附加信息。

11.2.14 SYN 泛洪攻击

一种流行的攻击方法被称为 SYN flood 攻击。在 SYN flood 中，攻击者使用 IP 欺骗来发送大量连接请求数据包到受害者计算机。这似乎是合法的，但实际上，客户机系统无法对 SYN-ACK 消息做出响应。受害者计算机紧接着发回一个确认给攻击者，这称为一个 SYN-ACK 消息。

通常情况下，客户端会通过建立 ACK 消息的连接完成 SYN-ACK 消息响应。然而，因为攻击者使用 IP 欺骗，SYN 的 ACK 消息转到欺骗系统。其结果是，客户端永远不会回应 ACK 消息的所有请求。在此期间，没有合法的用户可以连接到受害者计算机，直到连接请求超时。即使这样，攻击系统可以简单地继续申请新的连接，这比受害者系统终止过期挂起的连接要快一点。SYN 泛洪攻击的攻击过程如图 11-11 所示。

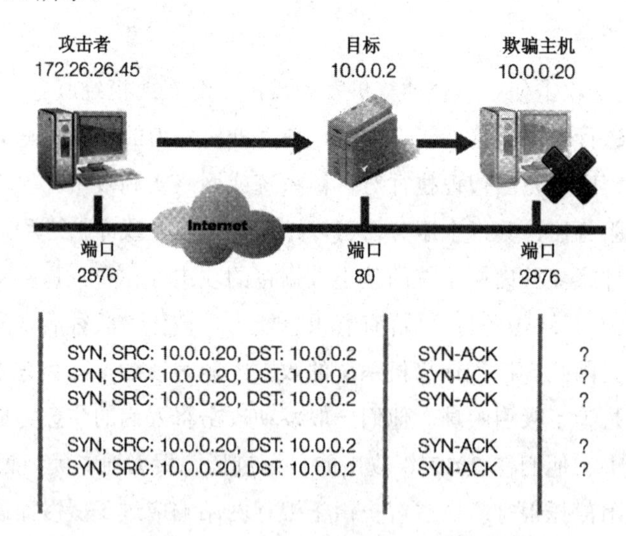

图 11-11 SYN 泛洪攻击的攻击过程

11.2.15 smurf 攻击

在 smurf 攻击中，攻击者直接向远程地址伪造 Internet 控制消息协议（ICMP），回送 IP 广播地址的请求数据包，产生拒绝服务攻击。参与的主体主要有攻击者、中间人及受害者（请注意，中间人也可以是受害者）。中介接收发到他或她的网络 IP 广播地址的 ICMP 回应请求报文。如果中介不筛选定向到 IP 广播地址的 ICMP 流量，很多网络上的机器将收到此 ICMP 回送请求数据包并发送一个 ICMP 回送应答包。当（潜在的）所有网络上的机器发送这个 ICMP 回应请求时，其结果可能造成严重的网络拥塞或中断。smurf 的攻击过程如图 11-12 所示。

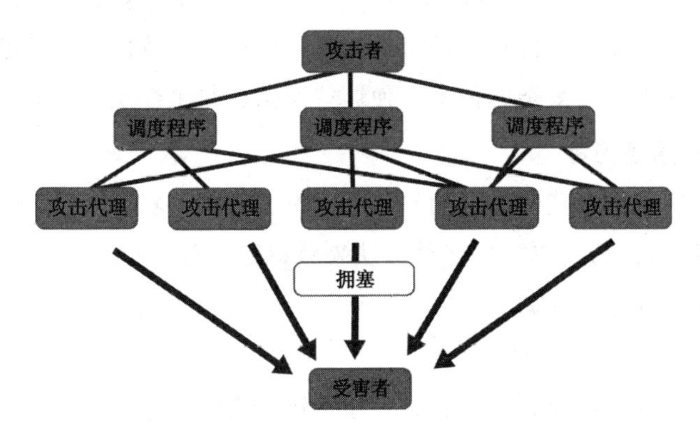

图 11-12　smurf 的攻击过程

11.2.16　间谍软件

间谍软件是指未经任何请求的后台进程，它把自己安装在用户的计算机上，并搜集有关用户的浏览习惯和网站活动信息。这些程序通常会影响客户的隐私和信息的机密性。它们通常是在用户下载免费软件程序时安装。

Cookie 是存储有关浏览器会话信息的小文本文件。Web 的服务器端可以将某些信息放置在 Cookie 中，并发送该 Cookie 到用户的浏览器。然后，服务器请求得到浏览器之前保存 Cookie 中的信息，这对服务器和浏览器互联很有效，因为浏览器和服务器之间不是一直处于请求状态。

间谍软件的 Cookie 是共享跨站点信息的 Cookie。有些 Cookie 未经您的许可无限期地存储在硬盘上。它们可以揭示和共享多个站点间搜集私人信息。间谍软件 Cookie 可能包含以下文本，例如，247 media、admonitor、adforce、doubleclick、engage、flycast、sexhound、sextracker、sexlist 和 ValueClick。

11.2.17　广告软件

当我们访问某些含有广告软件程序的网站时，会触发其滋扰性的弹出式广告和横幅。它们会影响工作效率，可与后台活动结合起来，例如，网页劫持代码。

此外，广告软件搜集和跟踪网站、网络活动有关的应用程序信息。

11.2.18 网络钓鱼

网络钓鱼攻击诱骗用户在攻击者设立的类似于合法网站获得用户登录信息。例如，如果攻击者能够获得对金融机构的登录信息，他或她能够偷取受害者相关资料。攻击者使用非常复杂的技术，使这些网站看起来合法。

1. 鱼叉式网络钓鱼

为了增加网络钓鱼攻击的成功率，一些攻击者提供看似来自合法公司的有关受害人的信息。攻击者可以采取多种方法来获得该信息，包括猜测、垃圾筛选（“垃圾箱”）或发送伪造的证据。

2. 域名欺骗

术语域欺骗来自网络钓鱼一词，是指利用社会工程学来获取访问凭据（例如，用户名和密码等）。域欺骗利用域名系统（DNS）服务器软件漏洞进行攻击。DNS 服务器负责解析互联网域名与真实 IP 地址主机关系。该漏洞存在于 DNS 服务器软件中，使攻击者获得该域名的一个网站，重定向该网站的流量到其他网站。如果网站获得的流量来源于假的网站（例如，银行网站的一个副本），它可以用来诱骗或窃取计算机用户的密码、PIN 或账号。例如，在 2005 年 1 月，一个攻击者劫持纽约一家 ISP 在澳大利亚的网站 Panix 的域名。其他知名公司也成为这种攻击的受害者（注意，只有当原来的网站没有 SSL 保护或当用户忽略无效服务器证书警告的时候才可能发生）。

什么是 IP 地址

互联网的每台主机都有一个 IP 地址。这些 IP 地址类似于电话系统中的电话号码。最常见的 IP 地址格式由四组数字组成，每组数字的范围在 0 和 255 之间，由点分隔开，例如，192.0.2.213。因为对人们来说记住这些数字非常困难，网站通常还具有域名，例如 wikipedia.org。域名服务器就像一个电话簿，匹配 Web 站点的 IP 地址，被称为解析域名的进程。

新型 IP 地址

如上所示的 IP 地址指的是 IPv4 地址。这种类型的地址可以容纳约 43 亿个设备。移动设备数量的爆炸式增长造成需要连接到互联网的设备数超出此限制装置的数量。截至 2013 年，思科估计有超过 70 亿个的设备连接到互联网。IPv6 是一个新的 IP 寻址方法，使用 128 位地址，可以处理比 IPv4 数量更多的设备。IPv6 的使用率在增长，但截至 2012 年年底，使用率只达到 1％左右。

11.2.19　键盘记录器

键盘记录程序是攻击者手中阴险和危险的工具。无论是基于软件还是基于硬件，键盘记录程序捕获击键或用户条目。然后，键盘记录程序将这些信息转发给攻击者。这使得攻击者能捕获登录信息、银行信息以及其他敏感数据。

为了防范键盘记录器攻击，一些人纷纷转向屏幕虚拟键盘。对此，黑帽黑客开始散播需要用鼠标单击该区域的屏幕快照恶意软件。因此，安全和黑客之间的战斗仍在继续，并且每一方都开发新的威胁和解决方案。

11.2.20　恶作剧

虽然病毒恶作剧并不总是恶意，但是传播未经证实的警告和假的补丁可能会导致新的漏洞。在通常情况下，恶作剧或神话创造者的目标仅仅是观察诡计可以传播得有多广泛。例如，旧链字母攻击的新版本就是为了传播广泛，如果谁能转发该消息十几人的话，攻击者将发送许诺好运或幸福的信给这个人。

这里有一些识别骗局的方法，尤其是病毒恶作剧：

- 是不是合法实体（例如，计算机安全专家、供应商等）发送的警报？
- 检查验证证书，或者至少咨询证书的来源统一资源定位符（URL）。
- 有没有转发警报给他人的请求？
- 没有合法的安全警告会建议收件人转发咨询。
- 是否有详尽的警示说明或技术术语？
- 恶作剧经常冒充技术专家恐吓收件人相信警报是合法的。但是，一个合法的咨询通常忽略任何细节。它仅仅指示收件人到合法网站上获取详细信息。该网站提供了用于保护活动的建议。
- 警报是否遵循链字母的通用格式？

在此格式中，存在陷阱、威胁和请求。陷阱通过引人注目或戏剧性的开头和主题吸引用户注意。威胁是与严重安全漏洞或技术性损坏相关的冠冕堂皇的警告。请求分发警报或建议采取一些紧急措施。例如，从一个链接网站下载一个补丁。

11.2.21 主页劫持

这些攻击的功能是改变我们的浏览器主页指向攻击者的网站。有两种形式的劫持：

- 利用浏览器的漏洞来重置主页

许多类型的活动内容往往没有经过用户的许可就改变浏览器的主页，即使没有诉诸隐蔽手段，也很容易说服用户做超过自己期望的操作。仅仅因为点击一个按钮，上面写着“从我的计算机中删除被感染的程序”（并不意味着这是会发生的动作），而有可能会被秘密安装一个浏览器助手对象（BHO）木马程序——这个木马秘密劫持代码。BHO 一旦执行，它可以将浏览器的主页改为劫持者所需的网站。通常，劫持者程序与操作系统的启动过程关联起来。这样，劫持者每次在计算机重新启动运行时都能执行。如果试图改变这些设置，劫持者会反复更改回来，直到我们找到并删除劫持软件。图 11-13 展示了纽约时报主页木马劫持情况。

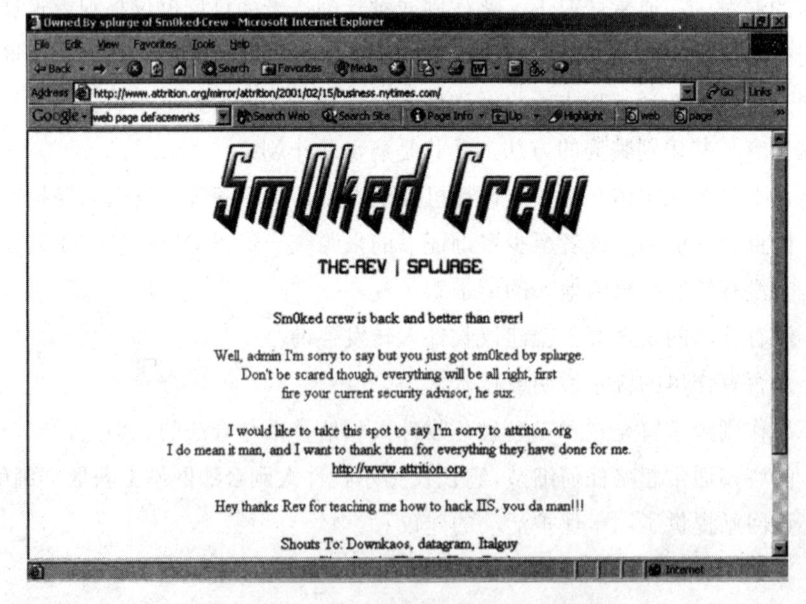

图 11-13　纽约时报主页木马劫持情况

• 网页篡改

网页篡改是指有人未经授权访问 Web 服务器，改变一个服务器网站的索引页面。通常，攻击者利用已知的漏洞得到目标服务器的管理访问权限。一旦控制，他或她将修改网站的版本来替换原来的页面。

提示：

后门程序通常比计算机病毒更加危险。这是因为入侵者可以使用它们来控制电脑和潜在的网络访问。这些程序通常也称为特洛伊木马，因为它们假装做某事不同于它们真正要做的事。后门程序通常用无害的文件名，并作为电子邮件的附件。

通常，大多数安全从业者认为网页涂改仅仅是一种讨厌的攻击形式，它可以将潜在的恶意代码（例如，病毒或木马）嵌入到网站。例如，可以为有效载荷红色代码安装一个后门木马。这个木马允许远程访问受感染的 IIS 服务器，攻击者可以用它来破坏 Web 首页。这里可以通过确保您安装当前的软件版本和安全补丁，减小遭到这种类型攻击的风险。

11.3 恶意代码历史

早期，恶意代码通过磁盘在计算机间传播，这个方法被称为人工传递。这样的方法使恶意代码可能需要数月时间才能扩散到全世界。相比之下，今天的恶意代码感染传播通过网络可以在几分钟内跨越全球。恶意代码创作社区的发展使得越来越复杂的恶意代码开始出现，一些恶意代码可以以多种方式传播，例如，可以通过电子邮件、移动代码或宏命令进行传播。

11.3.1 20 世纪 70 年代末和 80 年代初学术研究以及 UNIX

自我复制计算机程序的想法已经存在了几十年。这个想法出现在文学、科学论文，甚至实验。自 20 世纪 70 年代初，早期尝试在大型网络日常维护任务中使用能够自我分发的代码（蠕虫），但是并没有得到广泛的应用。

恶意代码开发的一个关键事件是 1983 年 Dr. Fred Cohen 的研究。Cohen 的论文“计算机病毒——理论和实验”于 1984 年出版，他和其他人的实验证明了恶意代码的可行性。在科恩发表这项工作之前，没人观察过恶意代码。

在这期间，互联网仅仅是一个主要连接大学内部计算机的网络。该网络易受使用现有通信协议传播的程序的影响。一个名叫罗伯特·莫里斯的大学生证明了这一点。这种基于 UNIX 的蠕虫感染了几乎所有互联网上的计算机，成了很多媒体网络的头条新闻。

11.3.2 20 世纪 80 年代：早期计算机病毒

第一个个人计算机市场出现在 20 世纪 80 年代早期，随后其被越来越多的人认可。到 80 年代末，个人计算机是不可或缺的，并且负担得起许多公司业务技术的设备。这种快速的增长也拉近了计算机技术与更多人的关系。这种个人计算机操作系统基于磁盘（DOS 系统），大多数软件和个人计算机之间通过软盘进行文件迁移。此时，两个主要类型的恶意代码出现：引导区病毒：攻击操作系统磁盘和内存的部分；文件感染病毒：攻击可执行文件本身。

Brain（一种引导扇区的病毒）、Lehigh 和 Jerusalem（一种文件感染病毒）都是早期病毒的例子。它们主要是通过软盘传播和从流行的计算机公告版（BBS）发起。另一种早期病毒——ELK Cloner，它的攻击目标是苹果二代计算机，也通过软盘进行传播。

11.3.3 20 世纪 90 年代：早期局部地区网络病毒

20 世纪 90 年代，局部地区网络开始出现在商业环境中，这种发展给了传统文件感染病毒繁殖的环境。在那个时候，极少数人能够理解病毒，发现病毒也是一种罕见的事件，感兴趣的使用者搜集了他们发现的病毒在 BBS 上交换。一些病毒的确造成危害，并且商业用户开始意识到这个问题。在这期间，引导扇区病毒 From 5 成为传播最广的病毒。另外，一个大家熟知的病毒是 Dark Atenger，也被称为 Eddie 6，它是非常具有破坏力的病毒。

到这个十年结束时，局域网在大多数公司已经成了关键的基础设施。与此同时，互联网作为相互交流的工具受到了广泛的欢迎，邮件和数据文件的传输变得广泛。传统的引导扇区病毒和文件感染病毒开始迅速消散，因为存储技术引进了光盘而得到改进提升。

11.3.4　20 世纪 90 年代中期：智能应用和互联网

邮件的普及和附加文件的易安装造成早年病毒的传播。早期被莫里斯证实：使用这种技术的恶意代码分布极其广泛，例如，电子邮件蠕虫。这些程序位于用户系统内部的电子邮件地址中，生成自己多个副本，并以无害的形式进行掩饰。著名的邮件蠕虫梅丽莎和情书就是这个例子。早期程序依赖用户通过打开附件的方式激活代码，新形式的蠕虫利用各种存在于计算机和服务器的安全漏洞进行渗透。举例来说，红色代码利用的漏洞在微软服务器有特殊的复制速度。

互联网为个人和团体活动提供得以拓宽的环境，这个环境超越了功能和地理的界限。在 20 世纪中期，互联网很快带来了迅速发展的企业安全问题。通过运用自动化的工具和很多结构化的方法，这些个人和团体活动不断进化。互联网通信协议内在的弹性成了扰乱正常操作的重要因素，并且给常用网站带来了遭受分布式拒绝服务攻击的风险。

20 世纪 90 年代，恶意代码演化变为新形式，特洛伊木马程序出现（例如，B2OK、AIDS 等木马），很多弹性和隐身的变种病毒编码也在演变成多种形态的恶意代码。此外，新的编程语言设计的可移植性及功能提供了新的机会创造更多形式的恶意代码。StrangeBrew 这种看似无害的代码，是第一个感染 Java 文件的病毒。它将自己的副本放进类文件中。伴随高级编程特性引入流行的应用软件，其他形式的恶意代码感染文本文件迅速增加。1995 年 8 月发现了第一个宏病毒——WM/Concept7，它通过一个简单的文本文件进行传播。

11.3.5　2000 年至今

在过去的几年中，个人和企业网络连续增加，流行的浏览器添加了许多工具或插件。这些工具使用专门的脚本代码，可以使常见功能自动化，给攻击者提供更多的机会。

现在连接到互联网的计算机，特别是受欢迎的服务器运行平台、Windows 系统以及其他广泛的分布式软件，创造了新的漏洞。网络蠕虫的传播再加上今天的高速计算机以及攻击双方对漏洞的探索，要求用户不断监测和测试可能存在的安全隐患，提高安全性。

W32/Nimda 蠕虫，它利用第二代红色代码蠕虫留下的后门，是第一个通过多种方法传播的蠕虫，其传播途径包括电子邮件、网络股票、网站等。蠕虫扫描后门，从客户机传播到 Web 服务器。而 Klez 蠕虫通过创建隐藏副本改变原始主机的执行文件，而后覆盖原始文件本身。

2007 年 Android 和 2008 年 iPhone 的推出带来了通信的又一次革命。这些产品的可用性使消费者对移动通信的看法开始有了转变。在移动设备变得更强大和更普遍的今天，越来越多的人使用手机以及移动终端。这些设备已成为日常生活中几乎必不可少的东西。攻击者知道有多少用户使用移动设备对信息进行存储和处理。他们也知道，大多数用户忽略了对移动设备的保护。由于越来越多的脆弱目标的出现，许多新的恶意软件攻击目标转移到移动设备，而不是传统的计算机。

11.4 对商业组织的威胁

恶意软件有多种安全威胁来源。这些范围从涉及单独个体的孤立事件到攻击复杂的、结构化的、多个目标的、有组织的团体。这些威胁通常来自外部组织的 IT 基础设施和用户社区。为此，组织做出了有意义的努力来检测、减轻存在的威胁并从这些攻击中进行恢复。

源于组织内部的威胁会带来同样的麻烦。这些威胁是由于不当或不足的安全政策和不安全的用户行为导致的。理解任何内部威胁的性质、意义和实施有效的对策和措施是网络安全从业人员的责任。

11.4.1 威胁的类型

恶意代码可以通过以下方式威胁企业：

- **针对保密性和隐私的攻击**——这包括无论是在个人层面还是在企业层面对身份盗窃和贸易秘密的关注。
- **针对数据完整性的攻击**——对组织来说，经济损失或因盗窃、破坏的损失或未经授权的敏感数据的操作是一个破坏性的行为。组织依赖于准确和完整的信息，通信源的合法性也影响了传输数据的完整性。
- **针对可用性的服务和源的攻击**——越来越多的业务依赖于互联网作为重要的网络服务交付手段。因此，让合法用户拒绝这些服务带来的攻击已经得到了信息安全从业者越来越多的关注。积极预防、早期发现和快速恢复是保持可接受服务水平的关键。

- **对生产力和性能的攻击**——批量电子邮件（垃圾邮件）、间谍软件、大量的消息等消耗了计算资源，降低用户的工作效率。不存在威胁的不必要代码也会带来不必要的反应（例如，恶作剧），也可以影响生产力。安全专业人员必须定期进行检查，最大限度地减小其影响。
- **创造法律责任的攻击**——未解决的漏洞可以超越组织的法律边界，对客户、贸易伙伴和其他人造成潜在的责任。
- **破坏名誉的攻击**——恶意代码攻击可以对公司或其客户提供敏感的信息，或以其他方式使公司陷入麻烦。这样的攻击会损害公司的声誉，还可能会导致客户和潜在的业务损失。

11.4.2 内部员工的威胁

虽然更大的安全威胁来自外部的网络攻击，来自员工的网络威胁也不能忽视，一些显著的漏洞存在于可信的网络内部，这些需要网络安全从业者的关注。很多常见的威胁是因为员工不安全的计算机操作所导致，包括：

- 在主机系统中交换不受信任的磁盘媒体；
- 安装非官方、未登记注册的软件；
- 从网上下载未受监控的文件；
- 未受控制的邮件链接传播。

通常很多安全隐患也源于组织内部，通过当前的或以前的雇员进行渗透，检测能力有限、不当的安全政策或低效的对策使得这些隐患经常不会被检测到，从而经常得不到有关组织的相关报告。常见的这类隐患包括：

- 非官方使用系统和网络授权；
- 权力的扩大；
- 盗窃、破坏、非法传播数据；
- 使用共享网络对外部目标发起恶意攻击；
- 偶然或蓄意把恶意编码散布到内部网络。

11.5 攻击分析

为了理解攻击的威胁和发展实际有效的对策，必须理解攻击的恶意代码和攻击对象。在该部分，将学会怎样来确定要攻击的主要目标，并且描述它们的主要特点以及攻击类型。本部分包括以下内容：

- 攻击动机；
- 攻击目的；
- 攻击类型；
- 攻击步骤。

11.5.1 攻击动机

攻击者不再只是被组织驱逐的人。现在的攻击者更复杂，他们在地下组织中进行可以侥幸逃脱检测的攻击。主要有以下四个动机：

- 想挣钱；
- 想出名；
- 想传播自己的政治信仰和系统；
- 很气愤，想报复那些使他们生气的人。

11.5.2 攻击目的

有四种主要目的：

- **阻断可用性**——一些攻击者（例如，DOS 或 DDoS 的攻击者）的目的在于阻止合法用户使用某一系统。
- **修改数据**——攻击者发布指令来获取当地或网络驱动文件，并且修改、删除或用新数据重写，攻击者会修改系统设置或浏览安全设置。
- **数据导出**——攻击者试图盗取信息并通过互联网或电子邮件发送给攻击者。例如，许多木马把用户名和密码发到匿名攻击者的邮件中。然后，攻击者用该密码来获取被保护的资源和信息。
- **（攻击）开展点**——攻击者会攻击某一计算机，作为对其他计算机的攻击开始点。

11.5.3　攻击的类型

攻击主要包含如下四种重要类型：

- 非结构化攻击；
- 结构化攻击；
- 直接攻击；
- 间接攻击。

1. 非结构化攻击

中等技巧的攻击者一般对网络发动非结构攻击。这些攻击者的最初目的是想获得满足感、挑战刺激及非法获利，任何一定水平的攻击成功都会导致比预期更多恶意行为。例如，会造成外表损坏或无意对系统的损毁。偶尔，一次非结构化的攻击会无意暴露漏洞；攻击者也许会转向更系统的方法。所有这些活动都是安全从业人员担心的问题，因为它代表了防御措施的妥协。

2. 结构化攻击

具有明显动机和先进技术的攻击者热衷于运用复杂的工具进行结构化攻击，攻击者可能独自行动或团体行动。他们掌握开发和运用复杂黑客技术确认、进入、探测攻击对象并开展恶意攻击的方法。攻击者的动机可能包括金钱、愤怒、破坏或政治目标。

不管目的如何，这些攻击能够使网络遭受严重破坏。袭击者通常在目标建立后，发动结构化攻击，攻击可能具体到某个组织或某种具体技术（例如，某个操作系统）。

3. 直接攻击

攻击者经常对特定目标（例如，特定组织）进行直接攻击。它们还可以对目标类进行直接攻击，例如，使用某些硬件、操作系统版本或服务的网络。针对组织中特定 Web 服务器的 bean IIS Unicode 攻击就是一个典型例子。

直接攻击也可能是非结构化的。例如，脚本攻击者应用著名的黑客工具找到一个脆弱的地址，并通过试错法侵入网络中。这些攻击可能被个体黑客或有组织的网络恐怖组织利用，通过高科技达到他们渴望的目标。

通常，攻击者通过远程登录漏洞访问目标系统来进行实时直接攻击。例如，密码猜测或会话劫持。攻击者可能利用目标操作系统中的已知漏洞（例如，Unicode 漏洞或活动内容漏洞）实施攻击。图 11-14 显示了直接攻击的过程。

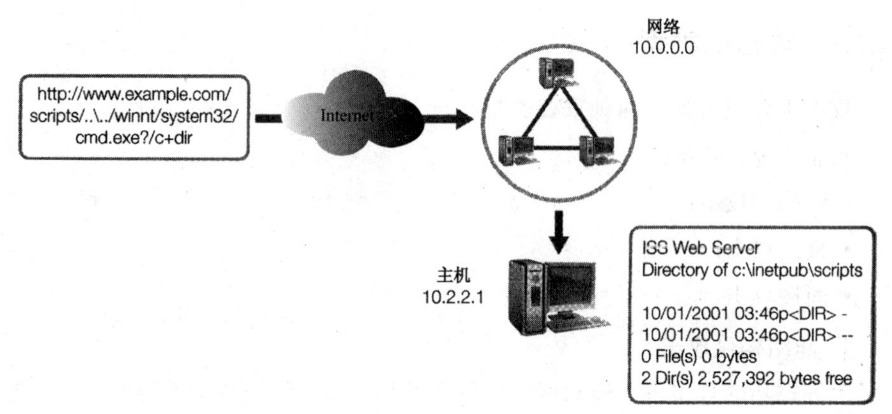

图 11-14　直接攻击的过程

直接攻击的主要特点是能够进行实时攻击。视攻击者的攻击程度，最终目标可能只是破坏一个网站；也可能是更加恶意的结构性攻击的前奏。例如，攻击者有可能试图危害一个保护较弱的系统，并且植入特洛伊木马，来获取其他的资源。

4. 间接攻击

间接攻击是预编程恶意代码开发的自然结果，例如，网络蠕虫或病毒。这些袭击是毫无情由的，而且经常快速而广泛地传播。虽然，蠕虫或病毒可能利用特定的系统或应用程序漏洞，但它的复制和传输不受约束。

最有可能的是，针对特定目标的直接攻击可能是建立一个针对更广泛分散人群进行间接攻击的起点。例如，单个 Web 服务器安装电子邮件蠕虫会将更广泛的拒绝服务攻击作为目标。

11.5.4　攻击阶段

攻击者需要知道攻击目标。因此，他们研发了一种策略。聪明的攻击者担心留下踪迹，害怕调查者确定他们身份。本部分详述了攻击者的攻击阶段。图 11-15 显示了攻击阶段。

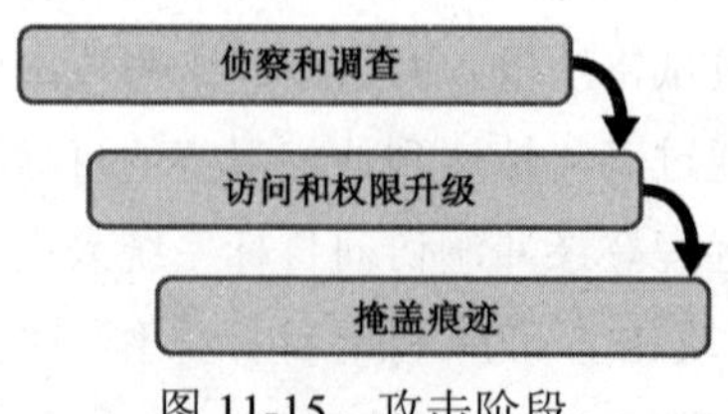

图 11-15　攻击阶段

1. 侦察和调查

当全部的目标和对象确定后，攻击者必须把网络探针放在可能的切入点进行探测。也就是说，寻找漏洞。侦测是最重要的阶段。事实上，运用该阶段搜集的信息是攻击最容易的部分，搜集信息是成功攻击最好的起点。它可以通过使用网上现成的普通工具来实现。这些工具通常是底层协议套件的一部分，或为了利用特定或潜在目标而定制开发。这些可以包括以下内容：

- TCP / IP 协议套件中的 DNS 和 ICMP 工具；
- 标准和定制的 SNMP 工具；
- 端口扫描器和端口映射器；
- 安全探测器。

攻击者可能会独立使用这些工具，也可能使用它们作为协调套件，从而能够了解目标网络的详细信息。了解的信息包括目标主机所使用的协议和操作系统、所使用的服务器平台、开放的服务和端口、使用的或可能使用的网络地址等。

因特网和其他公共资源能够提供额外的信息给攻击者。这些信息包括设备信息、关键人员以及可能的商业伙伴。这最后一条信息看似微不足道，但是通过商业伙伴的网络攻击有可能造成非常严重的后果。

DNS、ICMP 和相关工具。正如，我们所知道的，域名服务器就像电话本一样，将一个网站的域名与它的 IP 地址相匹配。对于许多可搜索的网站，任何人都能找到有关注册地址的信息。此外，TCP/IP 支持诸如 WHOIS 和 finger 查询工具，这些工具可以用来搜集分析目标站点的初步信息。图 11-16 显示了通过 WHOIS 查找的信息输出。

反向 DNS 查找和 NS Loop Up 是额外的实用程序命令，它们搜索 DNS 信息并提供交叉引用。这些服务通常是免费的，可以通过搜索命令名来定位查找。

网络控制管理协议（ICMP）命令和几个密切相关的工具在现有大多数计算机操作系统中被广泛使用。这些分析工具使攻击者可以验证操作系统。例如，攻击者可以用 ping 命令来检测宿主间的直接可达性。他们也可以把 ping 命令用于去实际攻击中。例如，死亡 ping 攻击，攻击者发送专门构建的 ping 包，瘫痪有漏洞的计算机。一旦目标网络被确定，许多攻击者对主网络或子网内的所有（或一系列）IP 地址执行 ping 扫描，以识别可能可访问的其他潜在主机。这些信息本身有时会暴露网络的规模和拓扑结构，因为许多网络用的是结构性的数字组合，它也可能指向网络设备的位置。

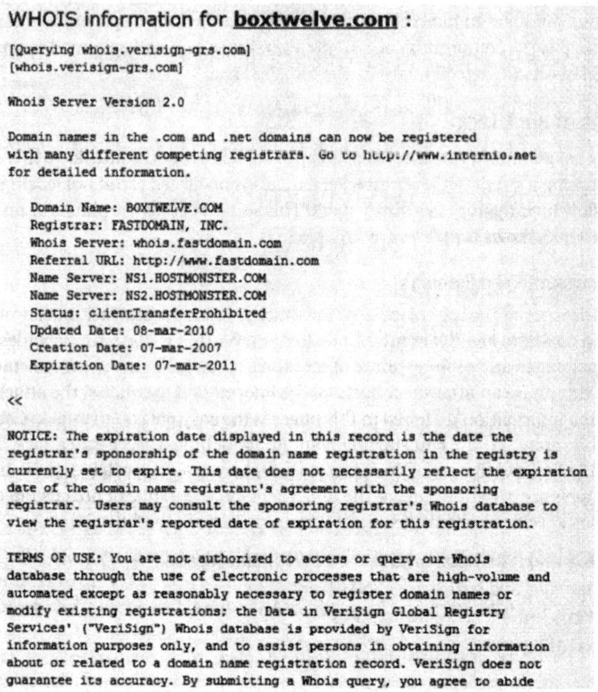

WHOIS information for boxtwelve.com :

```
[Querying whois.verisign-grs.com]
[whois.verisign-grs.com]

Whois Server Version 2.0

Domain names in the .com and .net domains can now be registered
with many different competing registrars. Go to http://www.internic.net
for detailed information.

   Domain Name: BOXTWELVE.COM
   Registrar: FASTDOMAIN, INC.
   Whois Server: whois.fastdomain.com
   Referral URL: http://www.fastdomain.com
   Name Server: NS1.HOSTMONSTER.COM
   Name Server: NS2.HOSTMONSTER.COM
   Status: clientTransferProhibited
   Updated Date: 08-mar-2010
   Creation Date: 07-mar-2007
   Expiration Date: 07-mar-2011

<<
NOTICE: The expiration date displayed in this record is the date the
registrar's sponsorship of the domain name registration in the registry is
currently set to expire. This date does not necessarily reflect the expiration
date of the domain name registrant's agreement with the sponsoring
registrar.  Users may consult the sponsoring registrar's Whois database to
view the registrar's reported date of expiration for this registration.

TERMS OF USE: You are not authorized to access or query our Whois
database through the use of electronic processes that are high-volume and
automated except as reasonably necessary to register domain names or
modify existing registrations; the Data in VeriSign Global Registry
Services' ("VeriSign") Whois database is provided by VeriSign for
information purposes only, and to assist persons in obtaining information
about or related to a domain name registration record. VeriSign does not
guarantee its accuracy. By submitting a Whois query, you agree to abide
```

图 11-16　通过 WHOIS 查找的信息输出

如果获得访问是目标之一，攻击者可以尝试一个简单的 telnet 登录来进行软测试。攻击者还可以使用 rpcinfo 命令来确定远程过程调用（RPC）服务是否对远程命令执行有效。

SNMP 工具。简单网络管理协议（SNMP）是一种应用层协议，有利于网络设备之间的管理信息交换。它是传输控制协议/互联网协议（TCP/IP）套件的一部分。SNMP 使网络管理员能够管理网络性能，发现和解决网络问题，并计划网络发展。

很多流行的网络管理软件组件，例如，OpenNMS、Solarwinds Network Performance Monitor 以及 Ip switch WhatUp Gold，这些都符合 SNMP 标准。它对管理设备代理和网络系统提供全面的支持。此外，还有许多应用程序能够搜集网管系统的信息，包括平台、运行系统的版本和功能。一些配置较低的网管设备会让中等水平的攻击者搜集大量的攻击文件信息。图 11-17 显示了远程 SNMP 代理发现工具。

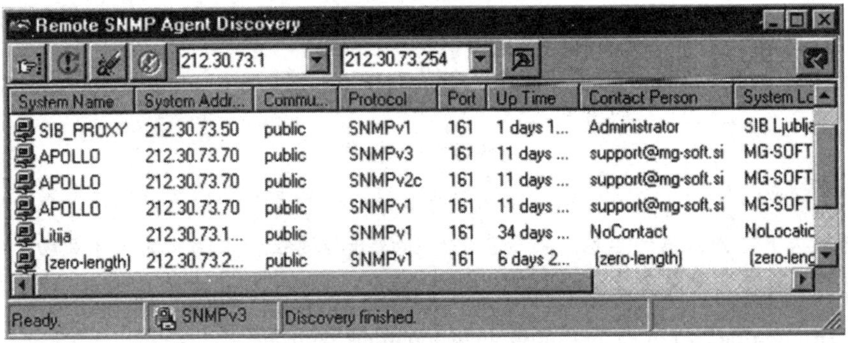

图 11-17　远程 SNMP 代理发现工具

端口扫描和端口映射工具。在攻击者识别目标网络后，下一步的工作可能是探索访问系统和服务。为了实现这一点，攻击者可能使用几个流行的端口扫描程序。其中，一个最流行的是 Nmap 工具。该工具可针对 UNIX、Linux 和 Windows 系统进行扫描。IP 地址扫描器是另一个网络发行工具，它可应用于 Linux、Windows 和 OS X 系统。该工具效率和易用性都很好。

这些工具允许攻击者发现并识别运行的主机，探测开放的 TCP 和 UDP 服务端口，并确定操作系统和运行的应用程序。

安全探针。Nessus 或其源代码的变种、开源的 VAS 可以帮助安全管理员评估大量的漏洞，识别几个共同的网络操作系统和应用程序以及相关的安全问题。它可以识别出问题，但并没有利用它们。Nessus 和开源的 VAS 可以访问网络的任何节点搜集信息。使用配置完备的防火墙，可以有效地进行安全防护，以保护信息免受未经授权的访问。这些工具都是“双刃剑”。然而，像许多工具一样，安全探针（包括扫描 Nessus 或使用网络开放 VAS 侦察证据）可以使信息安全专业人士变得轻松。

2. 访问和提权

攻击者配置文件和探测目标网络的潜在漏洞，从而获得访问目标系统的许可。访问的目标是建立初始连接，包括与主机建立连接。通常是与一个服务平台建立有效连接。为了进行额外的侦察活动（例如，秘密安装窃听工具），攻击者必须进一步获得系统的管理权限。

访问的方法取决于要连接的目标网络。由于许多组织演变为以网络为中心的商业模式，它们经常保持传统的拨号访问基础设施的方式。无论作为二级远程网关还是作为监督网关，在某些情况下，组织可能意识不到安全威胁。另外，它们可能不考虑离开无人值守调制解调器时可能会出现现有的网络周边防御妥协的情况，这些连接提供了恶意代码攻击的另一个入口点。

密码捕获与破解

获取访问的一个方法是捕获或破解密码。攻击者可以安装密码记录器在目标主机中作为木马的后门，监视特定的协议并与远程登录相关的程序互动。或者，如果攻击者捕获远程的字符串就可以窃取管理员和用户密码。例如，使用程序 Lophtrack 进行捕获（http://www.lophtrack.com/）。

使用远程管理工具维护和访问（RAT）

远程工具访问是一个木马，当它被执行时，能使攻击者进行远程控制。RAT 允许攻击者保持访问受控计算机，所需要的条件如下：

- 受害者机器上的服务器——此服务器侦听传入受害者的连接。当它连接到一个连接时，它为客户端提供远程访问连接，它是无形的且没有用户界面。
- 攻击者计算机上的客户——这是一个 GUI 前端，攻击者利用它连接到受害者机器上的服务器和管理服务器。

在所有类型的设备里，包括服务器、台式计算机、笔记本电脑和移动设备，远程管理的感染正变得像病毒一样频繁。一个共同的来源是通过文件和打印机共享。攻击者可以使用文件和打印机共享来获取访问硬盘驱动器的权限。他或她可以将木马放在启动文件夹中。然后，该木马将在下一次合法的用户登录时运行。另一种常见的攻击方法是简单地利用电子邮件木马对用户进行攻击。然后，使用社会学工程说服用户运行木马，这些程序的作者往往声称他们不是入侵工具而是简单的远程控制工具或者揭示系统的工具。然而，根据以往的活动，很明显，他们真正的活动是获得对计算机的访问和未经授权的使用。

3. 掩盖痕迹

避免检测的最重要阶段之一是清除所有的攻击痕迹。虽然必须采取的具体行动可能会有所不同，从一个攻击到另一个，但是基本步骤是一样的。首先，删除任何可能创建和恢复的文件以及他们的预攻击条件。第二，删除任何可能提供攻击证据的日志文件条目。第二步一般比第一步困难得多。大多数系统使用的审计方法是保护日志文件。这意味着可能必须攻击日志文件和审计系统，以消除轨道。如果不顾一切地清理任何留下的轨迹，将大大增加被发现的可能性。

11.6　攻防工具和技术

IT 安全从业人员必须理解如何实施有效抵御恶意代码攻击的对策。它们还必须连续监测、测试和提高这些对策。

纵深防御是对区域进行分层防御的做法，增加整体防御能力保护水平，并提供更多的反应时间来响应事件。纵深防御结合了人、操作和安全技术的能力来建立多层次的保护，消除单防线，有效提高攻击成本。通过将个人防护作为综合防护的一部分，可以确保已经打补丁的漏洞安全。管理员必须加强在这些关键位置的防御。然后，必须监视攻击，并做出反应。

针对恶意代码的威胁，这些保护层可以扩展到特定防御区：

- 应用防御；
- 操作系统防御；
- 网络基础设施防御。

纵深防御目标如下：

- 即使是在单个系统中，都应该有安全层和检测层；
- 攻击者必须在未被发现的情况下突破或绕过每一层；
- 其他层还可以覆盖另一层中的缺陷；
- 整个系统的安全性构成层内整体网络安全的部分；
- 安全性的提高要求攻击者是完美的而非无知的。

11.6.1　应用软件防御

应用程序为最终用户提供共享数据访问。这些数据是敏感的或机密的，不提供给所有用户。攻击者通常对应用软件发起攻击，试图访问或损坏敏感数据。应该部署适当的控制，以确保所有的应用软件在所有计算机上安全运行。一些常见的控件包括以下部分：

- 在所有主机系统上实现定期的防病毒筛查；
- 确保病毒库文件最新；

- 扫描所有可移动媒介；
- 在主机上安装个人防火墙和入侵检测软件作为额外的安全层；
- 部署变换检测软件、完整性检查软件以及维护日志，实现电子邮件使用控制，并确保电子邮件附件扫描；
- 建立关于软件安装和升级的明确政策；
- 确保只有在获得、安装时使用唯一的信任源，通过数字签名及验证升级软件。

11.6.2 操作系统防御

操作系统作为应用程序软件和硬件资源之间的接口。任何针对操作系统的攻击可以产生几乎无限访问存储敏感数据的系统资源。对操作系统成功的攻击可以让攻击者拥有计算机和使用它的权限。操作系统的安全控制非常重要。这些控制措施包括：

- 部署机密性检测和完整性检查软件；
- 保证在所有服务器中部署日志系统或启用机密性检测、完整性检查软件；
- 确保所有的操作系统已更新供应商提供的最新补丁；
- 确保在安装和升级操作系统时使用唯一信任源；
- 禁用任何不必要的操作系统服务和进程，否则可能会带来安全漏洞。

11.6.3 网络基础设施防御

如今，几乎所有的计算机都连接到一些网络节点中，这就造成了对大多数计算机和设备实施攻击的可能，网络使攻击者更容易访问远程目标。恶意代码通过网络进行传播。网络本身可以是攻击目标，同时也是最终用户互相访问所必需的媒介。因此，必须部署控制措施保护网络。主要措施如下：

- 创建网络阻塞点；
- 使用代理服务和堡垒主机保护关键服务；
- 在网络阻塞点设置内容过滤从而实现访问筛选；
- 确保安装和升级操作系统时使用唯一信任源；
- 禁用任何不必要的网络服务和进程，否则可能会带来安全漏洞；
- 保持最新的入侵检测签名数据库；

- 将安全补丁应用到网络设备，从而确保对新威胁的保护，并减少漏洞。

最简单的预防方法是禁用不必要的网络服务，尤其是某些 TCP 和 UDP 监听端口。这将有效阻止任何利用这些服务的攻击。如果这些服务为合法用户所需，则可能这不是有效的方法。

可以使用广谱的对策和措施阻止网络中的恶意代码攻击，主要措施如下：

- 采用过滤软、硬件，阻止流量或特定的服务从网络段流出；
- 采用主动传感（例如，入侵检测、病毒检测）快速反应以防止或减轻损伤；
- 使用网络阻塞点迫使网络流量经过受保护区域；
- 在允许流量通过被保护网络前部署传感器和过滤器监控流量；
- 在禁止或提示处理脚本和活动代码之前，设置浏览器安全特征；
- 消除不必要的网络远程连接和采用有效的访问控制措施保护那些需要保持可用性的进程；
- 避免现有的控制系统和对策被规避。

11.6.4　安全恢复技术与实践

不管我们的对策多么有效，都可能因为恶意软件导致某种类型的数据丢失。恢复丢失数据的能力和前期所做的预防措施有关。除非处于完全没有恶意软件的环境之中，否则无法完全恢复丢失数据。这里有一些指导方针，用来帮助我们在恢复数据中不重新引入任何恶意软件：

- 考虑将操作系统和数据文件备份映像存储在 DVD 或其他外部媒体上，以便从潜在的恶意软件感染中恢复；
- 在重新安装软件之前扫描恶意软件；
- 禁止在还原过程或升级过程中对系统进行网络访问，直到我们重新启用或安装保护软件或服务。

11.6.5　实施有效的软件最佳实践

所有的组织都应采用一个可接受的网络服务和资源使用政策（AUP）。一个好的 AUP 包括禁止某些网络活动和计算机用户的行为习惯，这些涉及软件许可和安装、传输文件和媒体的程序。采用标准化的软件，可以控制和升级补丁确保修补漏洞。

国际标准化组织 17799 是最广泛认可的安全标准，应考虑实施一个兼容标准 17799 的安全策略。对于有安全意识的组织来说，遵守 ISO/IEC 17799，或者任何详细的实际安全标准非常重要。

11.7 事件检测工具和技术

入侵检测工具是纵深防御的一个重要组成部分。每个组织都应该在网络的关键区域部署纵深防御的措施并提供预警。这里实现方法有多种，每个实现都提供了独特的功能，以保护网络和主机。

分层纵身防御将要求部署基于网络和主机的入侵检测系统。它也可能涉及部署相关的网络安全产品，允许基于签名和基于异常的检测方案。

异常检测涉及开发正常或可接受活动的网络基线轮廓，例如，服务或流量模式。然后，以这个基线测量实际的网络流量。这种技术可以用于检测攻击，例如，拒绝服务或连续登录尝试，但它需要一个学习过程或预置值。

11.7.1 防病毒扫描软件

如今，大多数计算机用户使用某种形式的反病毒软件来检测和预防感染。但是许多移动设备用户往往都不够小心。多项调查表明，只有不到一半的用户了解设备的基本安全知识和防病毒软件知识。正如，进行在主机和网络级别层次上的入侵检测一样，我们应该在支持它的所有设备上部署反病毒软件。

基于宿主的反病毒软件有如下脆弱性：

- 持续的要求，保持每个主机系统更新最新的病毒库文件；
- 不安全的用户行为带来潜在隐患，例如，安装无证书或未经授权的软件或交换已经感染的电子邮件或文件。

基于网络的反病毒软件允许在远程服务器上对文件和电子邮件进行筛选，并提供远程扫描。

许多组织都采用基于网络和基于主机的保护：有些组织部署多个产品，从而最大限度地提高检测能力。我们需要保持病毒库的更新。只要具有新的病毒库，大多数供应商现在会提供自动更新的软件。

11.7.2　网络监视器和分析仪

我们应该定期监测网络软件和设备以及定期分析网络流量，从而确保安全防护措施仍然有效。可以运行漏洞扫描器 Nessus、使用微软基线安全分析工具或两者结合使用。如何选择合理的方式取决于使用何种操作系统。攻击者也可以使用这些工具。因此，我们应该定期扫描不必要的网络服务端口；升级软件、重置系统到它们的默认设置。

11.7.3　内容/上下文过滤和日志记录软件

在实施内容过滤时，必须平衡隐私和安全性。但是，应该在可接受的程度下与一个已知公司的策略相结合，而且它有可以成为阻止恶意代码额外的保护层。在网络路由器上筛选电子邮件附件和内容以及基于上下文（访问控制列表）过滤的插件也允许设置额外的安全保护层。

内容过滤包含对源代码的网络流量分析（java，ActiveX）、对 Web 浏览器的软件组件和禁用脚本的处理。基于上下文的过滤涉及与基线标准的比较，所以可以评估网络行为不寻常的变化是否恶意活动引起。

11.7.4　蜜罐和蜜网

蜜罐是部署在网络边缘，通过牺牲主机和服务引诱潜在黑客攻击的诱饵。典型的情况是将这些系统暴露在真正的网络。事实上，他们可能将放置在单独网络中的一部分服务称为蜜网，与真实网络进行了隔离。蜜罐的目的是为攻击提供受控环境。如果安装了基于主机的入侵检测终端监控软件，查看日志活动能使我们轻松地检测和分析测试网络遭到攻击的强度。

蜜网是什么

蜜网是一组模拟了现实生活中蜜罐的网络。蜜网是有益的，因为它们提供了更多的数据且对于攻击者更具吸引力。然而，构建和维护一个蜜网需要更高级的策略。

蜜网可以包括多个服务器、路由器和防火墙。蜜网与其对应的网络相同，或者它可能是一个研究实验室。无论哪种方式，蜜网允许攻击者攻击一个更真实的环境。

因为蜜罐不包含生产中的应用，所以所有从蜜罐流出的流量都是可疑的。在这里，很容易阅读和理解日志，除非蜜罐中的日志受到了严重破坏。将蜜罐作为探针，管理员将可以预防控制真正的网络受到破坏。蜜罐应至少包含以下要素：

- 它看似与正常主机无异；
- 没有透露它的存在；
- 它有一个专用的防火墙，防止所有的出站流量被破坏；
- 它部署在网络的非军事化区，与正常的网络隔离；
- 它是无声的警报，任何流量都经过它；
- 一旦它感知到存在入侵活动时就开始记录所有入侵者的活动。

低交互性蜜罐提供了一些虚假的服务，例如，超文本传输协议（HTTP）和简单邮件传输协议（SMTP）。低交互性蜜罐允许攻击者连接服务，但什么都不做。这种类型的蜜罐，攻击者通常无法获得操作系统访问权限。因此，攻击者不构成威胁。

高交互性蜜罐产生真正的服务和漏洞来仿造攻击者攻击真实的操作系统。本类蜜罐存在被攻击的可能，所以可以搜集真实的数据，成为对另一个系统发动攻击的宿主主机。

本章小结

在本章中，我们了解了不同类型的恶意软件及其操作；了解了垃圾邮件和间谍软件及其影响；了解了不同类型的网络攻击以及保护网络免受攻击的方法；知道了键盘记录器、恶作剧和网页篡改的危险；了解了计算机病毒的历史及其威胁；了解了不同类型的攻击和攻击者如何使用工具来实现攻击。

第三部分　信息安全标准、教育、认证及法规

Chapter 12　第12章　信息安全标准

从单一厂家购买所有软件和硬件几乎不可能。现如今，公司、组织等通常从多个供货商购买IT基础设施，并且期望这些设备能够协同工作。

那么，怎样使来自不同厂家的产品以统一的标准协同工作？对于硬件和软件供应商来说，统一的标准是创建和维护竞争性市场的必要条件。标准也可确保不同国家的产品相互兼容。统一标准可以确保产品在现在的计算环境中协同工作。

一些组织致力于发展和维护计算机标准。在本章中，主要讲述了大部分计算机、网络产品与服务的通用标准，尤其是与安全相关的标准。

12.1　标准组织

最早的计算机为特殊目的而定制。设计者决定如何连接组件以及如何根据特定计算机的需要进行通信。然而，不久之后设计者们意识到通过交流设计标准能够确保不同厂商生产的元器件协同工作。这提升了顾客对计算机的信任，顾客更加愿意去购买标准化产品。但仍有一些专用系统不支持共同标准。

坚持统一的标准对增加市场需求是必要的，并且在许多情况下有助于遵照规则。大部分有影响力的组织致力于发展和维护计算机、网络通信等方面的标准。

12.1.1 美国国家标准与技术研究院

美国国家标准与技术研究院（NIST）成立于 1901 年，是直属美国商业部的一个政府机构。NIST 是美国第一个政府主导的自然科学研究所，其任务是“通过发展计量学、标准和技术来提升美国创新能力和工业竞争力，从而确保经济安全，提升国民生活质量”。NIST 几乎涉及为所有计算装置提供测量和技术标准。除此之外，NIST 还为美国官方的原子钟计时。尽管 NIST 不是一个监管机构，但是许多组织都遵守和采用 NIST 标准。

NIST 通过以下四个合作计划完成其主要任务：

- **NIST 实验室**。通过开展有关研究，为美国的工业界提供计量和标准，从而提高国家技术基础，改进行业产品和服务。
- **波多里奇国家质量计划**。一个对制造商、服务组织、教育机构、医疗机构和非营利组织等授权并鼓励其更好发展的国家计划。
- **制造业扩展伙伴计划**。一个全国性的中心网络，为中小型制造商提供技术和商业援助。
- **先进技术计划**。另一项国家计划，为组织和大学提供奖励，以支持适用于国家利益关键需求的潜在革命性技术。

NIST 维持了计算机安全人员普遍感兴趣的标准和出版物列表。SP 800 系列是 NIST 在 1990 年发布的一系列关于信息安全的技术指南文件，是为了给 NIST 的信息技术安全出版物提供一个单独的标识。这些指南文件涉及政府、工业和学术组织中与计算机安全相关的研究和指导工作。

许多出版物都引用 SP800 系列中的内容。例如，很多人参考“特殊出版物 SP800—66”作为 NISP SP800—600（NIST SP800 包含了遵守 HIPAA 信息的入门指南）。

NIST SP800 中的许多标准为信息系统安全活动提供指导。表 12-1 列举了 NIST SP800 系列样本文件。

表 12-1　NIST SP800 系列样本文件

编号	标题
800-61 Rev.2	计算机安全事件处理指南
800-73-3	个人身份验证接口（四部分） 第一部分，PIV 应用程序的命名空间，数据模型和表示 第二部分，PIV 应用程序命令接口 第三部分，PIV 用户应用程序接口 第四部分，PIV 转换接口和数据模型规范
800-3 Rev.1	台式处理机和笔记本计算机恶意软件事件预防的 DRAFT 指南
800-88 Rev.1	媒体清洗的 DRAFT 指南
800-94 Rev.1	入侵检测和防护的 DRAFT 指南
800-107 Rev.1	使用认准 HASH 算法的应用程序声明
800-121 Rev.1	蓝牙安全指南
800-124 Rev.1	管理和确保企业移动设备的 DRAFT 指南
800-133	加密密钥声明
800-146	云计算概要和声明
800-153	安全的 WLAN 指南
800-162	基于访问控制属性和注意事项的 DRAFT 指南
800-164	移动设备硬件启动安全的 DRAFT 指南

12.1.2　国际标准化组织

国际标准化组织（ISO）成立于 1946 年，是一个全球性的非政府组织，目标是发展和建立国际标准。ISO 总部位于瑞士日内瓦，由 163 个国际标准机构组成。ISO 为公共部门和私人组织提供服务，其对象可以是政府实体，也可是私人部门。ISO 的目标是开发标准，不是迎合两者中的哪一类标准，而是在他们之中形成统一的标准。

尽管 ISO 的名称很短，似乎像首字母的缩写，但其实不是。ISO 是一个国际化组织，它的全称随着语言的不同而发生变化。ISO 来源于希腊语“ISOS”，意为平等。ISO 致力于达成共识，甚至在自己名称选择上也得到了共识，这使得 ISO 在许多领域都能成功地制定和发展统一的标准。

ISO 几乎在所有的工业领域都提出了许多标准，例如，国际标准书号（ISBN）就是 ISO 提出的标准。在信息技术领域，最著名的 ISO 标准应该是开放式系统互连（OSI）参考模型（如图 12-1 所示），这一国际公认的标准框架可以用来指导自治计算机系统在网络中进行通信。OSI 参考模型包括七层，模型中明确了每一层如何使用地址进行网络通信。OSI 参考模型定义的标准确保了来自不同厂家的计算机和配件能够相互交换信息。

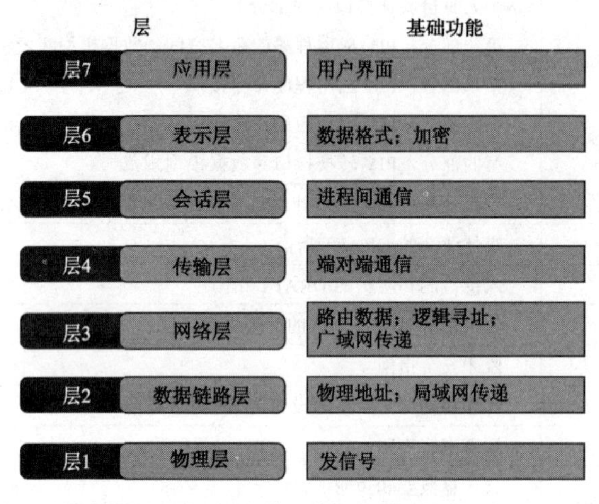

图 12-1　OSI 参考模型

模型中的每一层要完成相应的功能，下一层为上一层提供服务。例如，传输层（第四层）提供网络中无差错的信息通信，同时为会话层（第五层）提供链接服务。除此之外，它也要求网络层（第三层）发送和接收相应的网络交换报文。

尽管许多新提出的网络架构并没有严格遵守七层结构，但 OSI 参考模型仍然是学习网络相关概念的重要依据。长期以来，OSI 参考模型被视作理解在标准环境中网络如何提供普通服务的基础。尽管其他的模型对于目前的软件来说可能更加直观，但 OSI 参考模型仍然是讲授网络基础知识的工具。

ISO 通过国际标准分类法（ICS）和技术委员会（TC）来管理众多标准，每类标准涉及的领域很广，ICS 第一级包含 40 个标准化专业领域，涉及超过 200 个 TCs。

12.1.3　国际电工委员会（IEC）

国际电工委员会（IEC）是经常与 ISO 合作的标准化组织。IEC 是一个为电气、电子设备和工艺相关的技术发展推出国际标准的卓越组织。人们将 IEC 所涉及的知识统称为电子技术。

IEC 成立于 1906 年，旨在利用不断扩展的电气设备技术解决问题。现在，IEC

的标准覆盖了广泛的领域，包括以下方面：

- 发电；
- 输配电；
- 商用和家用电器；
- 半导体；
- 电磁学；
- 电池组；
- 太阳能；
- 电信。

IEC 在电子测量仪器标准发展上起到关键作用，包括高斯、赫兹、韦伯等。IEC 和 ISO、ITU-T 紧密合作（本章后面讨论）。为了确保其标准在国际上被广泛接受和使用，并鼓励更多的国家参与进来。目前，共有 72 个成员，IEC 也被称作 NCs。2001 年，IEC 吸收了更多国家加入，其中包含了更多的发展中国家。接纳国家计划包括 81 个更小的国家。

作为一个信息技术领域的专业人士，可能会遇到与物理计算机和网络硬件相关的 IEC 标准。随着电气和电子行业的不断发展，IEC 自成立起，其关注点越来越广泛。现在，IEC 的关注点包括新型电力需求标准的建立以及其如何影响其他功能领域。IEC 积极参与支持安全、性能、环境责任、能源效率、可再生能源使用的相关标准的开发。

12.1.4　万维网联盟

1990 年万维网联盟的创建标志着用户在互联网上获取资源的转折。在互联网早期，服务商使用 Web 的主要语言 HTML 推出自己的版本，这些版本和其他厂家版本不兼容。从而引发了网页浏览不兼容的问题，并且限制了网页的功能。随着网站利润的增加，Web 语言的标准化问题亟待解决。Tim Berners-Lee（万维网的创始人），在 1994 年建立了万维网联盟（W3C）来解决标准缺失的问题。

W3C 迅速成为万维网的主要国际标准化组织，W3C 成立的目的是发展万维网的统一协议和指南，并确保其能够长期发展。W3C 目前拥有包含企业、非营利组织、大学、政府机构等在内的 377 个成员。

W3C 提出了许多管理和协调 Web 发展运行的相关标准，这些标准和规范确保不同服务提供商的 Web 应用能够互联。W3C 制定或认可的标准包括：

- 层叠样式表（CSS）；
- 通用网关接口（CGI）；
- 超文本标记语言（HTML）；
- 简单对象访问协议（SOAP）；
- 网络服务描述语言（WSDL）；
- 可扩展标记语言（XML）。

标准和规范对于确保每个含 Web 的应用程序可以和其他供应商进行互联是必要的。当我们使用任何的 WWW 组件时，都有可能用到一个或多个标准。

12.1.5 互联网工程任务组

互联网工程任务组（IETF）是研发和制定互联网标准的组织，根据 IETF 网站的描述，IETF 的目标是“让互联网变得更好”。IETF 关注互联网通信的工程技术领域，并努力避免出现政策和商业问题。IETF 与 W3C、ISO/IEC 紧密合作，主要关注 TCP/IP 标准及其他协议组。IETF 是一个开放性组织，不需要成为会员，参与者包括捐助者、领导人、志愿者等。

IETF 成立于 1986 年，最初是由 21 位研究人员为正式提出互联网交换协议建立的小组。现在，IETF 是由工作组（WGs）组成的联合体，每个工作组都有一个专门的研究课题。目前，工作组的数量已经超过 100 个。鉴于各工作组独立运行，IETF 为每个工作组设定了最低标准。每个工作组有一位负责人或联合主席，并拥有由工作组研究方向和预期成果组成的文件凭证。

每个工作组都有一个任何人都可访问的专门邮件列表，这些邮件列表是参与者相互交流的中间渠道。工作组也举行学术会议，每一位参与者都可以参加。尽管参加交流会议有益处，但在工作组中一般通过邮件列表相互交流。

1. RFC

Request For Comments（RFC），是一系列以编号排定的文件，包括简单备忘录和标准文件。每个 RFC 的说明书都表明它的状态，RFC 模型允许多来源输入并鼓励合作和同行评审，IETF 为 RFC 提出指南，以下是有关 RFC 的几点说明：

- 仅有部分 RFC 属于标准，只有以“此文档规定……”或“本备忘文档……”等短语开头的 RFC 才应被视为标准或规范性文档。

- RFC 的任何更改仅会赋予新的编号并成为新的 RFC。因此，必须寻找最新的 RFC，因为以前的文档可能过时了。
- RFC 可由其他组织发起，IETF 只创建一些 RFC。其他可能来源于实验室或互联网研究工作组（IRTF）。

RFC 成为正式标准要经历四个阶段，当 RFC 从一个阶段移动到下一个阶段时，它变得更加正式，更多的组织接受它。

- 拟议标准（PS）：标准的初始阶段；
- 标准草案（DS）：标准的第二阶段，参与者已经证明，标准已经部署在工作环境中；
- 标准（STD）：标准的最后阶段，在它被广泛采用和部署之后；
- 最佳实践（BCP）：用于描述非标准操作规范的替代方法。

IETF 标准的一些例子包括 RFC 5878 和 RFC 5910。RFC 5878，“传输层安全（TLS）授权扩展”主要包含了 TLS 握手协议扩展规范。RFC 5910，“可扩展配置协议（EPP）域名系统（DNS）安全扩展映射”描述了存储在中央存储库中的 DNSSEC 域名的 EPP 扩展映射。两者都不是无足轻重的，它们包含了许多技术细节，定义了互联网的运作方式。

2. 因特网结构委员会（IAB）

因特网结构委员会（IAB）是 IETF 的一个附属委员会，也是国际互联网协会（ISOC）的咨询机构。由对互联网技术有兴趣的独立研究者和专家组成。

IAB 作为 IETF 许多活动的监督机构，对以下几个方面进行监督：

- 互联网协议架构和程序；
- 创建标准流程；
- RFC 的编辑和推出程序；
- IETF 主席及区域负责人。

IAB 提供了许多高水平管理并且对 IETF 商业活动的进程进行确认，它是一个对互联网标准有重要影响的机构。

12.1.6 电气和电子工程师协会

根据其官方网站 http://wwwieee.org/index.html，电气和电子工程师协会（IEEE）是“世界上最大的专业技术专业协会”。IEEE 是一个国际性的电子技术与信息科学工程师的协会，是目前全球最大的非营利性专业技术学会，其会员人数超过 425000 人，遍布 160 多个国家。IEEE 的两个前身分别是美国电气工程师协会（AIEE）成立于 1884 年，无线电工程师协会（IRE）成立于 1912 年。

IEEE 包括 38 个专业分学会，涵盖了电磁学、光子学和计算机等诸多领域。每个专业分会通过出版期刊、举办学术会议、举办特定活动来推动专业领域的发展。IEEE 也提供许多电气和电子领域的培训和教育机会。

IEEE 也是全球最大的标准制定组织之一，专门设有 IEEE 标准协会（IEEE Standard Association，IEEE-SA），负责标准化工作。IEEE 标准覆盖了诸多工业领域，如信息技术。IEEE 目前制定和支持了 1300 多个标准和项目。其中，在信息安全相关的标准中，最著名的是 IEEE 802LAN/MAN 系列标准，这组标准定义了不同类型的局域网和城域网协议如何工作。表 12-2 列出了常见的 IEEE 802 标准工作组。

表 12-2 常见的 IEEE 802 标准工作组

工作组	名 字
802.1	高层 LAN 协议
802.3	以太网
802.11	无线局域网（802.11a, 802.11b, 802.11g, 802.11n, 802.11ad）
802.15	无线个人域网（WPAN）
802.16	宽带无线接入（WiMAX）
802.18	无线电管理标签
802.19	无线共存
802.20	移动宽带无线接入

IEEE 对于符合特定专业需求的会员是开放的，正式会员可以参与 IEEE 选举投票，学生也可获得学生会员资格，除没有投票权外，享受和正式会员同等的待遇。对于那些既不是学生也不符合技术需要的兴趣团体而言，IEEE 也提供限制某些权利的准会员服务。

12.1.7 国际电信联盟电信部门

国际电信联盟（ITU）是联合国下属的一个组织，负责主管信息通信事务。ITU 是政府部门和私人企业进行网络通信和服务的纽带。ITU 成立于 1865 年，成立之初的目的是实现国际电报通信。1947 年，ITU 成为联合国下属的一个专门组织。1956 年被重新命名为国际电报电话咨询委员会（CCITT），最终在 1993 年采用现在的名字。ITU 总部设在瑞士日内瓦，其成员包括 193 个成员国和 700 多个部门成员及部门准成员和学术成员。

ITU 最基本的工作就是制定标准，国际电联电信标准化部门（ITU-T）负责全部 ITU 标准的制定工作。ITU-T 为所有国家的电信通信网络提供高效可用的产品标准，也负责确定国际电信服务的收费原则。时效性已经成为 ITU-T 标准的重要关注点。2001 年，ITU-T 通过调整其过时的标准创建流程，节约了 95%的创建标准的时间。

由 ITU-T 制定的国际标准通常被称为建议（Recommendations）。由于 ITU-T 是 ITU 的一部分，而 ITU 是联合国下属的组织，所以由该组织提出的国际标准比起其他的组织提出的类似技术规范更正式。

ITU-T 将各种建议分成 26 个系列，每个系列用其首字母表示。例如，交换和信号恢复建议位于 Q 系列；数据网络、开放系统交流和安全建议位于 X 系列。ITU-T 也开发和推动许多交换建议的发展，在信息安全领域最具代表性的建议是 X.25、X.75 和 X.509。表 12-3 列出了与信息安全有关的 ITU-T 建议。

表 12-3　与信息安全有关的 ITU-T 建议

ITU-T 建议	描　述
X.25	X.25 描述了包交换广域网通信的协议套件。X.25 是一个 3 层（网络层）协议，它提供了一个具有弹性的广域网。虽然 X.25 仍在使用中，但大多数广域网使用 IP 协议
X.75	X.75 描述了连接两个 X.75 网络的协议。它定义了网络通信设备单元之间的接口要求
X.509	X.509 是用于定义单一登录（SSO）功能和特权管理基础结构（PMI）、公钥基础结构（PKI）相关问题的建议。该建议为公钥证书、证书管理功能、属性证书和证书路径验证算法定义了标准格式

12.1.8　美国国家标准协会

美国国家标准协会（ANSI）是美国主导的标准机构之一，目标是强化美国在全球经济市场中的地位，同时努力确保顾客的健康与安全，并保护环境。它通过促进自愿共识标准和合格评定体系实现共同目标。

ANSI 负责创建、发布、管理标准和指导方针，这些几乎直接影响企业的每个部门。ANSI 标准涵盖了声学设备、建筑设备、奶制品和畜牧生产、能量输送等诸多领域。

1918 年，美国材料试验协会（ASTM）、美国机械工程师协会（ASME）、美国矿业与冶金工程师协会（ASMME）、美国土木工程师协会（ASCE）、美国电气工程师协会（AIEE）等组织共同成立了美国工程标准委员会（AESC），美国政府的三个部（商务部、陆军部、海军部）也参与了该委员会的筹备工作。1928 年，美国工程标准委员会改组为美国标准协会（ASA），致力于国际标准化事业和消费品的标准化。1966 年，又更名为美利坚合众国标准学会（USASI）。1969 年改成现名：美国国家标准学会（ANSI）。现在，ANSI 由政府机构、教育机构、个体组成，代表了超过 125000 家公司和 3500000 名专家。

ANSI 提出的标准几乎影响了所有的 IT 领域，而不是像其他的组织那样只明确针对计算和通信领域的工程和技术。ANSI 标准广泛应用于信息安全和软件开发领域。表 12-4 列出了在信息安全和软件开发领域中会遇到的 ANSI 标准。

表 12-4　在信息安全和软件开发领域中会遇到的 ANSI 标准

标　准	描　述
ANSI 代码	ANSI 代码定义了一组用于表示计算机中字符值的标准。必须有标准才能使多台计算机共享数据和相互通信。ANSI 代码集是 ASCII 七位代码集的扩展
美国标准 FORTRAN	美国标准 FORTRAN 是第一个标准编程语言，也叫 FORTRAN66。ANSI 在 1966 年 3 月发布了这一标准语言
ANSI C	ANSI 在 1989 年发布了 ANSI C 作为 C 编程语言的标准版本

12.2　ISO 17799

ISO 17799 是一个国际安全标准，提供了一套综合的、由信息安全最佳惯例组成的实施规则，标准由两部分组成：

- ISO 17799 实施细则；
- BS 17799-2《信息安全管理体系规范》。

ISO17799 的主要目的是鉴别当今商业环境中信息系统的安全控制需求。标准最初以“DTI 实施细则”在英国立项，之后被重新命名为 BS 7799。由于其自身的不灵活性和过于简单的控制方法，而没有受到国际社会的广泛关注。研究者们在 1999 年提出了标准的第二部分来修正其缺点，并将标准提交到 ISO，最终在 2000 年确定成为 ISO 17799 标准。

随着 ISO 17799 的不断应用，一些公司开始为 ISO 17799 提供工具和服务，使其迅速成为主要的信息安全标准。ISO 17799 为许多组织提供构建其安全策略的框架，各组织将该标准作为一个统一的标准，这也成为对各竞争对手进行区别的依据。此标准可帮助潜在用户评估各组织在数据安全方面的成效。

ISO 将此标准划分成 10 个主要部分：

- 安全策略：一套管理活动规则；
- 安全组织：管理和加强信息安全的组织；
- 资产分类与控制：声明和管理信息资产；
- 人员安全：保护和限制个人行为的安全指南；
- 物理环境安全：保护计算机设备；
- 通信与操作安全：在系统和网络中管理系统安全；
- 访问控制：对资源、应用、功能和数据的使用权限进行管理控制；
- 系统开发与维护：设计并增加应用安全的指南；
- 业务连续性管理：保护、维护和恢复商业关键进程和系统；
- 执行评估：确保信息安全策略、标准、规范和准则的一致性。

新提出的标准 ISO/IES 27002 已经替代了 ISO 17799，它提供了一个更为普遍的信息安全标准，可被所有的组织采纳，无须考虑其规模、类别或位置。尽管 ISO 27002 已经替代了 ISO 17799，但 ISO 17799 仍被视作信息安全的主要标准。

12.3　ISO/IEC 27002

ISO/IEC 27002 于 2005 年作为 ISO 17799 的更新版本发布，起初被命名为 ISO 17799:2005，2007 年 ISO 将其改为 ISO/IEC 27002:2005。这是符合其他 27000 系列 ISO/IEC 标准所使用的命名约定。ISO/IEC 27000 系列是一个不断扩充的通用信息安全标准簇，ISO/IEC 27002 全称为“信息技术—安全技术—信息安全管理实践规范”。

正如之前的标准一样，ISO/IEC 27002 向各组织提供信息安全管理的最优化建议，覆盖信息安全管理系统的各个方面。该标准将其建议交给负责信息安全管理系统的管理人员和安全人员。信息安全的三要素包括：

- **机密性**——确保只有授权用户可以访问数据；
- **完整性**——确保只有授权用户可以修改数据；
- **可用性**——确保授权用户在请求时可以访问信息。

ISO/IEC 27002 在之前标准的基础上增加了两个方面并改编了其他部分，ISO 将此标准划分为 12 个主要部分：

- 风险评估：确定和声明风险的方法；
- 安全策略：管理活动的一套规则；
- 信息安全组织：管理和加强信息安全的组织；
- 评估管理：获取、声明和管理信息资产；
- 人力资源安全：加入、离开或转移组织时的安全指南；
- 物理环境安全：保护计算机设施的安全；
- 通信与操作管理：对系统和网络安全技术进行控制；
- 访问控制：对资源、应用、功能和数据的使用权限进行管理控制；
- 信息系统开发与维护：设计并增加应用安全指南；
- 信息安全事件管理：对违反信息安全的事件进行预测和响应；
- 业务连续性管理：保护、维护和恢复商业关键进程和系统；
- 执行评估：确保策略、标准、规范和准则的一致性。

这个标准规范了与安全控制相关的每一部分。大多数人将这个标准作为最佳规范，它为每个实体的实现提供依据。ISO/IEC 27002 也为每个推荐控制策略的实现提供指南。

12.4 PCI DSS

支付卡行业数据安全标准（PCI DSS）是一个处理支付卡事务的国际标准，由支付卡安全标准委员会（PCI SSC）开发、提出和管理。PCI DSS 不同于其他标准，它是由世界上规模最大的几家支付卡组织共同制定的，包括：

- Visa；
- Master Card；
- Discover；
- American Express；
- Japan Credit Bureau。

这些组织中的每个成员都有其保护支付卡信息的标准，2004 年它们实现合作，提出了第一版本 PCI DSS。目前，最新版本 PCI DSS2.0 于 2010 年 10 月提出。创建 PCI DSS 的目的是使支付卡使用者远离诈骗，并抢占支付产业的立法制高点。

它为所有支付卡信息的流程处理、传输和存储的安全保护策略提供了标准。此标准适用于所有参与支付卡活动的组织。

符合 PCI DSS 标准是组织内成员合作的前提条件，如果有个别组织违反 PCI DSS 标准，它将无法正常使用其支付卡功能。在多数情况下，不服从标准会导致罚款和审计更加频繁，甚至会撤销经常违反标准的处理权限。对于大多数将支付卡作为支付手段的公司来说，遵守标准也是一种商业需求。

组织过程中支付卡交易的数量决定组织必须遵守的规则。组织至少每年评估遵守情况。处理大量交易的组织必须由独立的合格安全评估员（QSA）评估其合规性。处理较小交易量的组织可以选择使用 PCI DSS 自我评估问卷（SAQ）进行自我认证。

PCI DSS 版本 2 定义了 12 个需求，这些需求被划分成六组，这些被称为控制目标。表 12-5 列出了 12 个 PCI DSS 控制目标和要求。

表 12-5　12 个 PCI DSS 控制目标和要求

控制目标	要　求
建立并维护安全网络	安装并维护防火墙配置从而保护持卡人资料安全 配置系统密码及其他安全参数，不能使用供应商提供的预设值（默认密码）
保护持卡人信息	保护存储的持卡人资料 在开放的公用网络加密传输持卡人的资料
维护漏洞管理程序	使用并定期更新杀毒软件或程序 开发并维护安全系统和应用程序
实施严格存储控制措施	只有业务需要的人才能存取持卡人资料 为具有使用权限的每个人指定唯一 ID 限制对持卡人资料的实际存储
定期监控并测试网络	追踪并监控对网络资源及持卡人资料的所有存取 定期测试安全系统和程序
维护信息安全政策	维护满足所有安全需求的政策

本章小结

许多组织定义标准，这些标准将技术规范或其他特定标准作为规则、指南或特性的定义来记录。各个组织和产业也使用这些标准来确保产品与服务相统一。

来源于不同公司的不同产品可通过共同的标准协同工作。随着信息技术的不断发展，标准的更新和发展也需不断进行。本章列举了一些信息安全领域的著名标准组织和相关标准，研究学习好这些标准对从事信息安全工作极为重要。

Chapter 13 第13章 信息系统安全教育与培训

作为一名系统安全专家，主要工作就是确保所在组织IT基础设施的可用性和完整性。同时，也要保证设施中信息的机密性。这要求我们应该具有高度的责任心、权威性和可信性；必须了解技术，并熟知组织的策略、标准和程序。技术每天都在改变，风险、威胁和脆弱性也同样如此。要跟上这种改变的速度，教育非常关键。当今社会，随着系统安全专家的需求不断增加，能够稳定地提供受聘者非常重要。这些应聘者必须具备一定的教育背景以及实践技能。在本章，我们将介绍教育机会以及实践培训的相关内容，从而帮助我们跟上时代。

13.1 自学

在网络和书籍中，有很多关于安全方面的学习资料。因此，自学是进行信息安全培训最简单和最快速的方法。本地的书店一般都有很多形式多样的关于信息系统安全方面的书籍和杂志，但我们可能很难从中挑选哪些才真正适合。

在我们开始着手继续信息安全学习前，需要认真评估自学是不是最适合的方式。虽然自学成本较低且方便，但却不一定适合所有情况。

首先，让我们来了解一下自学或者称为自我指导这种学习方式有哪些优点：

- **低成本**——自学基本上是花费最少的培训形式。只需要根据自己的预算选择购买那些满足学习目标的资料就可以，并且有些自学资料还可以免费获得。
- **丰富的学习资料**——不同的人有不同的学习方法，在自学中，可以自由地选择最喜欢的学习资料开展自学。例如，可以选择视频课程，也可以通过书本学习。无论哪种方式，在自学过程中，总能发现并采用最适合自己的学习方式的资料。

- **灵活的安排**——可以根据个人计划来安排学习。有些人喜欢在上午学习，而有些人在晚上学习效率更高。因此，可以安排最适合自己的时间进行学习。
- **个人进度**——在自学中，可以安排自己的学习进度。可以根据自己的情况合理安排完成培训材料的速度，哪些课程应该放慢速度仔细研究，哪些可以快速学习，这些都可以灵活控制。此外，还可以在需要的时候回头再重新学习已经完成的课目。
- **补充资料**——没有一个人是所有领域的专家。大部分学生在学习某项学科时，都会或多或少需要其他学科的知识。当选择某个资源进行自学时，可以自行确定补充相关资料的时机。当需要时，也许很容易在一开始就能寻找到一些不错的资料。

但是，自学这种方式也有很多不足。在判断我们是否适合自学之前，应该仔细考虑以下因素：

- **拖延**——拖延是在自学过程中最常见的问题之一。日常很多事情都需要花时间来处理。因此，可能常常无法留出足够时间用于学习。另外，有时候会发现自学需要的时间可能会比预计的要多。因此，需要合理安排并下定决心严格遵循事先制订的计划。在选择自学这种方式前，请慎重考虑我们坚持执行学习计划的决心和毅力。
- **资料选择**——可以自行选择学习资料是自学的一大优点，但这也是它的不足。在没有真正使用某个资料前，很难评价我们的选择是否真正具有价值。有些资料乍一看也许非常棒，但可能并不具备我们需要的深度或价值。面对海量的选择，也许我们会患上选择障碍症。
- **缺少交互**——自学是一种单向学习的过程。我们无法从其他同学或老师那里获得任何反馈。如果我们喜欢跟其他人一起学习，自学就不是我们最佳的学习方式。虽然大多数人确实能从交互中获益，但种种不便以及花费方面的原因使我们不得不选择自学。
- **质量**——大多数自学资源面向的是低消费的学生市场，换句话说，它们是为迎合低预算的低价产品。虽然这并不意味着这些产品不好，但却意味着它们肯定会与高价产品不同，因为在很多情况下，产品还是一分钱一分货的。但是，还是有很多价廉物美的自学资源，而有些高价的资源却可能名不副实。因此，在购买自学资源时请务必仔细挑选。

- **效果检验**——如果我们正在自学一些安全课程，那么我们可能暂时不会关心学习效果。但是，当我们成功地完成一项课程学习时，检验学习效果就很重要。其他大多数培训方式或多或少都包含一些评估和检验的过程，但自学却没有这个过程。效果检验就是验证我们对知识的掌握程度，这可能包括通过某种认证考试，或只是验证比我们在开始学习前确实掌握了更多的知识和技能。

判断是否应该自学的另一个重要的方面取决于我们的学习目的。我们学习一些课程的明确理由能够帮助我们决定最适合的学习方式。在很多情况下，进行某种形式的学习至少都会有一个原因，包括：

- **常识**——懂得安全常识对于理解大局观非常必要。安全涉及 IT 基础设施的所有领域以及其他的很多方面。因此，安全专家需要很好地理解各种安全问题。而大多数的安全专家仅仅擅长其中的一两个特定领域，所以安全专家如果能够全面了解安全领域的各个方面，将对其职业生涯非常有益。此外，很多安全管理人员只需要掌握更多的常规安全知识，而不需要了解某些安全技术的具体细节。
- **专业知识和技能**——大多数的安全任务不仅需要理解安全常识，也需要掌握专业领域的知识和技能。例如，配置防火墙规则非常复杂，不仅需要掌握防火墙配置技术细节，也需要掌握我们单位中其他设备的配置规则。安全常识能够帮助我们统观全局，但动手实践却需要专业知识。因此，应该确保选择相关课程的自学资料能够补充所需了解的技术细节。
- **认证准备**——很多人希望通过自学参加一些认证考试。虽然我们已经满足了参加这些考试的相关要求，但是希望通过一些资料来进行复习并补充知识点，这时自学就是比较适合的一种方式。
- **技能培训实践实验室**——在应聘或职业晋升中，证明具备作为一名信息系统安全专家应有的动手能力是一项最重要的考核指标。在很多自学课程或者培训项目中，往往无法提供模拟现实世界 IT 基础设施的实验室，学员无法进行动手能力培训。但在很多时候，却非常渴望知道如何才能将所学到的知识应用在实际中。如果能在自学的过程中结合技能实验室的实际实践，就能够做到活学活用，并能极大提升动手能力。

在信息安全和信息保障训练方面，有很多资源可以用于自学。表 13-1 包含了部分建议，虽然这并不完备，但却能够帮助我们走好起始之路。

表 13-1 信息安全的部分自学资源

资 源	评 价
书店	可以去当地书店或者网上书店（例如，www.amazon.com 或 www.barnesandnoble.com）在信息系统安全条目下浏览。为确保内容最新，可以检查书籍的出版时间
图书馆	在当地的图书馆中，也许会有关于信息系统安全的书籍或出版物，但它们通常会是些过时的资料。如果我们在图书馆中寻找一些资料，请确保我们能获得最新的或者最近出版的版本
（ISC）^{2} 自订进度数字学习	(ISC)^2 是一个基于 CBK（核心知识体系）的培训组织，提供 CISSP 和 SSCP 认证。虽然他们提供的电子学习项目在有教师指导的情况下效率更高，但也能通过自学达成。(ISC)^2 自订进度学习项目，可提供 30 天、60 天和 90 天的会员服务类型，其中的动态电子学习课程包括课程讲授以及由认证合作机构提供的练习科目。完成相关的电子学习课程就能够获得专业进修教育（CPE）学分
Jones & Bartlett 电子学习	Jones & Bartlett 电子学习，由本书的出版商提供在线的信息安全和保障（ISSA）的电子学习课程，网址是 www.issaseries.com，可以通过购买共 12 项的电子 ISSA 课程用于在线自学。此外，ISSA 的自学及虚拟教师培训解决方案也可以在 Security Evolutions 公司购买获得，网址是 www.security-evolutions.com
SANS 学院自学	SANS 学院的网址是 www.sans.org/selfstudy，能够为那些乐于独立工作的学生提供自学培训项目。课程资料包括课本、包含 MP3 音频、视频的 CD 光盘及相关的辅助课件。一些课程包括虚拟机的使用（VMWare），可以在虚拟实验室中进行实践操作，从而帮助学生提升技能实践能力
Phoenix TS	Phoenix TS 的网址是 www.phoenixts.com，能够提供网络安全和信息系统安全方面的自学、在线学习以及现实和虚拟教师培训项目。Phoenix TS 创立的目的就是帮助机构使其职员具备相关的知识和资质，并更新他们的技术。Phoenix TS 专门为美国联邦政府和私营部门客户提供包括拒绝服务攻击在内的定制培训项目
专业供应商培训	由于供应商和制造商的不同，专业供应商的自学培训项目可能有很大的不同，例如，思科和微软。思科在线自学课程的网址是 https://learningnetwork.cisco.com/index. jspa。微软在线自学课程可以在任何时间和任何地点进行，通过网址访问 www.microsoft.com/learning/en/in/training/format-online.aspx 可获取更多的信息。这些综合的课程和网站具备互动能力，例如，具有相关的实践虚拟实验室，并能跟踪学习进展

请牢记，每个人的自学训练方法都不同，所有的自学训练课程提供的资料也不尽相同。为了找到最适合我们自学的资料，可以遵循以下原则：

- **可信赖的资源**——不要总是随意在网站上购买相关的资源，应该确保相关来源具有良好的信誉。像 IBM 和思科这种被大众认可的公司一般信誉度较好，而一些小公司可能没有那么知名。在购买任何产品前，需研究该公司产品的相关评论和反馈，应从获得大量客户正面评价的可信赖商业机构购买相关资源。
- **材料审查**——即使是那些被认可的公司或机构，它们提供的产品可能仍无法满足需求。除了要查看每个培训机构或公司的评价外，还应该研究它们产品自身的评价。应该优先选择那些获得客户正面评价的书籍或者课程。只需要简单地在互联网上搜索产品名称，就可以获得关于该产品质量的评论和反馈。
- **多种产品**——如果培训机构能够提供多种产品，那么这家机构的产品可能质量更好。这需要大量的投资来研发和推广这一系列的相关产品。产品提供商都希望通过确保产品的高质量，产生优秀的销售业绩。但也请注意，我们也不能盲目地认为产品数量就等同于质量。因为一些机构会售卖任何它们能卖的产品，却不保证产品质量，这个时候就需要研究相关机构产品的用户反馈意见。
- **技能实践实验室**——很多自学训练项目无法提供实践实验室或者虚拟实验室，缺少一个关键的学习要素。如果我们只是想通过专业认证考试，也许不需要实践技能；如果我们想通过学习掌握新的技术，那么就需要有参与信息系统安全和信息保障任务的动手实践经验。此时，需要我们选择的训练课程能够提供相关的实践实验室。

自学是不是最适合的方式选择取决于我们的实际情况。在做决定之前，需要综合考虑预算、时间安排、学习类型以及经验。

当然，自学并不是唯一的学习方式，在接下来的部分，我们将学习关于安全培训和教育的其他选择。

13.2　继续教育项目

除自学外，另外一种方式就是在教室中由教师指导下学习。作为本地社区劳动力发展项目，很多学院和大学都在推进以及市场化继续教育项目。继续教育组织可以是学校的一部分，也可以是联系紧密的教育机构。在有些情况下，它是大学中的一个学校。继续教育的目的是提供正规的培训课程，从而获取相关的证书或者专业认证，而不是学位。例如，已经获得学位的学生，为了进一步提升他们的技能和知识，就可以参与继续教育项目。继续教育的课程范围很广，从一般知识到高度专业的知识、技术都进行了涵盖。这些课程可以适应不同团体的不同需求，包括：

- 学历教育预科班
- 成人强化班
- 面向儿童和青少年的夏令营性质的学习班
- 专业训练
- 认证考试准备

以上最后一种类型既包括安全领域，也包括其他一些教学领域。继续教育课程通常需要满足成人学生的需求，因为大部分成人都有工作，很多继续教育班一般安排在周末或者晚上。

13.2.1 继续教育

继续教育项目通常作为夜间课程的一部分。完成所有课程后，机构会为学员签发结业证书，以此证明我们完成了所有课程并通过了评估测试。注意，结业证书和专业认证不一样，结业证书仅能说明我们参加了相关的课程并完成了对应的任务和作业，而专业认证要求进行专业任务分析、认证考试合格，并通过答辩。

证书课程通常在教育院校中开展，类似的课程在不同院校要求不同，授课方式也有自己的特色，经常有传统班级教学和在线授课混合式的教学方式。如果我们对某项证书课程感兴趣，可以与当地的学院或大学联系。很多继续教育机构在很多学科领域都与相关的专业人员联系紧密，从而确保他们提供的课程能够满足当地雇员和组织的需求。有时候我们会发现很多本地院校提供的课程内容都被当地很多组织机构支持。因此，可以掌握本地公司需要的特定知识和技能。

因为很多继续教育机构也提供在线课程，我们也不是一定要参与本地相关机构的课程。只要在互联网上搜索，我们就会发现很多继续教育机构都能提供任何我们感兴趣的领域的课程。尝试以关键词“信息安全继续教育”进行搜索，会找到很多机构能提供证书课程的项目。

13.2.2　专业进修教育证书

继续教育项目也包括一些不提供结业证书的课程。很多课程开设的目的仅仅是为了让专业人员了解领域现状和获取相关信息。这种类型的课程另外一种名称为专业进修教育课程。这些课程通常面向专业人员开设，这些人员一般已经在类似的领域从事相关工作。大部分的认证要求认证通过者能够每年参加额外的教育学习以保证认证不会过期。需要额外教育的认证通常会指定维持证书所需的学分数，如果没有达到，将会失去认证。

为使继续教育的验证过程更加简化，大部分院校会按标准制定课程学分，为每项课程赋予 CPE 权重。每个 CPE 学分代表 50 分钟的课堂学习。学员可以基于 CPE 学分选择课程，那些通过认证的学员可以通过向证书发放机构证明他们确实完成了课程的学习，从而获取 CPE 学分。

继续教育课程是一种学习新知识和保证证书认证的有效方式。我们可以与本地的学院和大学联系，咨询他们能够提供哪些课程。如果我们正需要进行继续教育，不要忘了在互联网上进行搜索，从而发现某个在线课程中包括感兴趣的内容。如果只是搜索在线课程，目标可以不局限在本地的学院和大学。

提示：

应确保知晓每个认证所需要的 CPE 要求，并努力获取 CPE 学分。我们需要每年获取 CPE 学分，从而维持认证。

13.3　大学学位课程

学院和大学同样也提供关于信息系统安全、网络安全、信息保障等学历教育课程。提供 2 年副学士学位、4 年本科学位、2 年硕士学位的学院和大学数量，在近两年来逐步上升，其中既包括非营利性学校也包括营利性学校。如今，我们可以参与课堂授课、在线授课以及二者混合的授课方式，也能找到从副学士层次到博士层次的课程。当我们想获得在信息系统安全、网络安全以及信息保障方面的学位时，需要首先考虑优先选择的就业机会和雇主的需求。

警告：

在选择学习课程前，应先调查该课程是否被认可。大多数未来的雇主更加重

视被认可的课程，而不是那些不被认可的课程。

任何学院和大学只要通过了国家教育委员会的课程评定，就能够开展与信息系统安全或网络安全相关的学历教育。在 2003 年 2 月，国家网络安全战略要求开展针对教育和研究机构的认证项目，从而确保他们能够提供合格的安全教育并开展相关的研究。为此，国家安全局（NSA）和美国国土安全部（DHS）联合发起了两项重要的项目：

- **国家信息安全保障教育学术前沿中心（CAE/IAE）项目**：该项目负责认证教育机构能够遵循本项目规定的信息保障教育准则。
- **国家学术前沿研究中心（CAE/R）项目**：该项目负责认证相关研究机构能够遵循本项目规定的研究准则。

根据国家安全局网站上的内容，“两个项目的目标是促进信息安全保障领域的高等教育和研究，从而降低我们国家信息基础设施的脆弱性，并在该领域加快培养大量在不同学科具备信息保障专业知识的专家”。

国家安全局在网络运维方面实施国家前沿学术中心项目后，很多学院和大学在不同层次通过了相关信息保障学位课程认定。CAE 项目得到了国家网络安全教育倡议（NICE）的支持，目标是建立一个数字化的国家。

那些已经获得前沿中心认定的学院和大学需要按承诺培养国家需要的网络安全从业者。这两个项目共同认定国家最高层级的信息保障学历教育和研究生层级的研究。通过国家安全局 CAE/IAE 或者 CAE/R 的认证，意味着该教育和研究机构能够满足或者超越国家安全局的标准。整个审批流程需要课程学习目标严格匹配国家安全局制定的针对网络安全从业者多方面的信息系统安全和信息保障标准。学术和研究前沿中心列表上有完整的提供满足国家安全局标准学历教育的学院和大学名录，对信息系统安全或信息保障类学位感兴趣的学生可以仔细研究。

提示：

完整的学术前沿中心的机构名录可访问 http://www.nsa.gov/ia /academic_outreach/nat_cae/institutions.shtml 查询。

13.3.1 副学士学位

很多机构都能够授予副学士学位。这种学位最容易获得，因为这通常只需要两年的课程学习。很多机构甚至提供加速课程使得学生可以不用两年就能取得学位。无论哪种方式，副学士学位为那些想要进入信息安全领域却不想在学校花费四年或更长时间进行学习的人们提供了一个专业基础教育。这些课程能够培养我们具备在 IT 和信息安全领域大范围内的初级职位的任职能力。

不同的院校提供不同类型的副学士学位，例如，理学副学士、技术艺术副学士、应用科学副学士等。我们可以在不同层级找到传统的或者在线的学历教育。表 13-2 列出了部分提供副学士学位课程的院校。

表 13-2　副学士学位课程

院　校	说　明
ITT 理工学院	ITT 提供在线和课堂授课等方式的两年制计算机网络管理员副学士学位。课程涵盖 TCP/IP 协议和计算机网络。学院通过课堂学习和实验室实践开展学习，访问 http://itt-tech.edu/programs/可以获取更多信息
斯特雷耶大学	斯特雷耶大学通过在线和课堂授课方式提供信息系统副学士学位，访问 http://www.strayer.edu/academic-programs/undergradute-degrees/technology 可以获取更多信息
赫林大学	赫林大学通过在线和课堂授课方式提供计算机科学副学士学位，访问 http://www.herzing.edu/career-programs/undergradute-degree/technology 可以获取更多信息
南方大学	南方大学通过在线授课方式提供信息基础设施副学士学位，授课内容和能力目标满足公司和组织机构的需求。访问 http://www.online.southuniversity.edu/degree-level/online-assocites-degree-programs.aspx 可以获取更多信息
埃德蒙社区学院	埃德蒙社区学院通过在线和课堂授课的方式授予计算机信息系统、信息安全和数字取证的副学士学位。访问 http://www.catalog.edcc.edu/content.php?actoid= 14&navoid= 5902 可以获取更多信息

13.3.2　学士学位

副学士学位的更高层次是学士学位。标准的学士学位需要经过四年的课程学习。但是很多院校同样也提供加速课程使得学生可以不用四年就能取得学位。学士学位通常是除初级职位外任何信息安全职位的必要条件。实际上，很多初级职位甚至会将学士学位作为其最低要求。

有很多不同类型的学士学位课程。有些课程主要关注知识的广度，而有些课程则更关注知识的深度。通常来说，文科院校和规模较大的大学提供的课程关注前者，而理工院校更加关注后者。为了能够找到最适合职业目标的课程，需要综合考虑并比较各院校提供的不同学位课程。

与其他学位课程一样，在本层级的学习中，院校同样也提供传统和在线两种学习方式。现阶段的在线学习就是远程学习的一种方式，如果我们对这种学习方式感兴趣，可以在网上搜索“信息安全远程学习学位课程”，我们会发现有很多适合的选择。

我们可以攻读不同类型的学士学位。其中的一些选择包括：理学学士、信息技术理学学士、应用科学学士、技术学学士等。不同的学位类型所学课程也不尽相同，必须充分了解相关的学位课程。例如，理学学士学位课程更关注在本学科领域的广度，而信息技术理学学士学位课程主要由技术课程组成。此外，还需要选择最适合我们规划的学习课程。表 13-3 列出了部分提供学士学位课程的院校。

表 13-3　学士学位课程

院　校	说　明
ITT 理工学院	ITT 利用在线和课堂授课等方式开展信息系统安全、信息系统和网络安全的学士学位课程。可访问 http://itt-tech.edu/programs/获取更多信息
卡佩拉大学	卡佩拉大学利用在线授课方式开展信息技术与信息保障、安全专业的学士学位课程。卡佩拉大学已经通过了国家安全局和国土安全部的认定。访问 http://www.capella.edu/ business-technology-degrees/undergaduate/programs/可以获取更多信息
卡普兰大学	卡普兰大学利用在线授课开展信息技术学士学位课程，具有安全和取证方面的良好学习条件。访问 http://www.kaplanuniversity.edu/infomation-technology/information-technology-bachelor-degree-info-systems.apsx 可以获取更多信息
凤凰城大学	凤凰城大学提供在线和课堂授课等方式开展信息技术学士学位课程。学习到的相关应用信息技术的原理和方法可以应对现实世界的机遇和挑战。访问 http://www.phoenix.edu/programs/degree-programs.html 可以获取更多信息
斯特雷耶大学	斯特雷耶大学通过在线和课堂授课方式提供计算机安全和取证学士学位课程，访问 http://www.strayer.edu/degree/bachelors/ information-technology/overview 可以获取更多信息
赫林大学	赫林大学通过在线和课堂授课方式（或者混合方式）提供计算机网络和安全以及技术管理学士学位课程，也可以选择网络安全副修课程，访问 http://www.herzing.edu/career-programs/undergradute-degree/technology/security-technology 可以获取更多信息
南方大学	南方大学通过在线授课和课堂授课的方式提供信息技术学士学位课程。访问 http://www.southuniversity.edu/business-and-it-programs/information-technology-degrees-28711.aspx 可以获取更多信息
韦斯特伍德学院	韦斯特伍德学院通过在线授课和课堂授课的方式提供信息安全学士学位课程，该校通过高级安全技术培训使学生掌握安全解决方案的部署方案。访问 http://www.westwood.edu/programs/school-of-technology/可以获取更多信息

13.3.3　研究生学位

学士学位的更高层次是研究生学位。研究生学位的学习要超出学士学位的学习层次。在获得学士学位后，通常需要两年的时间攻读研究生学位。一些院校也提供加速课程使得学生可以不用两年就能取得研究生学位。获得研究生学位意味着此人具备比大部分信息安全专业人士更深层次的专业知识。

研究生学位通常更加专注于某一领域的学习。当开始研究生阶段的学习后，我们一般会花大部分时间集中在一个特定领域的学习。这个层次的课程学习更加关注知识的深度，而不再是知识的广度。

研究生学位也有不同的类型，包括理学研究生学位、信息技术理学研究生学位以及工商管理学位等。在本层次不同类型的研究生学位有明显的区别。最主要的区别是在理学和工商管理学位之间，关注的目标不同，目标学生群体也不同。

13.3.4　理学研究生学位

理学研究生学位，包括理学研究生学位和信息技术理学研究生学位，更加关注的信息安全技术方面，这些学位适合安全专业人士。如果我们想在信息安全领域从事动手实践类型的工作，攻读理学研究生学位是很好的选择。理学研究生学位和信息技术理学研究生学位在细节上有所不同，前者关注 IT 基础设施的运维，后者则关注安全控制技术的设计和应用。理学研究生学位课程使得我们真正进入信息安全领域并胜任保障系统安全的工作。表 13-4 列出了部分提供理学研究生学位课程的院校。

表 13-4　理学研究生学位课程

院　校	说　明
SANS 学院	SANS 学院提供在线、自学课堂授课等方式开展信息技术研究生学位课程。SANS 学院使学生掌握通信、工程管理、教学、培训及相关语言技巧能力，访问 http://www.sans.edu/s 可以获取更多信息 注意：SANS 在本领域被高度认可，被马里兰州授权可授予研究生学位
卡佩拉大学	卡佩拉大学是一所优秀的四年本科和研究生层次的院校，已经通过了国家安全局和国土安全部的 CAE/IAE 认定。访问 http://www.capella.edu/online-degrees/masters-information-assurance-security/可以获取更多信息

续表

院　校	说　明
卡普兰大学	卡普兰大学利用在线授课方式开展信息科学研究生学位课程，具有信息安全和保障方面的良好学习条件。访问 http://www.kaplanuniversity.edu/online-degrees/masters- information-assurance-security/可以获取更多信息
凤凰城大学	凤凰城大学提供在线和课堂授课等方式开展信息管理研究生学位课程。课程涵盖信息安全关键技术，例如，IT 基础设施、企业模型、新兴技术等。访问 http://www.phoenix.edu/programs/degree-programs/technology/ master/mis.html 可以获取更多信息
斯特雷耶大学	斯特雷耶大学通过在线和课堂授课方式提供计算机安全管理研究生学位课程，访问 http://www.strayer.edu/degree/masters/information-systems/overview 可以获取更多信息
南方大学	南方大学通过在线授课的方式提供信息系统和技术研究生学位课程。访问 http://www.southuniversity.edu/business-and-it-programs/information-technology-degrees- 37811.aspx 可以获取更多信息
利伯蒂大学	利伯蒂大学通过在线授课的方式提供网络安全研究生学位课程。访问 http://www.liberty.edu/online/masters/cyber-security/可以获取更多信息

13.3.5 工商管理研究生学位

工商管理学位主要关注如何有效管理信息系统安全防护过程。理学研究生课程目标是使学生胜任信息安全方面的工作，而工商管理研究生的课程则是使学生学会如何管理和维护信息安全相关的人员和环境。一个获得信息安全领域工商管理研究生学位的人应该能够具备管理信息安全或 IT 团队的能力。管理任何技术环境的技巧与开展技术本身有很大的不同。一个单独的学位课程能使学生进入到他们选择的特定领域中去。表 13-5 列出了部分提供工商管理研究生学位课程的院校。

表 13-5　工商管理研究生学位课程

院　校	说　明
荷晶大学	荷晶大学提供在线授课方式开展工商管理研究生学位课程，主要集中在基础业务领域。学校提供相应的授课，分析在当前市场中那些面向公司技术系统的相关问题，访问 http://www.herzing.edu/online/ career-programs/graduate-degrees/mba-programs/master-business-administration-technology-management 可以获取更多信息
詹姆斯麦迪逊大学	詹姆斯麦迪逊大学通过混合授课方式提供工商管理研究生学位课程，包括在线课程和每八周一次的与教师的研讨。访问 http://www.jmu.edu/cob/mba/aboutinfosec.shtml 可以获取更多信息

续表

院　校	说　明
凯勒管理研究生院	凯勒管理研究生院提供在线授课的方式开展工商管理研究生学位课程，主要集中在信息安全方面。访问 http://www.keller.edu/graduate-degree-program/mba-program/mba-in-information-security 可以获取更多信息
新罕布什尔南方大学	新罕布什尔南方大学提供在线授课的方式开展工商管理研究生学位课程。访问 http://www.snhu.edu/University-Graduate-Program.aspx#可以获取更多信息
琼斯国际大学	琼斯国际大学提供在线授课方式开展信息安全方向工商管理研究生学位课程，目的是通过提供切实可行的建议，帮助组织发展信息安全能力。访问 http://www.jiu.edu/academics/business/master/master-business-administration/information-security-management-cyber 可以获取更多信息

13.3.6　博士学位

博士学位的最高层次是学术学位。博士学位代表了最受尊敬的学术荣誉并且是最难获得的。博士学位的课程要比研究生学位要求的层次高得多。根据学位类型的不同，获得学位要求包括严格的课程工作量和为本领域做出有贡献意义的延伸科学研究。与其他学位不同，攻读博士学位没有时间上的严格要求，但一般需要花费 3～5 年完成整个博士阶段的学习。

获得博士学位意味着此人在他所选择的领域经历了最高程度的教育。此人将拥有足够处理特殊事件的能力和洞察力。在信息安全领域，拥有博士学位的人员通常在大型企业的信息安全部门或者相关的研究所从事研究工作。

博士学位也有不同的类型，攻读哪一种取决于我们想追求的职业规划，是研究、技术还是管理？在信息安全领域的博士学位类型包括理学博士学位、信息技术博士学位、技术博士学位以及最被广泛接收的哲学博士学位。即使在这个层次，很多院校也同时采用传统的和在线的方式开展学位课程学习。表 13-6 列出了部分提供博士学位课程的院校。

表 13-6　博士学位课程

院　校	说　明
诺瓦东南大学	诺瓦东南大学提供在线授课的方式开展计算机和信息科学博士学位课程，该校通过了 CAE/IAE 的认定，访问 http://www.scis.nova.edu/doctoral/index.html 可以获取更多信息

续表

院校	说　明
卡佩拉大学	卡佩拉大学提供在线讲授信息技术博士学位课程的方式，专业方向为信息保障与安全。访问 http://www.capella.edu/ online-degrees/ phd-information-assurance-security/ 可以获取更多信息
中北大学	中北大学提供在线授课的方式开展工商管理博士学位课程教学，主要方向集中在计算机和信息安全方面，主要关注司法调查与证据处理、联邦和洲隐私问题、知识产权、搜查与扣押程序以及网络犯罪法等专业方向。访问 http://www.ncu.edu/doctoral-degree-programs-online/可以获取更多信息
瓦尔登大学	瓦尔登大学提供在线授课的方式开展管理学博士学位及工商管理博士学位课程教学，后者主要方向集中在信息系统管理方面。访问 http://waldenu.edu/doctoral/可以获取更多信息
科罗拉多科技大学	科罗拉多科技大学提供在线授课的方式开展计算机科学博士学位课程教学，方向为数字系统安全。培养目标是帮助组织领导发展在安全关键数字系统中的应用、评估与分析问题的能力。访问 http://www.coloradotech.edu/Degree-Programs/Doctoral-Degrees 可以获取更多信息

13.4 信息安全培训课程

传统的教育课程通常利用一个季度或者学期让学生学习大量的课程，虽然其中有些课程确实可以提高学生的动手能力，但教育机构却更加关注完成所有课程的学习。他们想让学生能够理解做出相关决策和问题产生背后的原理。但有时学生仅仅想学习的是相关技术或者特定的某些知识。安全培训课程通过多种不同的课程满足了这种需求。

一般而言，安全培训课程与安全教育课程在他们的关注点和学习周期上有区别。安全教育课程通常是在几个月的时间中，每周花几个小时进行；而安全培训则是从几小时到几天的集中式的授课。安全培训课程的主要目标是快速训练学生某一个或某几个方面的技巧，或是补充其在某些方面的基础知识，也有很多安全培训课程专门用来帮助学习通过认证考试。

13.4.1 安全培训要求

美国国家标准及技术研究所（NIST）800 系列标准涵盖了所有 NIST 推荐的

应用在信息安全管理的程序，同时也提供了执行安全规则的指导原则。该标准集改进和发展了很多对于维护信息安全环节必要的程序。为确保用户能够理解并应用这些安全程序，对他们进行培训非常重要。

美国人事管理办公室（OPM）根据 NIST 的指导原则，要求联邦机构为职员提供相应培训。这要求所有的机构需要对当前的职员进行培训，并在入职 60 天内为新职员开展培训。按照 OPM 的要求，各机构也必须在以下任何情况下开展培训：

- 机构的信息安全环境发生重大变化时；
- 机构的安全事件处理程序发生重大变化时；
- 职员从事新职位，并要处理敏感信息时。

每隔一段周期，各机构必须定期更新培训。此外，规章制度要求所有职员或其他员工在获得访问安全信息应用和系统权限前，必须接收特定安全培训。

医疗电子交换法案（HIPAA）也包含了对于安全意识和培训方面的要求，实施规范包括以下几点：

- 建立安全意识方案；
- 提供针对恶意软件培训；
- 提供针对登录监控程序的培训；
- 提供针对口令管理的培训。

1987 年的计算机安全方案授权 NIST 和 OPM 建立计算机安全意识和培训指导规范。法案指示这些机构应创建面向机构功能组织角色的特定培训。NIST 发布的 800-16 标准，“信息技术安全培训要求：基于角色和效能模型”，就包括了相应的指导规范。该标准同时也包括了各组织为那些具有重要信息安全责任的对象开展培训课程的一套方法。在 800-50 标准，即“建立信息技术安全意识和培训方案”中，包含了关于信息安全意识和培训的相关内容。NIST 800-50 标准的四个主要方面包括：

- **意识**——保持所有人员提高警惕的持续过程。包括可接受的使用策略、提示、登录旗标、海报、邮件信息以及其他能够保持安全意识的技术。
- **培训**——向全体职员教授必要的安全技能和培训他们的能力，其对象不仅是那些工作在 IT 部门的职员。
- **教育**——将安全技能和能力整合进通用知识体系。

- **专业发展（组织和认证）**——利用评估或评价准则建立标准。

以上只是一些需要持续安全培训和安全意识程序的法规例子。很多组织也将安全意识和培训纳入它们的安全策略中，从而确保职员能够时刻意识到安全策略和程序是组织管理者的主要职责。安全和培训人员可以制定和提供安全信息，但管理层应负责确保沟通他们的政策。

仅仅是提供安全培训是不够的。每个组织应该为特定的岗位提供专门的安全培训。一些工作岗位（例如，数据管理员），需要接受与其他岗位不同的专门培训。必须确保每个员工接受的培训都能与他们的岗位相适应。

13.4.2 安全培训组织

当某组织无法为它们的员工提供所需的安全培训层级和数量时，独立的安全培训组织提供必要安全培训机会为员工进行安全认证就发挥重要的作用。其中的一些培训组织能够提供定制的安全培训内容；另外，还有一些培训组织可以提供认证方案。

有很多服务提供商能够开展安全培训。与教育院校一样，这些服务提供商可以提供课堂讲授、在线学习以及预打包的学习方式。我们可以根据预算、课程类型和时间表来选择适合的学习方式。我们的选择有很多，可以花些时间来评估最适合的产品。表 13-7 列出了部分规模较大的安全培训服务提供商。

表 13-7 安全培训服务提供商

服务提供商	说 明
SANS 学院	SANS 学院是世界上最大级声誉最好的信息安全培训机构之一。在很多安全方向都提供课程培训，覆盖开发、应用、管理、审计等领域。SANS 的培训课程从半天到六天，并得到全球范围认可，并朝着实践化和专业化发展。访问 www.sans.org 可以获取更多信息
计算机安全研究所（CSI）	CSI 是一家会员制的教育机构，经常为其会员召开学术会议和提供在线的培训课程。CSI 为其会员提供高质量、专业化的培训课程，使其会员能够在安全相关领域跟踪学术现状。访问 CSI 网站 http://gocsi.com 可以获取更多信息
信息安全研究所	信息安全研究所是一家大型的提供安全培训课程的机构，在全美开展常规课程。其目标是从认证考试到安全技术等各方面，为学员提供最佳动手实践训练，访问信息安全研究所网站 http://www.infosecinstitue.com 可以获取更多信息

续表

服务提供商	说　明
信息系统审计与控制协会（ISACA）	ISACA 是一家非营利性国际组织，目标是促进全球公认的、业界领先的知识和技术在信息系统中的开发、推广和应用。该组织经常在全球范围内组织学术会议并开展关于信息系统审计与管理方面的培训活动。访问 ISACA 网站 http://www.isaca.org 可以获取更多信息
Phoenix TS	Phoenix TS 在马里兰州、弗吉尼亚州和华盛顿特区为政府和商业组织提供高效的计算机实践培训、IT 认证以及管理课程，访问 http://www.phoenixts.com/可以获取更多信息
安全演进公司（SEI）	SEI 利用在线、电子学习、自学及现实和虚拟教学等方式，提供面向各种专业认证考试的信息安全及信息保障方面的课程，这些认证包括 Security+®、SSCP®、CISSP®、NSA 4011 及 NSA 4013-Advanced 等。访问 https://www.security- evolutions.com/可以获取更多信息

我们可以从很多高质量的培训机构中进行选择，访问它们的网站查找它们当前能够提供的课程，从而找到最适合自己的课程和授课形式。

本章小结

成为一名合格的安全专家需要具备相关的知识和技能，必须理解安全事件并能够基于理解采取对应的行动。教育和培训能够提供必要的知识，并帮助我们掌握必需的技能。我们了解了学习信息系统安全知识和技能的不同方式，并知道在某些情况下，自学也是一种可行的选择；同时，也是一种最省钱的方式。我们也了解了继续教育这种非正式的教育以及正式教育中不同层级的学位课程情况，也学习到了有些组织能够提供集中的短期培训课程。不管是在哪里、以哪种方式获得新的知识和技术，我们应该对自己有一个更清晰的认识——在哪方面还不足？

Chapter 14 第14章 信息安全专业认证

随着软件和硬件产品的不断更新，更多的漏洞被攻击者找出，信息安全问题越来越复杂。信息安全专家想维持现状更加困难。另外，这也让用户确定谁有资格来维护系统安全更加困难。

有100多个认证涉及信息安全领域，这些证书适用于从高级安全管理到非常详细的技术从业人员。无论在信息安全领域的兴趣或经验如何，总有一个适合我们的认证。认证也可以帮助我们识别出参加过专业培训并遵守行业标准的人。在本章中，我们将了解最流行的信息安全认证及其要求。

14.1 美国国防部/军用——8570.01标准

美国国防部（DOD）制定了许多标准和要求来管理每个方面的日常操作和行为。然而，并非所有DOD制定的标准都能直接应用到信息安全领域。国防部指令8570.01和“信息保障培训、认证和劳动力管理”定义了国防部人员和承包商在信息安全方面的许多要求。美国国防部指令8570.01要求“所有国防部人员和承包商在指定的职务岗位上履行信息保障职能，以达到非常具体的认证水平”。不同的工作具有不同的认证要求。

我们可以从http://gocitwiki.com/wiki/8570.01中获得国防部指令8570.01的详细信息。在这里可以找到更加详细、特殊的认证要求，也可以找到有关需求如何影响组织或工作的解释。一般来说。国防部指令8570.01对任何国防部设施或承包商组织都会产生影响。它确保所有直接参与信息安全的人员都拥有安全认证。该指令的目的是减少不合格人员访问安全信息的可能性。

国防部指令8570.01为培训和认证机构创造了新的机会。许多安全培训和认证机构的目标是为国防部雇员和承包商提供遵守防御指令8570.01的途径。这一强制性认证要求增加了从事认证的人员数量，还源源不断地有学生通过信息安全专业赢得专业继续教育学分。虽然，一些人质疑其有效性，但是防御指令 8570.01 增加了为成为信息安全保障人员而参加安全培训的人数。

14.1.1　美国国防部/军用——8140 标准

国防信息系统局（DISA）是美国国防部的机构，它向白宫、国防部长和所有为美利坚合众国防御做出贡献的军事部门提供信息技术和通信支持。DISA 正在开发一种新的以业务为中心的网络安全培训框架，将取代以前的 8570.01 标准。

这一新的培训框架的目标是“在威胁日益增多的环境中，建立一个强大的劳动力培训和认证程序，从而更好地服务于国防部网络对抗和维护网络基础环境”。

Keith Alexander 是美国国家安全局局长、中央安全审查局局长、美国网络司令部负责人，他说：“无论我们在一所学校还是在多所学校进行网络培训，培训都必须按相同标准执行。我们需要使战斗指挥官能够判断他们所指挥的士兵、海军陆战队、飞行员或水手是否被训练成相同的标准，是否能完成他们期望的任务。”

网络安全人员新标准 8140 包括以下基本原则：

- 提供基于角色“培训战略路线图”和人员证书；
- 一直依赖的商业认证过于宽泛，不利于军事用途，需将其调整和收紧，更好地满足国防部的需要；
- DISA 能为美国网络战士的相关资质进行系统的认证；
- 人员资格证书是指一组基于角色的操作人员对网络空间进行防御和操作达到期望的效果；
- 网络防御学院将为角色个体提供证明，从而让其在团队和组织中更有效地工作；
- 联合网络空间培训认证标准是目前工作角色定义的基准；
- 国家教育计划是联邦政府和国防部工作的角色定义基准。

在新的 8140 网络安全人力资源开发标准的支持下，美国国防部采取下列举措支持这一标准：

- 国防部 8140 劳动力需求计划（这将定义 JCT&CS 识别的网络安全角色的需求）；
- 国防和人事部副部长办公室(OSD P&R)确定的学习系统；

- JCT&CS 作战方针(CONOPs)和实施计划；
- 国土安全部和国家安全局卓越学术中心；
- DISA 网络人力资源开发。

图 14-1 给出了实现 8140 网络安全员工发展目标的具体的基于角色的要求。

网络空间角色	战斗元素	战斗支撑					
	服务管理人员	信息技术专业人员	系统研发人员	指示和警告分析人员	管理	后勤	财政
	系统安全分析人员	系统测试与评估专业人员	软件工程师	网络防御分析员			
	网络应用管理人员	知识管理人员	系统架构师	能力分析员			
	网络防御事件响应人员	数据管理人员	信息保证代理	网络防御取证分析员			
	网络安全/信息等比系统专业人员	技术支撑专业人员	网络基础设施专家	端点利用分析员			
	网络防御管理人员	计算机网络防御审计人员	系统开发者	网络规划师			
	交互操作者	评估分析人员	测试和评估工程师	作战损毁分析人员			
	生产操作者	网络战网络规划师	合作伙伴运营计划员	取证分析人员			
	关闭网络访问操作者	法律顾问/法官助理	研究与开发工程师	运营目标开发分析人员			
			研究政策与战略规划师	数字网络开发分析人员			
				数字网络开发分析人员			
				网络目标分析人员			
				目标分析报告人员			

图 14-1　联合网络空间训练和认证标准

（来源：国防信息系统局，副主任，领域安全业务）

从以前的 8570.01 标准到更多的基于角色的 8140 标准的转变，为实现各种网络安全角色的战斗支援提供了更简捷的解决方案。

14.1.2　美国国防部/国家安全局训练标准

信息安全是一门新兴且日益复杂的学科，国防部和国家安全局（NSA）已经确定有兴趣关注相关信息安全领域，并采用了若干培训标准作为满足指令 8570.01 要求的途径。虽然它们称这为标准，但在通常意义上这些训练标准并非真正意义上的标准。但它们真的是某一特定工作职责的培训要求，这些标准包括具体的与工作职责相关的学习目标表。它们是由国家安全系统委员会（CNSS）和国家安全电信和信息系统安全（NSTISS）委员会制定的，为课程和专业认证厂商提供开发符合 DOO/NSA 要求的课程和材料作出指导。一些标准定义了不同水平的专业知识，例如，入门级、中级和高级。另外，强调一个单方面的通用目标，表 14-1 列出了现有的与安全相关的 NCSS/NSTISS 培训标准。

表 14-1　与安全相关的 NCSS/NSTISS 培训标准

培训标准	描述
NSTISS-4011	国际信息安全专业系统培训标准
CNSS-4012	国际高级系统管理器信息评估培训标准
CNSS-4013	国际信息系统管理员评估培训标准
CNSS-4014	信息评估人员培训
NSTISSC-4015	国际系统认证培训标准
CNSS-4016	国际信息风险分析评估培训标准

提示：

这些标准帮助厂商开发满足要求的材料。事实上，Jones & Bartlett 学习信息系统安全体系（ISSA）包含了先进的 NSTISS-0411 和 CNSS-4013 初级和中级水平课程。Jones & Bartlett 学习课程是由 NSA 和国家网络安全教育计划（NICE）提出后批准。

这些培训标准提供工作能力的综合描述，它们为潜在的和现有的信息安全专业人士提供指导。任何目前正在或想在信息安全领域工作的人员可以用这些标准来确保自己所必须具备的技能。更重要的是，它们为下一代信息技术专业人员适应不同的工作职能奠定基础。

14.2　中立供应商的专业认证

认证是一种官方的声明，证实了一个人已经满足了特定的要求。这些要求通常包括以下内容：

- 具有一定的经验水平；
- 完成一个课程的学习；
- 通过一门考试。

提示：

认证不能保证一个人擅长某一特定的工作。可能存在不合格的安全专业人员拥有证书；优秀的安全专业人员没有证书的情况。

一个组织是有权声明个人已经满足认证要求从而得到了认证。

尽管认证并不是很全面，但这是安全专业人士进一步获得安全教育和培训的标准方法。认证表明，一个安全专业人员已经投入了时间、精力和金钱，学习更多的安全知识。许多潜在的雇主通过安全认证筛选求职者。真正的安全专业知识不仅仅是通过认证。认证预备组织开发的课程在指导即将认证的人员以及满足认证考试要求上非常实用。

认证的目标是特定领域中的知识和技术的认可。对于大多数与安全相关的工作职能和专业知识，至少需要得到一个认证的认定。第一种类型的认证是供应商中立认证。这种类型的认证涵盖了一般性质的概念和主题。它不关注特定的产品或产品线。一些机构提供的认证得到安全共同体的认同。下面将介绍一些主要的认证机构及证书。

14.2.1 $(ISC)^2$

国际信息系统安全认证协会$(ISC)^2$是最受人尊敬的全球认证机构之一。$(ISC)^2$是一个不以营利为目的的组织，专注于教育和认证。它主要提供四个认证，每个处理不同的安全专业角色：

- 系统安全认证人员（SSCP）；
- 认证信息系统安全专家（CISSP）；
- 认证授权专业人员（CAP）；
- 安全软件生命周期专业认证人员（CSSLP）。

提示：

有关$(ISC)^2$证书的更多信息，请访问网站 http://www. isc2.org。

1. 系统安全认证人员（SSCP）

系统安全认证专家向安全专家展示它们的能力水平。SSCP 涵盖了信息安全最佳实践的 7 个领域。$(ISC)^2$发布了 SSCP 公共知识库（CBK）中的安全最佳实践部分内容。SSCP 证书对于那些正在从事或已经担任高级网络安全工程师、高级安全系统分析或高级安全管理员的人员有用。

2. 认证信息系统安全专家（CISSP）

(ISC)^{2}最重要的一个证书是认证信息系统安全专家（CISSP）。CISSP是信息安全领域的第一个ANSI/ISO认证凭证。CISSP提供信息安全专业人员能力的一个客观和全球公认的成就标准。CISSP为信息安全专业人员提供了客观的能力测量和全球公认的成就标准。CISSP证书显示ISC、CISSP和CBK的10个域中的权限。CISSP的目标是中职和高级管理人员，这些人一直致力于或已经担任首席信息安全官员（CISOs）、首席安全官（CSOs）或高级安全工程师。

3. 认证授权专业人员（CAP）

认证授权专业（CAP）证书提供了一种方法，用于衡量授权和维护信息系统过程中专业人员必需的知识和技能的掌握情况。CAP证书最适合的是负责开发和实施用于评估风险和建立安全要求过程的人员。寻求职业资格证书的专业人员可以是授权官员、系统所有者、信息所有者、信息安全人员和认证机构。此凭据对私营部门和美国政府人员来说是合适的。

4. 认证国际注册软件生命周期安全师（CSSLP）

认证国际注册软件生命周期安全师（CSSLP）是开发安全软件相关的少数凭证之一。CSSLP证书评估专业人员对开发和部署安全应用程序必需知识和技能的掌握程度。此证书适用于软件开发人员、软件架构师和参与软件开发及部署过程的任何人。

14.2.2　其他(ISC)^{2}专业认证

在CISSP的原始概念和信息系统安全的不断演变下。(ISC)^{2}发现需要开发集中证书来评估更高级的认证内容，包括信息系统安全体系结构、工程和管理。这些CISSP对以下情况适用：

- 建筑CISSP人员；
- 工程CISSP人员；
- 管理CISSP人员。

1. ISSAP®

ISSAP要求候选人必须证明拥有两年以上专业建筑领域经验，对于可以作为独立顾问或类似工作能力的首席安全建筑师和分析家来说，这是一个重要的证书。

2. ISSEP®

ISSEP 是与美国国家安全局合作开发，为系统安全工程专业提供宝贵指导的工具。ISSEP 集中将安全性纳入项目、应用程序、业务流程的路线图以及所有的信息系统中。

3. ISSMP®

ISSMP 要求候选人在企业范围内具备至少两年的安全运营和管理经验。它包含更深层次的管理要素，例如，项目管理、风险管理，建立和提供一个安全意识计划以及管理业务连续性计划等。

4. GIAC/SANS 机构

下一个主要的认证机构 ANSI 也是一个全球性的组织。全球信息保证认证机构提供超过 20 种个人证书。这些证书涵盖了几个信息安全工作规程：

- 审计；
- 取证；
- 法律；
- 管理；
- 安全管理；
- 软件安全。

GIAC 与 SANS 研究所有着密切的关系。事实上，SANS 研究所提供了专门的培训，为每个学生提供了获取 GIAC 资格证书的途径。可以获取个人 GIAC 证书或遵循一条路径来获得更高级别的证书。

任何持有 GLAC 证书的人都可以提交一份涵盖信息安全重要领域的技术论文。这种公认的技术论文作为黄金凭证添加到 GIAC 证书中，这种形式可以使持证人脱颖而出。GIAC 安全专家（GSE）凭证为安全专业人员提供了另一种与其他凭证持有者区分的方法。GSE 要求持有三个 GIAC 证书（两个黄金证书），需通过 GSE 考试，并完成一个密集的为期两天的动手实验。GSE 代表 GIAC 中最高级别的证书。

表 14-2 列出了现有的 GLAC 认证。

表 14-2　现有的 GLAC 认证

审计	中级、高级	GIAC ISO-27000 专家认证、GIAC 系统和网络审计
取证	中级、高级、专家	GIAC 认证取证考试、GIAC 认证取证分析、GIAC 逆向工程
法律	高级	GIAC 法律问题
管理	中级、高级、专家	GIAC 信息安全专家、GIAC 信息领导认证、GIAC 项目管理认证
安全管理	入门、中级、高级、专家	GIAC 信息安全组成、GIAC 必要安全认证、GIAC 认证的防火墙分析、GIAC 认证的事件处理程序、GIAC 认证的 UNIX 安全管理员、GIAC 认证的 Windows 安全管理员、GIAC 认证的渗透测试仪、GIAC 网页程序渗透测试仪、GIAC 可检测的无线网络、GIAC 探索调查专家和高级渗透测试仪
软件安全	高级	GIAC NET 安全软件程序、GIAC JAVA 安全软件程序
GSE	专家	GIAC 安全专家

5．CIW

认证的网站提供了几种证书，既注重一般的安全，也注重 Web 相关的安全。CIW 先进证书需要结合考试并获得至少一个认证，CIW 用这种方法鼓励网络提供商获得广泛的安全知识和技能。表 14-3 列出了与 CIW 安全相关的认证及其要求：

表 14-3　与 CIW 安全相关的认证及其要求

认　证	要　求
CIW 网络安全助手	通过网络安全关联考试（1D0-571）
CIW 网络安全特助	通过网络安全关联考试（1D0-571），并获得 CIW 相关列表中一种认证
CIW 网络安全专家	通过网络安全关联考试（1D0-571），并获得 CIW 相关列表中两种认证

CIW 批准的认证列表包含来自满足 CIW Web 安全专家和 CIW Web 安全专业证书的其他供应商的认证。其他满足要求的认证如下：

- $(ISC)^2$ SCCP 或者 CISSP；
- 各种 GIAC 证书，如 GSE、GCFW、GCIH 等；
- COMPTIA 安全+；
- 供应商专用凭证。

6．CompTIA

CompTIA 在特定的 IT 功能的支持下，负责测试需要验证的数据。通过考试的考生可以获得 CompTIA 证书。这些考试是证明基础技能水平的标准。安全认证只是入门级。信息安全认证选择为想要在这个地区进一步工作的 IT 专业人士提供入门级信息安全证书的选择。

7．SCP

信息技术安全认证组织（SCP）是另一个受欢迎的认证机构，也是一个为公众服务的独立安全软件组织。SCP 为 IT 安全专家提供三种认证，SCP 的认证方案适用于以网络安全为主题或致力于参与在基础设施上确保网络组件安全的专业人员。SCP 证书包括：

- **网络专家安全认证（SCNS）**：为 IT 专业人员进入网络安全环境进行认证。SCNS 是一个基本的凭证，涵盖了网络安全所必需的重要知识和技能。
- **网络专业网络安全认证（SCNP）**：经验丰富的网络安全人员中级认证。SCNP 在 SCN 范围外，涵盖了安全预防技术、安全风险分析和安全策略，从而解决一个完整的网络安全环境问题。
- **网络设计师安全认证（SCNA）**：主要针对 IT 管理人员和先进 IT 安全人员的凭证。SCNA 关注的不仅仅是安全方面的技术问题。它解决了管理和环境问题，例如，法律、取证、组织安全政策和安全体系结构。

8．ISACA

信息系统审计与控制协会（ISACA）是一个非营利的国际组织，它推行的理念是“开发、采用和使用全球公认、行业领先的信息系统知识和实践”。该组织提供四种 IT 安全认证程序，表 14-4 列出了 ISACA 认证相关说明。

表 14-4 ISACA 认证

认 证	说 明
注册信息安全经理（CISM）	CISM 认证程序为有经验的人参与安全管理提供了一种方法来测量其知识和技能设计，为实现管理企业安全计划提供支撑
注册系统审计师（CISA）	CISA 认证计划的目标是安全系统审计和控制安全人员，它定义技能并为提升技能提供支撑，为 IT 和控制领域的成功奠定基石
企业 IT 治理（CGEIT）	CGEIT 是一种新的 SACA 认证程序，它的目标是确保组织拥有满足其治理要求的安全专业人员，能够在 ISACA 和 IT 治理研究所实施代理审计和控制指导
风险和信息系统控制认证（CRISC）	CRISC 认证适用范围广，这个认证主要关注设计、实施、监控和管理安全控制手段避免风险的知识和技能。CRISC 描述了所有的风险管理领域，包括认证、风险评估、响应以及监控

9．其他信息系统安全认证

上述的供应商和认证并不是唯一有价值的产品，还有许多其他的认证来解决领域中的其他问题。下面的认证表不是一个详尽的列表，而是以一些可用的选项为出发点罗列的列表。在决定正确的认证之前，研究一下感兴趣的领域中最新的产品。供应商不断推出新的认证，他们经常更新产品。为了确保我们能够对自己最想要的证书和最新信息进行全面搜索。表 14-5 列出了本章前述内容没有涵盖的其他信息系统安全认证。

表 14-5　其他信息系统安全认证

提供者	认证	更多信息
国际电子商务顾问委员会	道德黑客认证（CEH）	http://cert.eccouncil.org/
	计算机入侵调查取证的专业认证（CHFI）	
	欧共体理事会认证安全分析师（ECSA）	
	授权渗透测试（LPT）	
卡内基梅隆大学软件工程研究所	CERT 计算机安全事件认定师 SEI—CERT 授权证书教师	http://www.sei.cmu.edu/certification/security/
Mile2	多类信息安全认证	http://www.mile2.com/
注册无线网络专业	多无线安全认证	http://www.cwnp.com/certifications/cwsp
高科技犯罪网络	计算机认证犯罪（基本、高级）	http://www.htcn.org/cert.htm
	计算机取证技术员（基本、高级）	
国际法医计算机鉴定人协会	持证计算机考官（CCE）	http:/www.isfce.com/certifeication.htm
网络安全研究所	网络安全取证分析师（CSFA）	http://www.cybesecurityforensic analyst.com/
进攻性安全	多重认证	http://www.offensive-security.com/information-security-certifications/

14.3　供应商特定认证

几家硬件和软件产品供应商也提供认证流程。这些供应商特定的认证有助于识别对产品知识了解深入的专业人员。在评估潜在雇员时，许多组织参考这些认证以及供应商中立的认证。与供应商中立认证一样，持有特定供应商认证并不能保证竞争力，但它确实表明：如果申请人符合认证要求，则意味着他或她具有一定水平的知识和技能。

在本节中，将介绍供应商特定的认证程序，它们种类繁多，能够在供应商网站中查询到相关认证信息。下面的章节将介绍许多供应商为安全人员提供的认证。

14.3.1 Cisco 系统

Cisco 是网络软件、网络安全设备最大的制造商之一。Cisco 系统提供一系列培训有助于确保安全专业人士了解和掌握 Cisco 产品工作的知识和技能，从而保护他们的环境。Cisco 沿着不同的方向提供几种不同级别培训。这些培训使安全专业人员专注于他们需要的特定知识和技能，以充分利用他们的 Cisco 设备。

Cisco 提供五个不同级别的认证，以满足不同经验的专业人员需求。入门级的专业人员可以用他们的方式以及额外的培训和经验进行工作。那些已经拥有大量 Cisco 设备经验的专业人员可以从一个更高水平开始工作。Cisco 可以提供以下几种服务水平：

- 入门；
- 助理；
- 工程师；
- 专家；
- 建筑师。

Cisco 根据认证的水平对申请人提出不同的要求。入门认证仅需要一次测试，而更高级的认证需要多个课程和考试。Cisco 为员工提供多途径的 Cisco 认证，使不同的凭证持有人可以针对特定的领域进行学习，通常可以获得如下 Cisco 认证：

- 设计；
- 安全；
- 语音；
- 无线；
- 路由和交换；
- 运营服务提供商。

表 14-6 列出了 Cisco 认证。

表 14-6　Cisco 认证

水　平	证　明
入门	Cisco 认证网络技术员（CCENT） Cisco 认证技术员（CCT）
助理	Cisco 认证设计助理（CCDA） Cisco 认证网络（CCNA）数据中心助理 Cisco 认证网络（CCNA）路由和交换助理 Cisco 认证网络（CCNA）安全助理 Cisco 认证网络（CCNA）服务提供商助理 Cisco 认证网络（CCNA）运营服务提供商助理 Cisco 认证网络视频助理 Cisco 认证网络语音助理 Cisco 认证网络无线助理
工程师	Cisco 认证设计工程师（CCDP） Cisco 认证网络工程师（CCNP） Cisco 认证数据中心网络工程师 Cisco 认证网络安全工程师 Cisco 认证服务提供商网络工程师 Cisco 认证运营服务提供商网络工程师 Cisco 认证语音网络工程师 Cisco 认证无线网络工程师 Cisco 认证设计工程师
专家	Cisco 认证数据中心专家（CCDE） Cisco 认证安全专家（CCIE） Cisco 认证服务提供商专家 Cisco 认证运营服务提供商专家 Cisco 认证音频专家 Cisco 认证无线网络专家
建筑师	Cisco 认证架构师（CCAr）

14.3.2　Juniper 网络

Juniper 网络制造各种网络安全硬件和软件。Juniper 还为其网络产品线提供各种各样的认证。与 Cisco 一样，Juniper 网络提供多个认证级别和不同认证方法。这种认证帮助在组织中的工作人员使用 Juniper 网络的硬件，进而使用更多的设备。认证者可以采取课程和考试的方法从 11 个方面进行 4 个级别的认证，但并没有提供各方面的全部水平的认证，表 14-7 为 Juniper 网络认证的相关信息。

表 14-7 Juniper 网络认证的相关信息

认证追踪路径	Juniper 网络认证互联网助理（JNCIA）	Juniper 网络认证互联网从业人员（JNCIS）	Juniper 网络认证互联网专业人士（JNCIP）	Juniper 网络认证互联网专家（JNCIE）
E 系列	JNCIA-E	JNCIA-E	JNCIA-E	
企业路由与交换	JNCIA-ENT	JNCIS-ENT	JNCIP-ENT	JNCIE-ENT
防火墙/VPN	—	JNCIS-FWV	—	—
入侵检测和防御（IDP）	JNCIA-IDP	—	—	—
Junos Pulse 访问控制	—	JNCIS-AC	—	—
Junos Pulse 安全访问	—	JNCIS-SA	—	—
Junos 安全	—	JNCIS-SEC	—	—
Qfabric 系统	—	JNCIS-QF	—	—
服务提供商路由和交换	JNCIA-JUNOS	JNCIS-SP	JNCIP-SP	JNCIE-SP
无线局域网	—	JNCIS-WLAN	—	—
WX	JNCIA-WX	—	—	—

14.3.3 RSA

RSA 是面向企业环境的安全、风险和解决方案的全球供应商。RSA 产品包括身份保证、数据丢失预防、加密和令牌化设备。RSA 为专业人员提供专门的培训和认证，从而确保他们能有效地使用 RSA 的产品和技能。因为很多组织在众多领域使用 RSA 的产品，RSA 需要提供不同的认证选择，每个认证要求申请人学习一门或多门必修课程并要求通过考试。

14.3.4 Symantec

Symantec 公司提供了广泛的安全软件产品，并提供了相应产品的认证。这些认证为从业者提供特定的产品培训并验证他们的知识以及与技能相关的产品使用。

以下为 Symantec 公司认证专家一系列有效认证：

- VISITAS Storage Foundation 6.0（UNIX 版）管理；
- VRITAS Cluster Server 6.0（UNIX 版）管理；
- Symantec NetBackup 7.5（UNIX 版）管理；

- Symantec Enterprise Vault 10.0 for exchange 管理；
- Symantec Endpoint Protection 12.1 管理；
- Symantec Backup Excc 2012 管理；
- Veritas Storage Foundation and High Availability Solutions 6.0（Windows 版）管理；
- Symantec NetBackup 7.5（Windows 版）管理；
- Symantec Client Management Suite 7.1 / 7.x 管理；
- Symantec Management Platform 7.1 管理；
- Symantec Clear well eDiscovery Platform 7.x 管理；
- Symantec Data Loss Prevention 11.5 管理；
- Symantec Network Access Control 12.1 管理。

Symantec 为具有更丰富经验和深入知识的专家提供了更高级的认证。目前 Symantec 还提供云安全的 SCP 认证。

14.3.5　Check Point

Check Point 是另一个网络安全设备和软件的全球制造商，Check Point 为安全专业人员提供培训和认证的路径，从而鼓励他们在 Check Point 产品中使用更高知识和技能。安全专业人员有几个认证选项，可以从三个方面和三个层次选择 Check Point 认证，Check Point 认证要求申请者通过一个考试，包括 80%的学习资料和 20%的动手经验，表 14-8 列出了 Check Point 认证的每一个方面和层次。

表 14-8　Check Point 认证

级别	网络安全	管理安全	端点安全
助手	Check Point 认证的安全原则助手（CCSPA）		
管理员	Check Point 认证管理员（CCSA）		Check Point 端点管理员（CCEPA）
专家	Check Point 安全认证专家（CCSE）	Check Point 安全管理专家（CCMSE）	Check Point 端点安全专家（CCEPE）
主架构师	Check Point 认证主架构师（CCMA）	Check Point 认证主架构师（CCMA）	

本章小结

本章介绍了一些常用的安全认证。虽然安全认证不能保证能力，但他们可以向雇用者提供证书持有者具有知识和技能的证明。大多数组织在有限的时间内颁发证书，所以您也可以确定当前证书与当前知识和技能的相关性。通过学习，我们了解了供应商中立和供应商特定的认证以及美国国防部/军事标准 8570.01，定义了信息保障培训、认证和劳动力管理标准。随着安全技术发展，这已经被基于角色的网络安全标准 8140 用代替。

我们应该使用认证来帮助、指导相关学习，并通过此衡量自己在信息系统安全或信息保障事业中具备的知识和经验。但是，不要仅仅通过持有的证书来衡量我们的价值或能力。雇用者可能会使用认证来辅助评估工作前景，但最好的评估是未来的实际表现。

Chapter 15 第15章 美国相关法律

网络空间给美国民众和商业机构带来了新的威胁。人们会比以往共享更多的信息。例如，人们通过在线共享信息购买物品和服务、联系朋友，很多公司在线搜集和使用数据进行商业活动，联邦和州政府在线搜集和使用信息从而为其民众提供服务。

然而，信息搜集的日益发展带来了正确使用信息的问题。人们要求掌握敏感信息的商业机构必须采取措施保护这些信息，并对此提出相关立法的需求。美国并没有关于综合数据保护的法律，相反地，许多联邦数据保护法律往往聚焦于某些特定类型的数据。这些法律要求商业机构采用安全措施保护它们所搜集的各种数据。法律具有强制性，公司必须遵守。本章介绍了几部美国相关法律，它们均为近十年颁布的法律，主要涉足安全性和隐私保护。

15.1 遵守法律

很多的组织机构都需要存储和使用大量的数据，这些数据是组织重要的资产。商业组织使用它来指导交易、使用复杂的数据库进行消费产品指导追踪、使用信息技术（IT）系统对它们提供给用户的产品和服务进行指导。商业组织之间也时常进行数据交换。商业组织还经常搜集敏感数据，并使用这些数据来鉴别客户身份。这种机制称为个人身份信息识别（PII）。PII主要包含如下信息：

- 姓名；
- 家庭邮箱地址；
- 社会安全号码；
- 驾照信息；
- 金融账号数据（例如，账号、PIN码）；

- 健康数据和生物统计数据；
- 认证凭据（例如，登录账户、用户姓名、密码等）。

PII 很重要，但公司机构并没有采取有效措施对其进行保护。这将可能导致数据丢失，带来安全问题。

守法的组织机构应做到以下几点：

- 浏览应遵守的法律并了解其各项要求；
- 指派专门的人员负责组织机构遵守法律的相关事宜；
- 建立相关的策略、标准、流程和指导方针来遵守法律、法规要求；
- 找出组织机构在遵循法律方面的漏洞，并优先弥补；
- 按照法律、法规的要求在整个 IT 基础架构中执行正确的安全控制措施和安全应对方案；
- 建立和组织年度的安全培训，使员工明白公司在遵守法律方面的相关要求。

提示：

组织机构必须能够证明它一直守法。一般公司通过执行各种策略、标准、流程和指导方针来实现守法的目标。

遵守法律不仅仅表现在口头的声明上，还应在行动上采取具体的步骤来实现遵守法律的目标。遵守法律通常要问以下几个问题：什么是规则？如何做到有法必依？如果某个组织机构违反了法律，那么它将受到惩罚。

美国并没有一部综合性的数据保护法律。许多法律往往聚焦于不同行业中的某些特定类型的数据。这些法律包含隐私和信息安全特性等概念。它们也聚焦于数据使用。许多联邦机构规范了这些法律。在本章中，我们将详细学习这些法律。每一部法律都是冗长而详细的。每一部法律都可以自成一本主题书。表 15-1 罗列了这些法律名称、它们所针对的数据类型以及执行的联邦政府权力机构。

表 15-1 信息安全相关法律

法律名称	规范信息	规范机构
儿童互联网保护法案	特定学校和图书馆的互联网访问	联邦贸易委员会
家庭教育权和隐私权法案	学生教育记录	美国教育部
联邦信息安全管理法案	联邦信息系统	行政管理和预算局
金融服务现代化法案	客户金融信息	联邦贸易委员会
健康保险携带和责任法案	受保护的医疗信息	健康和人类服务署
萨班斯法案	公司金融信息	证券交易委员会

作为信息系统安全专业人员，我们必须熟悉这些法律，它们会对组织机构造成影响。我们的工作不仅仅是了解这些法律的含义，更重要的是要知道这些法律会如何影响公司并且从 IT 角度明确我们应该做什么。作为信息系统安全专业人员，我们有责任为公司的法律委员会、执行管理层和 IT 部门提供服务。我们的关键任务是协助公司管理层在公司的守法和法律漏洞之间建立“桥梁”，执行安全控制措施来帮助公司遵守法律。

隐私和信息安全如何关联

绝大多数联邦数据保护法律都包含了隐私和信息安全方面的各项要求。信息安全和隐私紧密相连。然而，它们并不是同一事物。隐私是个人控制使用和公开其个人信息的权利。这意味着个人有权根据评估形势来决定如何使用其个人数据。信息安全是保护数据私密性的过程。这里，安全性是过程，而私密性是结果。

隐私是一个简单的词语，其阐述了大量不同但相关的概念。个人掌控其个人的数据是其核心。所谓掌控意味着个人可以决定他的数据如何被搜集、使用和分享。这也意味着个人可以决定如何和第三方共享数据。这需要通过组织机构的隐私政策声明来完成。关于个人数据的使用，有关组织机构会提供给个人“不公开”或“公开”两个选项。

在隐私方面，绝大多数传统的观点认为政府机构在干涉个人隐私方面应受到限制。这意味着政府不能无理由来干涉个人和他们的信息。如果理由不成立，政府绝不能调查个人及其个人信息。法庭会花费大量的时间来判定政府调查其民众的合法性。这对绝大多数美国人而言，是隐私概念的核心所在。

信息系统安全主要用于确保 IT 基础架构和系统的机密性、完整性和可用性。保证数据安全就是其中一项，而确保数据的私密性则是另一项。许多组织机构防止其员工访问客户的私人数据。例如，某些有关客户的管理系统锁定了个人社会安全号码的前 5 位，需要后 4 位进行身份识别，等等。可见信息是安全的但并不代表其具有私密性。

信息安全需要保护数据的私密性。这些数据可以是商业数据也可以是客户私人数据。通过数据加密可以保证数据的安全性，而基于角色的访问控制则可以保持数据的私密性。很多系统依据员工的角色来进行访问授权。通过访问控制，组织机构可以达到保持数据私密性的目的。

15.2 联邦信息安全管理法案

在美国，联邦政府是最大的信息制造者和使用者。政府 IT 系统掌握着政府运行的诸多关键数据。这些数据对于联邦政府的业务运行至关重要。政府系统中也有大量敏感军事数据，同时也掌握着美国民众大量敏感的私人信息。

联邦 IT 系统及其里面的数据对于犯罪分子而言极具吸引力。在 2010 年，联邦首席信息官员（CIO）Vivek Kundra 提到政府的计算机每天都会遭到数百万次攻击。这十分令人吃惊。

国会于 2002 年通过了联邦信息安全管理法案（FISMA）。该法案的通过是对 2001 年“9 • 11”恐怖袭击事件的回应。该袭击事件迫使联邦政府对信息安全提出更高的要求。在恐怖袭击之后，政府认识到联邦 IT 系统的计算机安全性并不可靠。FISMA 改变了政府在处理信息安全上的方法。它取代了联邦政府早期通过的绝大多数计算机安全法律，现在成为定义联邦机构如何确保其 IT 系统安全的主要法律。

15.2.1 目的和主要要求

FISMA 定义保护联邦机构 IT 系统的信息安全即要保障信息的机密性、完整性和可用性。机构必须防止其 IT 系统（含系统中数据）被非法使用、访问、中断、篡改和破坏。

FISMA 要求每个联邦机构在机构范围内建立一套信息安全方案，其包括：

- **风险评估**——各个联邦机构必须执行风险评估。它们必须衡量非授权访问或使用组织机构 IT 系统所带来的危害。各机构必须基于风险评估的结果，建立对应的信息安全方案。
- **年度盘点**——联邦机构必须每年盘点一次 IT 系统，并保证每年对系统进行升级。
- **策略和处理流程**——各个联邦机构必须建立对应策略和处理流程，从而将风险降低到可接受的水平。相关策略必须使得 IT 系统在全生命周期内都得到保护。各个机构也必须建立配置管理策略。
- **分级计划**——各个联邦机构必须保证对网络安全、设备安全、系统或 IT 系统集群安全分别制定专门的计划。这些针对技术或系统组成的计划是整个信息安全方案的组成部分。

- **安全意识培训**——联邦机构必须对员工和包括承包商在内的机构内任何其他使用 IT 系统的人员进行培训，该培训必须使人们建立对机构 IT 系统的风险意识，也使他们认识到保护系统安全的职责。
- **测试和改进**——联邦机构必须每年至少测试一次安全控制措施，必须要对每个 IT 系统的管理、操作和技术措施进行测试。
- **补救行为**——联邦机构必须有一套及时修补信息安全方案漏洞的计划。
- **事件响应**——联邦机构必须建立事件响应流程。它们必须说明机构会如何检测和处理突发事件。联邦机构必须及时向美国国土安全部（DHS）报告突发事件。
- **业务连续性**——联邦机构必须制定业务连续性计划，并将其作为信息安全方案的一部分。

一套联邦机构信息安全方案也适用于其他任何使用联邦机构 IT 系统和数据的组织机构。联邦机构必须保护支持其业务的 IT 系统安全，即使该 IT 系统的产权属于其他机构或承包商。这就拓宽了 FISMA 的范围，使其不局限于在某个机构内。IT 系统及其功能通常是外购的。系统安全专业人员必须了解他们组织机构内的 IT 系统或处理的信息是否属于联邦政府机构。如果是，则 FISMA 就适用。

FISMA 信息安全方案中最重要的部分之一是联邦机构对系统的测试和改进。FISMA 要求联邦机构至少每年对其 IT 系统测试一次。而联邦机构则应该更加频繁地测试 IT 系统。联邦机构还必须审核这些系统上的信息安全控制措施。FISMA 要求联邦机构必须使用某些类型的控制措施，例如，各种访问控制手段。他们也应确保这些安全控制措施能正常工作。年度测试确认安全性是一个持续的过程。联邦机构必须持续监控它们的安全风险和应对这些风险的控制措施状态。

每个机构每年必须向行政管理和预算局（OMB）报告其对 FISMA 的遵守情况。该报告须对机构的信息安全方案进行评价，也必须评估机构在修复方案缺陷或安全控制措施中的举措。该报告需要广泛共享，机构必须将报告的副本发送给国会委员会和其他的联邦机构。同时，OMB 强调，联邦机构在报告中不应过多地提及具体的 IT 系统操作信息，因为这有可能让犯罪分子通过报告了解到联邦机构 IT 系统中的诸多弱点。

提示：

在 FISMA 要求下，联邦机构必须任命一位高层官员来负责信息安全管理。在绝大多数情况下，该任务会交给首席信息安全官员（CISO）。这些官员必须是具有丰富安全经验的信息安全专业人员。

撰写 FISMA 年度报告的过程非常耗费时间。联邦机构要花大量的时间写报告，而 OMB 则要花大量的时间审查报告，这通常需要三个全日制员工花一个多月的时间才能完成。同时，写报告对于纸张的消耗也非常大。例如，六年内国务院为了写报告，生产了 95000 张纸，共花费 13.3 亿美元。OMB 在 2010 年开始要求所有联邦机构提交电子版报告。这种新的电子报告形式可以让机构和 OMB 快速评估联邦机构的信息安全水平。

15.2.2 国家标准和技术委员会角色

FISMA 要求美国商务部建立信息安全标准和指导方针。商务部则将该任务委派给它的下属机构，国家标准和技术委员会（NIST）。它为所有联邦机构在应用信息安全方案方面建立指导。NIST 为联邦机构的数据和 IT 系统的分类建立了标准。同时，也为 IT 系统建立指导方针和最低限度的信息安全控制措施。联邦机构必须遵照这些标准和指导方针执行。

NIST 设立了两个不同类型的标准文献。它们被称为联邦信息处理标准（FIPSs）和特别出版标准（SPs）。FIPSs 是标准，而 SPs 是指导方针。按照 FISMA 要求，联邦机构必须同时遵守 FIPSs 和 SPs。

提示：

通常，标准里规定了商业机构必须执行的保护 IT 系统的具体行为，而指导方针则给出商业机构应遵循的方针中推荐的行为。

美国计算机应急准备小组（US-CERT）

按照 FISMA，政府必须设立一个联邦突发事件响应（IR）中心，由 OMB 负责此事。在 2003 年，美国国土安全部（DHS）负责接手联邦突发事件响应（IR）中心的运行。在新的 IR 中心，OMB 不再插手。DHS 中心被称为美国计算机应急准备小组（US-CERT）。

按照 FISMA，所有联邦机构必须向 US-CERT 汇报突发安全事件，其中也包括涉及国家安全系统的突发事件。突发事件通常是违背计算机安全策略或实践的行为。政府设立了六种类型的事件响应。联邦机构必须在规定的时间周期内报告事件。汇报的时间要求根据事件的类型而定。某些突发事件要求一旦发生立即汇报。

http://www.us-curt.gov 网站，是由美国国土安全部（DHS）设立的，为用户和商业机构提供了有用的网络意识相关内容。这些内容具有较强的技术背景，包括告警、当前网络情况和有用的通告。用户想查看更多感兴趣的内容，可以访问 http://www.us-cert.gov/ncas，国家网络意识系统网页。

根据 FISMA，NIST 推荐使用一个风险管理框架（RFM）。那些识别并设定风险优先级的政府机构可以应用信息系统安全方案来消除这种风险。为保护联邦 IT 系统，NIST RAM 给出 6 个步骤，分别是：

- **信息系统分类**——联邦机构必须根据面临的风险给信息系统分类。
- **最低安全控制措施选择**——联邦机构必须根据风险类型选择相应的安全控制措施。
- **在信息系统中执行安全控制措施**——联邦机构必须给 NITS 规定的区域应用安全控制措施。这些区域包括访问控制、应急计划和事件响应。
- **有效访问安全控制**——联邦机构必须在连续的基础上评估其控制措施以确保它们能有效降低风险。
- **IT 运行授权**——联邦机构必须测试其 IT 系统并批准其投入使用。联邦机构尤需注意在所面临的风险尚未得到有效应对之前不得将系统投入运行。该过程在 FSIMA 的术语中称为“认证”和“认可”。
- **持续监控安全控制措施**——联邦机构必须持续监控安全控制措施以确保这些措施的有效性，同时它们也必须随时记录其 IT 系统的任何变更。图 15-1 显示了风险管理过程框架。

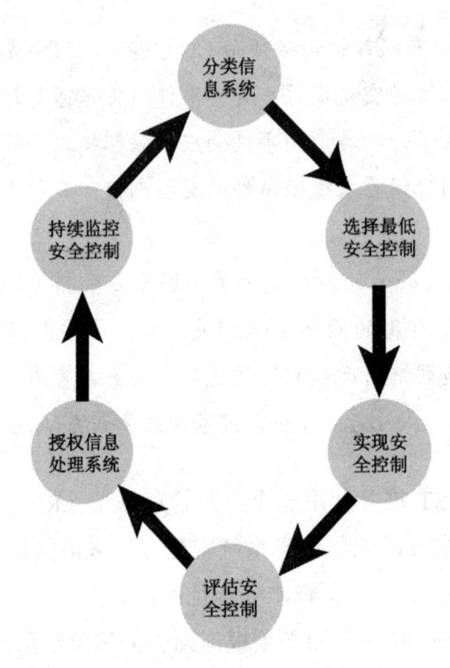

图 15-1 风险管理过程框架

15.2.3 国家安全系统

FISMA 要求联邦机构应用基于风险的方法确保国家安全各系统（NSSs）的安全。这些系统具有如下作用：

- 情报活动；
- 国家防御；
- 对外政策；
- 军事活动。

由于这些系统的国家安全意义重大，因此需要特别保护。

美国国家安全委员会（CNSS）监管遵守 FISMA 的情况。CNSS 对美国总统负责，该委员会有 21 个具有表决权的成员，其包含的官方机构包括国家安全局（NSA）、中央情报局（CIA）和国防部（DoD）。登录 www.cnss.gov 可以了解更多关于 CNSS 的消息。

拥有国家安全系统的联邦机构必须遵循 CNSS 的有关政策，采用 6 个步骤来保护这些安全系统。这个流程与 NIST RMF 相同，由 NIST 和 CNSS 共同创建。

15.2.4 监管

OMB 负责确保各个联邦机构按照 FISMA 行事，所以它的权力很大。它有权决定停止向那些违法的联邦机构提供经费。而保障 NSSs 安全的责任则被分散到各个机构。例如，国防部（DoD）的 NSSs 掌握军事数据，因此需按照 FISMA 行事；而 CIA 的 NSSs 掌握情报数据，因此也需按照 FISMA 行事。

提示：

在 2009 年，奥巴马总统命令对网络空间政策进行审查。最终的报告名为“网络空间政策评论”。该评论影响了政府新的信息安全战略。我们可以在 http://www.whitehouse.gov/cyberreview/documents/上阅读该报告。

15.2.5 FISMA 的未来

在撰写本章时，联邦政府对待 FISMA 的态度发生了变化。在 2009 年末，政府开始重新审视应该如何保护联邦 IT 系统中的数据。政府希望将目前基于遵守法律的方法转化为基于风险管理的方法。2010 年引入的新的电子报告工具是这个新的综合性方法的组成部分。另外，负有 FISMA 监管责任的各个联邦机构开始联合工作。它们希望建立一套在政府范围内统一的基于风险管理的信息安全架构。这对于消除各机构之间的混淆和复杂性具有一定好处。这将允许各联邦机构在信息安全保障方面相互帮助。

现在的联邦信息安全修正法案（2013 年）是 2002 年联邦信息安全管理法案（FISMA2002）的升级版本，其规定了办公室主任、管理高层和预算委员会要对政府信息系统的安全负责。针对联邦计算机网络的安全标准于 2013 年 4 月 16 日在国会通过并更新。在本文撰写时，参议院尚未处理该法律的问题。更多信息，请访问 http://fcw.com/article/2013/04/16/house-it -cyber-legislation.aspx。

该修正法案也要求各联邦机构遵守由国家标准和技术委员会颁布的计算机安全标准。另外，每个美国联邦机构必须在其 CIO 的领导下发展和执行自己的安全方案。这项新的法规规定高级的联邦管理人员应对安全控制措施的良好运行负责，这已经成为他们年度工作评估的一部分。

作为一个信息系统安全专业人员，我们必须跟踪有关法律的更新变化。

15.3 健康保险携带和责任法案

绝大多数人认为他们的健康信息属于个人信息中最敏感的类型，健康信息中的任何细节都具有私密性。人们向医护人员提供健康信息以得到合理的治疗。他们的医疗记录具体包括疾病诊断、化验结果和治疗方案，这些记录还包含了生活方式、慢性疾病或心理健康咨询等信息。

人们害怕由于健康信息泄露而陷入尴尬境地，某些人害怕如果特别隐私的事情，例如，健康咨询的原因被泄露，会影响到他们的生活；也有人害怕由于其健康记录上的信息会导致保险公司拒绝为其投保。

人们通常会觉得在其健康信息的共享和保护上几乎无能为力。经常有媒体报道有关医疗信息泄露的事件，这证实了人们上述担心。例如，在 2009 年 11 月，东北部健康网被报道出由于一块硬盘的丢失而导致 150 万病人的记录受到影响。该硬盘上还含有东北部健康网所有相关病人的个人信息。同时，该硬盘上的数据也未被加密。

联邦政府认为健康信息高度敏感。因此，颁布了健康保险携带和责任法案（HIPAA）用以保障健康信息的安全。

15.3.1 目标和范围

国会于 1996 年通过了健康保险携带和责任法案（HIPAA），并在 2009 年通过经济和临床健康信息技术法案（HITECH）修正。HIPAA 以其数据保护规则为人所知。这些规则主要针对个人可识别健康信息的安全性和隐私性保护。美国卫生和福利部（HHS）制定这些规则并监管它们遵守的情况。HIPPA 适用于受保护的健康信息（PHI）。而受保护的健康信息（PHI）是指任何与个人健康有关的可识别信息，其中包括心理和生理的健康数据；在时间上包括过去、现在和将来的信息；还包括治疗费用信息等。PHI 可以有各种形式，但它通常被认为是存在个人医疗记录上的所有信息。

按照 HIPAA，其涵盖的对象仅能在特定用途上使用 PHI。法律也定义了“涵盖的对象”这个词，它指的是那些非常明确的必须遵守 HIPAA 的对象类型，其中包括：

- 健康计划；

- 健康保健所；
- 以任何电子形式传送 PHI 的医护人员。

HIPAA 明确涵盖的对象是复杂的。一般来说，HIPAA 涵盖了绝大多数的医护人员。HHS 则提供工具帮助各对象明确他们是否被 HIPAA 包含。这些工具可以通过 http://www.hhs.gov/ocr/privacy/understanging/coveredentities/index. html 来应用。

HIPAA 也适用于被涵盖对象之间的业务合作。所谓业务合作是指某个组织机构为某个被涵盖对象执行医疗行为。被涵盖对象可以外包某些医疗保健功能给一些组织机构，例如，索赔和结账。此时，这些组织机构就必须遵守 HIPAA。根据 HITECH 法案，HHS 可以直接要求业务合作遵守 HIPAA。

HITECH 法案，作为美国经济复苏和再投资法案（ARRA）的一部分，其颁布就是为了促进卫生信息技术的广泛普及和标准化。采用电子健康记录（HER）系统的供应商可以申请有意义的使用奖励，帮助向 HER 平台进行转换支付。参与联邦政府资助项目时供应商必须遵守 HIPAA 安全和隐私规则。

提示：

PHI 包括医生在我们的医疗记录中写的处方，还包括医生与其他人讨论治疗方案的对话。治疗费用和接受的治疗服务也是 PHI。同时，健康保险公司中关于我们的治疗信息也属于 PHI。

15.3.2 HIPAA 隐私保护规则主要要求

隐私保护规则规定被涵盖的实体如何保护 PHI 的隐私性。HHS 于 2000 年 12 月出版了最终的隐私保护规则，并于 2003 年 4 月对遵守隐私保护规则提出了要求。隐私保护规则是美国政府首次规定对 PHI 实施联邦隐私保护的规则。

根据隐私保护规则，被涵盖的实体在未获得信息所有人的书面同意时不得使用或公开个人 PHI。这里的“使用”指的是被涵盖的实体在其组织机构内部共享或处理 PHI；“公开”指的是被涵盖的实体与其他无关的组织机构共享 PHI。

当然，对于隐私保护规则来说也存在例外。这些例外允许被涵盖的实体在没有书面同意的情况下共享个人的 PHI。根据隐私保护规则，可以允许使用和公开 PHI 用于病人自己的治疗方案的制定、消费以及医疗服务。由于绝大多数人都希望医护人员使用他们的 PHI 来提供医疗服务，所以被涵盖的实体基于此目的共享 PHI 时不需要获得个人的书面同意。被涵盖的实体最普遍的行为就是提供治疗方案、结算费用或提供医疗服务。如果要求个人的书面同意才能进行这些事情，效率将非常低。

在另外一些情况下，一个被涵盖的实体也可以在未得到书面同意的情况下公开 PHI，例如，在报道那些虐待或忽视儿童事件中的受害者时。未经同意公开 PHI 的规则复杂。被涵盖的实体必须仔细分析相关规则以确保其能够按规定办事。

即使允许被涵盖的实体在没有书面同意的情况下使用或公开 PHI，其也必须遵守最低必要性原则。被涵盖的实体可公开 PHI 的信息量够用即可，不能更多。

被涵盖的实体必须进行专业判断并合理限制 PHI 的使用和公开。如果解决某个问题时仅需要个人部分的医疗信息，医护人员只能公开所需要的部分信息，绝不能将整个医疗记录全部公开。

被涵盖的实体必须通过私人通知的形式向人们说明它是如何使用和公开 PHI，并且只能根据私人通知上所描述的方式使用和公开 PHI。隐私保护规则对于如何写这些私人通知有诸多要求。其中，最重要的要求是被涵盖的实体应使用平实的语言来写通知，使得一般的人都能看懂它。

隐私保护规则要求被涵盖的实体必须防范 PHI 的非法使用和公开。在 HITECH 法案颁布之前，如果 PHI 被非法使用或公开，被涵盖的实体不必告知本人；但现在 HITECH 法案则要求此时必须及时告知本人。它明确了被涵盖的实体在违背了 PHI 的安全规则的情况下，需要履行告知要求。另外，PHI 必须根据 HHS 批准的方法进行加密以确保安全。

提示：

按照 HIPAA 要求，所谓违反 PHI 安全规则是指 PHI 中任何违规使用和公开并对其安全性和隐私性造成危害的行为。这种使用和公开的行为必定会对个人产生严重危害或造成风险。这种危害可能是经济上或是声誉上的。

被涵盖的实体及其关联的商业公司必须遵守违反告知原则。如果被涵盖的实体违反 PHI 安全规则，则必须在该事件被发现的 60 天内告知受害者，不得无故延期。这里“60 天”的第一天是按照被涵盖的实体发现违反 PHI 安全规则的那天起算。但是，如果法律有相关要求，则被涵盖的实体可以延期通告。HIPAA 对于如何对违反行为进行通告制定了诸多规则。

按照违反行为通告规则，相关商业公司也必须将其违反 PHI 的安全规则的情况及时通告被涵盖的实体。在发现有违规行为后，相关商业公司必须在 60 天内告诉被涵盖的实体，这有助于被涵盖的实体能及时通知受害者。

医疗保险和医疗补助服务中心（CMS），它的主页为 www.cms.gov，该机构具体跟踪具有违规行为或被美国卫生与人类服务部（DHHS）评估为违反 HIPAA 的被涵盖实体。CMS 会发布出版"风险管理手册：事故处理"给那些参加联邦资助计划而被涵盖的实体。该文献可以在 http://cms.gov/research-statistics-data-and-system/CMS-Information-Technology/InformationSecurity/Downloads/RMH-VII-7-2-Incident-Handling-Procedure.pdf 中获取。

15.3.3　HIPAA 安全规则的主要要求

从 2005 年开始，卫生和人力服务部门的安全规则要求被涵盖的实体应保护电子 PHI 的机密性、完整性和可用性。该规则要求被涵盖的实体采取安全措施来保护电子健康信息（EPHI）。所谓 EPHI 是 PHI 的电子版形式。

与隐私保护规则类似，安全性规则也是联邦政府首次对 EPHI 采取的安全性保护。该规则要求被涵盖的实体保护它们生成、接受的和掌握的所有 EPHI。同时，也保护 EPHI 的传输。被涵盖的实体必须合理保护 EPHI 免受预期的威胁。同时，也应保护 EPHI 防止其违反隐私保护规则而被使用和公开。

安全性规则要求被涵盖的实体建立信息安全方案，方案应具有灵活性，没有必要采取固定类型的安全技术。为了建立安全方案，被涵盖的实体必须思考：

- 方案的规模和复杂性；
- 方案的技术架构、硬件和软件等安全性资源；
- 安全措施的成本；
- EPHI 潜在的风险。

提示：

信息安全保护手段也被称为信息安全控制措施。不同法律的称呼不一样，但含义是一样的。

安全性规则还要求被涵盖的实体使用信息安全原则来保护 EPHI。它们必须使用管理、物理和技术等保护手段实现保护。该规则包括每一种保护类型的结构，某些保护手段是必要的，被涵盖的实体必须执行。而其他保护手段是可选择的，是否执行由被涵盖的实体自行决定。对于那些可选择的保护手段，被涵盖的实体必须评估其是否合理且对目前的环境是否适应。如果是，则必须使用；如果不是，则不必使用。

安全性规则要求的保护手段有一半是管理性措施，包含被保护实体必须遵照执行的行为、策略和流程。这里有 9 个不同的管理性保护措施，如表 15-2 所示。

表 15-2　9 个不同的管理性保护措施

保护手段	被要求的规范	可选择的规范
安全性管理流程	风险分析 风险管理 处罚政策 信息系统行为评估	
设立专门对安全性规则遵守情况负责的官方办公室	必要	
为保护 EPHI 的员工采取的安全措施		身份认证或识别 员工离职流程 终止流程
EPHI 访问管理	单独隔离保健中心功能	访问授权 访问建立和修改
安全意识和训练		安全提醒 保护免受恶意代码攻击 日志监控 密码管理
处理突发安全事件流程	响应和报告	
应急计划	数据备份计划 灾难恢复计划 紧急状态模式运行计划	测试和评论流程 应用程序和关键数据分析
安全性保护方案评估	必要	
与合作商业机构的合同或其他约定	书面签署合同或其他合约	

物理性保护是指在物理空间中设置保护措施对实体的物理性资源进行保护。它们保护信息系统、设备和建筑免受环境因素的威胁。安全性规则包括四个物理安全标准，表 15-3 归纳了其中必要的和可选择的物理性保护措施。

表 15-3　物理性保护措施

保护手段	被要求的规范	可选择的规范
设备访问控制		应急操作 设备安全计划 访问控制和验证流程 维修记录
工作站使用	必要	
工作站安全性	必要	
设备和媒质控制	处置 媒质的再利用	问责 数据备份和存储

技术性保护是指硬件和信息系统软件的使用。安全性规则包括 5 个技术安全性标准，表 15-4 归纳了其中必要的和可选择的技术性保护措施。

表 15-4　技术性保护措施

保护手段	被要求的规范	可选择的规范
访问控制	唯一用户身份识别 紧急访问流程	自动退出登录 加密、解密
审计控制措施	必要	
完整性		EPHI 认证机制
个人或实体身份认证	必要	
传输安全性		完整性控制措施 加密

15.3.4　监管

HHS 对 HIPAA 隐私保护规则和安全规则的遵守情况进行监管，而执行具体监管功能的是 HHS 下属的民事权利办公室（OCR）。OCR 对被涵盖的实体以及关联的商业机构上述两项规则的执行情况进行监管。当人们发现被涵盖的实体违反 HIPAA 时，可向 OCR 进行投诉，OCR 将对事件发起调查并向投诉人反馈处理结果。

在 HIPAA 的遵守上，OCR 扮演了警察的角色。同时，OCR 也能向那些违反 HIPAA 的被涵盖的实体征收罚款。HITECH 法案定义了一套分层的评估体系来评估 HIPAA 隐私保护规则的违反等级以及对应的惩罚措施：

- **等级 A**——在违法事件中，违法者并非主观故意违反法律，并且如果违法者知道该行为违法，会及时停止。这种情况，每违法一次将处以 100 美元罚款，每年针对该违法者所征收的罚金总数不超过 25000 美元。
- **等级 B**——由于某种原因违法，但并非“故意”。这种情况，每违法一次将处以 1000 美元罚款，每年针对该违法者所征收的罚金总数不超过 100000 美元。
- **等级 C**——由于故意的原因违法，违法的机构最后予以改正。这种情况，每违法一次将处以 10000 美元罚款，每年针对该违法者所征收的罚金总数不超过 250000 美元。
- **等级 D**——由于故意的原因违法，且违法的机构最后仍不改正。这种情况，每违法一次将处以 50000 美元罚款，每年针对该违法者所征收的罚金总数不超过 1500000 美元。

15.3.5 综合性规定

2013 年 1 月颁布的综合性规定为 HIPAA 和 HITECH 的升级更新提供了丰富的内容。该综合性规定通过以下措施进一步加大了对被涵盖的实体的要求力度：

- 修改不安全个人健康信息违规报告标准；
- 扩展 HHS 的执行权利以覆盖相关的商业机构；
- 扩展对相关商业机构的定义范围，包含了健康信息机构、电子处方网关、提供 PHI 数据传输服务和访问 PHI 路由访问服务的实体以及个人健康记录服务商；
- 修改相关商业机构的合同要求；
- 商业伙伴新的义务包含与分包商签订非正式的商业协议；
- 删除被涵盖的实体对法案的责任限制；
- 修改隐私守则的通告要求；
- 新增出售 PHI 的限制；
- 新增关于为市场营销而使用和公开 PHI 的限制和说明；
- 放宽使用 PHI 进行筹款方面的具体限制；
- 改进关于使用或公开 PHI 用于研究的批准权限的相关规定。

被涵盖的实体以及相关商业机构必须升级它们对应的 HIPAA 政策和流程。为了遵守该综合性规定，必须在 2013 年 9 月 30 日前修改隐私守则，通告相关商业机构的合同。

15.4 金融服务现代化法案

根据 2013 年对 Verizon 公司违反数据法规的调查报告，在 2003—2012 年期间，共发生了超过 2500 起违反数据规则的事件，造成了 11 亿条记录被泄露。在 2012 年间所有的违反数据规则的事件中有 37%的受害者是金融机构。研究发现，在所有违反数据规则的事件中，有 92%是该公司以外的人所为，而违反数据规则的事件中有五分之一是针对知识产权的盗窃。

客户的金融信息属于个人的隐私信息。个人提供该信息给供应商以获得产品或服务。客户通过提供个人金融信息可以获得来自银行或其他金融机构的服务。这些机构搜集和使用个人金融信息来提供房贷、车贷、信用卡或开设支票账户。客户要求金融机构必须要保护好他们的个人金融信息。

金融服务现代化法案（GLBA）就是用于保护客户金融信息的隐私和安全的法案。GLBA 颁布于 1999 年。该法案导致银行业发生重大变革。该法案的主要目的是允许银行、证券和保险公司融合。而在 GLBA 颁布之前，这是不允许的。金融业催促国会通过 GLBA 法案，这样客户通过一家公司就能够获得所有的金融服务需求。

在 GLBA 颁布后，这些新的、更大的公司将可以访问大量客户的金融信息，所以人们害怕他们的隐私会受到侵害。为了消除这种担心，国会在 GLBA 中增加了隐私和安全保护条款。这就类似于 HIPAA 中必须强制执行的隐私和安全保护规则。

提示：

根据 FTC 调查报告，仅 2012 年通过身份欺骗进行的交易就达到 210 亿美元。而带给客户、金融机构和商人的损失甚至更高。

联邦贸易委员会（FTC）在“客户前哨网络数据报告”中跟踪了客户关于身份盗窃、欺诈和其他与客户关联类似“庞氏骗局”的诈骗投诉。在 2012 年的 1 月到 12 月期间，FTC 记录了超过 2000000 多条客户投诉，其中欺诈投诉占总数一半以上。FTC 的消费者投诉数据如图 15-2 所示。

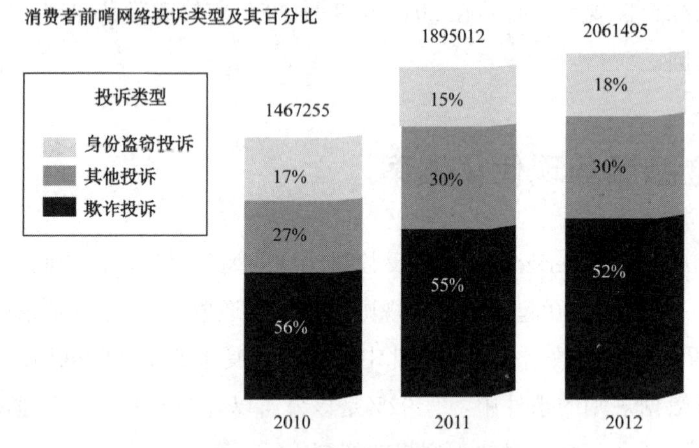

图 15-2 FTC 的消费者投诉数据

（来源于联邦贸易委员会）

联邦贸易委员会每年都会根据投诉情况发布关于欺诈和身份盗窃的报告到消费者前哨数据库。下载 FTC2010 年度报告副本的网址是：http://www.ftc.gov/sentines/reports/sentinel-annual-reports/sentinel-cy2012.pdf。

15.4.1 目的和范围

金融机构面对欺诈具有脆弱性。因此，金融机构必须遵循 GLBA 隐私和安全规则来应对数据违规和身份欺骗。任何金融交易（例如，拆借、贷款、信用咨询和债务回收以及其他类似活动）在保护客户数据隐私方面需要特别注意。关于金钱和投资方面的交易，这里的定义很宽泛。任何进行这些活动的机构都必须遵守 GLBA。GLBA 仅应用于客户的金融活动，这些交易仅针对个人或家庭服务。GLBA 不能应用到公司之间的交易。

GLBA 要求金融机构要保护消费者的非公开金融信息（NPI）。所谓非公开的金融信息是指消费者提供给金融机构的仅限于其个人知晓的金融信息，并在金融交易期间在交易双方之间共享。NPI 也包括机构从消费者以外获得的信息。NOI 可以是书面或电子形式。GLBA 定义 NPI 包括如下信息：

- 社会安全号码；
- 金融账号；

- 信用卡号；
- 出生日期；
- 搜集金融信息时所留姓名、住址和电话号码；
- 任何交易的细节或金融机构个人客户的细节信息。

GLBA 是一部综合性法律，要遵守它可能很麻烦。原因之一是不同的联邦机构都有监管 GLBA 的权力。它们的权力基于金融机构的审定类型。具有 GLBA 监管权的机构有：

- 安全和交易委员会（SEC）：监管经纪人和经销商。
- 联邦储备系统（美联储 Fed）：监管州特许成员银行以及银行控股的公司。
- 联邦存款保险公司（FDIC）：监管不属于 Fed 成员的州特许银行。
- 美国信贷联合会管理局（NCUA）：监管联邦各保险信贷单位。
- 美国货币监理署（OCC）：监管国家特许银行。
- 美国储蓄管理局（OTS）：监管全部国家特许银行和部分州特许银行的储蓄情况。
- 联邦贸易委员会（FTC）：监管不在其他联邦机构监管范围内的任何金融机构。

15.4.2　GLBA 隐私保护规则主要要求

GLBA 隐私保护规则于 2001 年 7 月 1 日生效，由所有 GLBA 监管机构共同创建。按照此规则，金融机构不允许和其他不相关的第三方共享客户 NPI，而只有它第一次提供给客户关于隐私权保护的通知时，才能共享该信息。该通知必须告诉客户有关金融机构搜集的数据类型。同时，也必须向客户声明金融机构如何使用这些搜集到的数据。该通知还必须描述金融机构将会如何保护客户的 NPI。隐私保护规则要求客户应有机会选择退出与非相关第三方共享某些类型的数据。

GLBA 条款对客户（customer）和顾客（consumer）进行了区分。所谓顾客（consumer）是指任何从金融机构得到金融产品或服务的人。而客户（customer）则是指和某个金融机构有长期联系的顾客。举个例子，某人从非开户银行的 ATM 机上提取现金（类似银联），则此时他是该银行 ATM 机服务的顾客，但他并非该银行的客户。作为客户，他必须收到金融机构提供的隐私保护声明，而金融机构如果没有与顾客无关联的第三方共享顾客的 NPI，则不必向该顾客提供隐私保护声明。

一旦客户与金融机构建立关系，金融机构就必须立即向客户提供一份隐私保护声明。同时，只要这种业务关系持续存在，客户每年都必须收到一份这种隐私保护声明的复印件。该声明必须是书面的且行文要易于理解。

金融机构如果打算与顾客无关联的第三方共享某个顾客 NPI，则它必须向该顾客提供一份隐私保护声明，声明应说明客户有机会选择退出与非相关第三方共享 NPI 数据。这就是所谓的“退出条款”，在隐私保护声明中必须告诉顾客如何退出。如果顾客没有退出，则金融机构可以根据隐私保护声明中规定的方式与第三方共享 NPI。

在金融机构已经和相关合作方共享顾客 NPI 后，此时 GLBA 并未赋予顾客退出的权利。在某些情况下，顾客甚至无法退出。例如，如果按照法律要求必须披露 NPI，顾客无权拒绝。

15.4.3 GLBA 安全规则主要要求

GLBA 要求各国联邦机构监督金融机构必须按照已经颁布的安全标准行事。该要求成为安全规则。该规则要求每个联邦机构都应建立安全标准：

- 保护客户数据的安全性和机密性；
- 保护客户数据的安全性和完整性；
- 保护客户数据免遭非授权访问或使用，以免给客户带来危害。

提示：

所谓非关联方指的是并非法定的与金融机构有关联的实体。这和法定关联方是不同的。法定关联方与金融机构之间有法律关系，它们是同一个行业集团内的成员。法定关联方可以是控制金融机构的实体，或被金融机构控制的实体或与金融机构共同被另一个实体所控制的实体。而非关联方和金融机构之间则没有上述法律关系。

与隐私保护规则不同，GLBA 所规定的各监督机构并没有共同建立这套安全规则。SEC 在 2000 年 6 月颁布它自己的安全规则，而 Fed、FDIC、NCUA、OCC 和 OTS 则于 2001 年初共同联合颁布了安全规则。FTC 于 2002 年 5 月发布了它自己的安全规则。这些规则之间非常相似。为方便起见，本节重点介绍 FTC 安全规则。

FTC 安全规则要求金融机构建立一套书面的信息安全方案。该方案必须声明机构是如何搜集和使用客户数据，也必须说明采用什么安全措施来保护客户数据。金融机构必须采取管理上、技术上或物理上的安全控制措施。该方案必须对书面形式的信息和电子形式的信息进行保护。

安全规则允许金融机构具有某些灵活性。它并不设计一套通用的安全方案并要求所有机构都遵守，而是要求金融机构根据其自身的规模和复杂性自行设计最合适的安全方案。安全方案在设计时也必须考虑金融机构对客户敏感数据的使用问题。越敏感的数据越要注意保护。安全规则还对金融机构做出如下要求：

- 指派专门人员来执行安全方案；
- 引入风险评估来识别客户信息所面临的风险；
- 评估目前的安全措施是否有效；
- 设计并执行安全措施来控制风险；
- 认真选择服务提供商，并确保与它们的合同中要有保护客户信息的条款；
- 经常性审查信息安全方案以应对业务上的变化。

安全规则允许金融机构选择各种安全控制措施来保护其客户的数据。金融机构必须从以下三个领域来审查它们的安全方案：

- 员工管理和培训；
- 信息系统设计；
- 对攻击和系统失效的检测和响应。

金融机构在引入风险评估时必须考虑上述三个领域要求。同时，还必须确保其信息安全方案需考虑到这些领域的要求。

15.4.4　监督

监督遵守 GLBA 情况的联邦机构可以监督金融机构的行为。违反 GLBA 的金融机构将会受到刑事和民事惩罚。首先就会被处以大量的罚金。

GLBA 要求金融机构遵守隐私保护和安全规则。金融机构或参与了金融活动的机构需要了解这些规则并约束 IT 系统按照该法律规定的方式运行。

15.5 萨班斯法案

在2000年初，许多大公司爆出丑闻。这些公司，例如，Enron、Adelphia和WorldCom均由于不准确和误导性的财务报告手段而被曝光。这些报告手段通过作假的方式使公司看起来比实际经营状况成功得多，从而欺骗了大量的投资者，导致其中大部分投资者，甚至包括公司内部员工，都蒙受损失。真相大白时，为时已晚，大量损失无法挽回。这些丑闻曝光后，严重动摇了大量投资者对美国经济的信心，从而导致2000—2009年十年期间最为糟糕的股票市场。

准确信息是“投资者的最佳工具”。人们需要通过准确的金融信息来对投资进行明智的判断并获利。但判断信息的真伪对于投资者来说非常困难。国会于2002年通过上市公司会计改革和投资者保护法（PCARIPA）来保护投资者。该法律更广为人知的另一个名字是萨班斯法案（SOX）。在许多文献中它也成为SOX或Sarbox。小布什总统于2002年6月30日签署SOX生效，他称SOX是“自罗斯福时代以来美国商业行为最深远的改革”。

15.5.1 目的和范围

SOX的主要目标是保护投资者免受金融欺诈。SOX为其他联邦安全法律提供补充。它主要适用于那些在安全和交易委员会（SEC）注册登记的上市贸易公司。投资者通过股票交易购买某个上市贸易公司的股票并成为股东。SOX并不适用于私人公司。

提示：

美国两个最著名的股票交易市场是纽约股票交易市场和纳斯达克股票交易市场。国内的安全交易由SEC进行登记注册。

通过 http://www.sec.gov/divisions/marketreg/mrexchanges.shtml 可以了解到更多知识。

SOX是一部非常细致的法律，对许多方面都做出了规定。当它首次颁布时，绝大多数公司都认为它没有包含任何有关IT的部分，国会也没有在该法案中的任何位置提到IT。但随着各公司开始仔细研究SOX，这种观点发生了变化。许多

SOX 条款要求各公司要证实其金融信息的准确性。由于 IT 系统中存有许多类型的金融信息，公司和审计师迅速意识到这些系统实际遵守 SOX 的一部分。这意味着根据 SOX 的规定，被使用的系统和保护安全系统的控制措施必须接受审核。

IT 和遵守 SOX 之间的关系在持续演化。本章节主要聚焦在 SOX 第 404 节的认证要求。第 404 节要求组织机构的具体负责人要建立、维持、审核和报告财务报表内部控制（ICFR）的有效性。许多公司要求他们的外包公司提供一份关于外包业务的特别审计报告。公司必须修订这份报告，以确定对外包公司的控制是否足够。

15.5.2　SOX 控制认证要求

SOX 第 404 节要求公司的执行管理层要报告财务报表内部控制（ICFR）的有效性。管理层必须通过这份报告证明公司的金融报表是准确的。这样就有助于保护投资者免受金融欺诈侵害。管理层还必须将该证明报告作为公司正式文件上交 SEC 存档。

这样公司必须建立、记录和测试其 ICFR，而且必须每年提交一次 ICFR 报告。在公司完成年度报告后，外部审计师必须对报告进行审核。同时，要证实报告中的特定 ICFR 是真实有效的。

根据 SEC 的规定，ICFR 是一个提供充分合理的理由来保证组织机构财务报表可靠性的过程。ICFR 通过以下几个方面为管理层提供充分合理的保证：

- 保持财务报表、记录和数据的准确性；
- 根据会计规则来进行各种交易并正确记录；
- 未授权的采集或使用数据、未授权的评估等会影响财务通告的诸多因素会被及时检测、制止。

各个公司迅速努力按照第 404 节的要求学习他们所需要的知识并对它们的 IT 系统进行审核。特别是它们需要审核 IT 系统上的 ICFR。安永的一项调查发现，在遵守 SOX 的头一年中，上市公司将 70%的时间用于 IT 安全控制措施改进中。各公司之所以花那么多的时间精力在 IT 安全控制措施上，主要是因为它们的金融财务数据全在 IT 系统里。系统的一个错误就可能导致财务报告中出现错误。为了遵循第 404 节的规定，各公司不得不确保系统数据是准确的，同时也要制定检测不准确数据的程序和流程。

要遵守 SOX 第 404 节的要求并非易事。第 404 节关于公司必须遵照执行的 ICFR 的类型描述得非常简单，也没有给出常规的 ICFR 定义。它没有明确针对 IT 安全的控制措施。在 2007 年，SEC 出版了一个补充指导说明用来帮助各公司评估其 ICFR。补充指导说明对有关第 404 节庞大的审核范围、诸多条款进行了解释回应。这些条款中许多都聚焦于如第何改进 IT 安全控制措施：

- 管理层应评估如何进行内部控制以便在财务报告中防止或检测出重大缺陷；
- 管理层应对这些安全控制措施执行基于风险的有效性审核；
- SEC 还要求管理层必须运用专业性的判断限制第 404 节审查范围的边界，这其实是在提醒各个公司 SOX 应用于内部控制时第，仅仅包括那些会对财务报表造成影响的 IT 安全控制措施。这就意味着第 404 节审查明确应用于处理金融数据的 IT 系统，而不能应用于处理非金融数据的 IT 系统。

管理层必须经常审核 IT 安全控制措施以确保 IT 系统能持续正常工作。组织机构要采用多种方法来评估其 IT 安全控制措施。这些安全控制措施必须为管理层提供合理的保障，从而使 IT 系统正常工作并保护财务报表的安全。表 15-5 显示 ICFR 的目标以及如何匹配信息安全的目标。

表 15-5　ICFR 的目标与信息安全的目标匹配

实现内部控制的实施步骤	信息安全目标
保持财务报告、记录和数据的准确性	完整性
根据 GAAP 规则进行交易并正确记录	完整性、可用性
未授权的采集或使用数据、未授权的评估等影响财务通告的因素被检测或及时制止	私密性、完整性、可用性

公司不可能通过外包某些金融业务而逃避 SOX 第 404 节要求的监管。SOX 同样要求监控外包业务运行的 ICFR。因此，许多公司是通过要求其外包合作公司提供外包业务明确的审计报告来满足 SOX 要求。同时，该公司必须审核外包合作公司提供的报告来判定这个外包公司是否具有足够的安全控制措施。

提示：

SOX 并未指定公司必须执行 IT 安全控制措施；相反，各公司应根据其系统的特点自行选择最佳的安全控制措施。

15.5.3 SOX 记录保存要求

SOX 包含一些关于记录保存的规定。作为系统安全专业人员，我们必须了解这些规定要求。因为绝大多数的公司都存储了许多电子记录。在所有的业务文档中，大约有 93%是通过电子文档的形式创建和存储。各个公司必须了解为了满足 SOX 记录保存要求，其 IT 系统应如何工作。我们需要帮助公司了解如何管理公司的电子记录并保障它们的安全。

SOX 要求上市公司需保存它们的财务审计文件 7 年。在审计中，审计文件是被使用最多的文件。文件中的材料支撑审计报告的结论。SOX 要求储存的记录类型（含电子记录）很多，包括工作文件、备忘录和通信文件，还包括其他任何与审计有关的文件生成记录和文件收发记录。

SOX 要求上市公司保存好各种记录和文档便于在评估其 ICFR 时派上用场。SEC 出版的指导书也认为这些记录文档应包含多种形式，其中就包含电子数据。公司应永久保存这些电子信息。

没有按照规定的时间保存数据的处罚很严厉。SOX 将个人或公司故意违反记录保存规则的行为定义为犯罪。违反该规则的个人将面临罚款和 10 年以上的牢狱之灾。

15.5.4 监管

安全和交易委员会（SEC）负责监督和强制执行绝大部分 SOX 条款。SEC 根据 1934 年安全和交易法案建立。它的任务是保护投资者并保持安全行业的完整性。SEC 有权调查和处罚不遵守 SOX 的上市公司。

SEC 由 5 个委员组成，他们由美国总统指派，任期为 5 年。SEC 的 5 个委员中，属于相同党派的不超过 3 个。SEC 在全美范围内共有 11 个区域办事处。

SOX 要求 SEC 至少每三年要对上市公司的年度和季度报告进行审核。为防止欺诈和不准确的财务报表危害投资者，这么做是必须的。SEC 可以自行决定对各公司的审核频度。

提示：

许多联邦和州法律都有记录存储规定。SOX 是另外一部增加该条款的法律。商业机构应制定文档保存政策使其符合法律的要求。

15.6 家庭教育权和隐私权法案

教育机构（例如，学院、大学以及初等学校）可以访问大量学生信息。这些教育机构可以搜集和存储很多类型的学生数据，如下所示：

- 人口统计信息；
- 住址和联系方式信息；
- 父母的户籍信息；
- 父母的住址和联系方式信息；
- 年级信息；
- 学科信息。

这些数据对于教育机构在学生教育方面非常有用，但是也非常敏感。如果教育机构错误地向第三方公开这些信息，就会带来隐私泄露的危害，并可能令学生和其家庭陷入尴尬境地。家庭教育权和隐私权法案（FERPA）主要就是保护学生隐私信息的联邦法律。

15.6.1 目的和范围

国会于 1974 年通过 FERPA。它应用于任何一个受联邦资金资助的教育机构和学校。这些教育机构包括：

- 社区学院；
- 全日制学院和大学；
- 小学和中学（含 12 年制学校）；
- 学前教育机构；
- 其他受联邦资金资助的教育机构。

在本节，这些机构统称为“学校”。

绝大多数的教育机构均受到美国教育部各种类型的基金资助。如果学校不遵守 FERPA，它就无法继续获得联邦资助。对绝大多数学校而言，联邦资助是非常重要的资金来源。因此，这些学校几乎都遵守 FERPA。某些私立学校可能未获得联邦资金的资助，这些学校不会要求强制遵守 FERPA。

FERPA 是一个拥有许多条款、详细的法案。它的主要目的是保护学生记录的隐私。所谓学生记录包括任何学生在学校就读期间所产生的数据。这些记录包括书面档案、照片、视频、音频等多媒体数据，也包括任何由学校组织的校外活动行为记录。这些记录可以是纸质的，也可以是电子版形式的。

FERPA 并未要求指定采取哪些安全措施保护学生记录。然而，系统安全专业人员必须注意 FERPA 各种要求。如果我们的组织机构是教育机构，或是负责为某所学校保存记录，则 FERPA 对这些学生数据是适用的。组织机构就必须采取安全措施来保护这些学生电子记录的隐私性。

15.6.2　主要要求

按照 FERPA 法案要求，学生（如果学生未满 18 岁，则是学生父母）具有以下权利：

- 知晓学生记录内容和检查审核记录的权利；
- 向学校质疑学生记录的权利；
- 同意发布记录中某些类型数据的权利。

学校必须保护学生的记录，尤其必须保护好记录中个人身份识别信息。FERPA 法案指出，个人身份识别信息包括直接的标识，例如，学生姓名、社会安全号码和学号，还包括那些可以匹配学生姓名的间接标识。间接标识是个人特征，可以很容易地用来识别某个学生。在未经该学生书面同意之前，学校不得将该学生的记录向第三方发布。

存在某些不需要学生书面同意即可发布学生记录的特例。例如，某些学校的官员应工作需要调阅学生记录；从旧学校向新学校移交学生记录；以经济援助或委派的目的移交学生记录；根据法院的命令或传票公开某些学生的信息。

FERPA 允许某个特定类型的个人身份识别信息在不需要学生同意的情况下被公开。但学校要做这件事之前，也必须通知相关的学生。这种类型的信息是所谓的“目录信”，例如，个人的姓名、地址和电话等。目录信息是所有学生公开的可用信息。许多学校都会公布这些信息。而学院或大学则直接会在网上公布这些信息。

学校可以不经学生同意公布目录信息。当然，学生也可以选择禁止公布这些信息，但他必须事先告知学校。如果学生事先告知学校不得公布目录信息，那么学校必须采取措施确保这些信息不会被公开。

FERPA 要求学校每年度都要向学生及其父母通报 FERPA 的执行情况。该通报会告知学生及其父母关于他们在 FERPA 的权利，也会告诉学生哪些学校的官员在未经学生同意的情况下访问了该学生的信息。例如，FERPA 允许任何与学校教育利益相关的官员可以未经学生同意查看学生记录。但是学校必须要识别这些官员，他们可以是教师、导师和教授，也可以是学校管理人员，例如，校长或教务长。

提示：

与本书中个人身份信息普遍应用的定义不同，FEPRA 特别定义了个人身份可识别信息。当我们在阅读任何法律时，我们也必须明确该法律对某些特定词汇如何定义。有时一个词的法律定义可能和其常规的定义有很大的不同。

高等教育机构 IT 与信息系统安全专业人员也必须遵守 FERPA。学生的隐私数据包括 PII 和成绩等级。最典型的情况是：当学生转学或进入研究生院学习，学校会和学生的下一个学校共享其隐私数据。高等教育机构的 IT 部门有责任和义务保护好学生隐私数据私密性。

15.6.3 监管

家庭政策执行办公室（FPCO）负责监管 FERPA 的遵守情况。FPCO 有权力审核和调查 FERPA 的遵守情况。违反 FERPA 的学校将失去联邦资金资助。但是，学生的 FERPA 权利被学校侵犯不能控告学校，只有 FPCO 能惩处违规的学校。

15.7 儿童互联网保护法案

儿童互联网保护法案（CIPA）的目的是保护我们的孩子免受不健康互联网内容影响。CIPA 要求参与 E-Rate 计划受联邦资助的公共学校系统和公共图书馆系统遵守 CIPA。CIPA 为孩子父母提供了最佳的实践，并且免费提供公共 Wi-Fi 接入来保护孩子免受不健康互联网内容影响。

提示：

该法律指出任何未到法定成人年龄的人均为未成年人。未成年人就是孩子。对于决定此人是否成年，不同的法律会发布不同的年龄界限。

15.7.1　目的和范围

国会于 2000 年通过 CIPA。它要求那些参与 E-Rate 计划的学校和图书馆过滤不健康的互联网内容并让孩子们无法访问这些内容。CIPA 将未成年人定义为未满 17 岁的人。不健康的内容包括任何的淫秽内容、儿童色情或对未成年人有害的内容。CIPA 将以下的视频图片定义为“对未成年人有害”：

- 向未成年人宣扬引起淫欲的裸体、性交或排泄等内容；
- 公然向未成年人以不健康方式描绘、描写或表达性活动、性接触或生殖器等内容；
- 向未成年人介绍整体缺乏严肃的文学性、艺术性、政治性或科学性价值的内容。

并非每一所学校或图书馆都遵守 CIPA。但任何在 E-Rate 项目中受到联邦资金资助的学校或图书馆都必须遵守 CIPA。E-Rate 项目为绝大多数小学、中学和图书馆提供网络访问价格折扣，折扣的范围为实际费用的 20%～90%。但学校和图书馆并非一定要接受这项资助，它们可以用自己的资金缴付网络费用，或不使用网络。E-Rate 项目由联邦通信委员会管理（FCC）。

CIPA 很快遇到了挑战。美国图书馆协会和美国公民自由联盟宣称 CIPA 违反了成年人言论自由的权利。他们也宣称该法律阻止了未成年人获得有关乳腺癌的信息。某地方联邦法院赞成 CIPA 违反言论自由，该法院于 2002 年暂时推翻了 CIPA。

政府将地方联邦法院的判决上诉至美国最高法院。在 2003 年最高法院推翻了地方法院的判决并支持该法律。最高法院同时说明接受 E-Rate 项目资助的学校和图书馆必须遵守 CIPA，如果需要的话，学校和图书馆可以选择不接受资助。同时，该案例也阐明 CIPA 仅适用于未成年人。学校和图书馆必须采取措施让成年人访问未过滤的互联网内容。如果做不到，学校和图书馆将面临制度审查并违反了成年人权利第一修正案。

美国宪法第一修正案规定了宗教自由、言论自由、出版自由和集会自由四个方面的权利。在这些权利中隐含了思想自由的权利，思想自由具有隐私性。审查行为可能也违反了第一修正案。

界定淫秽和有害物质

绝大多数人都同意儿童应远离淫秽色情的内容。然而，如何界定淫秽色情内容是复杂的。一件 1973 年的最高法院的案例对淫秽色情的内容做了定义。该案例名为 Miller v. California。最高法院要定义某个材料为淫秽色情，必须符合 3 个条件。这些条件是基于一般人的当代社会标准。根据这个标准，如果材料满足下列条件，那就属于淫秽色情内容：

- 主宣扬淫欲，即不健康的性欲，表现为性变态、性虐待和其他不健康性行为；
- 明显采用不健康的方式描述或描写性行为；
- 缺乏严肃的文学性、艺术性、政治性或科学性价值。

该标准就是众所周知的 Miller 标准。法院将其作为判定淫秽色情内容的依据。

15.7.2 主要要求

CIPA 要求所涵盖的学校和图书馆应过滤不健康的互联网内容，从而使儿童无法接触这些内容。学校和图书馆可以根据具体需求选择相应的技术工具。CIPA 将这些工具统称为技术保护措施（TPM）。任何可以阻止或过滤有害内容的技术被称为 TPM。采用代理服务器来过滤内容就是 TPM 的典型例子。

FCC 认为 TPM 不可能 100%有效。然而，CIPA 和 FCC 都未定义其可接受的程度是什么。某个第三方的公司宣称它的过滤器遵循 CIPA，但都无法通过有效验证流程予以证明。FCC 要求当地政府自己决定选择对其公民最有效的 TPM 方案。

CIPA 规定了需过滤的内容，但没说如何过滤。另外，对于 TPM，学校和图书馆必须建立一套互联网安全策略并制定一套方案来应对内容过滤。

为遵守 CIPA，学校和图书馆必须采用和执行一套互联网安全策略。该策略中的规定必须能监控儿童的在线行为。该策略也必须规定学校或图书馆如何限制对不健康内容的在线访问。当儿童在使用电子邮件、聊天室或其他电子通信工具时，必须关注其人身安全和网络安全，必须防止儿童利用网络进行非法活动也必须防止儿童的个人信息被非法使用。

根据 CIPA，图书馆或学校应使成年人不受 TPM 限制。如果一个成年人需要使用计算机，TPM 对其应无效，这点很重要。如果成年人会受到 TPM 的限制，那么我们就面临违反第一修正案中成年人权利的风险。成年人可以使用没有过滤器的系统。

图书馆应根据其定位，采取令 TPM 失效的最佳方案。例如，图书馆管理员可以在某些计算机上贴上“仅限成年人”的标签，并阻止未成年人使用这些计算机。图书馆人员也可以设计一个令 TPM 失效的程序。只有经过正确的身份认证，TPM 才失效。另一个方法是通过管理员来控制 TPM。根据用户要求，图书馆人员可以联系管理员来为用户解除 TPM。

提示：

许多公司基于各种目的都会采用代理服务器，并非仅仅限于为了遵守 CIPA。例如，可以使用代理服务器来限制员工访问其他的互联网网站。

15.7.3　监管

FCC 负责监管 CIPA 的执行。然而，几乎不需要任何监管的行为。当一个公立学校或图书馆请求 E-Rate 资助时，它们必须证明它们遵守 CIPA。该证明通常就是监管的全部内容。

如果 TPM 故障，要求学校或图书馆要采取措施进行解决。如果图书馆自身无法解决该问题，用户可以向 FCC 进行投诉。如果 FCC 接到投诉发现大量的有害图片正在被浏览，则可进行调查。

FCC 认定国会绝不会打算资助一个违反 CIPA 的图书馆。但在绝大多数情况，只要图书馆在某个时间周期内被认定没有违反 CIPA，FCC 可以要求给予其相应折扣的 E-Rate 再资助。

15.8　遵守信息安全法规的意义

美国并没有一部单独的数据保护法律。因此，许多法律聚焦于不同的数据类型。本章主要介绍了特定的几部联邦数据保护法律。我们必须记住各州也颁降噪自的保护法律。如果要讨论州数据保护法律的全部类型可能需要单独成书。组织机构必须牢记要遵守联邦法律和其所在州的法律，这一点非常重要。当系统安全专业人员参与的工作必须遵守法律时，他们就必须留意与之相关的各种法律。

组织机构根据其应遵守的每一部法律设计一套安全方案没有实际意义。IT 系统可以处理许多不同类型的数据，这使公司要遵守大量的法律。因此，组织机构必须建立一套综合性的信息安全方案，使其对许多法律均可以做出一个通用的回应。为了达到这个目的，系统安全专业人员必须明白每一步法律其信息安全的立足点通常是什么。

例如，在本章讨论的法律中，有许多要求组织机构对其 IT 系统进行安全性评估。为做到这一点，组织机构必须执行一项风险评估。这是许多法律明确规定的要求。FISMA、GLBA、HIPAA 和 SOX 都包含此要求。系统安全专业人员通常要负责执行这些风险评估。他们要帮助组织机构识别 IT 系统的脆弱性并帮助组织机构采取措施来降低风险。风险评估程序和降低风险的步骤就是大家熟知的风险管理。

系统安全专业人员处于独特位置。他们必须熟悉这些法规如何影响 IT 系统运行。同时，也必须理解信息安全基本原则如何影响这些法律。在这里提到的所有法律几乎都聚焦于保护特定类型数据私密性。FISMA、GLBA、HIPAA 和 FERPA 都有数据私密性要求。这些法律证明信息安全不仅仅只是一个好的思想，而是实实在在的法律。

某些法律有数据完整性要求。HIPAA 和 FERPA 都要求组织机构应采取措施来确保数据准确。如果数据不准确，也必须有办法修正它。SOX 还要求组织机构测试和证明 IT 系统上内部控制措施的有效性。这些控制措施必须防止金融数据未经正确的身份识别和授权而被篡改。

其他的法律有数据可用性要求。CIPA 要求成年人可以使用明确类型的在线内容，而相同类型的在线内容则对儿童禁止。这就是数据可用性的概念。组织机构则需要采用访问控制手段来遵守 CIPA。FISMA 要求联邦机构为其 IT 系统建立应急计划，而 HIPAA 也有类似要求。这些计划可确保 IT 系统在突发事件或灾害期间和事后可用，即使没有特别提到可用性，它对几乎每个组织机构也都是一项重要的要求。组织机构为了开展业务也需要其数据和 IT 系统具有可用性。

表 15-6 显示了各种法律与信息安全概念之间的关系。我们明白为了满足组织机构的安全要求，IT 系统应如何进行配置。同时，也解释了这些法律是如何影响

IT 系统，还能解释了组织机构在遵循这些法律方面应采取的步骤。

表 15-6　法律与信息安全概念之间的关系

私密性	完整性	可用性
FISMA	FISMA	FISMA
HIPAA	HIPAA	HIPAA
]GLBA	SOX	GLBA
FERPA	FERPA	SOX
		CIPA

本章小结

本章呈现了在各种垂直行业中应遵守的诸多法律。这些法律既有安全方面的内容，也有隐私保护方面的内容。任何这些垂直行业内的组织机构都要遵守相关法律，这是不可选择的。由于它们是联邦法律，需要强制执行。组织机构必须认真记录对这些法律的遵守情况，并在面临审计时能进行证明。

由于这些需要遵守的法律存在，信息安全专业人员也必然非常忙碌，他们必须能将这些法律的要求转化为具体信息安全执行方案，并在整个 IT 基础架构中采取安全控制措施。要保护秘密信息（例如，隐私数据），就要采取合适的安全控制措施。

参考文献

[1] Altholz, Nancy, and Larry Stevenson. Rootkits for Dummies[For Dummies (Computer/Tech)]. New York: John Wiley and Sons Ltd., 2007.

[2] Amoroso, Edward, Cyber Security. Summit, NJ: Silicon Press, 2006.

[3] Aquilina, James M., Eoghan Casey, and Cameron H. Malin. Malware Forensics: Investigating and Analyzing Malicious Code. Burlington, MA: Syngress, 2008.

[4] Bacik, Sandy. Building an Effective Information Security Policy Architecture. Boca Raton, FL: CRC Press, 2008.

[5] Benantar,Messaoud. Access Control Systems: Security, Identity Management and Trust Models.New York: Spring, 2005.

[6] Bhaiji, Yusuf. Network Security Technologies and Solutions(CCIE Professional Development Series).Indianapolis: Cisco Press, 2008.

[7] Biegelman, Martin T. and Daniel R. Biegelman. Building a World-Class Compliance Program: Best Practices and Strategies for Success. New York: Wiley, 2008.

[8] Brotby,W. Krag. Information Security Metrics: A Definitive Guide to Effective Security Monitoring and Measurement. Chicago: Auerbach, 2008.

[9] Bumiller, Elisabeth."Bush Signs Bill Aimed at Fraud in Corporations, " The New York Times, July30,2002.http://www.nytimes.com/2002/07/31/business/corporate-conduct-the-president-bush-signs-bill-aimed-at-fraud-in-corporations, html?pagewanted=1(accessed April 16, 2010).

[10] Calder, Alan, and Steve Watkins. IT Governance: A Manager's Guide to Data Security and ISO 27001/IS0 27002, 4th ed. London: Kogan Page. 2008.

[11] Carpenter, Tom. CWNA Certified Wireless Network Administrator CWSP Certified Wireless Security Professional All-in-One Exam Guide(Pwo-104 PWO-204). New York: McGraw-Hill Osborne Media, 2010.

[12] Chabrow, Eric. "Automated FISMA Reporting Tool Unveiled, "GovInfoSecurity. com, October 30, 2009. http://www.govinfosecurity. com/articles.php?art_id=1894 (accessed April 24, 2010).

[13] Chandramouli, Ramaswamy, David F Ferraiolo, and D. Richard Kuhn. Role-Based Access Control,2nd ed. Norwood, MA: Artech House Publishers, 2007.

[14] Children's Internet Protection Act. The, Pub. L. No. 106-554, 114 Stat. 2763A-335(codified in scattered sections of U.S. Code).

[15] CISM Review Manual 2009. Chicago: Isaca Books, 2008.

[16] Code of Federal Regulations. Title 45, sec. 160.103.

[17] Code of Federal Regulations, Title 45, sec. 164.306.

[18] Code of Federal Regulations, Title 45 sec. 164.316.

[19] Code of Federal Regulations, Title 45, sec. 164.520.

[20] Code of Federal Regulations, Title 45, sec. 164.530(f).

[21] Code of Federal Regulations, Title 45, sec. 164.502(b).

[22] Commission Guidance Regarding Management's Report on Internal Controls Over Financial Reporting, Code of Federal Regulations, Title 17, sec. 241.

[23] Committee on Oversight and Government Reform, "Federal Information Security: Current Challenges and Future Policy Considerations,"March 24, 2010. http://oversight.house.gov/images/stories/Hearings/ Government_Management/032410-Federal_Info_Security/2010.FISMA.Kundra.testimony. final. pdf (accessed April 21, 2010). See prepared testimony of Mr. Vivek Kundra.

[24] Consumer Sentinel Network Data Book for January-December 2012. Washington: Federal Trade Commission, 2013.http://ftc.gov/sentinel/reports/sentinel-annual-reports/sentinel-cy2012.pdf (accessed June 13, 2013).

[25] Davis, Chris, Mike Schiller, and Kevin Wheeler. IT Auditing: Using Controls to Protect Information Assets. New York: McGraw-Hill Osborne Media, 2006.

[26] Douligeris, Christos, and Dimitrios N. Serpanos. Network Security: Current Status and Future Directions. New York: Wiley-IEEE Press, 2007.

[27] Ernst Young "Emerging Trends in Internal Controls: Fourth Survey and Industry Insights, "September"2005. http://www.sarbanes-oxley.be/aabs_emerging_trends_survey4.pdf(accessed April 16, 2010).

[28] Ethics and the Internet(Request for Comments 1087). Internet Activities Board, January 1989. http://tools.ietf.org/html/rfc1087(accessed May22, 2013).

[29] Faircloth, Jeremy, and Paul Piccard. Combating Spyware in the Enterprise. Burlington, MA:Syngress, 2006.

[30] Federal Information Security Management Act, Title Ill of the E-Government Act of 2002,Pub. L. 107-347; U.S. Code Vol. 44, sec. 3541 et seq.

[31] Free Software Foundation.http://www.fsf.org(accessed September 17, 2010).

[32] GNU public license agreement Web site,http://www.gnu.org(accessed September17, 2010).

[33] Hampton, John J. Fundamentals of Enterprise Risk Management: How Top Companies Assess Risk, Manage Exposure, and Seize Opportunity. New York: AMACOM, 2009.

[34] "Hazard Identification and Business Impact Analysis." Continuity Central(Portal Publishing Ltd.). http://www.continuitycentral.com/hazardidentIficationBusinessimpactanalysis.pdf (accessed October 2, 2010).

[35] Health Information Technology for Economic and Clinical Health Act(2009), Pub. L No. 111-115,sec.13402.

[36] Hill, David G. Data Protection: Governance, Risk Management, and Compliance. Boca Raton, FL:CRC Press. 2009.

[37] Hoopes, John. Virtualization for Security: Including Sandboxing, Disaster Recovery, High Availability,

Forensic Analysis, and Honeypotting. Burlington, MA: Syngress, 2008.

[38] Howard, Rick. Cyber Fraud: Tactics, Techniques and Procedures. Chicago: Auerbach, 2009.

[39] Institute of Electrical and Electronics Enginreers(IEEE).http://www.ieee.org(accessed September 17, 2010).

[40] International Information Systems Security Certification Consortium(isc).http://www.isc2.org /accessed September 17, 2010).

[41] Krause, Micki, and Harold E. Tipton. Information Security Management Handbook, 6th ed. (ISC)^2 Press. Chicago: Auerbach, 2007.

[42] Kundra, Vivek. "Faster, Smarter Cybersecurity, "The White House Blog, April 21, 2010, http://www.whitehouse.gov/blog/2010/04/21/faster-smarter-cybersecurity(accessed April 23, 2010).

[43] Lauricella, Tom. "Investors Hope the'10s Beat the '00s, "The Wall Street Journal, December 20,2009.htp://online. wsj. com/ article/SB10001424052748704786204574607993448916718. Html (accessed April 16, 2010).

[44] Marcella, Albert J.,"Electronically Stored Information and Cyberforensics, "Information Systems ControlJournal, Vol.5 (2008). Available at http://www.isaca.org/templaTe.cfm?sectio= Home&CONTENTID= 52106&TEMPLATE=/ContentManagement/ContentDisplay. cfm(acessed April 16, 2010).

[45] Mogollon, Manuel. Cryptography and Security Services: Mechanisms and Applications. London: Cybertech Publishing, 2008.

[46] Moldovyan, Alex, and Nick Moldovyan. Innovative Cryptography(Programming Series), 2nd ed Rockland, MA: Charles River Media, 2006.

[47] National Institute of Standards and Technology, SP 800-37, "Guide for Applying the Risk Management Framework to Federal Information Systems: A Security Life Cycle Approach February 2010. http://csrc.nist.gov/publications/nistpubs/800-37-rev1/sp800-37-revl-final. pdf (accessed May 21, 2010).

[48] "Risk Management Framework" EPCB Risk Management Consulting Services(n.d.). http://www.emergencyriskmanagement. com/site/711336/page/248974(accessed October 2, 2010).

[49] Rose, Adam, and Linda S.Spedding. Business Risk Management Handbook: A Sustainable Approach.Oxford: Cima Publishing, 2007.

[50] Sarbanes-Oxley Act of 2002, Pub. L No. 107-204, 116 Stat .745 (codified as amended in scattered sections of U.S. Code Vol. 15).

[51] Senft, Sandra. Information Technology Control and Audit, 3rd ed. Chicago: Auerbach, 2008.

[52] Standards for Insuring the Security Confidentiality, Integrity and Protection of Customer Records and Information("Safeguards Rule"), Code of Federal Regulations, Title 16, sec. 314.

[53] Stoneburner, Gary, Alice Goguen, and Alexis Feringa. Risk Management Guide for Information Technology Systems(NIST SP 800-30). National Institute for Standards and Technology, 2002 http://csrc.nist.gov/ publications/nistpubs/800-30/sp800-30.pdf (accessed October 2, 2010).

[54] Swenson, Christopher. Modern Cryptanalysis: Techniques for Advanced Code Breaking. New York: Wiley, 2008.

[55] Tipton, Hal, Kevin Henry, and Steve Kalman, e-mail conversation with author, June 2008.

[56] Total Disaster Risk Management Good Practice. Asian Disaster Reduction Center, 2009. http://www.adrc.asia/publications/tdrm2005/tdrm-_good_practices/index.html(accesSed October 2, 2010).

[57] U.S. Code Vol 15, sec. 6801-6803.

[58] U.S. Code Vol. 15 sec. 6801(b).

[59] U.S. Code Vol. 15, sec. 72131m.

[60] U. S. Code Vol. 15, sec. 7266.

[61] U.S. Code Vol. 20, sec. 1232g.

[62] U.S. Code Vol. 44, sec. 3542(b)(1).

[63] U.S. Code Vol. 44, sec. 3544(a)(3)(A)(ii).

[64] U.S. Government Accountability Office. Federal Information System Controls Audit Manual, 1999. http://www.gao.gov/special.pubs/ail2.19.6.pdf (accessed October 2, 2010).

[65] U.S. Office of Management and Budget, Circular No. A-130, "Management of Federal Information Resources" December 2000. http://www.whitehouse.gov/omb/circulars_ a130 _a130trans4/ (accessed April 21, 2010)

[66] U.S. Securities and Exchange Commission, "Information Matters, " February 22, 2006,

[74] U.S. Securities and Exchange Commission, "Information Matters, " February 22, 2006. http://www.sec.gov/answers/infomatters.htm (accessed April 16, 2010).

[75] Vacca, John R Computer and Information Security Handbook. San Francisco: Morgan Kaufmann, 2009.

[76] Verizon Business,2009 Data Breach Investigations Report,April 15,2009.http://www.verizon- business.com/resources/security/reports/2009_databreach_rp. pdf (accessed March 1, 2010).

[77] Volp Security Alliancehttp://www.voipsa.org (accessed September 17, 2010).

[78] Whitman, M.E., and Matford, H. J. Principles of Incident Response and Disaster Recovery, p. 492, Boston: Course Technology, 2006.

[79] Wright, Craig S. The IT Regulatory and Standards Compliance Handbook: How to Survive Information Systems Audit and Assessments. Burlington, MA: Syngress, 2008.

[80] Wright, Steve. PCI DSS: A Practical Guide to Implementation, 2nd Edition. Rolling Meadows, IL:IT Governance Ltd, 2009.